방사성동위원소 감독/일반면허 대비

원자력안전법

안성민 · 박철수 · 손진현 · 이효영
정상복 · 최순진 · 최재호 · 홍용호

도서출판 대학서림

머 리 말

이 책자는 원자력 이용 및 방사선안전관리를 위해 방사성동위원소 및 방사선발생장치를 사용하는 산업체, 의료기관, 교육기관 및 연구소 등에 근무하는 방사선작업종사자, 수시출입자 와 방사성동위원소 관련 면허증을 취득하기 위한 학도들을 위하여 발간하였다.

이 책의 구성은 원자력안전법, 원자력안전법 시행령, 원자력안전법 시행규칙, 원자력안전위원회 고시 순으로 일목요연하게 이해하기 편리하도록 정리하고 단원별로 문제를 출제하여 점검할 수 있도록 하였다.

또한 책 끝부분에는 객관식 및 주관식 종합예상문제를 게재하여 방사성동위원소 일반면허 및 감독자 응시자에게 도움이 되도록 법규의 학습을 수월하게 하였다.

이 책이 현장 실무 및 방사성동위원소관련 면허증을 취득하기 위한 독자들의 목적이 달성될 수 있기를 바라며, 방사선이용증진에 조금이나마 기여할 수 있다면 더없는 보람이 될 것이다.

최선을 다하여 정리하였으나 부족한 부분과 이후 법규의 개정이 있을 때마다 지체 없이 반영할 것을 약속한다.

이 책의 출판을 기꺼이 맡아주신 대학서림 윤진영 회장님과 책이 출판되기까지 수고하여 주신 임직원 여러분께 감사 드립니다.

2026년 2월 2일

저자 일동

목 차

제1장 원자력안전법령의 체계 ······ 7

1. 목적 • 7
2. 원자력안전법의 제정·개정현황 • 7
3. 원자력안전법령의 구성 • 8
4. 원자력안전법에 의하여 규제를 받는 대상 • 8
5. 원자력안전법에서 방사성동위원소등 사용기관이 지켜야 할 법적사항 • 8
6. 원자력안전법에서 용어의 정의 • 8
7. 원자력안전위원회 • 33

제2장 방사성동위원소 등의 허가기준 ······ 43

1. 허가(법 제53조) • 43
2. 사용신고 • 68
3. 검사 • 80
4. 기록과 비치 사항 • 90
5. 기준준수 의무등 • 92
6. 방사선장해방지 조치등 • 111
7. 장해방어조치 및 보고 • 119
8. 방사성물질등 또는 방사선발생장치의 소지 및 양도·양수 제한 • 122
9. 허가 등의 취소 또는 사업폐지 등에 따른 조치 • 123
10. 면허 및 시험 • 124
11. 교육 및 훈련 • 136

제3장 방사성물질등의 포장·운반·폐기 ······ 151

1. 운반 • 151
2. 포장 및 운반검사 • 153
3. 용기 및 포장 • 156
4. 폐기 • 165

제4장 방사선안전관리 ······ 179
1. 의료분야의 안전관리 • 179
2. 이동사용의 안전관리 • 184
3. 판매분야의 안전관리 • 188
4. 방사성폐기물의 안전관리 • 190
5. 방사성물질등의 포장 및 운반의 안전관리 • 201
6. 규제 및 감독 • 219
7. 보 칙 • 226
8. 벌칙 • 256

제5장 원자력시설 등의 방호 및 방사능방재대책법 ······ 273
1. 목적 • 273
2. 정의 • 273
3. 핵물질 및 원자력시설의 물리적 방호 • 277
4. 방사능 방재대책 • 296

제6장 비파괴검사기술의 진흥 및 관리법 ······ 341
1. 목적 • 341
2. 정의 • 341
3. 비파괴검사기술 진흥계획 • 342
4. 비파괴검사기술의 육성 • 342
5. 연구기관 등 지원 • 343
6. 국제협력 및 해외진출의 지원 • 344
7. 비파괴검사기술 정보관리체계의 구축 • 344
8. 실태조사 • 345
9. 사업자에 대한 지원 • 345
10. 비파괴검사업의 등록 • 346
11. 승계 • 350
12. 비파괴검사업무 수행의 절차 등 • 350
13. 검사자의 교육훈련 • 352
14. 검사자의 관리 • 353
15. 사업자의 등록취소 등 • 354
16. 협회의 설립 • 356
17. 업무 • 357
18. 보고·조사 • 357

19. 행정조치 • 358
20. 업무의 위탁 • 358
21. 비밀누설금지 • 358
22. 벌칙 적용에서의 공무원 의제 • 358
23. 벌칙 • 358
24. 양벌규정 • 359
25. 과태료 • 359

부 록 365
문 제 413
색 인 467

제1장 원자력안전법령의 체계

1. 목적

원자력의 연구·개발·생산·이용 등에 따른 안전관리에 관한 사항을 규정하여 방사선에 의한 재해의 방지와 공공의 안전을 도모함을 목적으로 한다.

2. 원자력안전법의 제정·개정현황

1) 원자력법 제정: 1958년 3월 11일, 법률 제483호
2) 통합원자력법 제정: 1982년 4월 1일, 법률 제3549호
3) 원자력안전법 제정: 2011년 7월 25일, 법률 제10911호
4) 최근 개정: 2020년 1월 1일, 법률 제16575호
2020년 6월 9일, 법률 제17359호
2021년 6월 9일, 법률 제17640호
2021년 6월 23일, 법률 제17755호
2021년 10월 21일, 법률 제18145호
2021년 12월 9일, 법률 제18238호
2022년 2월 11일, 법률 제18394호
2022년 6월 10일, 법률 제18972호
2024년 2월 13일, 법률 제20308호
2025년 10월 23일, 법률 제20533호
2025년 10월 1일, 법률 제21065호
2026년 1월 1일, 법률 제20721호

3. 원자력안전법령의 구성

1) 원자력안전법: 원자력의 이용 및 안전규제의 기본사항 규정(국회)
2) 원자력안전법 시행령: 원자력안전법의 위임사항과 그 시행에 필요한 사항 규정(대통령령)
3) 원자력안전법 시행규칙: 원자력안전법·동법 시행령의 위임사항 및 시행에 관한 세부절차와 관련 기술기준 규정(총리령)
4) 원자력안전위원회 고시: 법령에서 위임하는 분야별 상세 기술기준 등 규정(원자력안전위원회)

4. 원자력안전법에 의하여 규제를 받는 대상

1) 원자로(발전용, 연구용, 교육용) 및 관계시설
2) 핵연료 주기사업 및 핵물질의 사용·취급 등
3) 방사성동위원소 및 방사선발생장치

5. 원자력안전법에서 방사성동위원소등 사용기관이 지켜야 할 법적사항

1) 허가(법 제53조)
2) 검사(법 제56조)
3) 기록과 비치(법 제58조)
4) 기술기준 준수의무(법 제59조)
5) 면허 및 시험(법 제84-88조)
6) 제한구역의 설정(법 제89조)
7) 방사선장해방지 조치 및 보고(법 제91-92조)
8) 벌칙(법 제113-118조)
9) 기타 방사선발생장치의 설계승인 및 검사(법 제60-61조)

6. 원자력안전법에서 용어의 정의

1) 원자력

원자핵 변화의 과정에 있어서 원자핵으로부터 방출되는 모든 종류의 에너지

2) 핵물질

핵연료물질 및 핵원료물질

3) 핵연료물질

우라늄, 토륨 등 원자력을 발생할 수 있는 물질로서 대통령령으로 정하는 것

대통령령

1. 우라늄 238에 대한 우라늄 235의 비율이 천연혼합률과 같은 우라늄 및 그 화합물
2. 우라늄 238에 대한 우라늄 235의 비율이 천연혼합률에 미달하는 우라늄 및 그 화합물
3. 토륨 및 그 화합물
4. 제1호 내지 제3호의 물질이 1 이상 함유된 물질로서 원자로의 연료로 사용할 수 있는 물질
5. 우라늄 238에 대한 우라늄 235의 비율이 천연혼합률을 초과하는 우라늄 및 그 화합물
6. 플루토늄 및 그 화합물
7. 우라늄 233 및 그 화합물
8. 제5호부터 제7호까지의 규정에 해당하는 물질이 하나 이상 함유된 물질

4) 핵원료물질

우라늄광, 토륨광 기타 핵연료물질의 원료가 되는 물질로서 대통령령으로 정하는 것

대통령령

우라늄 및 그 화합물 또는 토륨 및 그 화합물을 함유한 물질로서 핵연료물질 외의 물질을 말한다.

5) 방사성물질

핵연료물질·사용후핵연료·방사성동위원소 및 원자핵분열생성물을 말한다.

6) 방사성동위원소

방사선을 방출하는 동위원소와 그 화합물 중 대통령령으로 정하는 것

대통령령

동위원소의 수량과 농도가 위원회가 정하는 수량 및 농도를 초과하는 물질로서 다음 각 호의 물질을 제외한 것을 말한다.

1. 핵연료물질
2. 핵원료물질
3. 방사성물질 또는 이를 내장한 장치중 방사선장해의 우려가 없는 것으로서 위원회가 정하여 고시하는 것

위원회 고시

<u>제외되는 물질</u>: 방사성물질 또는 이를 내장한 장치 중 방사선장해의 우려가 없는 것

제외되는 물질 등

"방사성물질 또는 이를 내장한 장치 중 방사선장해의 우려가 없는 것으로서 위원회가 정하여 고시하는 것"은 다음과 같다.

1.「원자력안전법」 제60조 및 제61조에 따른 설계승인 및 검사를 받은 방사선기기에 내장된 것으로서 다음 각 목에 해당하는 것

가. 연기감지기에 내장된 것으로서 다음 조건을 만족하는 것

1) 연기감지기의 뒷면 및 이를 열었을 때 눈에 띄기 쉬운 곳에 방사성물질임을 나타내는 표지와 취급시의 주의사항(폐기방법 포함)을 부착하고 있을 것

2) 건물주와 공급자 사이에 연기감지기의 보수유지에 관한 유효한 서면 계약이 있을 것

나. 일정 시설에 고정되어 있거나 물품 내부에 견고하게 부착되어 있는 다음과 같은 것

1) ^{3}H를 사용한 안전지시등으로서 단위 제품 당 <u>925 GBq(= 25 Ci)</u>을 초과하지 아니하여야 하며, 다음 조건을 만족하는 것

가) 방사성동위원소와의 접촉을 방지하는 구조일 것

나) 접근 가능한 표면에서의 표면방사선량률이 <u>1 μSv/h</u> 이하일 것

다) 취급으로 인한 개인피폭방사선량이 연간 <u>10 μSv</u> 미만일 것

2) ^{147}Pm을 사용한 항공기용 발광물질로서 3 GBq를 초과하지 않는 것

2. 방사선기기에 내장된 것으로서 다음 각 목에 해당하는 것

가. 게이지 또는 지시계(시계를 포함한다)에 견고하게 내장된 발광물질로서 다음 기준을 만족하는 것

1) 위원회 고시 「방사선방호 등에 관한 기준」(이하 "방호기준"이라 한다) 별표5의 제3란에 명시된 최소 수량이 100 kBq 미만인 제2란의 해당 방사성핵종을 함유하지 아니 할 것

2) 방사성발광도료에 사람의 접촉이 어려운 상태의 것

3) 단위 제품당 방사능이 방호기준 별표5의 제2란의 해당 방사성핵종에 대한 제3란의 수량의 50배 이하이고, 표면방사선량률이 1 μSv/h 이하인 것

나. 전기 및 가스 기기에 내장된 것으로서 다음 조건을 만족하는 것

1) 방호기준 별표5의 제3란에 명시된 최소수량이 10 kBq 미만인 제2란의 당해 방사성핵종을 함유하지 아니할 것

2) 단위 부품 당 방사능이 방호기준 별표5의 제2란의 해당 방사성핵종에 대한 제3란의 수량의 100배 미만일 것

3) 단위 부품 또는 여러 개의 단위 부품을 내장하는 기기의 표면방사선량률이 1 μSv/h 이하일 것

다. 군사용 기기에 내장된 다음과 같은 것
1) 9.25 MBq 이하의 ^{241}Am
2) 37 GBq 이하의 ^{3}H
3) 3 GBq 이하의 ^{147}Pm
4) 1 GBq 이하의 ^{63}Ni

3. ISO 2919-1999(E) 또는 ANSI N542-1977에 명시된 방사선계측기의 검·교정용 선원의 내구성 기준을 만족하는 밀봉된 방사성동위원소로서 그 수량이 3.7 MBq (=100 μCi) 이하 또는 방호기준 별표5의 제2란의 해당 방사성핵종에 대한 제3란의 수량의 10배 이하인 것
4. 방사성의약품으로 인증된 37 kBq 이하의 ^{14}C를 과립형태로 내장한 캡슐을 인체에 대한 진단용으로 사용하는 경우

7) 방사선

전자파 또는 입자선 중 직접 또는 간접으로 공기를 전리하는 능력을 가진 것으로서 대통령령으로 정하는 것

대통령령

1. 알파선·중양자선·양자선·베타선 및 그 밖의 중하전입자선
2. 중성자선
3. 감마선 및 엑스선
4. 5만 전자볼트 이상의 에너지를 가진 전자선

8) 원자로

핵연료물질을 연료로 사용하는 장치를 말한다. 다만 대통령령으로 정하는 것은 제외한다.

대통령령

원자핵분열의 연쇄반응을 제어할 수 있고, 그 반응의 평형상태를 중성자원을 쓰지 아니하고도 지속할 가능성이 있는 장치 외의 것

9) 방사선발생장치

하전입자를 가속시켜 방사선을 발생시키는 장치로서 대통령령으로 정하는 것

대통령령

"대통령령으로 정하는 것"이란 다음 각 호의 것을 말한다. 다만, 위원회가 정하는 용도의 것과 위원회가 정하는 용량 이하의 것은 제외한다.

1. 엑스선 발생장치
2. 사이크로트론
3. 신크로트론
4. 신크로사이크로트론
5. 선형가속장치
6. 베타트론
7. 반·데 그라프형 가속장치
8. 콕크로프트·왈톤형 가속장치
9. 변압기형 가속장치
10. 마이크로트론
11. 방사광가속기
12. 가속이온주입기
13. 그 밖에 위원회가 정하여 고시하는 것

용도 및 용량

"위원회가 정하는 용도의 것과 위원회가 정하는 용량 이하의 것"은 다음과 같다.

1. 하전입자를 가속시켜 방사선을 발생하는 장치로서 가속된 하전입자 및 이로 인해 부수적으로 발생하는 모든 방사선의 최대에너지가 5 keV 이하인 것
2. 의료 진단용으로 사용하는 엑스선발생장치
3. 설계승인 및 검사를 받은 방사선기기로서 위원회 고시 「방사선기기의 설계승인 및 검사에 관한 기준」 제16조(완전방호형)에 따른 완전방호형인 것

위원회가 정하는 고시

(1) 수소를 이용한 핵융합 실험장치
(2) 중수소를 이용한 핵융합 실험장치

완전방호형

완전방호형에 대한 구조기준은 다음 각 호와 같다.

1. 방사선원과 피사체 또는 시료는 정상적인 사용조건에서 고유 안전성이 항상 유지되는 고정부착된 격리 구조물로 밀폐되어, 방사선 방출 중에는 신체의 일부가 격리 구조물 내에 직접 접촉할 수 없도록 하여야 한다.
2. 특수공구를 이용하지 않는 한 방사선기기의 분해가 가능하지 않아야 한다.
3. 개폐가 가능한 모든 격리 구조물이 정상적인 위치에 있지 않은 경우에는 방사선기기가 작동하지 않도록 하여야 한다.
4. 단순히 방사선기기를 고정하는 부분이외에는 방사선기기의 안전성 확보를 위한 별도의 장치가 필요하지 않아야 한다.

5. 방사선기기의 외부에 형성되는 방사선장에 의한 피폭방사선량이 최대가 되는 가동조건에서 모든 접촉부위의 표면방사선량은 시간당 1마이크로시버트(μSv)를 초과하지 않아야 한다.
6. 방사선발생장치의 경우 가속관의 최대전압이 50킬로볼트(kV) 이하이어야 한다.

10) 관계시설

원자로의 안전에 관계되는 시설로서 대통령령으로 정하는 것

대통령령

1. 원자로냉각계통시설
2. 계측제어계통시설
3. 핵연료물질의 취급시설 및 저장시설
4. 원자력발전소 안에 위치한 방사성폐기물의 처리·배출 및 저장시설
5. 방사선 관리시설
6. 원자로격납시설
7. 원자로안전계통시설
8. 그 밖에 원자로의 안전에 관계되는 시설로서 위원회가 정하는 것

11) 정련

핵원료물질에 포함된 우라늄 또는 토륨의 비율을 높이기 위하여 물리적·화학적 방법으로 핵원료물질을 처리하는 것

12) 변환

핵연료물질을 화학적 방법으로 처리하여 가공에 적합한 형태로 만드는 것

13) 가공

핵연료물질을 물리적·화학적 방법으로 처리하여 원자로의 연료로서 사용할 수 있는 형태로 만드는 것

14) 사용후핵연료 처리

원자로의 연료로서 사용된 핵연료물질 또는 기타의 방법으로 원자핵분열을 시킨 핵연료물질을 연구 또는 시험을 목적으로 취급하거나 물리적·화학적 방법으로 처리하여 핵연료물질과 기타의 물질로 분리하는 것

15) 핵연료주기시설

정련·변환·가공 또는 사용 후 핵연료처리를 위한 시설을 말한다.

16) 방사선관리구역

외부의 방사선량률, 공기 중의 방사성물질의 농도 또는 방사성물질에 따라 오염된 물질의 표면의 오염도가 위원회 규칙으로 정하는 값을 초과할 우려가 있는 곳으로서 방사선의 안전관리를 위하여 사람의 출입을 관리하고 출입자에 대하여 방사선의 장해를 방지하기 위한 조치가 필요한 구역을 말한다.

위원회 규칙

① "위원회 규칙으로 정하는 값"이라 함은 다음 각 호와 같다.

1. 외부방사선량률: 1주당 400 마이크로시버트(400 μSv/wk)
2. 공기중의 방사성물질의 농도: 유도공기중농도
3. 물체표면의 오염도: 허용표면오염도(알파선을 방출하는 방사성물질: 0.4 Bq/cm^2(=4 kBq/m^2), 알파선을 방출하지 아니하는 방사성물질: 4 Bq/cm^2(=40 kBq/m^2))

② 외부방사선량률 등이 제①항의 규정에 의한 값을 초과할 우려가 있는 곳에 대하여는 사람의 출입을 관리하고 출입자에 대한 방사선의 장해를 방지하기 위하여 다음 각 호의 조치를 하여야 한다.

1. 방사선관리구역의 설정
2. 벽·울타리 등의 구획물로 구획하여 표지를 부착함으로써 다른 장소와 구별하고 방사선작업종사자외의 사람이 당해 구역에 출입하는 경우에는 방사선작업종사자의 지시에 따르도록 할 것
3. 바닥·벽 기타 사람이 접촉할 우려가 있는 물체의 표면이 방사성물질에 오염된 경우 그 오염도가 허용표면오염도를 초과하지 아니하도록 할 것
4. 방사선관리구역으로부터 사람이 퇴거하거나 물품을 반출하는 경우에는 인체 및 의복·신발 등 인체에 착용하고 있는 물품과 반출하는 물품(그 물품이 용기에 들어있거나 포장한 경우에는 그 용기 또는 포장)표면의 방사성물질의 오염도가 허용표면오염도의 10분의 1을 초과하지 아니하도록 할 것

17) 보전구역

원자력이용시설의 보전을 위하여 특별한 관리를 필요로 하는 장소를 말한다.

18) 제한구역

방사선관리구역 및 보전구역의 주변의 구역으로서 그 구역경계에서의 피폭방사선량이

위원회가 정하는 값을 초과할 우려가 있는 장소를 말한다.

19) 국제규제물자

원자력의 연구·개발 및 이용에 관한 조약과 그 밖의 국제약속에 따라 보장조치의 적용대상이 되는 물자로서 총리령으로 정하는 것을 말한다.

총리령

1. 국제원자력기구의 안전조치 및 물리적방호의 대상이 되는 핵물질
2. 원자로 및 그 부속장비
3. 원자로에 사용되는 비핵물질
4. 조사용 핵연료의 재처리공장 및 이를 위하여 설계 또는 제작된 장비
5. 핵연료의 가공시설(변환시설을 포함한다. 이하 같다)
6. 우라늄농축시설 및 이를 위하여 설계 또는 제작된 장비
7. 중수, 중수소 또는 중수소화합물의 생산시설 및 이를 위하여 설계 또는 제작된 장비
8. 그 밖에 원자력 관련 조약과 그 밖의 국제약속에 따라 관리되는 원자력 관련 물자 또는 시설

20) 방사성폐기물

방사성물질 또는 그에 따라 오염된 물질(이하 "방사성물질등"이라 한다)로서 폐기의 대상이 되는 물질(폐기하기로 결정한 사용후핵연료를 포함한다)을 말한다.

21) 고준위방사성폐기물

"고준위방사성폐기물"이란 방사성폐기물 중 그 방사능농도 및 열발생률이 위원회가 정하는 값 이상인 방사성폐기물을 말하고, "중·저준위방사성폐기물"이란 고준위방사성폐기물 외의 방사성폐기물을 말한다. 이 경우 중·저준위방사성폐기물은 위원회가 방사능농도를 고려하여 정하는 바에 따라 구분한다.

위원회가 정하는 값

위원회가 정하는 고준위 방사성폐기물

방사능농도	열 발생률
반감기 20년 이상의 알파선을 방출하는 핵종으로 4,000 Bq/g	2 kW/m^3

방사성폐기물 분류

"위원회가 방사능농도를 고려하여 정하는 바"란 다음 각 호와 같다.

1. "중준위방사성폐기물"은 중·저준위방사성폐기물 중에서 방사능농도가 별표 2의 핵종별 농도 이상인 것을 말한다.
2. "저준위방사성폐기물"은 중·저준위방사성폐기물 중에서 방사능농도가 자체처분 허용 농도의 100배 이상이고 별표 2의 핵종별 농도 미만인 것을 말한다. 단, 별표 2에 규정되지 않은 핵종에 대해서는 처분시설 운영자의 인수기준에 따른 처분제한농도를 적용한다.
3. "극저준위방사성폐기물"은 중·저준위방사성폐기물 중에서 방사능농도가 자체처분 허용 농도 이상이고, 자체처분 허용농도의 100배 미만인 방사성폐기물을 말한다.

별표 2

저준위방사성폐기물의 방사능농도 제한치

방사성핵종	방사능농도 (Bq/g)
H-3	1.11E+6
C-14	2.22E+5
Co-60	3.70E+7
Ni-59	7.40E+4
Ni-63	1.11E+7
Sr-90	7.40E+4
Nb-94	1.11E+2
Tc-99	1.11E+3
I-129	3.70E+1
Cs-137	1.11E+6
전알파	3.70E+3

22) 피폭방사선량

사람의 신체의 외부 또는 내부에 피폭하는 방사선량을 말한다. 다만, 진료를 위하여 피폭하는 방사선량과 인위적으로 증가시키지 아니하는 자연방사선량은 제외한다. 이 경우 방사선량의 종류 및 적용기준은 위원회가 정하여 고시한다.

(1) 외부피폭

사람의 신체 외부에 있는 방사선원으로부터 방출된 방사선에 의한 피폭을 말한다.

(2) 내부피폭

사람의 신체 내부에 유입되어 체내에 존재하는 방사성핵종으로부터 방출되는 방사선에 의한 피폭을 말한다.

23) 원자력이용시설

원자력의 연구·개발·생산·이용(이하 "원자력이용"이라 한다)과 관련된 시설로서 대통령령으로 정하는 것을 말한다.

대통령령

1. 원자로 및 관계시설
2. 핵연료주기시설
3. 핵물질의 사용시설
4. 방사성동위원소의 생산시설·사용시설·분배시설·저장시설·보관시설·처리시설 및 배출시설
5. 방사선발생장치 및 그 부대시설
6. 사용후핵연료 중간저장시설
7. 방사성폐기물의 영구처분시설
8. 방사성폐기물의 처리 및 저장시설

24) 방사선작업종사자

원자력이용시설의 운전·이용 또는 보전이나 방사성물질등의 사용·취급·저장·보관·처리·배출·처분·운반과 그밖의 관리 또는 오염제거 등 방사선에 피폭하거나 그 염려가 있는 업무에 종사하는 자를 말한다.

25) 수시출입자

방사선관리구역에 청소, 시설관리 등의 업무상 출입하는 사람(방문, 견학 등을 위하여 일시적으로 출입하는 사람은 제외한다)으로서 방사선작업종사자 외의 사람을 말한다.

26) 밀봉된 방사성동위원소

기계적인 강도가 충분하여 파손될 우려가 없고, 부식되기 어려운 재료로 된 용기에 넣은 방사성동위원소로서 사용할 때에 방사선은 용기 외부로 방출하지만 방사성동위원소는 누출하지 못하도록 되어 있는 것을 말한다.

27) 핵연료집합체

원자로의 연료로 사용할 수 있는 형태를 갖춘 한 다발의 핵연료물질을 말한다.

28) 저분산성방사성 물질

분말형태가 아닌 고체이거나 밀봉된 캡슐에 내장되어 있어 분산성이 제한되는 방사성물

질을 말한다.

29) 운반지수

운반물·덧포장·탱크 또는 화물컨테이너에 지정되는 등급으로서 방사선피폭에 대한 관리를 위하여 사용되는 수치를 말한다.

위원회 고시(운반지수 산출 방법)

운반물·덧포장·탱크·화물컨테이너에 대한 운반지수의 산출방법은 아래와 같다.

1. 단일의 운반물·덧포장·화물컨테이너의 외부표면으로부터 1미터 거리에서의 시간당 밀리시버트(mSv/h) 단위로 나타내는 최대방사선량률의 값에 100을 곱하여 수치를 구할 것.
2. 탱크·화물컨테이너의 경우에는 제1호에서 산출한 수치에 다음 표의 해당 인자를 곱한 수치로 할 것

적하물의 제원(주)	증배계수
1 m^2 이하인 경우	1
1 m^2 보다 크고 5 m^2 이하인 경우	2
5 m^2 보다 크고 20 m^2 이하인 경우	3
20 m^2 보다 클 경우	10

(주): 제원은 적하물의 가장 큰 단면적을 말함

3. 제1호 및 제2호에 따라 구한 수치를 소수 둘째자리에서 올림하여 구한 수치를 운반지수로 할 것. 다만, 0.05이하의 값은 영(0)으로 한다.
4. 여러 개의 운반물이 포함된 덧포장·화물컨테이너 또는 운반수단 각각에 대한 운반지수는 포함되어 있는 모든 운반물의 운반지수를 합계하거나 또는 직접적인 방사선량률의 측정에 의하여 구할 것. 다만, 단단하지 않은 덧포장의 경우에는 모든 운반물의 운반지수의 합으로 할 것

30) 핵임계안전지수

핵분열성물질이 들어있는 운반물·덧포장·탱크 또는 화물컨테이너에 지정되는 등급으로 운반물·덧포장·탱크 또는 화물컨테이너의 집적량을 관리하기 위하여 사용되는 수치를 말한다.

31) 특수형방사성물질

견고한 고체형 방사성물질 또는 캡슐에 넣고 봉한 방사성물질로서 위원회가 정하는 운반기준에 맞는 것을 말한다.

위원회 고시

특수형방사성물질의 기술기준은 다음 각 호와 같다.

1. 견고한 고체형 방사성물질 또는 캡슐에 봉입된 방사성물질로서 한 변의 길이가 최소한 0.5 cm 이상일 것
2. 캡슐에 봉입된 방사성물질인 경우에는 캡슐이 파괴되어야만 개봉될 수 있을 것
3. 특수형방사성물질에 대한 시험에서 다음 각 목의 기준에 적합할 것
   가. 충격시험·타격시험 및 급힘시험에서 파괴되거나 부서지지 않을 것
   나. 열시험에서 용융되거나 분산되지 않을 것
   다. 누출평가시험에서 물의 방사능이 2 kBq을 초과하지 않을 것. 다만 밀봉 캡슐 형태의 방사성물질인 경우에 선택적으로 문서번호 ISO 9978 "Radiation Protection-Sealed Radioactive Sources-Leakage Test Method"에 규정된 시험을 적용할 수 있다.

32) 선량한도

외부에 피폭하는 방사선량과 내부에 피폭하는 방사선량을 합한 피폭방사선량의 상한 값으로서 그 값은 별표 1과 같다.

별표 1

선량한도

구 분	유효선량한도	등가선량한도	
		수정체	손발 및 피부
1. 방사선작업종사자	연간 50 mSv를 넘지 아니하는 범위에서 5년간 100 mSv	연간 150 mSv	연간 500 mSv
2. 수지출입자, 운반종사자 및 법 제96조 단서에 따라 교육훈련 등의 목적으로 위원회가 인정한 18세 미만인 사람	연간 6 mSv	연간 15 mSv	연간 50 mSv
3. 제1호 및 제2호 외의 사람	연간 1 mSv	연간 15 mSv	연간 50 mSv

1. "선량한도"란 매년 1월 1일부터 12월 31일까지 1년간 피폭하는 방사선량을 말한다.
2. 제1호 또는 제2호에 해당하는 사람 중 임신이 확인된 사람과 제3호에 해당하는 사람 중 제79조제1항에 따른 방사성동위원소등을 제한적 또는 일시적으로 사용하는 사람에 대한 선량한도는 위의 표에도 불구하고 위원회가 정하여 고시한다.
3. 제2호에서 "운반종사자"란 방사선관리구역 밖에서 제2조제12호에 따른 방사성물질등을 운반하는 사람으로서 방사선 작업종사자에 해당하지 않는 사람을 말한다.
4. 제3호에 해당하는 사람에 대하여 연간 1밀리시버트를 넘는 경우가 발생한 경우로서 위원회가 인정하는 경우에는 위 표 제3호의 유효선량한도값에도 불구하고 피폭방사선량의 합을 5년간 평균하여 연가 1밀리시버트를 넘지 않는 범위에서 해당 1밀리시버트를 넘는 값을 유효선량한도로 한다.
5. 제1호의 유효선량한도란 및 비고 제4호에서 "5년간"이란 1998년 1월 1일부터 기산되는 5년마다의 기간을 말한다.

위원회 고시

1. 임신한 사실을 사업자에게 보고하여 임신이 확인된 방사선작업종사자에 대하여는 임신이 확인된 시점부터 출산 시까지 하복부 표면에서의 등가선량한도를 2 mSv로 하고 같은 기간 동안 섭취하는 방사성핵종의 한도는 방사선방호등에 관한 기준 제7조에서 정하는 연간섭취한도(ALI)의 1/20로 한다. 이때 외부피폭과 내부피폭이 병존한다면 2 mSv 및 ALI/20에 대한 각각의 분율의 합이 1을 초과하지 아니하여야 한다.
2. 방사성동위원소 등을 제한적 또는 일시적으로 사용하는 경우 일반인에 대한 선량은 연간 선량한도를 초과하지 아니하는 범위 내에서 주당 0.1 mSv 및 시간당 20 μSv까지 허용할 수 있다.

33) 표면방사선량률

방사성물질, 방사성물질을 내장한 용기 또는 장치, 방사선발생장치 및 방사선차폐체등 방사선이 나오는 물체의 표면으로부터 10센티미터의 거리에서 측정한 방사선량률을 말한다.

34) 허용표면오염도

물체 또는 인체 표면의 방사성오염도로서 위원회가 정하는 허용오염도를 말한다.

위원회 고시

허용표면오염도는 그 오염을 제거할 수 있는 경우로서 다음 각 호와 같다.

1. α선을 방출하는 방사성물질에 대하여는 0.4 Bq/cm^2(=4 kBq/m^2)
2. α선을 방출하지 아니하는 방사성물질에 대하여는 4 Bq/cm^2(=40 kBq/m^2)

35) 연간섭취한도

방사선작업종사자가 1년 동안 섭취할 경우 피폭방사선량이 선량한도에 이를 것으로 보이는 방사능의 양으로서 위원회가 정하는 값을 말한다.

위원회가 정하는 값

"원자력안전위원회가 정하는 값"인 연간섭취한도는 다음과 같다.

1. 방사성물질의 종류를 알 수 있고 단일 방사성핵종일 때에는 흡입에 대하여는 별표 3(방사성물질의 연간섭취한도, 유도공기중농도 및 배출관리기준)의 제1란의 해당 방사성핵종에 대한 제3란의 연간섭취한도, 경구섭취에 대하여는 제7란의 연간섭취한도
2. 방사성물질의 종류를 알 수 있고 2종 이상의 방사성핵종일 때에는 각 방사성핵종의 흡입 또는 경구섭취량의 제1호에 따른 연간섭취한도에 대한 각각의 비율의 합계가

1이 되는 흡입 또는 경구섭취량

3. 방사성물질의 종류를 알 수 있으나 방사성물질의 일부 또는 전부의 농도를 알 수 없을 때에는 혼합물내 방사성핵종의 연간섭취한도 중 가장 낮은 값
4. 방사성물질의 종류는 알 수 없으나 혼합물내에 존재하지 않는 방사성핵종이 알려진 경우에는 혼합물내에 존재할 수 있는 방사성핵종의 연간섭취한도 중 가장 낮은 값 또는 흡입에 대하여는 별표 4(종류 미상인 방사성물질의 연간섭취한도, 유도공기중농도 및 배출관리기준)의 제1란의 핵종별 각 경우에 대한 제2란의 연간섭취한도
5. 연간섭취한도를 산출함에 있어서 자연적으로 존재하는 방사성핵종의 농도는 제외한다.

36) 유도공기중농도

방사선작업종사자가 1년 동안 흡입할 경우 방사능 섭취량이 연간섭취한도에 이를 것으로 보이는 공기중의 농도로서 위원회가 정하는 값을 말한다.

위원회가 정하는 값

"원자력안전위원회가 정하는 값"인 유도공기중농도는 다음과 같다.

1. 방사성물질의 종류를 알 수 있고 단일 방사성핵종일 때에는 별표 3의 제1란의 해당 방사성핵종에 대한 제4란의 농도
2. 방사성물질의 종류를 알 수 있고 2종 이상의 방사성핵종일 때에는 각 방사성핵종의 농도의 제1호에 따른 농도에 대한 각각의 비율의 합계가 1이 되는 농도
3. 방사성물질의 종류를 알 수 있으나 방사성물질의 일부 또는 전부의 농도를 알 수 없을 때에는 혼합물내 방사성핵종의 유도공기중농도중 가장 낮은 값
4. 방사성물질의 종류는 알 수 없으나 혼합물내에 존재하지 않는 방사성핵종이 알려진 경우에는 혼합물내에 존재할 수 있는 방사성핵종의 유도공기중농도중 가장 낮은 값 또는 별표 4의 제1란의 핵종별 각 경우에 대한 제3란의 농도
5. 유도공기중농도를 산출함에 있어서 공기 중에 자연적으로 함유되어 있는 방사성핵종의 농도는 제외한다.

37) 조사선량

엑스선 또는 감마 방사선에 의하여 공기 단위 질량당 생성된 전하량을 말한다. 조사선량의 단위로 쿨롱/킬로그램(C/kg) 또는 렌트겐(R)이 사용되며, 1R은 2.58×10^{-4} C/kg과 같다.

38) 흡수선량

물질의 단위 질량당 흡수된 방사선의 에너지를 말한다. 흡수선량의 단위로 그레이(Gy)가 사용되며, 1 Gy는 1 주울/킬로그램(J/kg)이다.

39) 등가선량

인체의 피폭선량을 나타낼 때 흡수선량에 당해 방사선의 방사선가중치를 곱한 양을 말한다. 등가선량의 단위로 시버트(Sv)가 사용되며, 이때 사용할 방사선가중치는 별표 1과 같다.

별표 1

방사선 가중치[1]

종류 및 에너지 범위	방사선가중치(W_R)
◦광자(전에너지)	1
◦전자 및 뮤온(전에너지)[2]	1
◦중성자, 에너지 〈 10 keV	5
10 keV ~ 100 keV	10
100 keV ~ 2 MeV	20
2 MeV ~ 20 MeV	10
〉 20 MeV	5
◦반조양자 이외의 양자 (에너지〉2 MeV)	5
◦알파입자, 핵분열 파편, 무거운 원자핵	20

1. 모든 값은 신체에 입사하는 방사선에 대한 것이며, 신체내 선원의 경우는 선원으로부터 방출되는 방사선에 대한 것이다.
2. DNA에 결합된 원자핵들로부터 방출되는 오제전자는 제외된다.

40) 유효선량

인체내 조직간 선량분포에 따른 위험 정도를 하나의 양으로 나타내기 위하여 각 조직의 등가선량에 해당 조직의 조직가중치를 곱하여 이를 모든 조직에 대해 합산한 양을 말한다. 유효선량의 단위로 시버트가 사용되며, 이때 사용할 조직가중치는 별표 2와 같다.

별표 2

조직 가중치[1]

조직 또는 장기	조직가중치(W_T)	조직 또는 장기	조직가중치(W_T)
생식선	0.20	간	0.05
골수(적색)	0.12	식 도	0.05
대 장	0.12	갑상선	0.05
폐	0.12	피 부	0.01
위	0.12	뼈표면	0.01
방 광	0.05	기타 조직	0.05[2,3]
유 방	0.05		

1. 이 수치들은 남녀 동수, 광범위한 연령층의 기준 인구집단으로부터 도출된 것이다. 이 값들은 유효선량을 정의할 때 작업자 또는 전 인구, 남녀 어느 쪽에 대해서도 적용된다.
2. 계산목적을 위하여 기타 조직은 다음의 추가 조직 및 장기로 구성된다. 즉, 부신, 뇌, 대장 상부, 소장, 콩팥, 근육, 췌장, 비장, 흉선 및 자궁이 된다. 이 목록에는 선택적으로 방사선피폭이 있을 법한 장기가 포함되어 있다. 목록 중의 어떤 장기는 암 유발에 높은 감수성을 가진 것으로 알려져 있다. 만약, 다른 조직이나 장기가 암유발의 현저한 리스크를 갖는 것이 후에 확인된다면, 그들은 구체적인 W_T값과 함께 목록에 포함되거나 혹은 기타조직을 구성하는 추가 목록에 포함될 것이다. 기타 조직에는 선택적으로 방사선에 피폭하는 다른 조직 또는 장기도 포함될 수 있다.
3. 기타 조직 중의 하나가 위 "표"의 12개 기관 중의 최고선량을 초과한 등가선량을 받은 예외적인 경우에는, 그 조직 또는 장기에 가중치 0.025를 적용하고, 그 이외의 나머지 기타 조직 또는 장기에 대한 평균선량에 0.025의 가중치를 적용한다.

41) 집단선량

다수의 사람이 피폭되는 경우에 그 집단의 개인피폭방사선량의 총합을 말한다. 집단선량의 단위는 맨 시버트(man-Sv)가 사용된다.

42) 예탁선량

체내에 존재하는 방사성핵종으로 인하여 그 사람이 일정기간 받게 되는 내부피폭방사선량을 말한다. 예탁선량은 예탁등가선량이나 예탁유효선량으로 나타낼 수 있으며, 피폭을 고려하는 기간이 사전 지정되어 있지 아니 할 경우에 일정기간은 성인에 대해서는 50년, 아동에 대해서는 70년으로 한다.

43) 핵분열성물질

우라늄 233, 우라늄 235, 플루토늄 239, 플루토늄 241 또는 이들의 혼합물을 말한다. 다만, 조사되지 아니한 천연우라늄 및 감손우라늄과 열중성자로에서 조사된 천연우라늄 및 감손우라늄은 제외한다.

44) 배출

방사성물질 또는 그로 인하여 오염된 물질(이하 "방사성물질등"이라 한다)로서 원자력이용시설에서 정상 운전 중에 발생한 액체 또는 기체 상태의 방사성물질등을 위원회가 정하는 제한 값 이내에서 배수시설 또는 배기시설을 통하여 계획적이고 통제된 상태에서 외부로 내보내는 것을 말한다.

위원회 고시

① "원자력안전위원회가 정하는 제한 값"이란 다음과 같다.

1. 방사성물질의 종류를 알 수 있고 단일 방사성핵종일 때에는 별표 3(방사성물질의 연간섭취한도, 유도공기중농도 및 배출관리기준)의 제1란의 해당 방사성핵종에 대한 제5란(배기중의 배출관리기준)과 제8란(배수중의 배출관리기준)의 농도
2. 방사성물질의 종류를 알 수 있고 2종 이상의 방사성핵종일 때에는 각 방사성핵종의 농도의 제1호에 따른 농도에 대한 각각의 비율의 합계가 1이 되는 농도
3. 방사성물질의 종류를 알 수 있으나 방사성물질의 일부 또는 전부의 농도를 알 수 없을 때에는 혼합물내 방사성핵종의 배출관리기준 중 가장 낮은 값
4. 방사성물질의 종류는 알 수 없으나 혼합물내에 존재하지 않는 방사성핵종이 알려진 경우에는 혼합물내에 존재할 수 있는 방사성핵종의 배출관리기준 중 가장 낮은 값 또는 별표 4(종류 미상인 방사성물질의 연간섭취한도, 유도공기중농도 및 배출관리기준)의 제1란의 핵종별 각 경우에 대한 제4란(배기중의 배출관리기준)과 제6란(배수중의 배출관리기준)의 농도
5. 배출관리기준을 산출함에 있어서 배기중 또는 배수중에 자연적으로 존재하는 방사성핵종의 농도는 제외한다.

② 배출관리기준을 적용함에 있어 배기중 또는 배수중 방사성핵종의 허용농도는 1주간의 평균치로 한다. 다만, 부득이한 경우에는 3개월간의 평균치로 갈음할 수 있다.

45) 배기설비

배기정화장치·배풍기 및 배기관 등 기체상태의 방사성물질 또는 그에 의하여 오염된 공기를 정화하거나 배출하는 설비를 말한다.

46) 배수설비

액체상태의 방사성물질이나 그에 의하여 오염된 액체를 정화하거나 배출하는 설비로서 농축기·분리기·이온교환장치 등의 배출액처리장치 또는 저장탱크·희석탱크·여과탱크 등 배출액정화탱크의 배수관·배수구 등을 말한다.

47) 사업소(공장을 포함한다)

방사성동위원소 또는 방사선발생장치의 사용·이동사용·판매를 위하여 등기부등본 또는 사업자등록증에 등재된 주소지에 설치한 사용시설·분배시설·저장시설·보관시설·처리시설 또는 배출시설이 위치한 건물과 그 건물의 부속건물 및 토지를 말한다.

48) 대단위사업

(1) 방사성동위원소 등의 이동사용을 전문으로 하는 사업
(2) 식품 등에 방사선을 조사하는 것을 전문으로 하는 사업
(3) 단위시설 당 밀봉선원 111테라베크렐 이상 사용하는 사업
(4) 단위시설 당 1기가 전자볼트 이상의 방사선발생장치를 사용하는 사업

식품조사

이동사용선원

49) 방사선투과검사

엑스선발생장치 또는 감마선조사장치에서 발생하는 X-선, 감마선 등을 방사선원으로 이용하는 비파괴 검사를 말한다.

50) 인과확률

방사선작업종사자 등에게 발생한 암이 방사선에 기인되었을 확률로서 다음 식으로 산출되는 값이다.

$$\text{인과확률} = \frac{A}{A+B} \times 100$$

A: 방사선 피폭에 의한 해당암의 초과위험 B: 해당암의 기저위험

51) 방사성내용물

방사성물질등으로서 고체·액체 또는 기체상태로 운반용기 안에 들어 있는 것을 말한다.

52) 운반용기

방사성내용물을 완전히 포장하는데 필요한 구성품의 집합체를 말한다.

53) 운반물

운반을 위해 제시된 방사성내용물이 들어있는 운반용기를 말한다.

54) 비방사능

방사성핵종의 단위질량 당 방사능을 말한다.

55) 저준위 비방사능물질

본질적으로 제한된 비방사능을 가지고 있는 방사성물질 또는 평균 비방사능의 제한치가 적용되는 방사성물질을 말한다. 다만, 평균 비방사능을 결정할 때에 저준위 비방사능물질을 둘러싼 외부 차폐체는 고려하지 아니한다.

56) 덧포장

취급·적재 및 운반의 편리를 위하여 하나 이상의 운반물을 하나의 취급단위로 통합하기 위하여 단일 송하인이 사용하는 상자 등의 수납체를 말한다.

57) 방사선원

밀봉된 방사성동위원소로서 방사선원의 누설점검에 관한 기술기준에 따라 누설점검을 하여야 하는 선원을 말한다. 다만, 다음 각 항에서 정하는 방사선원은 제외한다.

(1) 베타 및 감마선을 방출하는 밀봉선원으로서 방사능량이 3.7 MBq 이하의 것

(2) 알파선을 방출하는 밀봉선원으로서 방사능량이 0.37 MBq 이하의 것

(3) 물리적 반감기가 30일 이하의 것

58) 작업실

밀봉되지 아니한 방사성동위원소 또는 방사성동위원소에 오염된 물건으로서 밀봉되지 아니한 것을 사용 또는 포장하는 곳

59) 체내섭취

경구, 호흡구, 피부, 또는 상처 등을 통하여 방사성핵종이 인체내부로 들어오는 것을 말한다.

60) 체액흡수

섭취된 방사성핵종이 혈액 및 세포액 등과 같은 체액에 흡수되는 것을 말한다.

61) 섭취잔류량

방사성핵종이 인체 내로 섭취된 다음 일정 기간 경과 후에도 소변, 대변 또는 땀 등을 통하여 체외로 배설되지 않고 인체에 남아 있는 양을 말한다.

62) 배설률

인체 내에 섭취되었던 방사성핵종이 장기나 조직으로부터 소변 및 대변 등을 통하여 체외로 단위시간당 배설되는 양을 말한다.

63) 직접측정법

인체 내에 섭취된 방사성핵종의 농도 및 그 양을 방사선측정기를 이용하여 직접 측정하는 방법을 말한다.

64) 간접측정법

인체 내부로부터 배설 또는 분비되는 물질이나 타액 등에 존재하는 방사능의 양을 측정하여 인체 내에 섭취된 방사성핵종의 농도 및 그 양을 측정하는 방법을 말한다.

65) 방사선안전관리통합정보망

방사성동위원소 등의 이용과 관련된 기관을 네트워크로 구성하여 방사선안전관리에 대한 정보를 종합적으로 관리하는 망을 말한다.

66) 방사성동위원소등

방사성동위원소 또는 방사선발생장치를 말한다.

67) 비차폐 선원

사용할 때 차폐체가 제거되어 있는 형태로 사용되는 밀봉선원을 말한다.

68) 처분장

폐기물을 처분하는 처분시설이 위치하는 장소를 말한다.

【조건】

(1) 강우 및 강설 등으로 인하여 안전운영에 영향을 미치지 않는 곳이어야 한다.

(2) 태풍, 돌풍, 지진해일, 폭풍해일 등으로 인하여 안전운영에 영향을 미치지 않는 곳이

어야 한다.

(3) 표면배수가 잘 되고 내부 투수가 어려운 곳이어야 한다.

(4) 방사성핵종의 이동을 충분히 지연시킬 수 있는 지층 또는 균질 기반암 내에 위치하여야 한다.

(5) 풍화, 침식, 산사태 및 화산 등과 같은 지표면의 변동 등으로 인하여 폐기물 중의 방사성핵종 이동이 현저히 증가할 것으로 예측되는 지역에 위치하여서는 아니 된다.

(6) 가능한 한 방사성핵종에 대한 흡착력이 있어야 하며, 특히 장반감기의 방사성핵종 이동을 지연시키는 천연방벽이 발달한 지역이어야 한다.

(7) 처분시설의 안전성을 위하여 장기간에 걸쳐 역사적으로 지진 발생빈도, 규모 및 진도가 낮고, 또한 그와 같이 예상되는 지역이어야 한다.

(8) 지진의 발생에 의하여 방사성핵종의 이동속도를 증가시킬 가능성이 있는 활성단층 지역이나 그와 같은 지역에 인접하여서는 아니된다.

(9) 가능한 한 굴착작업 및 이에 관련된 시추사실이 없는 지역에 위치하여야 한다. 다만, 그러한 사실이 있을 경우에는 충분한 공간을 설정하여 처분장의 지형변화 가능성을 최소화할 수 있는 곳이어야 한다.

(10) 군사활동으로 인하여 처분장 안전운영에 영향을 미치는 지역이거나 그로 인한 방사성핵종 이동의 증가가 예상되는 지역에 위치하여서는 아니 된다.

(11) 폐기물을 안전하게 수송하는 데에 적합한 교통조건을 갖춘 지역이거나 교통시설의 건설이 용이한 지역에 위치하여야 한다.

(12) 가능한 한 토지이용의 효율성이 낮은 지역에 위치하여야 하며 비행장이 있거나 고압전송·통신선 및 가스와 석유수송로 등이 지나는 장소에 위치하여서는 아니 된다.

69) 심층처분

지하 깊은 곳의 안정한 지층구조에 천연방벽 또는 공학적 방벽으로 방사성폐기물을 처분하는 것을 말한다.

70) 천층처분

다음 각 항의 하나에 해당하는 것을 말한다.

(1) 동굴처분 : 지하의 동굴 또는 암반 내에 천연방벽 또는 공학적 방벽으로 방사성폐기물을 처분하는 것

(2) 표층처분 : 지표면과 가까이에 천연방벽 및 공학적 방벽으로 방사성폐기물을 처분하는 것

(3) 매립형처분 : 지표면과 가까이에 천역방벽으로 방사성폐기물을 처분하는 것

71) 천연방벽

처분장의 지표 및 지하구조로서 방사성핵종의 이동을 지연시킬 수 있는 자연적인 방벽 구조를 말하며, 폐기물 처분시설 또는 폐기물을 둘러싼 토양 및 암반 등을 포함한다.

72) 공학적 방벽

폐기물 처분시설로부터 폐기물 및 방사성핵종의 이동을 지연시키거나 제한할 수 있는 인공구조물을 말한다.

73) 표층수

담수·염수를 포함하여 지표면상에 존재하는 모든 물을 말한다.

(1) 처분장 인접지역의 지표면에서 지하수로 충전될 수 있는 표층수가 가능한한 분포하지 아니 하여야 한다.

(2) 처분장과 가장 가까운 표층수와의 거리는 폐기물 중의 방사성핵종이 표층수역으로 이동하여 방사성핵종 방출에 의한 환경영향이 없을 만큼 충분히 떨어져야 한다.

(3) 처분장은 홍수, 댐의 파손, 해수의 작용이나 기타 인위적인 사고로 인한 내수면의 범람 시 예측수위보다 상부에 위치하여야 한다.

74) 지하수

지표면 아래로 침투하여 지하의 공극 또는 공동을 채우고 있는 모든 물을 말한다.

(1) 처분장 주위의 지하수위는 단층작용, 해수작용 등의 자연현상에 의한 변동과 계절적인 변동이 크지 않아야 한다.

(2) 천층처분의 경우, 처분장 주위의 최고 지하수위는 처분 트랜치 하부보다 가능한 한 낮은 곳에 위치하여야 한다.

(3) 처분장 주위의 지하수 유동 및 유속은 가능한 한 작아야 한다.

(4) 처분장 주위의 지하수 유동 계통 내에서 방사성핵종의 예상지연시간은 그 핵종이 충분히 붕괴되어 인간생활권에 영향을 미치지 아니하도록 길어야 한다.

(5) 처분장 주위의 대수층은 지하수 유동계통상 가능한 한 다른 대수층과 연결되어 있지 아니하여야 한다.

75) 처분고

처분시설에서 폐기물이 최종적으로 정치되는 설비로서 방벽에 의해 격리되는 독립적인 폐기물 처분용 구조물을 말한다.

처분고 위치구조 및 적재모형

76) 감시

방사선피폭의 평가 또는 관리를 목적으로 방사선학적 또는 비방사선학적 파라미터들을 측정하고 그 측정치를 해석하는 것을 말한다.

77) 성능

처분장이 방사성폐기물을 격리하는 데 그리고 설계 요건에 따라 방사선방어의 요건을 만족하는 데 얼마나 유효한가를 나타내는 척도를 말한다.

78) 덮개

처분시설에서 폐기물 용기와 포장물 또는 처분고 등 구조물 위를 덮고 있는 물질이나 이러한 물질들의 층을 말한다.

79) 폐쇄 후 관리

처분시설이 설계성능을 유지함을 입증하기 위하여 수행되는 행위를 총칭하는 것으로서 감시, 접근제한, 보수작업 등의 적극적인 활동과 토지사용통제, 기록보관 등의 소극적인 활동을 모두 포함한다.

80) 판독특이자

가. 선량한도를 초과하여 방사선에 피폭된 자

나. 선량계의 훼손·분실 등으로 인하여 선량판독이 불가능하게 된 자

다. 위원회가 정하는 선량계 교체주기를 2개월 이상 지난 후 선량계를 제출한 자

81) 사업자 추정선량

사업자가 판독특이자에 대한 조사·평가 결과 실제 피폭이 아닌 것으로 판단되거나 선량

판독이 불가능한 경우, 해당 판독특이자에 대한 자료 및 방사선작업 조건 검토, 동일 작업의 평가 등에 근거하여 합리적으로 추정한 피폭방사선량을 말한다.

82) 편무승인

설계 발원국가의 관계당국에 의하여 요구되는 설계에 대한 승인을 말한다.

83) 다변승인

설계 또는 선적의 발원국가 및 화물이 통과 또는 도착되는 해당국가의 관계당국에 의한 승인을 말한다. "통과 또는 도착"이란 특별히 영공통과를 배제하는 것으로서, 즉 방사성물질을 수송하는 항공기가 기착이 예정되지 않은 국가의 영공을 통과하는 경우에 해당국가에 대한 승인 및 통보요건은 적용하지 않는다.

84) 근접치료

밀봉선원을 이용하여 인체의 표면, 강내 또는 조직내의 근접거리에서 방사선을 조사하는 방사선치료를 말한다.

85) 처방선량

방사선진료전문의가 방사선치료를 위하여 처방한 선량을 말한다.

86) 심층처분

방사성폐기물을 사람의 접근과 방사성핵종의 생태계 유입이 제한될 수 있도록 지하 깊은 곳의 안정한 지층구조에 처분하여 인간 생활권으로부터 영구히 격리시키는 것을 말한다.

87) 처분시스템

방사성폐기물, 공학적 방벽을 비롯한 설계특징, 천연방벽, 방사선영향에 연관되는 부지환경, 처분시설 운영관리 등 처분시설의 안전성을 구성하는 성분 모두를 말한다.

88) 안전목표치

처분시설의 폐쇄 후 자연현상이나 인간침입으로 초래될 수 있는 방사선피폭으로부터 사람을 보호하기 위해 설정되는 목표치로서 방사선량 또는 상응하는 위험도로 나타낸다.

89) 시나리오

안전성평가에서 방사성폐기물의 누출과 이동 그리고 궁극적으로 방사선영향을 추정하기 위해 가정한 조건이나 사건의 세트를 말한다.

90) 위험도

처분된 방사성폐기물로 인한 방사선피폭으로 초래될 보건위험의 정도를 정량적으로 나타낸 것으로, 방사선피폭으로 이어지는 시나리오가 일어날 확률과 그 피폭방사선량에 의한 보건위험 확률의 곱으로 표현된다.

91) 자체처분

방사성폐기물 중에서 핵종별 농도가 자체처분 허용농도 미만임이 확인된 것을 「원자력안전법」의 적용대상에서 제외하여 방사성폐기물이 아닌 폐기물로 소각, 매립 또는 재활용 등의 방법으로 관리하는 것을 말한다.

92) 자체처분 허용농도

원자력안전법 시행령 제107조제1항에 따라 방사성폐기물의 자체처분을 허용할 수 있는 방사성핵종별 방사능 농도로서 별표1의 허용농도 또는 자체처분 허용선량을 만족함이 입증되는 농도를 말한다.

93) 자체처분 허용선량

방사성폐기물의 자체처분에 따른 개인에 대한 연간 예상 피폭방사선량이 10μSv 미만이고 집단에 대한 연간 예상 총피폭방사선량이 1 man·Sv 미만이 되는 값을 말한다.

94) 검출목표치

방사성폐기물을 자체처분하고자 하는 자체처분사업자가 자체적으로 설정하는 검출목표 방사능 농도를 말한다.

95) 최소검출가능농도

방사능계측기, 시료량, 회수율, 계측시간 등의 계측조건에 따라 정해지는 검출가능한 최소 방사능 농도를 말한다.

96) 해체

다음의 허가를 받은 자가 이 법에 따라 허가 받은 시설의 운영을 영구적으로 정지(이하 "영구정지"라 한다)한 후, 해당 시설과 부지를 철거하거나 방사성오염을 제거함으로써 이 법의 적용대상에서 배제하기 위한 모든 활동을 말한다.

가. 발전용원자로 및 관계시설의 운영허가

나. 연구용 또는 교육용 원자로 및 관계시설의 운영허가

다. 핵연료주기시설의 운영허가

라. 방사성폐기물관리시설등(처분시설 및 그 부속시설은 제외)의 건설、운영 허가

97) 폐쇄

방사성폐기물 처분시설 및 그 부속시설의 건설·운영 허가를 받은 자가 방사성폐기물을 처분하는 활동을 완결하고 장기 안전성을 확보하기 위하여 실시하는 관리적·기술적 조치(방사성폐기물 처분시설 지하 공간의 뒷채움, 덮개 설치 등을 포함한다)를 말한다.

98) 사고관리

원자로시설에 사고가 발생하였을 때 사고가 확대되는 것을 방지하고 사고의 영향을 완화하며 안전한 상태로 회복하기 위하여 취하는 제반조치를 말하며, 원자력안전위원회에서 정하는 설계기준을 초과하여 노심의 현저한 손상을 초래하는 사고(이하 "중대사고"라 한다)에 대한 관리를 포함한다.

위원회 고시

"설계기준"이라 함은 원자로시설의 원자력발전소 수명기간 동안 예상되는 운전상태 또는 사건에 대하여 원자로시설의 조건이 규정된 제한치를 초과하지 아니하도록 설정하는 기준으로서 원자로시설에 설치되는 설비들의 설계시 고려하여야 하는 최소한의 기능 또는 성능에 관한 기순을 말한다.

7. 원자력안전위원회

원자력의 생산과 이용에 따른 방사선재해로부터 국민을 보호하고, 공공의 안전과 환경보전에 이바지함을 목적으로 하는 원자력안전에 관한 업무를 수행하기 위하여 국무총리 소속으로 원자력안전위원회(이하 "위원회"라 한다)를 둔다.

1) 위원회의 기능

위원회는 다음 각 호의 사항을 심의·의결한다.

(1) 원자력안전관리에 관한 사항의 종합·조정

(2) 「원자력안전법」 제3조에 따른 원자력안전종합계획의 수립에 관한 사항

(3) 핵물질 및 원자로의 규제에 관한 사항

(4) 원자력이용에 따른 방사선피폭으로 인한 장해의 방어에 관한 사항

(5) 원자력이용자의 허가·재허가·인가·승인·등록 및 취소 등에 관한 사항

(6) 원자력이용자의 금지행위에 대한 조치 및 과징금 부과에 관한 사항

(7) 원자력안전관리에 따른 경비의 추정 및 배분계획에 관한 사항

(8) 원자력안전관리에 따른 조사·시험·연구·개발에 관한 사항
(9) 원자력안전관리에 따른 연구자·기술자의 양성 및 훈련에 관한 사항
(10) 방사성폐기물의 안전관리에 관한 사항
(11) 방사선재해대책에 관한 사항
(12) 원자력안전 관련 국제협력에 관한 사항
(13) 위원회의 예산 편성 및 집행에 관한 사항
(14) 소관 법령 및 위원회규칙의 제정·개정 및 폐지에 관한 사항
(15) 이 법 또는 다른 법률에 따라 위원회의 심의·의결 사항으로 정한 사항

2) 위원회의 구성

(1) 위원회는 위원장을 포함하여 9명의 위원으로 구성하며, 위원장 및 위원 1명은 상임위원으로 한다.
(2) 위원장은 정무직으로 한다.
(3) 상임위원은 「정부조직법」 제10조에도 불구하고 정부위원이 된다.

3) 전문위원회

위원회는 그 소관 사무의 실무적인 자문이나 심의·의결 사항에 관한 사전검토 또는 위원회로부터 위임받은 사무를 효율적으로 수행하기 위하여 필요하면 위원회 소속으로 전문위원회를 둔다.

(1) 전문위원회의 구성

- 위원장 1명을 포함한 15명 이내의 위원으로 구성한다.
- 전문위원회의 위원장은 전문위원회의 위원 중에서 위원회의 위원장이 지명하고, 전문위원회의 위원은 다음 각 호의 사람 중에서 위원회의 위원장이 위촉하거나 임명한다.
  1. 원자력에 관한 학식과 경험이 풍부한 사람
  2. 관계 기관의 직원

4) 위원의 결격사유

(1) 다음 각 호의 어느 하나에 해당하는 사람은 위원이 될 수 없다.
1. 「국가공무원법」 제33조 각 호의 어느 하나에 해당하는 사람
2. 탄핵결정에 따라 파면된 사람
3. 「정당법」 제22조에 따른 당원
4. 다음 각 목의 어느 하나에 해당하는 기관의 임직원(교원은 제외한다)으로 근무하

고 있거나 퇴직한 날부터 3년이 경과되지 아니한 사람

가. 발전용원자로 및 관계시설을 건설·운영 허가를 받은 기관

나. 연구용 또는 교육용의 원자로 및 관계시설을 건설·운영 허가를 받은 기관

다. 핵연료주기시설을 건설·운영 허가를 받은 기관

라. 방사성폐기물의 저장、처리、처분 시설 및 그 부속시설을 건설、운영 허가를 받은 기관

5. 제4호의 기관으로부터 최근 3년 이내에 연구개발과제(「과학기술기본법」에 따른 국가연구개발사업은 제외한다)등 총 1천만 원 이상의 용역을 수탁하여 수행하고 있거나 수행하였던 사람

(2) 위원이 제1항 각 호의 어느 하나에 해당하게 되는 때에는 그 직에서 당연 퇴직한다.

(3) 위원회는 위원이 제1항 제4호 및 제5호에 따른 결격사유에 해당하는지 판단하기 위하여 필요한 자료의 제공을 같은 항 제4호 각 목에 따른 기관에 요청할 수 있다. 이 경우 요청받은 기관은 특별한 사유가 없으면 이에 따라야 한다.

5) 위원의 임기

(1) 안전위원회 위원의 임기는 3년으로 하되, 1회에 한하여 연임할 수 있다.

(2) 전문위원회 위원의 임기는 2년으로 하며, 한 차례만 연임할 수 있다.

6) 위원회는 다음에 해당하는 사고가 발생한 때에는 별도의 전문위원회를 구성하여 이를 조사하게 할 수 있다.

(1) 원자력관계시설의 안전계통에 있어서의 중대한 사고

(2) 방사선으로 인한 환경오염사고

(3) 방사선에 의한 중대한 피폭사고

(4) (1)~(3)까지의 경우에 준하는 국외의 방사능 사고가 발생한 경우 또는 방사선오염이 확산되는 경우

제1장 원자력안전법령의 체계

객관식

01 자체처분의 기준이 되는 개인과 집단에 대한 허용선량 중 올바른 것은?

① 개인 10 μSv 미만, 집단 1 man·Sv 미만 ② 개인 10 μSv 이하, 집단 1 man·Sv 이하
③ 개인 10 μSv 이상, 집단 1 man·Sv 이상 ④ 개인 10 μSv 초과, 집단 1 man·Sv 초과

02 극저준위 방사성폐기물의 정의로 올바른 것은?

① 중·저준위방사성폐기물 중에서 방사능농도가 자체처분 허용 농도 이상이고, 자체처분 허용농도의 10배 미만인 방사성폐기물
② 중·저준위방사성폐기물 중에서 방사능농도가 자체처분 허용 농도 이상이고, 자체처분 허용농도의 100배 미만인 방사성폐기물
③ 중·저준위방사성폐기물 중에서 방사능농도가 자체처분 허용 농도 이하이고, 자체처분 허용농도의 10배 미만인 방사성폐기물
④ 중·저준위방사성폐기물 중에서 방사능농도가 자체처분 허용 농도 이하이고, 자체처분 허용농도의 100배 미만인 방사성폐기물

03 다음중 원자력법상의 방사성물질이 아닌 것은?

① 핵연료물질
② 핵원료물질
③ 방사성동위원소
④ 사용후핵연료

정답

1) ① 2) ② 3) ②

04 원자력안전법에 대한 설명 중 올바른 것을 모두 조합한 것은?

> 가. 원자력안전법 제1조 목적은 방사선에 의한 재해의 방지와 공공의 안전을 도모함에 있다.
> 나. 우리나라의 원자력안전법시행령은 총리령으로 정한다.
> 다. 원자력안전법은 단일법이며, 안전규제법이다.
> 라. 원자력안전법은 의료법과 약사법 등과 관련이 있다.

① 가, 나　　② 가, 다, 라
③ 가, 라　　④ 가, 다

05 다음은 원자력안전 법 규정의 제·개정권한을 가진 기관(장)을 연결하였다. 옳게 조합된 것은?

> 가. 원자력안전법–국회　　나. 시행령–대통령
> 다. 시행규칙–부령　　라. 고시–원자력안전위원회

① 가, 나, 라　　② 가, 다, 라
③ 나, 다, 라　　④ 가, 나, 다

06 삼중수소(3H)를 사용한 안전지시등은 어떤 조건을 만족할 경우 원자력안전법에서 정하는 방사성동위원소가 아니므로 규제의 대상에서 제외된다. 그 조건에 부합하는 것으로 조합된 것은?

> 가. 개인 피폭방사선량을 저감하기 위해 신속한 교환이 이루어질 수 있도록 탈부착이 가능하도록 할 것
> 나. 표면방사선량률이 10 μSv/h 이하일 것
> 다. 방사성동위원소와 접촉을 방지하는 구조일 것
> 라. 단위제품당 925 GBq을 초과하지 않을 것

① 가, 라　　② 가, 다
③ 다, 라　　④ 나, 다

07 다음 중 핵연료 주기시설에 해당되는 것으로 조합된 것은?

> 가. 정련시설　　나. 처분시설
> 다. 가공시설　　라. 사용 후 핵연료 처리시설

① 가, 나, 다, 라　　② 가, 나, 다
③ 가, 다, 라　　④ 가, 나,

정답

4) ④　5) ①　6) ③　7) ③

08 군사용 기기에 내장된 물질중 원자력안전법에 의거, 방사성동위원소에서 제외되는 수량에 대한 규정이다. 옳지 않은 것은?

① 9.25 MBq 이하의 ^{241}Am ② 37 GBq 이하의 ^{3}H
③ 3 GBq 이하의 ^{147}Pm ④ 1 GBq 이하의 ^{14}C

09 원자력안전법상의 방사성물질에 해당되는 것으로 조합된 것은?

가. 방사성동위원소	나. 원자핵분열생성물
다. 핵연료에 의하여 오염된 물질	라. 토륨 및 그 화합물

① 가, 나, 다 ② 가, 다, 라
③ 가, 나, 라 ④ 가, 나, 다, 라

10 다음 ( )안에 들어갈 말로 순서대로 연결된 것은?

가. 임신한 여성이 임신사실을 알고난 후부터 출산 시까지의 하복부 복부 등가선량한도는 ( ) mSv이다.
나. 임신한 여성이 임신사실을 알고 난 후부터 출산 시까지 섭취하는 방사성핵종의 섭취한도는 ALI의 ( ) 이하이어야 한다.
다. 외부피폭과 내부피폭의 병존 시에는 등가선량한도 및 섭취한도에 대한 각각의 분율의 합이 ( )를 초과하지 아니하여야 한다.

① 5 mSv, 1/20, 1 ② 2 mSv, 1/20, 1
③ 1 mSv, 1/20, 0.5 ④ 2 mSv, 1/50, 0.5

11 다음은 방사성폐기물에 대한 설명이다. 올바른 것끼리 조합된 것은?

가. 방사성폐기물이란 방사성물질과 방사성물질에 의하여 오염된 물질로서 폐기의 대상이 되는 물질을 말한다.
나. 방사성폐기물을 재활용할 수는 없다.
다. 방사성폐기물을 성상에 따라 기체, 액체, 고체로 분류할 수 있다.
라. 방사성폐기물을 가연성과 비가연성으로 분류할 수도 있다.

① 가, 나, 다, 라 ② 가, 나, 라
③ 가, 다, 라 ④ 나, 라

정답

8) ④ 9) ③ 10) ② 11) ③

12 다음 중 방사선작업종사자에 해당하는 사람으로만 조합된 것은?

가. 전기, 배관공사 또는 시설점검등의 목적으로 방사선관리구역에 출입하는 자
나. 방사성물질등의 처분업무를 하는 자
다. 원자력발전소의 운전원
라. 방사성물질에 의한 오염을 제거하는 업무를 하는 자

① 가, 다
② 가, 라
③ 가, 다, 라
④ 나, 다, 라

13 다음 중 ALI와 DAC에 대한 설명을 순서대로 나열한 것은?

가. 방사선작업종사자가 1년 동안 섭취할 경우 피폭방사선량이 선량한도에 이를 것으로 보이는 방사능의 양
나. 방사선작업종사자가 1년 동안 흡입할 경우 방사능 섭취량이 연간섭취한도에 이를 것으로 보이는 공기 중의 농도
다. 방사선작업종사자가 1년 동안 흡입할 경우 방사능 섭취량이 연간섭취한도에 이를 것으로 보이는 선량
라. 방사선작업종사자가 1년 동안 흡입할 경우 방사능 섭취량이 연간섭취한도에 이를 것으로 보이는 최대공기중 허용농도

① 가, 나
② 다, 라
③ 가, 라
④ 나, 라

14 방사선가중치에 대한 설명으로 올바른 것끼리 조합된 것은?

가. 흡수선량에 방사선가중치를 곱한 것을 등가선량이라고 한다.
나. 방사선가중치는 신체 내 외부에 입사하는 모든 방사선에 대해서 적용한다.
다. 전자의 경우 DNA에 결합된 원자핵들로부터 방출되는 오제전자는 제외된다.
라. 반도양성자의 경우 5를 적용한다.

① 다, 라
② 가, 다, 라
③ 가, 다
④ 나, 라

정 답

12) ④ 13) ① 14) ③

15 다음 중 조직가중치가 가장 큰 것과 가장 작은 것을 순서대로 나열한 것은?

가. 생식선	나. 적색골수
다. 폐	라. 피부

① 가, 라 ② 가, 나
③ 나, 다 ④ 나, 라

16 다음 중 평가단위가 <u>다른</u> 것은?

① 등가선량 ② 유효선량
③ 예탁선량 ④ 집단선량

17 방사선의 종류로서 옳지 <u>않은</u> 것은?

① 알파선·중양자선·양자선·베타선 기타 중하전입자선
② 중성자선
③ 감마선 및 엑스선
④ 2만 전자볼트 이상의 에너지를 가진 전자선

18 방사선발생장치 중 제외되는 용도 및 용량이 <u>아닌</u> 것은?

① 하전입자를 가속시켜 방사선을 발생하는 장치로서 가속된 하전입자 및 이로 인해 부수적으로 발생하는 모든 방사선의 최대에너지가 5 keV 이하인 것
② 교육용으로 사용하는 조사장치가 부착된 최대에너지가 5 keV 이하인 방사선발생장치
③ 의료 진단용으로 사용하는 엑스선발생장치
④ 설계승인 및 검사를 받은 방사선기기로서 완전방호형인 것

19 다음 중 원자력안전법의 관련규정에서 정하는 대단위사업에 속하는 것끼리 조합된 것은?

가. 방사성동위원소 등의 이동사용을 전문으로 하는 사업
나. 식품 등에 방사선을 조사하는 것을 전문으로 하는 사업
다. 단위시설당 1 MeV 이상의 방사선발생장치를 사용하는 사업
라. 단위시설당 밀봉선원 111 GeV 이상 사용하는 사업

① 가, 나, 다, 라 ② 가, 나
③ 가, 나, 다 ④ 가, 나, 라

정답

15) ① 16) ④ 17) ④ 18) ② 19) ②

20 다음 열거된 장치중 방사선발생장치의 종류가 아닌 것은?

① 변압기형 가속장치
② 나노트론 가속장치
③ 수소를 이용한 핵융합 실험장치
④ 가속이온 주입기

21 방사선관리구역의 설명 중 틀린 것은 ?

① 외부방사선량률이 1주당 400마이크로시버트 이상인 곳
② 공기중의 방사성물질의 농도가 유도공기중농도를 초과할 우려가 있는 곳
③ 외부방사선량률이 1주당 400마이크로시버트 미만인 곳
④ 물체표면의 오염도가 허용표면오염도를 초과한 곳

정답

20) ② 21) ③

제2장 방사성동위원소 등의 허가기준

1. 허가(법 제53조)

- 방사성동위원소 또는 방사선발생장치(이하 "방사성동위원소등"이라 한다)를 생산·판매·사용(소지·취급을 포함한다. 이하 같다) 또는 이동 사용하고자 하는 자는 대통령령으로 정하는 바에 따라 위원회의 허가를 받아야 한다. 허가받은 사항을 변경하려는 때에도 또한 같다. 다만, 총리령으로 정하는 일시적인 사용장소의 변경과 그 밖의 경미한 사항을 변경하려는 때에는 이를 신고하여야 한다.
- 총리령으로 정하는 용도 또는 수량 이하의 밀봉된 방사성동위원소 또는 총리령으로 정하는 용도 또는 용량 이하의 방사선발생장치를 사용 또는 이동 사용하려는 자는 대통령령으로 정하는 바에 따라 위원회에 신고하여야 한다. 신고한 사항을 변경하려는 때에도 또한 같다.
- 허가를 받으려는 자는 허가신청서에 <u>안전성분석보고서, 품질보증계획서, 방사선안전보고서 및 안전관리규정과 그 밖에</u> 총리령으로 <u>정하는 서류</u>를 첨부하여 위원회에 제출하여야 하며, 신고를 하려는 자는 신고서에 총리령으로 정하는 서류를 첨부하여 위원회에 제출하여야 한다. 다만, 안전성분석보고서 및 품질보증계획서의 제출은 생산허가를 받으려는 자에 한한다.
- 위원회는 제1항 단서 또는 제2항에 따른 신고를 받은 경우 그 내용을 검토하여 이 법에 적합하면 신고를 수리하여야 한다.
- 허가사용자 및 신고사용자의 결격사유에 관하여는 제14조를 준용한다. 이 경우 제14조 본문 중 "제10조 제1항의 허가를 받을 수 없다"는 "제53조 제1항·제2항의 허가를 받거나 신고를 할 수 없다"로, 같은 조 제3호 중 "제17조에 따라 허가가 취소

된 후"는 "제57조에 따라 허가취소·사용금지된 후"로, 같은 조 제4호 중 "임원 중에"는 "대표자가"로 본다.

원자력안전법 제14조(결격사유)

다음 각 호의 어느 하나에 해당하는 자는 제53조 제1항, 제2항의 허가를 받거나 신고를 할 수 없다.

1. 피성년후견인 또는 파산선고를 받고 복권되지 아니한 사람
2. 이 법을 위반하여 징역 이상의 형의 선고를 받고 그 형의 집행이 종료되거나 집행을 받지 아니하기로 확정된 후 3년이 경과되지 아니한 사람이나 징역 이상의 형의 집행유예를 선고받고 그 집행유예기간 중에 있는 사람
3. 제17조에 따라 허가가 취소(이 조 제1호에 해당하여 허가가 취소된 경우는 제외한다)된 후 2년이 경과되지 아니한 자
4. 임원 중에 제1호부터 제3호까지 중 어느 하나에 해당하는 사람이 있는 법인

1) 허가절차

(1) 위원회의 위탁기관인 한국원자력안전기술원에 허가신청을 하고 적합성 심사를 받은 후 허가증을 발급받는다.

(2) 허가기준등

- 생산시설·사용시설 등의 위치·구조 및 설비가 위원회규칙으로 정하는 기술기준에 적합할 것
- 방사성동위원소 또는 그에 따라 오염된 물질 또는 방사선발생장치에 따라 발생한 피폭방사선량이 대통령령으로 정하는 선량한도를 초과하지 아니할 것
- 생산하려는 방사성동위원소 등의 성능 및 품질보증계획서의 내용이 **위원회가 정하여 고시하는 기준**에 적합할 것
- 대통령령으로 정하는 장비 및 인력을 확보할 것

기술적 능력

1. 방사선안전관리 체계를 수립하여 운영하고 있을 것
2. 규정에 따라 등록한 대행업무의 유형별 절차를 수립하고 있을 것

(3) 사용허가등의 신청

- 규정에 의하여 방사성동위원소등을 생산·판매·사용(소지·취급을 포함한다) 또는 이동사용하기 위하여 허가를 받으려는 자는 사업소(공장을 포함한다)별로 총리령

으로 정하는 바에 따라 허가신청서를 위원회에 제출하여야 한다.

- 방사성동위원소 등의 생산허가를 받으려는 자는 사업소마다 방사성동위원소의 경우에는 핵종·수량별로, 방사선발생장치의 경우에는 용량별로 총리령으로 정하는 바에 따라 허가신청서를 위원회에 제출하여야 한다.
- 규정에 따라 방사선발생장치의 생산허가를 받으려는 자는 사업소마다 용량별로 총리령으로 정하는 바에 따라 허가신청서를 위원회에 제출해야 한다. 다만, 엑스선발생장치의 생산허가를 받으려는 자는 사업소마다 생산하려는 엑스선발생장치의 용량 중 최대 용량을 기준으로 총리령으로 정하는 바에 따라 허가신청서를 위원회에 제출할 수 있다.
- 방사선발생장치 중 대통령령으로 정하는 종류 또는 용량 이상의 방사선발생장치(이하 "대형방사선발생장치"라 한다)의 사용 허가를 받으려는 자는 총리령으로 정하는 공사착공일 전에 해당 대형방사선발생장치가 제55조제1항에 따른 허가기준에 적합한지에 대하여 위원회에 사전검토를 신청하여야 한다.

대통령령

[대형방사선발생장치]의 정의

1. 가속시킨 전자, 양성자 또는 중성자의 입자당 에너지가 50메가전자볼트를 초과하는 방사선발생장치
2. 다음 각 목의 요건을 모두 갖춘 방사선발생장치

가. 원자핵의 질량수(원자핵을 구성하는 양성자와 중성자 수의 합)가 4를 초과할 것

나. 가속시킨 양성자 또는 중성자의 입자당 에너지가 10메가전자볼트를 초과할 것

다. 빔 출력[beam power: 가속시킨 입자당 에너지의 합을 초(秒)로 나눈 값]이 50와트를 초과할 것

① 방사성동위원소 등의 생산허가신청 등

- 규정에 의한 방사성동위원소 등의 생산허가신청은 방사성동위원소 생산허가신청서 또는 방사선발생장치 생산허가신청서 서식에 의한다.
- 신청서에 첨부할 서류는 다음 각 호와 같다.

가. 안전성분석보고서

나. 품질보증계획서

다. 방사선안전보고서

라. 안전관리규정

마. 장비구입을 증명하는 서류

바. 방사선안전관리자의 재직을 입증하는 서류

사. 규정에 의한 보상기준

• 규정에 의한 **안전성분석보고서**에는 위원회가 정하여 고시하는 작성지침에 따라 다음 각 사항을 기재하여야 한다.

가. 방사성동위원소 등의 개요 및 제원

나. 방사성동위원소 등의 재질·구조 및 안전성평가

다. 방사성동위원소 등의 성능시험계획서

• 위원회는 방사성동위원소의 생산허가를 한 때에는 방사성동위원소생산허가증을, 방사선발생장치의 생산허가를 한 때에는 방사선발생장치생산허가증을 각각 신청인에게 교부하여야 한다.

• 위원회는 방사성동위원소 생산허가를 한 때에 특수형방사성물질에 대하여는 특수형방사성물질설계승인서를 교부하여야 한다.

② 방사성동위원소 등의 사용허가신청 등

• 방사성동위원소 등의 사용허가신청은 방사성동위원소 사용허가신청서 또는 방사선발생장치 사용허가신청서 서식에 의한다.

• 신청서에 첨부할 서류는 다음 각 호와 같다.

가. 방사선안전보고서

나. 안전관리규정

다. 장비구입을 입증하는 서류

라. 방사선안전관리자의 재직을 입증하는 서류

마. 규정에 의한 보상기준

• 허가신청서를 제출받은 위원회는 「전자정부법」 제36조 제1항의 규정에 따른 행정정보의 공동이용을 통하여 신청인의 사업자등록증을 확인하여야 한다. 다만, 신청인이 확인에 동의하지 아니하는 경우에는 사업자등록증 사본을 첨부하게 하여야 한다.

• 위원회는 방사성동위원소의 사용허가를 한 때에는 방사성동위원소 사용허가증을, 방사선발생장치의 사용허가를 한 때에는 방사선발생장치 사용허가증을 각각 신청인에게 발급하여야 한다.

③ 방사성동위원소 등의 이동사용허가신청 등

• 방사성동위원소 등의 이동사용허가신청은 방사성동위원소 이동사용허가신청서 또는 방사선발생장치 이동사용허가신청서에 의한다.

• 신청서에 첨부할 서류는 다음 각 호와 같다.(방사선투과검사 목적으로 이동사용하

려는 경우에는 장비 및 인력기준에 적합함을 증명하는 서류)

가. 방사선안전보고서

나. 안전관리규정

다. 장비구입을 입증하는 서류

라. 방사선안전관리자의 재직을 입증하는 서류

마. 규정에 의한 보상기준

- 허가신청서를 제출받은 위원회는 「전자정부법」 제36조 제1항의 규정에 따른 행정정보의 공동이용을 통하여 신청인의 사업자등록증을 확인하여야 한다. 다만, 신청인이 확인에 동의하지 아니하는 경우에는 사업자등록증 사본을 첨부하게 하여야 한다.
- 위원회는 방사성동위원소 등의 이동사용허가를 하였을 때에는 방사성동위원소 이동 사용허가증 또는 방사선발생장치 이동사용허가증을 신청인에게 발급하여야 한다.

④ 방사성동위원소 등의 판매허가신청 등

- 방사성동위원소 등의 판매허가신청은 방사성동위원소 판매허가신청서 또는 방사선발생장치 판매허가신청서에 의한다.
- 신청서에는 각각 다음 각 호의 서류를 첨부하여야 한다.

가. 방사선안전보고서

나. 안전관리규정

다. 장비구입을 입증하는 서류

라. 방사선안전관리자의 재직을 입증하는 서류(업무대행 인력으로 방사선안전관리자를 갈음하려는 경우에는 업무대행 계약서류 사본)

마. 규정에 의한 보상기준

바. 방사성동위원소 등의 수급 및 판매에 관한 계획서

사. 방사선발생장치의 경우에는 취급 방사선발생장치의 명세서

- 허가신청서를 제출받은 위원회는 「전자정부법」 제36조 제1항의 규정에 따른 행정정보의 공동이용을 통하여 신청인의 사업자등록증을 확인하여야 한다. 다만, 신청인이 확인에 동의하지 아니하는 경우에는 사업자등록증 사본을 첨부하게 하여야 한다.
- 위원회는 방사성동위원소 등의 판매허가를 하였을 때에는 방사성동위원소판매허가증 또는 방사선발생장치판매허가증을 신청인에게 발급하여야한다.

– **방사선안전보고서 내용**

가. 시설 개요
나. 시설주변의 환경
다. 운영계획 개요
라. 방사선원의 특성·위치 및 제원
마. 안전시설 개요
바. 방사선취급방법 및 방사선안전관리계획
사. 예상피폭선량의 평가에 관한 절차·방법 및 결과
아. 주변환경에 대한 방사선영향
자. 사고의 위험 및 그 대책
차. 방사성폐기물의 발생 및 처리계획
카. 종합결론
타. 방사선안전보고서의 작성자의 인적사항 및 자격
파. 참고문헌

위원회 고시 (세부작성)

1. 시설개요
 1) 사업주체 및 대상
  (1) 사업주체
   ◦ 등기부등본 또는 사업자등록증에 등재된 방사성동위원소등 생산·판매·사용 또는 이동사용기관의 명칭, 주소, 대표자명을 기술한다.
   ◦ 사업주체의 방사선취급 경험, 안전관리를 위한 기술인력 보유현황을 기술한다.
  (2) 사업소의 명칭 및 위치
   ◦ 방사선을 취급하고자 하는 사업소의 명칭 및 주소를 기술한다.
  (3) 사업의 목적 및 필요성
   ◦ 사업의 개요에 대하여 설명하고 방사선을 취급하는 목적, 필요성 및 기간에 대하여 기술한다.
 2) 시설개요
  (1) 시설 설치장소
   ◦ 사업소를 중심으로 한 지도를 첨부하고 사업소를 표시한다.
  (2) 시설의 배치
   ◦ 사업소 전체의 평면도를 첨부하고 방사선관리구역과 사용시설·생산시설·분배시설·저장시설·보관시설·처리시설 및 배출시설(이하 "사용시설등"이라 한다)의 배치계획을

표시한다.

(3) 시설의 구조

◦ 사용시설등의 세부 구조(상·하층 및 전·후·좌·우 등 인접구역 포함)를 척도가 표시된 도면과 함께 설명하고, 배수 및 배기설비등 주요설비의 위치, 설치개요, 설치방법 및 재질에 대하여 기술한다.

(4) 방사선원의 규모 및 용량

◦ 취급하고자 하는 방사선원의 종류, 수량 및 용량에 대하여 기술한다.

2. 시설주변의 환경

1) 시설주변

(1) 지리

◦ 사업소주변의 중요한 지형지물에 대하여 기술하고 지도로 표시한다. 사업소와 인접한 학교, 시장, 백화점 등 대중이용시설에 대하여 설명한다.

(2) 사회환경

◦ 방사능을 하수 방출하고자 하는 경우 하수의 경로에 대하여 기술한다.

◦ 직접 방사선 또는 방사능 방출 영향권 내의 주민 분포 및 유동인구 특성에 대하여 기술한다.

◦ 방사능의 환경 방출이 예상되는 경우에는 영향권 내의 토지이용, 농축수산물 생산현황을 기술한다.

◦ 사업소와 인접한 교통망 및 시설, 소방도로 등을 지도에 표시하고 설명한다.

◦ 사업소를 관할하는 경찰관서와 소방서의 위치와 거리에 대하여 기술한다.

◦ 인접한 지역에 폭발성, 인화성 물질을 취급하는 시설의 현황에 대하여 기술한다.

2) 시설주변의 작업 환경의 특성

(1) 사람의 접근가능성

◦ 사업소 내외에서 방사선에 의한 영향이 미칠 수 있는 장소에 대한 사람의 접근가능성에 대하여 기술한다.

(2) 시설주변의 인원

◦ 사용시설등의 현장에 접근하여 피폭할 수 있는 집단의 예상규모를 유형별로 구분하여 기술한다.

3. 운영계획 개요

1) 사업추진계획

(1) 시설의 설치계획

◦ 시설의 설치계획에 대하여 기술한다.

(2) 방사선의 구매, 생산 및 판매계획

◦ 사업목적에 따른 방사선원 구매 및 배치계획을 설명한다. 생산 또는 판매기관의 경우에는 생산 또는 판매하고자 하는 방사선원별 구매, 생산 또는 판매계획에 대하여

기술한다.

(3) 인력계획

◦ 방사선안전관리 인력, 방사선작업종사자 인력 등의 확보 및 초기 훈련계획에 대하여 기술한다.

2) 취급계획

(1) 취급, 저장 수량

◦ 방사선원의 종류별로 최대 및 연간 사용, 저장수량에 대하여 기술한다.

(2) 방사선 취급계획

◦ 종사자의 월간 방사선작업시간, 방사선발생장치의 월간 가동시간 등 방사선작업시간을 추정하여 기술한다.

4. 방사선원의 특성·위치 및 종류·수량 등 제원

1) 선원의 제원 및 특성

(1) 방사선원의 형태

◦ 밀봉선원, 방사성동위원소 내장기기, 방사선발생장치의 경우에는 제작사, 모델, 핵종, 방사능 또는 출력, 외형에 대하여 기술한다.

(2) 방사선원의 특성

◦ 개봉선원의 경우에는 핵종, 물리·화학적 상태에 대하여 기술한다.

◦ 방사선발생장치의 경우에는 방사선 스펙트럼, 조사빔 선량률, 누설선량률에 대하여 기술한다.

◦ 방사성동위원소 내장기기의 경우에는 표면선량률, 조사빔 선량률에 대하여 기술한다.

◦ 대형방사선발생장치의 경우에는 방사화 특성 및 관리에 대하여 다음과 같은 내용을 기술한다.

– 방사화가 예상되는 지점 및 구조물 등 대상을 구분하고 예상되는 방사화 과정, 생성핵종 및 방사선학적 특성에 대하여 기술한다.

– 시설의 운영기간 동안 예상되는 방사화 정도를 평가하고 그 결과를 기술한다.

– 시설의 운영기간 동안 방사화의 수준을 감시할 수 있는 방법에 대해서 기술한다.

2) 선원의 안전장치

◦ 방사성동위원소 내장기기 및 방사선발생장치의 경우에는 차폐, 셔터, 시건장치, 인터록, 경고등, 표지 등 고유의 자체 안전장치에 대하여 기술한다.

◦ 밀봉선원의 경우에는 재료 및 두께 등 강도에 대하여 기술한다.

◦ 방사성동위원소 내장기기의 경우에는 방사성동위원소의 밀봉여부, 방사성동위원소에의 접근방지수단(분해방지 장치)에 대하여 기술한다.

3) 선원의 위치

◦ 게이지와 같이 선원이 공정의 특정 위치에 장착되는 경우에는 그 위치를 표시하고 온도, 습도, 진동, 충격 등 주변환경 조건에 대하여 기술한다.

5. 안전시설 및 계통 개요

1) 안전시설 및 계통의 종류·제원·성능

(1) 차폐

◦ 시설의 차폐설계 및 설치방법에 대하여 기술하고 차폐 후방에서의 예상선량률이 기준에 만족함을 입증한다.

(2) 시설 안전장치

◦ 인터록, 시건장치, 경보장치 등 방사선안전을 위한 설비 및 계통을 종류별로 개요·구성·성능·특성 및 설치방법을 기술하고 계통도를 첨부한다.

(3) 배기설비 및 배수설비

◦ 사용시설등 내부에서 공기오염이 예상되는 경우에는 공기중 농도를 기준치 이하로 유지할 수 있는 공기공급 및 정화계통에 대하여 기술한다.

◦ 대기 또는 하수로 방사능 방출이 예상되는 경우에는 방출량을 기준치 이하로 관리하기 위한 설비(필터, 지연조 등)의 설계개요, 설치 및 관리방안에 대하여 기술한다.

2) 경보 및 표지

◦ 방사선이나 방사능의 위험에 대하여 주의를 환기하기 위한 경보 시스템 및 표지(주의사항 포함) 체계에 대하여 기술한다.

6. 방사선 취급방법 및 방사선안전관리계획

1) 방사선 취급방법

◦ 방사성동위원소나 방사선발생장치의 공정상 생산사용-원리 또는 방법에 대하여 기술한다.

◦ 생산사용방법이 복잡한 경우에는 생산·사용절차의 개요에 대하여 기술한다.

2) 방사선안전관리 계획

(1) 조직 및 책임

◦ 방사선의 안전한 취급을 위한 책임 및 업무체계에 대하여 기술한다.(필요시 조직도 첨부)

(2) 방사선방호 정책

◦ 사업자의 방사선방호에 관한 전문적인 기술·행정사항에 자문하고 담당할 방사선관리조직(방사선안전관리자 및 방사선관리 담당)에 대하여 기술한다.

◦ 대단위사업, 방사성동위원소 생산기관 및 개봉선원 사용기관의 경우에는 최선의 방사선방호(ALARA)를 달성하기 위한 방침을 제시한다.

(3) 선원관리

◦ 방사선원의 도입통제, 현황유지 체계 등 재고관리계획에 대하여 기술한다.

◦ 방사성동위원소 내장기기의 경우 선원의 교체 주기 및 교체방법에 대하여 기술한다.

◦ 방사선원의 보안대책과 방사성물질의 저장방법, 폐기선원의 처리방법에 대하여 기

술한다.

◦ 방사선원의 위치, 수량, 안전장치 작동상태, 밀봉유지상태 등 안전점검계획에 대하여 기술한다.

◦ 방사선안전관리를 위한 구역설정(방사선관리구역, 감시구역, 오염관리구역등)에 대하여 기술하고 해당구역을 지도에 표시한다.

(4) 구역관리

◦ 방사선관리구역이 지정되는 경우 출입관리절차 및 출입통제 계획, 표지등에 대하여 기술한다.

◦ 방사선관리구역이 지정되는 경우 일상 방사선작업 승인제도 및 절차와 특수 방사선작업 여부 및 승인제도에 대하여 기술한다.

◦ 방호장비 및 장구류 확보계획(종류, 수량, 시기)에 대하여 기술한다.

(5) 작업관리

◦ 방사선작업종사자의 등록절차에 대하여 설명하고 예상 종사자 수를 기술한다.

◦ 개인선량계(정규선량계 및 보조선량계)의 운용계획에 대하여 기술한다.

(6) 개인피폭관리

◦ 내부피폭 감시필요성의 여부와 감시방법, 비밀봉선원을 취급하는 종사자의 외부(피부)피폭 관리계획에 대하여 기술한다.

◦ 종사자 건강진단 계획(진단항목 및 주기)에 대하여 기술한다.

◦ 수시출입자 및 방문자에 대한 관리계획을 기술한다.

(7) 오염관리

◦ 방사성동위원소를 생산하거나 개봉선원을 취급하는 경우에는 작업실, 배기설비, 배수설비 주변 등 방사능오염 우려가 있는 구역에 대한 오염발생 억제대책과 오염확산방지를 위한 오염구역설정 및 표지 등 오염관리계획에 대하여 기술한다.

◦ 작업대, 배수구 등 오염이 예상되는 주요설비의 제염을 용이하게 하기 위한 구조 및 재료의 타당성에 대하여 기술한다.

◦ 오염감시 계획과 측정방법, 제염대책에 대하여 기술한다.

(8) 측정장비 및 측정계획

◦ 방사선감시 및 방사능오염관리를 위한 측정장비의 종류(제작사, 모델), 측정범위 및 수량에 대하여 기술한다.

(9) 기록관리

◦ 감시측정 계획(측정장소, 측정항목, 주기, 기록, 참조준위 등)에 대하여 기술한다.

◦ 측정기기의 교정 및 관리계획을 기술한다.

◦ 기록으로 작성하여 비치할 항목(장부유지 항목)에 대하여 기술하고 기록의 보존기간을 제시한다.

◦ 기록의 확인체계(작성, 검토, 확인 등)에 대하여 기술한다.

(10) 교육 및 훈련

◦ 방사선 작업종사자, 방사선안전관리책임자 및 보건물리요원, 일반직원으로 구분한 방사선 안전교육의 방법, 프로그램(시간 및 내용), 교육주기에 대하여 기술한다.

◦ 수시출입자 및 방문자를 위한 교육방법, 시간 등 계획에 대하여 기술한다.

(11) 안전관리규정 및 절차서

◦ 안전관리규정 제정계획 및 확정절차에 대하여 기술한다.

◦ 방사선안전관리를 위하여 필요한 절차서의 목록과 절차서 작성, 검토 및 승인과정에 대하여 기술한다.

7. 예상 피폭방사선량의 평가절차·방법 및 결과

1) 종사자 피폭선량

(1) 외부피폭

◦ 외부피폭에 대하여 주요 직무별로 작업장소, 작업시간, 작업방법 등 예상 피폭선량의 평가에 도입된 가정과 선량산출방법을 기술하고 개인 및 집단의 예상 최대피폭선량에 대하여 평가한다.

(2) 내부피폭

◦ 내부피폭감시의 필요성 여부에 대하여 검토하고 필요하다면 작업실의 예상오염도, 작업시간, 흡입률 등 내부피폭 평가에 도입된 가정 및 산출방법을 기술하고 예상 피폭선량에 대하여 평가한다.

2) 주변 인원의 피폭선량

◦ 방사선관리구역 외부에서 시설의 특성을 고려하여 피폭선량 평가가 필요한 지역이 있을 경우에는 그 지역의 용도, 인원 점유도, 누설선량률, 공기오염도 등을 인용하여 안전함을 입증한다.

8. 주변환경에 대한 방사선영향

1) 배기에 의한 영향

◦ 공기공급 및 정화계통을 설치하는 경우에는 배기구를 통한 예상 방출농도와 연간 방출량을 핵종별로 추정하여 제시하고 기준치 이하임을 입증한다.

2) 배수에 의한 영향

◦ 방사능을 하수 방출하는 경우에는 배수설비의 성능을 고려하여 배수구를 통한 예상 방출농도와 연간 방출량을 핵종별로 추정하여 제시하고 기준치 이하임을 입증한다.

◦ 배수를 통하여 방출되는 핵종의 반감기, 화학적 특성 등을 고려하여 하수계통에 방사능이 누적될 가능성 여부를 판단하여 기술한다.

3) 직접방사선의 영향

◦ 대단위사업의 경우에는 차폐 등을 고려하여 인접지역에 미치는 예상 방사선량률을 평가하고 노출시간 등 선량계산에 필요한 가정과 예상 피폭선량을 제시하여 안전함을 입증한다.

9. 사고의 위험 및 대책

1) 사고예측

(1) 사고의 종류와 확률

◦ 전체 사용기간 동안 1회 이상 발생할 수 있을 것으로 예상되는 사고의 종류와 발생빈도를 추정하여 기술한다.

(2) 사고의 영향

◦ 예측한 각각의 사고에 대해 영향을 평가하고 종사자 및 일반인의 예상 피폭선량 등에 대하여 기술한다.

2) 사고대책

(1) 비상계획

◦ 대단위사업의 경우에는 사고의 확인, 보고, 경보의 전파, 대응팀의 구성, 대응활동계획, 유관기관 협조계획 등 사고의 수습과 피해의 감소를 위해 필요한 조치를 취하기 위한 비상계획 수립계획에 대하여 기술한다.

(2) 비상대응 태세의 유지

◦ 사고 발생시 비상계획의 원활한 이행을 위해 필요한 준비(설비, 장비, 통신망, 협조체계 유지와 대단위사업의 경우에는 훈련, 비상계획서 검토 및 보완 등)에 대하여 기술한다.

10. 방사성폐기물 발생 및 처리계획

방사성폐기물 분류기준에 대하여 기술한다.

1) 발생원 및 발생량

◦ 폐기물발생원을 분류하고 발생원별 폐기물의 종류(고체, 액체, 가연성, 비가연성, 불연성 등), 특성, 발생량을 평가하여 기술한다.

◦ 폐기물의 발생량을 최소화하기 위한 노력에 대하여 기술한다.

2) 수거 및 처리

◦ 폐기물의 분리수거계획을 설명하고 고화, 감용 등 자체처리계획이 있다면 기술한다.

◦ 방사성오염물이 일반쓰레기로 잘못 처리됨을 방지하기 위한 대책에 대하여 기술한다.

3) 처분

◦ 계획하고 있는 처분방법에 대해 기술한다.

◦ 자체처분계획이 있다면 그 절차에 대하여 기술한다.

11. 종합결론

◦ 종사자 및 일반인의 예상피폭선량을 종합적으로 평가하여 안전함을 설명하고 방사선안전관리를 위한 제반 조치의 타당성을 요약하여 기술한다.

◦ 방사선방호의 최적화를 위한 제언 등 보고서 작성자의 소감을 기술한다.

12. 방사선안전보고서 작성자의 인적사항 및 자격
   ◦ 작성자의 인적사항을 기술한다.
     - 성명, 직위, 근무처 및 전화번호
   ◦ 작성자의 자격 및 경력을 기술한다.
     - 주요경력, 방사선관련 면허 및 자격(번호 기재)

13. 참고문헌
   ◦ 보고서 작성을 위하여 인용한 각종자료를 발행기관, 제목, 발행연도, 페이지 순으로 기술한다.

- 안전관리규정 내용

가. 방사성동위원소등 또는 방사성동위원소에 의하여 오염된 물질을 취급하는 조직 및 그 기능에 관한 사항

나. 방사성동위원소 등의 구매·사용 및 판매에 관한 사항

다. 방사성동위원소 또는 방사성동위원소에 의하여 오염된 물질의 분배·보관·운반·처리·배출·저장·자체처분 및 인도에 관한 사항

라. 방사선량률·피폭방사선량 및 방사성물질 또는 그에 의하여 오염된 물질에 따른 오염상황의 측정 및 그 측정결과의 기록과 보존에 관한 사항

마. 방사선안전관리장비의 보관·관리 및 교정에 관한 사항

바. 방사선작업종사자 및 수시출입자 분류 대상을 각각 세부적으로 기술한다.
   방사선작업종사자 및 수시출입자의 피폭방사선량의 평가 및 개인선량계의 관리에 관한 사항

사. 방사선작업종사자 또는 수시출입자의 방사선장해발생을 방지하기 위하여 필요한 교육훈련에 관한 사항

아. 방사선장해발생 여부를 발견하기 위하여 필요한 조치에 관한 사항

자. 방사선장해를 받은 자 또는 그 우려가 있는 자에 대하여 취하여야 할 보건상 필요한 조치에 관한 사항

차. 규정에 의한 기록과 이의 비치에 관한 사항

카. 위험시의 조치에 관한 사항

타. 방사성동위원소 등의 분실·도난 등 사고시의 조치 및 사고예방에 관한 사항

파. 방사선안전관리자의 권한·책임 및 직무수행에 관한 사항

하. 기타 방사선장해의 방어에 필요한 사항

위원회 고시 (세부작성)

1. 방사성동위원소 등 또는 방사성동위원소에 의하여 오염된 물질을 취급하는 조직 및 그 기능에 관한 사항
   1) 조직도
      ◦ 대표자를 정점으로 한 방사선원 및 사용시설 등의 이용과 관련된 안전관리업무를 수행하는 조직을 조직도의 형태로 도시한다.
   2) 직무
      ◦ 대표이사, 부서장, 방사선안전관리자 및 방사선작업종사자의 직무에 관한 사항을 기술한다. 다만, 방사선안전관리자가 2인 이상인 경우에는 각각의 직무를 분리하여 기술한다.

2. 방사성동위원소 등의 구매·사용 및 판매에 관한 사항
   1) 구매
      ◦ 방사선원의 구매·인수·인계·저장 절차를 기술한다.
      ◦ 구매요구서를 사용하는 경우에는 구매요구서 양식, 작성방법 및 승인절차를 기술한다.
   2) 사용
      ◦ 방사선원의 반입·반출·인수·인계·승인 절차를 기술한다.
      ◦ 방사선원을 사용할 때에 준수하여야 하는 기술기준을 기술한다.
      ◦ 밀봉선원을 사용하는 경우에는 선원의 누설점검 방법 및 절차에 대하여 기술한다.
   3) 판매
      ◦ 방사성동위원소 등의 판매허가자의 경우에는 운반을 포함한 방사선원의 판매 및 승인절차를 기술한다.
      ◦ 방사선원을 판매 및 운반할 때에 준수하여야 하는 기술기준을 기술한다.
      ◦ 구매자에게 공급하고자 하는 사용·운영·보수 및 관리방법이 포함된 설명서의 내용에 대하여 기술한다.
      ◦ 판매한 방사선원의 사후관리 내용 및 방법에 대하여 기술한다.
      ◦ 방사성동위원소 등의 생산허가자의 경우에는 생산단계마다의 관리절차를 기술한다.

3. 방사성동위원소 또는 방사성동위원소에 의하여 오염된 물질의 분배·보관·운반·처리·배출·저장·자체처분 및 인도에 관한 사항
   1) 절차
      ◦ 분배·보관·운반·처리·배출·저장·자체처분 및 인도의 각각에 대한 취급 및 승인절차를 기술한다.
   2) 기술기준
      ◦ 분배·보관·운반·처리·배출·저장·자체처분 및 인도의 각각에 대한 취급기준을 기술한다.

4. 방사선량률·피폭방사선량 및 방사성물질 또는 그에 의하여 오염된 물질에 따른 오염상황의 측정 및 그 측정결과의 기록과 보존에 관한 사항
   1) 측정
      ◦ 방사선량률의 측정방법, 절차 및 주기에 대하여 기술한다.
      ◦ 방사능오염의 측정방법, 절차 및 주기에 대하여 기술한다.
      ◦ 피폭방사선량의 측정방법, 절차 및 주기에 대하여 기술한다.
   2) 기록 및 보존
      ◦ 측정결과의 기록사항 및 그 보존기간에 대하여 기술한다.
      ◦ 기록양식을 첨부한다.

5. 방사선안전관리장비의 보관·관리 및 교정에 관한 사항
   1) 보관 및 관리
      ◦ 방사선안전관리장비의 보관장소 및 비치장소를 기술한다.
      ◦ 방사선안전관리장비의 점검방법, 절차 및 주기에 대하여 기술한다.
   2) 교정
      ◦ 방사선안전관리장비의 검·교정주기에 대하여 기술한다.

6. 규정에 따른 방사선작업종사자 및 수시출입자의 정의에 부합하도록 방사선작업종사자 및 수시출입 분류대상을 각각 세부적으로 기술한다.

6의2. 방사선작업종사자 및 수시출입자의 피폭방사선량의 평가 및 개인선량계의 관리에 관한 사항
   1) 피폭방사선량의 평가
      ◦ 피폭방사선량의 평가방법에 대하여 기술한다.
      ◦ 개인선량계의 분실 등 판독특이자에 대한 후속조치와 평가방법에 대하여 기술한다.
   2) 개인선량계의 관리
      ◦ 개인선량계의 지급 및 회수 등 관리절차를 기술한다.
      ◦ 보조선량계의 경우에는 비치장소와 점검절차 및 교정주기에 대하여 기술한다.

7. 방사선작업종사자 또는 수시출입자의 방사선장해발생을 방지하기 위하여 필요한 교육훈련에 관한 사항
      ◦ 교육훈련계획의 수립 및 승인절차에 대하여 기술한다.
      ◦ 교육훈련의 시기, 과목 및 시간에 대하여 기술한다.
      ◦ 교육훈련을 위한 시설 및 장비에 대하여 기술한다.
      ◦ 교육훈련의 평가방법 및 그 결과의 기록사항에 대하여 기술한다.

8. 방사선장해발생 여부를 발견하기 위하여 필요한 조치에 관한 사항
      ◦ 방사선관리구역의 설정기준 및 관리절차에 대하여 기술한다.

◦ 방사선작업종사자에 대한 건강진단의 시기, 방법 및 주기에 대하여 기술한다.
◦ 가능하다면, 전담의료기관의 명칭, 위치 및 담당의의 신상명세를 기술한다.
◦ 방사선장해를 유발할 수 있는 시설의 점검에 대하여 기술한다.

9. 방사선장해를 받은 자 또는 그 우려가 있는 자에 대하여 취하여야 할 보건상 필요한 조치에 관한 사항
◦ 건강진단 결과 특이자에 대한 조치사항에 대하여 기술한다.
◦ 조치결과에 대한 보고내용 및 절차에 대하여 기술한다.

10. 규정에 의한 기록과 이의 비치에 관한 사항
1) 기록
◦ 기록사항을 기술하고 관련양식을 첨부한다.
2) 비치
◦ 기록장부의 비치장소 및 보존장소·기간을 기술한다.

11. 위험시의 조치에 관한 사항
◦ 사용하고자 하는 방사성동위원소 등과 관련한 비상사태를 고려하여 이에 대비한 응급조치, 보고 및 조치사항에 대하여 기술한다.
◦ 비상대응을 위한 방사선작업의 승인절차 및 방법을 기술한다.
◦ 조치결과에 대한 보고내용 및 절차에 대하여 기술한다.

12. 방사성동위원소 등의 분실·도난 등 사고시의 조치 및 사고예방에 관한 사항
◦ 분실·도난을 방지하기 위한 점검계획에 대하여 기술한다.
◦ 분실·도난 등의 사고에 따른 후속조치 절차 및 방법에 대하여 기술한다.
◦ 사고발생시 보고내용 및 방법 대하여 기술한다.

13. 방사선안전관리자의 권한·책임 및 직무수행에 관한 사항
◦ 방사선안전관리자의 권한 및 책임을 명확하게 기술한다.
◦ 방사선안전관리자의 권한 및 책임을 수행하기 위한 구체적인 직무의 내용을 기술한다.

14. 기타 방사선장해의 방어에 필요한 사항
◦ 진료를 목적으로 방사선기기를 인체에 사용하는 사업소에서는 품질관리절차서를 수립하고 이행하는 절차에 관한 사항 및 취급절차서를 구비하여 이행하는 절차에 관한 사항을 기술한다.
◦ 사용하고자 하는 방사성동위원소 등의 특성에 따라 별도로 안전관리가 요구되는 사항이 있는 경우에는 이에 관하여 기술한다.
◦ 규정하고 있는 기술기준이외에 별도로 적용하고자 하는 국내·외의 기술기준이 있는 경

우 이에 관하여 기술한다.

- 인력기준

구 분	기 준
1. 방사성동위원소등을 인체에 사용하는 경우	방사성동위원소취급자특수면허 소지자 1명 이상 및 방사성동위원소취급자일반면허 소지자, 방사선취급감독자면허 소지자 또는 방사선관리기술사 1명 이상
2. 방사성동위원소등을 인체 외에 사용하는 경우 가. 밀봉된 방사성동위원소 (1) 기기에 장비되지 않은 것으로서 연간 사용량이 1.85테라베크렐 이상 (2) 기기에 장비되지 않은 것으로서 연간 사용량이 1.85테라베크렐 미만 (3) 기기에 장비된 것으로서 연간 사용량이 3.7테라베크렐 이상 (4) 기기에 장비된 것으로서 연간 사용량이 3.7테라베크렐 미만	 방사선취급감독자면허 또는 방사선관리기술사 1명 이상 방사성동위원소취급자일반면허 소지자, 방사선취급감독자면허 소지자 또는 방사선관리기술사 1명 이상 방사선취급감독자면허 소지자 또는 방사선관리기술사 1명 이상 방사성동위원소취급자일반면허 소지자, 방사선취급감독자면허 소지자 또는 방사선관리기술사 1명 이상
나. 밀봉되지 아니한 방사성동위원소 (1) 연간 사용량이 1.85기가베크렐 이상 (2) 연간 사용량이 1.85기가베크렐 미만	 방사성동위원소취급자특수면허 소지자, 방사선취급감독자면허 소지자 또는 방사선관리기술사 1명 이상 방사성동위원소취급자일반면허 소지자, 방사성동위원소취급자특수면허 소지자, 방사선취급감독자면허 소지자 또는 방사선관리기술사 1명 이상
다. 방사선발생장치 (1) 1메가전자볼트 이상 (2) 최대 사용전압 350킬로볼트 이상으로서 용량이 350킬로볼트 5밀리암페어 1대 이상 (3) 최대 사용전압 350킬로볼트 미만으로서 용량이 250킬로볼트 5밀리암페어 2대 이상 (4) (2) 및(3)에서 정한 각각의 전압·용량 및 수량이 동시에 해당되지 아니하는 경우	 방사선취급감독자면허 소지자 또는 방사선관리기술사 1명 이상 방사선취급감독자면허 소지자 또는 방사선관리기술사 1명 이상 방사선취급감독자면허 소지자 또는 방사선관리기술사 1명 이상 방사성동위원소취급자일반면허 소지자, 방사선취급감독자면허 소지자 또는 방사선관리기술사 1명 이상
3. 방사성동위원소등을 이동 사용하는 경우 가. 방사선투과검사의 목적으로 이동사용 하는 경우 나. 가목 외의 경우	 방사선취급감독자면허 소지자 또는 방사선관리기술사 2명 이상 방사성동위원소취급자일반면허 소지자, 방사선취급감독자면허 소지자 또는 방사선관리기술사 1명 이상
4. 방사성동위원소 등의 판매업자 가. 방사성동위원소를 판매하는 경우	 방사선취급감독자면허 소지자 또는 방사선관리기술사

나. 방사선발생장치를 판매하는 경우	1명 이상 방사성동위원소취급자일반면허 소지자, 방사선취급감독자면허 소지자 또는 방사선관리기술사 1명 이상
5. 방사성동위원소 등의 생산업자	방사선취급감독자면허 소지자 또는 방사선관리기술사 1명 이상(「의료기기법」 제6조에 따른 의료기기 제조업 허가를 받은 자가 방사선발생장치 생산 허가를 받는 경우에는 방사성동위원소취급자일반면허 소지자, 방사선취급감독자면허 소지자 또는 방사선관리기술사 1명 이상)

– 장비기준

가. 밀봉된 방사성동위원소 또는 방사선발생장치를 사용하는 경우에는 방사선측정기 1대 이상

나. 밀봉되지 아니한 방사성동위원소를 사용하는 경우에는 사용시설마다 방사선측정기 및 방사능 측정기 각 1대 이상

다. 방사성동위원소등을 이동 사용하는 경우에는 방사선측정기 1대 이상. 다만 방사선투과검사 목적으로 이동 사용하는 경우에는 아래와 같다.

〈방사선투과검사 목적으로 이동사용 시 허가기준〉

구 분	기 준
장 비	방사선 투과 검사장비: 5대 이상 방사선 측정장비 – 방사선측정기: 방사선투과검사장비 1대당 1대 이상 – 방사선경보기: 방사선작업종사자 1명당 1개 이상 – 직독식개인선량계: 방사선작업종사자 1명당 1개 이상(방사선경보기로 알람도시메터를 갖추지 아니한 경우만 해당한다.) 방사선 방호장비 – 콜리메터(10밀리미터 이상): 방사선발생장치를 제외한 방사선투과검사 장비 1대당 1개 이상 – 경고등: 방사선투과검사 장비 1대당 4개 이상 방사선원 운반 전용차량: 2대 이상(승용차는 제외한다)
인 력	면허 소지자 – 방사선취급감독자면허 소지자 또는 방사선관리기술사: 2명 이상

라. 밀봉된 방사성동위원소를 판매하는 경우에는 방사선측정기 2대 이상과 방사선원 운반차량 1대 이상

마. 밀봉되지 아니한 방사성동위원소를 판매하는 경우에는 방사선측정기 및 방사능측정기 각 2대 이상과 방사선원 운반차량 1대 이상

바. 방사선발생장치를 판매하는 경우에는 방사선측정기 2대 이상

사. 방사성동위원소를 생산하는 경우에는 방사선측정기 및 방사능측정기 각 2대 이상과 방사선원 운반차량 1대 이상

아. 방사선발생장치를 생산하는 경우에는 방사선측정기 2대 이상

- 판매허가신청 제출서류

① 판매허가신청서

② 방사선안전보고서

③ 안전관리규정

④ 장비의 구입을 증명하는 서류

⑤ 인력의 재직을 입증하는 서류(업무대행의 경우: 계약서류 사본)

⑥ 작업종사자 보상기준

⑦ 방사성동위원소 등의 수급 및 판매계획서

⑧ 방사선발생장치의 경우 취급방사선발생장치 명세서

⑨ 사업자등록증 사본

- 생산허가신청 제출서류

① 생산허가신청서

② 안전성분석보고서

③ 품질보증계획서

④ 방사선안전보고서

⑤ 안전관리규정

⑥ 장비의 구입을 증명하는 서류

⑦ 인력의 재직을 입증하는 서류

⑧ 작업종사자 보상기준

⑨ 사업자등록증 사본

(4) 변경허가신청 제출서류

① 변경허가신청서

② 변경사항에 관한 서류

③ 공사를 수반하는 변경인 경우에는 그 공사기간 중 방사선장해방어를 위한 조치를 적은 서류

④ 허가증

(5) 경미한 사항의 변경신고

허가 받은 사항을 변경하고자 할 때에는 변경허가를 받아야 한다. 그러나 기타 경미한 사항의 변경의 경우 변경신고로 대체할 수 있다.

① 일시적 사용장소의 변경신고

가. 다음 각 목의 어느 하나에 해당하는 일시적인 사용 장소의 변경

가) 방사성동위원소 등을 사업소 외에서 검정 또는 교정을 목적으로 사용하기 위하여 그 사용 장소를 변경하는 것

나) 방사성동위원소 등을 사업소 외에서 방사선투과검사를 목적으로 이동사용하기 위하여 작업장(방사성동위원소등을 사용하는 장소를 말한다.)을 개설하는 것

다) 방사선발생장치 또는 방사성동위원소가 내장된 방사선기기(이하 "방사선기기"라 한다)를 사업소외에서 검문·검색 또는 보안을 목적으로 이동사용하기 위하여 그 사용 장소를 변경하는 것

라) 방사선기기를 사업소 외에서 제품의 홍보를 목적으로 진열、전시、시연하기 위하여 그 사용장소를 변경하는 것

나. 일시적인 사용장소("나)목" 제외)의 사항에 대한 변경신고를 하려는 자는 이동사용의 개시 5일전까지 서식에 의한 일시적사용장소의 변경신고서를 위원회에 제출하여야 한다. 신고한 사항을 변경하고자 하는 경우에도 또한 같다.

다. 나.항 규정에 의한 신고서에는 다음 각 호의 서류를 첨부하여야 한다.

가) 사용장소 및 그 부근의 상황설명서

나) 저장시설의 구조명세서

다) 저장시설 및 방사선관리구역의 평면도

라) 작업방법에 관한 설명서

마) 운반방법에 관한 설명서

바) 신고한 사항의 변경에 관한 서류(신고한 사항을 변경하려는 경우에만 제출한다)

라. 일시적인 사용장소("가), 다), 라)목" 제외)에 대한 변경신고를 하려는 자는 이동사용의 개시 15일(긴급을 요하는 경우에는 5일)전까지 방사선투과검사 목적의 작업장 신고서에 다음 각 호의 서류를 첨부하여 위원회에 제출하여야 한다. 신고한 사항을 변경하려는 경우에도 또한 같다.

1. 발주자와의 방사선투과검사 계약서
2. 작업장 및 그 부근의 상황설명서
3. 저장시설·보관시설의 구조명세서 및 차폐평가결과
4. 방사선관리구역에 관한 설명서

5. 작업방법에 관한 설명서
6. 운반방법에 관한 설명서
7. 작업장 방사선안전관리자의 배치에 관한 서류

마. 일시적인 사용장소("가), 다), 라)목" 제외)의 변경 신고를 한 자는 개설된 작업장의 운영이 종료된 경우에는 10일 이내에 방사선투과검사 목적의 작업장 폐지 신고서에 작업인원 및 작업량이 포함된 발주자의 작업장 폐지확인서를 첨부하여 위원회에 제출하여야 한다.

② 기타 경미한 사항의 변경신고

가. 사용시설 등의 변경을 요하지 아니하는 방사성동위원소 등의 종류 또는 수량의 감소에 관한 사항
나. 허가사용자의 성명 및 주소(법인인 경우에는 명칭 및 주소와 그 대표자의 성명)
다. 허가사용자가 사용신고대상 방사성동위원소 또는 사용신고대상 방사선발생장치를 추가 또는 변경하는 것에 관한 사항
라. 안전관리규정의 변경에 관한 사항

위 사항에 대한 변경신고를 하려는 자는 변경 후 30일 이내에 경미한 사항변경신고서를 위원회에 제출하여야 한다. 다만, ②항 다 목의 사항에 대한 변경신고는 변경 전에 제출하여야 한다.

2) 방사선안전관리자

(1) 허가사용자 및 신고사용자는 방사선 안전관리에 관한 다음 각 호의 업무를 수행하기 위하여 대통령령으로 정하는 바에 따라 방사선안전관리자를 선임하여 방사성동위원소등의 사용개시 전에 이를 위원회에 신고하여야 한다. 신고한 사항을 변경하려는 때에도 또한 같다.
   ① 제53조 제3항의 안전관리규정 및 제59조제1항의 기술기준의 준수여부 점검
   ② 방사선작업종사자 또는 방사선관리구역에 출입하는 자에 대한 제91조에 따른 방사선장해방지조치
   ③ 허가사용자 및 신고사용자에 대한 방사선 안전관리에 관한 조치 권고
   ④ 그 밖에 방사선 안전관리를 위하여 필요한 조치

(2) 위원회는 방사선안전관리자가 (1)에 따른 업무를 게을리한 때에는 허가사용자 및 신고사용자에게 그 방사선안전관리자의 해임을 요구할 수 있다.

(3) 허가사용자 및 신고사용자는 (2)에 따른 해임요구를 받은 때에는 정당한 사유가 없으면 해당 방사선안전관리자를 지체 없이 해임하고 새로운 방사선안전관리자를 선

임하되, 해임한 날부터 30일 이내에 위원회에 선임신고 및 해임신고를 하여야 한다.

(4) 허가사용자 및 신고사용자는 제3항에 따라 해임된 후 1년이 지나지 아니한 사람을 방사선안전관리자로 선임하여서는 아니 된다.

(5) 허가사용자, 신고사용자, 방사선작업종사자 및 방사선관리구역출입자는 방사선 안전관리에 관한 방사선안전관리자의 조치와 권고에 따라야 한다.

(6) 제1항에 따라 방사선안전관리자를 선임한 허가사용자 또는 신고사용자는 다음 각 호의 어느 하나에 해당하는 경우에는 대통령령으로 정하는 바에 따라 대리자를 지정하여 일시적으로 방사선안전관리자의 직무를 대행하게 하여야 한다.

① 방사선안전관리자가 여행ㆍ질병이나 그 밖의 사유로 일시적으로 그 직무를 수행할 수 없는 경우

② 방사선안전관리자의 해임 또는 퇴직과 동시에 다른 방사선안전관리자가 선임되지 아니한 경우

(7) 방사선안전관리자 및 대리자의 자격 요건, 대리자의 직무대행기간 등에 필요한 사항은 대통령령으로 정한다

대통령령

(방사선안전관리자의 선임 등)

① 허가사용자 및 신고사용자는 법제53조의3제1항에 따라 사업소마다 방사선안전관리자를 선임하여야 하며, 선임한 방사선안전관리자를 변경하거나 해임한때에는 지체 없이 새로운 방사선안전관리자를 선임하여야 한다.

② 제1항에도 불구하고 법제53조제1항 단서에 따라 방사성동위원소등을 사업소 외에서 방사선투과검사를 목적으로 이동사용하기 위한 작업장(이하 "작업장"이라 한다) 개설 또는 변경신고를 한 자는 작업장마다 각각 제1항에 따른 방사선안전관리자를 선임하여야 한다. 다만, 작업장이 다음 각 호의 어느 하나에 해당하는 경우에는 작업장마다 방사선안전관리자를 선임하지 아니하고 해당 각 호의 구분에 따라 방사선안전관리자를 선임할 수 있다.

1. 작업장이 같은 시·군·구(자치구를 말한다. 이하 같다)에 위치하거나 그 시·군·구 경계에서 15킬로미터 이내에 위치하는 경우: 2개 이하(전용 방사선 사용시설에서만 방사선원을 사용하는 경우에는 3개 이하)의 작업장마다 1명의 방사선안전관리자
2. 작업장이 방사선원을 1개만 사용하고, 방사선 작업기간이 1개월 미만이며, 방사선안전관리자가 방사선 작업에 항상 참여하는 경우: 5개 이하의 작업장마다 1명의 방사선안전관리자

③ 법제53조의3제1항 및 제3항에 따라 방사선안전관리자를 선임하거나, 선임한 방사선안전관리자를 변경 또는 해임 후 선임하는 때에는 다음 각 호의 기한까지 총리령으로 정하는 바에 따라 위원회에 신고하여야 한다.

1. 법제53조의3제1항 전단에 따라 방사선안전관리자를 선임하는 경우: 방사성동위원소등의

사용개시 전

2. 법제53조의3제1항 후단에 따라 방사선안전관리자를 변경하려는 경우: 변경 전
3. 법제53조의3제3항에 따라 방사선안전관리자를 해임 후 선임하는 경우: 해임한 날부터 30일 이내

(방사선안전관리자의 자격요건)

① 법제53조의3제7항에 따른 방사선안전관리자의 자격요건은 다음 각 호와 같다.

1. 허가사용자가 선임하는 경우에는 해당 사업소 종업원 중에서 법제84조제2항제5호부터 제7호까지 중 어느 하나에 해당하는 면허를 소지한 사람 또는 방사선 관리기술사 자격을 소지한 사람
2. 신고사용자가 선임하는 경우에는 해당 사업소 종업원 중에서 방사성동위원소등의 취급업무에 종사한 경력이 있는 사람

② 제1항에도 불구하고 법제54조제1항제5호에 따라 방사선안전관리를 업무대행자에게 대행시키는 자는 별표 4 제3호에 따른 인력을 방사선안전관리자로 선임할 수 있다.

③ 제1항에 따른 방사선안전관리자의 자격요건에 관한 세부적인 사항은 총리령으로 정한다.

(방사선안전관리자의 대리자 지정 및 자격요건 등)

① 법제53조의3제1항에 따라 방사선안전관리자를 선임한 허가사용자 또는 신고사용자는 같은 조 제6항 각 호의 어느 하나에 해당하는 사유 발생 즉시 방사선안전관리자의 대리자를 지정하고 총리령으로 정하는 바에 따라 지정서를 작성해 둬야 한다.

② 제1항에 따른 대리자의 직무대행기간은 다음 각 호의 구분에 따른다.

1. 법제53조의3제6항제1호의 경우: 연간 30일 이내. 다만, 출산휴가로 인한 경우 연간 90일 이내로 한다.
2. 법제53조의3제6항제2호의 경우: 해임 또는 퇴직한 날부터 30일 이내

③ 법제53조의3제7항에 따른 대리자의 자격요건은 다음 각 호의 구분에 따른다.

1. 허가사용자가 선임하는 경우: 다음 각 목의 어느 하나에 해당하는 해당 사업소 종업원
   가. 법제84조제2항제5호부터 제7호까지의 규정 중 어느 하나에 해당하는 면허를 소지한 사람
   나. 방사선관리기술사 자격을 소지한 사람
   다. 방사성동위원소등의 취급업무에 종사한 경력이 있는 사람
2. 신고사용자가 선임하는 경우: 해당 사업소 종업원 중에서 방사성동위원소등의 취급업무에 종사한 경력이 있는 사람

④ 제3항에 따른 대리자의 자격요건에 관한 세부사항은 총리령으로 정한다.

총리령(시행규칙)

(방사선안전관리자의 선임신고 등)

① 영제82조의3제3항에 따른 방사선안전관리자의 선임·변경 및 해임신고는 별지 서식에 따

른다.

② 제1항에 따른 신고서에는 다음 각 호의 서류를 첨부하여야 한다.

1. 방사선안전관리자의 재직을 증명하는 서류(업무대행 인력으로 방사선안전관리자를 갈음하려는 경우에는 업무대행 계약서류 사본) 1부
2. 허가사용자의 경우 면허증 사본(보수교육 이수 증명서류를 포함한다) 또는 「국가기술자격법」에 따른 방사선관리기술사 자격증 사본(「기술사법」제5조의7에 따른 자격 등록증을 포함한다) 1부
3. 법제53조제2항 전단에 따라 신고를 한 자(이하 “신고사용자”라 한다)의 경우 방사성동위원소등의 취급업무에 종사한 경력확인서류 및 제138조제2항에 따른 방사선안전관리자 교육 이수 증명서류 각 1부
4. 방사선안전관리자의 업무분장 내용 1부(2명 이상인 경우로 한정한다)
5. 신고한 사항을 변경하는 경우 그 사실을 증명하는 서류 1부

(방사선안전관리자의 자격요건 등)

① 영제82조의4제3항에 따른 방사선안전관리자의 세부 자격요건은 다음 각 호와 같다. 1. 허가사용자가 선임하는 경우에는 별표 1의2에 따른 인력으로 다음 각 목의 구분에 따른 요건을 갖춘 사람

가. 면허를 소지한 경우: 선임일부터 최근 3년 이내에 면허를 취득하였거나 법제106조제2항에 따른 보수교육을 받은 사람

나. 방사선관리기술사 자격을 소지한 경우: 「국가기술자격법」에 따라 방사선관리기술사자격을 취득하고 「기술사법」제5조의7에 따른 기술사로 등록하거나 등록을 갱신한 사람

2. 신고사용자가 선임하는 경우에는 방사성동위원소등의 취급업무에 종사한 경력이 있는 사람으로서 선임일부터 최근 3년 이내에 제138조제2항에 따른 방사선안전관리자 교육을 받은 사람

② 방사선안전관리자가 2명 이상인 경우 각각의 방사선안전관리 업무를 명확하게 구분하여야 한다.

(방사선안전관리자의 대리자 지정 및 자격요건)

① 영제82조의5제1항에 따른 방사선안전관리자의 대리자 지정서는 별지 서식에 따른다.

② 영제82조의5제4항에 따른 대리자의 세부 자격요건은 별표 1의3과 같다.

대리자 인력기준

구 분	기 준
1. 허가사용자 가. 생산 또는 판매	(1) SRI면허 또는 방사선관리기술사 자격을 소지한 사람 (2) RI취급자일반면허를 소지한 사람 (3) RI등 취급업무에 종사한 경력이 3년 이상인 사람으로서 지정일

	부터 역산하여 2년 이내에 제138조제2항에 따른 방사선안전관리자 교육을 받은 사람
나. 사용 1) 인체에 사용하는 경우	
가) 방사성동위원소취급자특수면허를 소지한 방사선안전관리자의 대리자	(1) RI취급자특수면허를 소지한 사람 (2) RI등 취급업무에 종사한 경력이 3년 이상인 사람으로서 「의료법」제5조에 따른 의사면허를 소지한 사람
나) 가) 외의 면허 또는 자격을 소지한 방사선안전관리자의 대리자	(1) SRI면허 또는 방사선관리기술사 자격을 소지한 사람 (2) RI취급자일반면허를 소지한 사람 (3) RI등 취급업무에 종사한 경력이 3년 이상인 사람으로서 지정일부터 역산하여 2년 이내에 제138조제2항에 따른 방사선안전관리자 교육을 받은 사람
2) 인체 외에 사용하는 경우	(1) SRI면허 또는 방사선관리기술사 자격을 소지한 사람 (2) RI취급자일반면허를 소지한 사람 (3) RI등 취급업무에 종사한 경력이 3년 이상인 사람으로서 지정일부터 역산하여 2년 이내에 제138조제2항에 따른 방사선안전관리자 교육을 받은 사람
다. 이동사용 1) 방사선투과검사의 목적으로 이동사용하는 작업장의 경우	(1) SRI면허 또는 방사선관리기술사 자격을 소지한 사람 (2) RI취급자일반면허를 소지한 사람 (3) RI등 취급업무에 종사한 경력이 5년 이상인 사람으로서 지정일부터 역산하여 2년 이내에 제138조제2항에 따른 방사선안전관리자 교육을 받은 사람 (4) 「국가기술자격법」에 따른 방사선비파괴검사 산업기사 이상 자격을 소지한 사람으로서 RI등 취급업무에 종사한 경력이 2년 이상이고 지정일부터 역산하여 2년 이내에 제138조제2항에 따른 방사선안전관리자 교육을 받은 사람
2) 1) 외의 경우	(1) SRI면허 또는 방사선관리기술사 자격을 소지한 사람 (2) RI취급자일반면허를 소지한 사람 (3) RI등 취급업무에 종사한 경력이 3년 이상인 사람으로서 지정일부터 역산하여 2년 이내에 제138조제2항에 따른 방사선안전관리자 교육을 받은 사람
2. 신고사용자: 사용 및 이동사용	(1) RI등 취급업무에 종사한 경력이 있는 자로서 지정일부터 역산하여 3년 이내에 제138조제2항에 따른 방사선안전관리자 교육을 받은 사람 (2) RI등 취급업무에 종사한 경력이 1년 이상인 사람 (3) RI등 취급업무에 종사한 경력이 있는 자로서 해당 사업소의 직제에서 방사선안전관리자를 지휘·감독하는 직위에 있는 사람

2. 사용신고

1) 사용 등의 신고대상 방사성동위원소

"총리령으로 정하는 용도 또는 수량이하의 밀봉된 방사성동위원소"란 다음 각 호의 기준에 적합한 밀봉된 방사성동위원소로서 사용 또는 이동사용 중 파손될 우려가 없고 방사능표지가 용기 또는 장치 외부에 부착되어 있는 것을 말한다.

(1) 용도

① 엑스선 형광분석용
② 엑스선 회절분석용
③ 가스 크라마토그래피 중 전자 포획용
④ 그밖에 위원회가 정하여 고시하는 것

위원회 고시

- 휴대형 소화기용량측정용
- 휴대형 재료성분분석용
- 밀봉선원 100μCi 이하의 휴대형 밀도함수량측정용

(2) 수량

① 교정용 장치에 방사성동위원소가 내장된 경우에는 방사성동위원소의 수량이 40메가베크렐 이하이고, 사용 중인 경우에는 표면방사선량률이 시간당 500마이크로시버트 이하이며, 사용하지 아니하는 경우에는 표면방사선량률이 시간당 1마이크로시버트 이하일 것
② ①항 외의 용기 또는 장치에 내장된 경우에는 방사성동위원소의 수량은 위원회가 정하는 값 이하이고, 표면방사선량률은 시간당 10마이크로시버트 이하로서 방사성물질의 접촉을 방지하는 일체형 장치일 것

2) 사용 등의 신고대상 방사선발생장치

"총리령으로 정하는 용도 또는 용량이하의 방사선발생장치"란 다음 각 호의 기준에 적합한 방사선발생장치를 말한다.

(1) 용도

① 엑스선 형광분석용

② 엑스선 회절분석용

③ 가속이온주입용

④ 수화물 검색용

⑤ 그밖에 위원회가 정하여 고시하는 것

위원회 고시

• 휴대형 폭발물처리 또는 테러방지 검사용

(2) 용량

자체 차폐된 방사선발생장치로서 가속관의 최대전압이 170킬로볼트 이하이고, 표면방사선량률이 시간당 10마이크로시버트 이하일 것

3) 방사성동위원소 등의 사용신고

(1) 밀봉된 방사성동위원소 또는 방사선발생장치의 사용 또는 이동사용 신고를 하려는 자는 총리령으로 정하는 바에 따라 사업소마다 사용 또는 이동사용 신고서를 작성하여 위원회에 제출하여야 한다. 이에 따른 사용 또는 이동사용신고서는 아래의 서식과 같다.

① 방사성동위원소사용(이동사용)신고서

② 방사선발생장치사용(이동사용)신고서

(2) (1)항의 신고서에는 다음 각 호의 서류를 첨부하여야 한다.

① 다음 각항의 사항이 포함된 방사성동위원소 등의 명세서

가. 방사성동위원소의 종류 및 수량(방사선발생장치의 경우에는 방사선의 종류 및 최대에너지)

나. 표면방사선량률

다. 사용의 목적 및 방법

라. 장치의 명칭·모델번호·고유번호 및 제조회사의 명칭

② 사용이 종료된 방사성동위원소의 조치계획서(방사성동위원소 사용신고의 경우에만 첨부한다)

③ 사용시설 등 및 주변환경의 현황에 관한 설명서

④ 방사성동위원소취급자일반면허, 방사선취급감독자의 면허를 받은 자 또는 국가기술자격자에 의한 방사선관리기술사가 재직하는 경우 이를 증명하는 서류나 방사선안전관리의 업무대행자가 있는 경우 이를 증명하는 서류

⑤ 규정에 따른 보상기준

⑥ 사업자등록증 사본

(3) 위원회는 규정에 따라 신고인의 사업자등록증을 확인하거나, 그 사본을 첨부하게 하여야 한다.

(4) 위원회는 규정에 따른 신고를 받은 경우 그 신고가 적합하다고 인정할 때에는 방사성동위원소사용(이동사용) 신고확인증 또는 방사선발생장치사용(이동사용) 신고확인증을 신고인에게 발급하여야 한다.

4) 업무대행자의 등록

(1) 허가사용자 및 신고사용자를 대행하여 다음 각 호의 어느 하나의 업무를 하려는 자는 위원회에 등록하여야 한다.

① 방사성오염의 제거

② 방사성동위원소 등 및 방사성폐기물의 수거·처리 및 운반

③ 방사선안전보고서·안전관리규정의 작성

④ 사용시설 등의 설치에 대한 감리

⑤ 방사선안전관리

⑥ 그 밖에 총리령으로 정하는 방사선의 안전관리 및 장해방지 관련 업무

총리령

- 방사선원 누설점검 업무
- 사용시설 등의 설계
- 자체점검보고서의 작성 업무

(2) 업무대행자가 등록한 사항을 변경하려면 이를 위원회에 신고하여야 한다.

(3) 등록기준

① 총리령으로 정하는 대행업무 수행에 필요한 기술능력을 확보하고 있을 것

② 대통령이 정하는 장비 및 인력을 확보할 것

③ 대행업무의 범위 및 업무대행규정이 총리령으로 정하는 기준에 적합할 것.

총리령(대행업무 수행에 필요한 기술능력)

1. 방사선안전관리 체계를 수립하여 운영하고 있을 것
2. 규정에 따라 등록한 대행업무의 유형별 절차를 수립하고 있을 것

방사선안전관리체계

가. 조직도: 업무대행자의 대표자를 정점으로 하여 대행업무와 관련된 안전관리업무를 수행하는 전체 소속직원의 조직도 및 인력배치도(사무소를 별도로 두고 있는 경우에는 주사무소와 권역별지역사무소의 조직을 모두 포함한다)
나. 직무: 대표이사, 부서장 및 대행업무를 수행할 전담인력을 포함한 방사선작업종사자의 직무에 사항
다. 업무의 대행절차(계약체결, 결과보고 등)
라. 업무의 대행을 위한 계약서, 보고서, 결과서 등 필요한 제반 서식에 관한 사항

대통령령(장비 및 인력기준)

① 장비: 등록업무를 전담하기 위한 다음 각 목의 장비

- 방사선측정기 5대 이상
- 방사능측정기 2대 이상
- 전담인력마다 방사선경보기 또는 직독식 개인선량계 1대 이상
- 방사성물질등을 운반할 수 있는 전용차량 1대 이상("방사성동위원소등 및 방사성폐기물의 수거·처리 및 운반"에 관한 업무를 대행하려는 경우에 한정한다)

② 인력(업무대행자의 등록 시)

구 분	인 력 기 준
1. 방사성오염의제거, 방사성동위원소등 및 방사성폐기물의 수거·처리 및 운반, 방사선안전보고서·안전관리규정의 작성, 그 밖에 총리령으로 정하는 방사선의 안전관리 및 장해 방지 관련 업무의 업무대행자	◦ 방사선취급감독자면허 소지자 또는 방사선관리기술사로서 방사선안전관리 경력 또는 방사선안전규제업무 경력이 5년 이상인 사람 1명 이상 ◦ 방사성동위원소취급자일반면허 소지자로서 방사선안전관리 또는 방사선안전규제업무 경력이 3년 이상인 사람 1명 이상
2. 사용시설 등의 설치에 대한감리의 업무대행자	◦ 방사선취급감독자면허 소지자 또는 방사선관리기술사로서 사용시설 등의 설치 또는 방사선안전규제업무 경력이 3년 이상인 사람 1명 이상 ◦ 방사성동위원소취급자일반면허 소지자로서 방사선안전관리 또는 방사선 안전규제업무 경력이 3년 이상인 사람 1명 이상
3. 방사선안전관리의 업무대행자	◦ 방사선취급감독자면허 소지자 또는 방사선관리기술사로서 방사선안전관리 경력 5년 이상이며 최근 5년간 법을 위반하여 처벌을 받

	은 사실이 없는 사람 또는 방사선안전규제업무 경력이 5년 이상인 사람 1명 이상 ◦ 방사선취급감독자면허 소지자 또는 방사선관리기술사로서 방사선안전관리 경력 3년 이상이며 최근 3년간 법을 위반하여 처벌을 받은 사실이 없는 사람 또는 방사선안전규제업무 경력이 3년 이상인 사람 2명 이상 ◦ 주 사무소외에 사업소를 별도로 두는 경우에는 사업소별로 방사성동위원소취급자일반면허 소지자로서 방사선안전관리 경력 3년 이상이며 최근 3년간 법을 위반하여 처벌을 받은 사실이 없는 사람 또는 방사선안전규제업무 경력이 3년 이상인 사람 2명 이상

총리령(대행업무의 범위 및 업무대행규정)

1. 대행업무의 범위 등

가. 방사선안전관리에 관한 업무의 대행은 위원회가 정하여 고시하는 권역별로 위치한 사무소에서 할 것.

나. 업무대행규정이 규정에 따라 위원회가 정하여 고시하는 지침에 적합하게 작성되었을 것.

(1) 업무대행규정에는 위원회가 정하여 고시하는 지침에 따라 다음 각 호의 사항을 적어야 한다.

(가) 방사선안전관리 체계

(나) 수행하려는 대행업무의 절차

(다) 안전관리절차

(라) 방사선비상대응절차

2. 업무대행규정 작성 세부지침

"대행업무의 수행절차"에는 수행하고자 하는 해당 대행업무에 한하여 다음과 같이 각각 기술한다.

가. 방사성오염의 제거

(1) 방사성오염제거 작업계획 수립에 관한 사항

(2) 방사성오염의 측정방법 및 절차

(3) 방사성오염의 제거방법 및 절차

(4) 방사성오염제거 작업자에 대한 방호조치와 투입된 장비 등의 제염에 관한 사항

(5) 방사성오염의 제거에 따른 방사성폐기물의 관리

나. 방사성동위원소 등 및 방사성폐기물의 수거·처리 및 운반

(1) 방사성동위원소등 및 방사성폐기물의 수거·처리

(가) 수거·처리 작업계획 수립에 관한 사항

(나) 수거·처리 방법 및 절차에 관한 사항

(다) 수거·처리를 위한 용기 등 장비에 관한 사항

(2) 방사성동위원소등 및 방사성폐기물의 운반

(가) 운반계획 수립에 관한 사항

(나) 운반방법 및 절차에 관한 사항

(다) 운반용기 및 차량에 관한 사항

(라) 운반 중 사고 발생시 비상조치 계획에 대한 사항

다. 방사선안전보고서·안전관리규정의 작성

(1) 방사선안전보고서 작성 기준에 대한 사항

(2) 안전관리규정 작성 기준에 대한 사항

라. 사용시설 등의 설치에 대한 감리

(1) 감리 계획의 수립에 관한 사항

(2) 감리 방법 및 절차에 관한 사항

마. 방사선안전관리

(1) 방사선안전관리 범위에 관한 사항

(2) 방사선안전관리 방법 및 절차에 관한 사항

바. 방사선원 누설점검

(1) 누설점검 대상, 시기 및 방법

(2) 누설점검에 필요한 장비 등의 확보에 관한 사항

(3) 누설점검결과에 대한 판정기준 및 조치 등에 관한 사항

사. 사용시설 등의 설계

(1) 설계의 범위에 관한 사항

(2) 설계계획 수립에 관한 사항

(3) 설계의 방법 및 절차에 관한 사항

아. 자체점검보고서의 작성

(1) 자체점검 계획 수립에 관한 사항

(2) 자체점검 항목, 방법 및 절차에 관한 사항

• "안전관리 절차"에는 대행업무를 수행하는데 따른 자체 방사선안전관리와 관련하여 다음 각 호의 사항을 기술한다.

가. 방사선작업종사자 및 수시출입자의 피폭관리에 관한 사항

나. 방사선작업종사자 및 수시출입자에 대한 교육훈련에 관한 사항

다. 방사선작업종사자 및 수시출입자의 건강진단에 관한 사항

라. 안전관리장비의 관리에 관한 사항

마. 각종 기록의 작성 및 비치

- “방사선비상대응절차”에는 대행업무를 수행하는데 따른 방사선비상 대응과 관련하여 다음 각 호의 사항을 기술한다.

  가. 대행업무 수행과 관련하여 예측 가능한 사고의 종류

  나. 각 사고시의 대응 절차

  다. 대응조치에 필요한 조직, 인력, 차량, 장비의 확보에 관한 사항

(4) 업무대행자의 등록 신청서류

① 업무대행규정

② 규정에 따른 장비 및 인력을 확보하고 있음을 입증하는 서류

③ 규정에 따른 보상기준

④ 대행업무와 관련된 기술을 보유하고 있는 인력의 경력확인서

대행업무 관련 기술보유 인력 경력 산출 방법

① 경력기간은 경력 개월 수를 단위로 하여 계산하되, 15일 이상은 1개월로 계산할 것

② 경력산출의 기준 일은 업무대행등록 신청일로 할 것

(5) 업무대행자의 등록변경신고

① 등록사항의 변경신고를 하려는 경우에는 해당 변경사유가 발생한 날부터 30일 이내에 업무대행자변경등록신고서를 위원회에 제출하여야 한다.

② 신고서에는 변경사항에 관한 서류와 등록증을 첨부하여야 한다.

(6) 방사선안전관리자의 대행

허가사용자(방사성동위원소 등의 사용 또는 판매허가에 한정한다)가 업무대행자의 인력으로 방사선안전관리자를 갈음할 수 있는 경우는 다음과 같다.

① 밀봉된 방사성동위원소를 진단용으로 사용하는 경우

② 다음 각 항의 방사성동위원소 등을 사용하는 경우(인체에 사용하는 경우를 제외한다)

  가. 기기에 내장되거나 장착되지 아니한 것으로서 연간 사용량이 1.85테라베크렐 미만인 밀봉된 방사성동위원소

  나. 기기에 내장되거나 장착된 것으로서 연간 사용량이 3.7테라베크렐 미만인 밀봉된 방사성동위원소

  다. 최대사용전압이 250킬로볼트, 최대용량 5밀리암페어 이하로서 1대 이하인 방사선발생장치

③ 방사선발생장치를 판매하는 경우

- 허가사용자의 방사선안전관리 업무를 대행하려는 자는 소속 전담인력 1명으로 허가사용자를 최대 15명까지 대행할 수 있다.
- 신고사용자의 방사선안전관리 업무를 대행하려는 자는 소속 전담인력 1명으로 신고사용자를 최대 30명까지 대행할 수 있다.
- 허가사용자와 신고사용자 업무를 대행하는 소속 전담인력은 허가사용자와 신고사용자 업무를 병행하여 대행할 수 있다. 이 경우 허가사용자 1명을 대행하는 경우 신고사용자 2명을 대행하는 것으로 본다.

(7) 방사선안전관리 대행업무의 범위

① 권역구분

업무대행자가 "방사선안전관리 업무"를 대행할 수 있는 권역 구분은 다음과 같다.

가. 수도권(서울특별시, 인천광역시, 경기도, 강원도)

나. 충청권(대전광역시, 세종특별자치시, 충청남도, 충청북도)

다. 영남권(부산광역시, 대구광역시, 울산광역시, 경상남도, 경상북도)

라. 호남권(광주광역시, 전라남도, 전라북도, 제주특별자치도)

② 방사선안전관리업무 대행 범위

가. 업무대행자가 방사선안전관리업무를 대행하고자 할 때에는 규정한 권역별로 위치한 사무소에서 할 것

나. 업무대행자는 업무대행규정 지침에 적합하게 작성되었을 것

(8) 결격사유

① 피성년후견인 또는 파산선고를 받고 복권되지 아니한 사람

② 이 법을 위반하여 징역 이상의 형의 선고를 받고 그 형의 집행이 종료되거나 집행을 받지 아니하기로 확정된 후 3년이 경과되지 아니한 사람이나 징역 이상의 형의 집행유예를 선고받고 그 집행유예기간 중에 있는 사람

③ 제57조에 따라 허가가 취소(이 조 제1호에 해당하여 허가가 취소된 경우는 제외한다)된 후 2년이 경과되지 아니한 자

④ 대표자가 제1호부터 제3호까지 중 어느 하나에 해당하는 사람이 있는 법인

5) 판독업무자의 등록

- 신체의 외부에서 피폭하는 방사선량의 판독에 관한 업무를 하려는 자는 위원회에 등록하여야 한다.
- 판독업무자가 등록한 사항을 변경하려는 경우에는 이를 위원회에 신고하여야 한다.

• 규정에 따라 등록을 하려는 자는 그 신청서에 판독에 관한 품질보증계획서와 그 밖에 총리령으로 정하는 서류를 첨부하여 위원회에 제출하여야 한다.

대통령령

(1) 판독에 관한 업무를 등록한 판독업무자는 규정에 따라 판독시설의 설치·운영 및 판독성능에 대하여 총리령으로 정하는 바에 따라 위원회의 검사를 받아야 한다.

• 위원회 고시

가. 판독업무자는 품질보증계획서의 심사와 판독시설 및 장비 등에 대한 검사에 합격한 후 성능검사를 신청하여야 한다.

나. 판독업무자는 성능검사 신청서에 따라 작성된 신청서와 다. 목에 따른 성능검사용 선량계를 검사개시 1월 전까지 한국원자력안전기술원장에게 제출하여야 한다.

다. 선량계는 판독업무자가 방사선작업종사자에게 지급하여 사용하고 있는 선량계 중에서 무작위로 선정한 것을 배지케이스에 넣어 제출하여야 한다.

라. 선량계는 선량계 모델 및 범주별로 제출하고, 범주별로 15개씩 제출하되 예비용 선량계 40개를 추가로 제출하여야 한다.

마. 선량계에 대한 기준조사는 한국원자력안전기술원의 "선량계 기준조사 지침서"에 따른다.

바. 기준조사된 선량계는 15일 이내에 판독업무자에게 판독을 위하여 반송하고, 범주Ⅰ, Ⅱ 및 Ⅷ과 관련된 선량계에는 범주를 표시하여야 한다.

사. 판독업무자는 기준 조사된 선량계를 반송 받은 날부터 15일 이내에 판독결과를 "선량계 판독 결과 보고서" 서식에 따라 한국원자력안전기술원장에게 제출하여야 한다.

아. 한국원자력안전기술원장은 판독업무자가 제출한 판독결과를 기준조사 자료와 비교하여 분석한 후, 그 결과를 위원회에 제출하고 판독업무자에 대하여는 검사성적서를 발급하여야 한다.

(2) (1)항의 규정에 따른 검사는 판독업무를 개시하기 전에 실시하는 검사와 매년 정기적으로 실시하는 검사로 구분한다.

(3) (1)항에 따른 검사를 받으려는 자는 검사신청서에 총리령으로 정하는 서류를 첨부하여 위원회에 제출하여야 한다. 다만, 위원회가 매년 정기적으로 실시하는 검사에 관하여 해당 연도 검사계획을 수립하여 판독업무자에게 통보한 경우에는 검사신청서를 제출하지 아니할 수 있다.

• 총리령으로 정하는 서류

가. 판독업무 개시 전 검사 신청의 경우(다만, 판독업무자 등록신청 시 제출한 서류는 제출하지 아니할 수 있다)

가) 판독시설 등의 목록과 개요

나) 판독시설 등에 관한 도면(상세도면을 포함한다)

다) 보유장비 및 그 성능에 관한 자료

라) 보유인력에 관한 자료

나. 정검검사 신청의 경우

가) 검사받으려는 시설의 개요

가) 수검계획서

(4) 규정에 따른 검사의 기준·방법 및 절차 등에 관하여 필요한 사항은 위원회가 정하여 고시한다.

• 검사기준 (위원회 고시)

가. 규정에 따른 판독성능검사의 범주 및 합격기준은 다음과 같이 적용한다.

가) 성능검사는 규칙 별표3(판독성능검사의 범주 및 합격기준)과 같이 8개의 범주로 구분하여 실시하며, 규칙 별표3의 범주 모두 또는 별표1(방사선 종류별 최소 신청범주)의 범주를 적용한다.

나) 각 범주별 성능검사 결과 범주Ⅰ 및 Ⅱ에 대해서는 허용준위값이 0.3 이하인 경우에 합격으로 하며, 나머지 범주에 대해서는 허용준위값이 0.5 이하인 경우에 합격으로 한다. 또한, 각 범주에서의 | B | 값과 S값이 각각 0.35 이하인 경우에 합격으로 한다.

다) 성능검사 결과 다음 각의 어느 하나에 해당하는 경우에는 불합격으로 한다.

(가) 성능검사 결과 2개 이상의 범주에서 제 나) 호의 규정에 의한 합격기준을 만족시키지 못하는 경우

(나) 성능검사 결과 1개 범주에서 제 나) 호의 규정에 의한 합격기준을 만족시키지 못하고 1차에 한하여 실시된 재 성능검사 결과에서도 어느 1개의 범주에서 합격기준을 만족시키지 못하는 경우

나. 성능검사의 주기는 다음과 같다.

가) 판독업무 신규등록 이후에는 규칙 별표3의 모든 범주에 대해서 2년 주기로 실시한다.

나) 정기검사 및 시설을 변경할 때에는 규칙 별표3의 범주 중에서 임의의 3개의 범주에 대하여 규정에 따라 2년 주기로 1회에 1개월간 실시한다.

(5) (1)항에 따른 검사결과 (4)항의 기준에 맞는 경우에는 합격으로 한다.

(1) 등록기준

• 총리령으로 정하는 판독시설의 설치·운영에 필요한 기술적 능력을 가지고 있을 것

• 규정에 따른 품질보증계획서의 내용이 총리령으로 정하는 기준에 적합할 것

판독시설의 설치·운영에 필요한 기술적 능력

① 기술인력·시설 및 취급기준에 적합할 것

② 판독시설 및 장비가 국가표준기본법 제3조 17호에 따른 소급성을 유지할 수 있을 것

③ 개인선량계 패용기간 동안 자연적으로 증가 또는 감소하는 피폭선량의 영향에 대한 평가를 할 수 있을 것

④ 피폭방사선량을 위원회가 정하는 심부선량과 표층선량으로 구분하여 판독할 수 있을 것

⑤ 판독시스템의 최저측정준위를 0.1밀리시버트 이하로 유지할 수 있을 것

⑥ 피폭방사선량의 기록에 대한 보안을 유지할 수 있을 것

가. "심부선량"이란 국제방사선단위측정위원회(ICRU)가 정하는 HP(10)으로서 인체의 몸통 표면아래 10 mm 깊이에서의 선량을 선량계로 판독한 것을 말한다.
나. "표층선량"이란 국제방사선단위측정위원회(ICRU)가 정하는 HS(0.07)으로서 인체의 피부 표면아래 0.07 mm 깊이에서의 선량을 선량계로 판독한 것을 말한다.

품질보증계획서

품질보증계획서에는 위원회가 정하여 고시하는 지침에 따라 다음 다음표의 기술사항을 적합하게 작성하여야 한다.

표준 품질매뉴얼의 구성 및 주요내용(별지 관련)

목 차	주 요 기 술 내 용
품질 방침	품질 방침 품질확보를 위한 경영자의 의지 및 정책 등
제1장 총 론	목적, 적용범위, 용어정의
제2장 판독기관안내	일반개요, 업무분야, 기구 및 조직, 소재지, 업무분장, 소유권 및 기밀 정보
제3장 품질보증체계 및 판독취급관리자	품질보증 운영, 품질보증 위원회, 품질 매뉴얼, 품질관리체제의 감사, 숙련도시험 및 기관간 비교시험, 품질관리체계 검토
제4장 직 원	직원의 임무 및 관련서류, 개인인사기록, 관리와 감독, 권한위임, 신규직원 채용, 훈련, 직원평가
제5장 시설 및 장비	설비목록, 설비의 사용, 유지관리, 검·교정, 장비구매, 소모품구매
제6장 판독작업환경	환경조건, 유지관리
제7장 판독방법 및 절차	관련서류의 목록, 판독절차, 비표준화 방법, 서류의 갱신, 문서보안, 표본추출
제8장 판독업무의 관리	의뢰자와의 접촉, 접수관리, 판독작업 수행, 표본추출작업, 판독결과의 확인 및 보고서, 시료 및 근거자료의 보관, 시료의 폐기, 보관관리, 외부의뢰, 안전관리
제9장 판독결과보고서	판독결과보고서, 보고서의 내용 및 변경
제10장 의뢰자의 불만처리	판독업무자의 책임, 의뢰자의 불만 및 정정

(2) 판독업무 개시 전 검사의 신청

- 규정에 의한 판독업무 개시 전 검사의 신청은 서식에 의한다.
- 규정에서 "총리령으로 정하는 서류"란 다음 각 호의 구분에 따른 서류를 말한다. 다만, 판독업무자 등록신청 시 제출한 서류는 제출하지 아니할 수 있다.
  ① 판독시설 등의 목록과 개요
  ② 판독시설 등에 관한 도면(상세 단면도를 포함한다)

③ 보유장비 및 그 성능에 관한 자료

④ 보유인력에 관한 자료

• 위원회는 판독검사에 합격한 자에 대하여는 그 사실을 통지하여야 한다.

(3) 판독업무자 등록의 취소

• 위원회는 판독업무자가 다음 각 호의 어느 하나에 해당하면 그 등록을 취소하거나 1년 이내의 기간을 정하여 그 업무의 정지를 명할 수 있다. 다만, (1) 또는 (5)에 해당하는 때에는 그 등록을 취소하여야 한다.

① 거짓이나 그 밖의 부정한 방법으로 등록을 한 때

② 정당한 사유 없이 대통령령으로 정하는 기간 안에 그 등록한 업무를 개시하지 아니 하거나 1년 이상 계속하여 중단한 때

③ 신고를 하지 아니하고 등록한 사항을 변경한 때

④ 규정에 따른 등록기준에 미달하게 된 때

⑤ 제78조 제4항에서 준용하는 결격사유(제14조 제1호·제2호 및 제4호) 중 어느 하나에 해당하게 된 때. 다만, 법인의 대표자가 그 사유에 해당하게 된 경우 3개월 이내에 그 대표자를 바꾸어 선임한 때에는 그러하지 아니하다.

⑥ 제80조 제2항 또는 제98조 제1항 및 제3항에 따른 명령을 위반한 때

대통령령으로 정하는 기간

등록을 한 날부터 1년

결격사유

① 피성년후견인 또는 파산선고를 받고 복권되지 아니한 사람

② 이 법을 위반하여 징역 이상의 형의 선고를 받고 그 형의 집행이 종료되거나 집행을 받지 아니하기로 확정된 후 3년이 경과되지 아니한 사람이나 징역 이상의 형의 집행유예를 선고받고 그 집행유예기간 중에 있는 사람

③ 제81조에 따라 허가가 취소(이 조 제1호에 해당하여 허가가 취소된 경우는 제외한다)된 후 2년이 경과되지 아니한 자

④ 대표자가 제1호부터 제3호까지 중 어느 하나에 해당하는 사람이 있는 법인

제80조 제2항 또는 제98조 제1항 및 제3항

① 규정에 따른 검사결과 판독업무자가 규정에 따른 등록기준에 미달되면 그 시정 또는 보완

을 명할 수 있다.

② 위원회는 이 법의 시행을 위하여 필요하다고 인정하면 원자력관계사업자·판독업무자와 원자로 및 관계시설의 건설 또는 운영에 참여하는 사업자와 국제규제물자를 취급하거나 관련 연구를 수행하는 자로서 대통령령으로 정하는 자에게 그 업무에 관한 보고 또는 서류의 제출 및 제출된 서류의 보완을 명할 수 있다.

③ 위원회는 규정에 따라 검사 등을 실시한 결과 원자력안전법과 국제약속을 위반한 사항이 있으면 그 시정 또는 보완을 명할 수 있다.

(4) 기록과 비치

판독업무자는 총리령으로 정하는 바에 따라 판독시설 및 판독업무에 관한 사항 등을 기록하여 이를 공장 또는 사업소마다 비치하여야 한다.

3. 검사

- 허가사용자 및 업무대행자는 방사성동위원소 등의 생산·판매·사용·이동사용 또는 대행 업무를 대통령령으로 정하는 바에 따라 위원회의 검사를 받아야 한다. 다만, 대통령령으로 정하는 바에 따라 검사가 면제되는 경우에는 그러하지 아니하다.
- 위원회는 검사 결과 다음 각 호의 어느 하나에 해당하면 허가사용자 또는 업무대행자에게 그 시정 또는 보완을 명할 수 있다.
  - ◦ 규정에 의한 허가기준 또는 등록기준에 미달될 때
  - ◦ 규정에 의한 안전관리규정 또는 업무대행규정을 위반하였을 때

1) 검사신청서

(1) 방사성동위원소 등 검사신청서와 업무대행자의 정기검사 신청서는 서식에 의한다.

(2) 방사성동위원소의 생산검사 신청서는 서식에 의한다.

(3) 위원회는 시설검사·정기검사 및 생산검사에 합격한 자에 대하여는 그 사실을 통지하여야 한다.

2) 시설검사

(1) 허가사용자는 방사성동위원소 등의 생산시설·사용시설·분배시설·저장시설·보관시설·처리시설·및 배출시설(이하 “사용시설등”이라 한다)을 설치 또는 변경한 때에는 해당시설에 대하여 위원회의 검사를 받아야 한다.

(2) 허가사용자가 다음 각 호의 어느 하나에 해당하는 사용시설등에 대하여 총리령으로 정하는 바에 따라 자체점검을 실시하고, 그 자체점검 결과에 대하여 위원회의 서면

심사를 받아 합격한 경우에는 해당 자체점검으로 제(1)항에 따른 시설검사를 갈음한다. 다만, 해당 사용시설등을 최초로 검사하는 경우에는 그러하지 아니하다.

① 법 제60조 제1항 본문에 따라 승인을 받은 방사선기기(별도의 방사선차폐체를 설치하지 아니하고 취급할 수 있는 것만 해당한다)를 설치한 사용시설등

② 법 제60조 제1항 본문에 따라 승인을 받은 방사선발생장치로서 총리령으로 정하는 장치를 설치한 사용시설등

③ 370기가베크렐 미만의 밀봉된 방사성동위원소의 사용시설등

시설검사의 자체점검·감리에 대한 서면심사등

영 제85조 제2항에 따른 허가사용자의 자체점검 또는 영 제85조 제3항에 따른 업무대행자의 감리는 다음 각 호의 사항에 대하여 실시한다.

1. 방사선기기의 제작회사·모델번호 및 일련번호
2. 방사선발생장치의 최대 사용용량
3. 내장되어 있는 방사성동위원소의 핵종·방사능량·제작회사·모델번호·일련번호 및 인증서
4. 방사선기기를 포함한 사용시설 등의 설치위치 및 상태
5. 방사선기기 설치 후 방사선기기 외부표면 및 사용시설 등의 주요 지점에서의 방사선량률
6. 사용시설 등의 재질 및 치수
7. 사용시설 등의 주변환경
8. 사용시설 등의 안전장치설치 및 안전관리장비 보유현황
9. 방사능표지·주의사항의 게시위치 및 내용

법 제60조 방사선발생장치등의 설계승인등

① 방사선발생장치 또는 방사성동위원소가 내장된 방사선기기를 제작하려는 자 또는 외국에서 제작된 방사선기기를 수입하려는 자는 대통령령으로 정하는 바에 의하여 위원회의 승인을 받아야 한다. 이를 변경하려는 때에도 또한 같다. 다만, 총리령으로 정하는 경미한 사항을 변경하려는 때에는 이를 위원회에 신고하여야 한다.

② 제①항에도 불구하고 다음 각 호의 어느 하나에 해당하는 경우에는 위원회의 승인을 받지 아니하고 방사선기기를 제작하거나 수입할 수 있다.

㉮ 제①항에 따라 승인을 받은 방사선기기와 동일한 형식의 방사선기기를 제작하거나 수입하려는 경우

㉯ 시험용으로 시제품을 개발하거나 비영리 단체의 학술연구를 위한 경우로서 위원회가 정하여 고시하는 기준에 적합한 경우

㉰ 수출전용으로 방사선기기를 제작하는 경우로서 위원회가 고시하는 기준에 적합한 경우

㉱ 그 밖에 대통령령으로 정하는 경우

③ 제①항에 따른 승인을 받으려는 자는 방사선기기의 설계자료, 안전성평가자료, 제작에 관한

품질보증계획서와 그 밖에 총리령으로 정하는 서류를 첨부하여 위원회에 제출하여야 한다.
④ 제①항에 따른 방사선기기의 형식별 설계승인의 기준은 대통령령으로 정한다.

총리령으로 정하는 장치

최대전압 250킬로볼트 이하의 방사선발생장치

(3) 업무대행자가 제(2)항 각 호의 어느 하나에 해당하는 사용시설 등에 대하여 총리령으로 정하는 바에 따라 감리를 실시하고, 그 감리 결과에 대하여 위원회의 서면심사를 받아 합격한 경우에는 그 감리로 제(1)항에 따른 시설검사를 갈음한다. 다만, 해당 사용시설등을 최초로 검사하는 경우에는 그러하지 아니하다.
(4) 제(1)항에 따른 검사, 제(2)항에 따른 자체점검 또는 제(3)항에 따른 감리 결과에 대한 서면심사 결과 그 사용시설등의 설치 또는 변경이 법 규정에 따른 허가내용(법 제99조의 규정에 의한 조건을 포함한다)과 일치하는 경우에는 합격으로 한다.
(5) 위원회는 (2)항 또는 (3)항에 따라 제출된 자체점검 결과 또는 감리 결과에 대한 서면심사 결과 불합격한 사용시설 등에 대해서는 제(1)항에 따른 검사를 하여야 한다.

3) 시설검사 면제대상

(1) 밀봉되지 아니한 방사성동위원소의 저장시설을 변경하는 경우
(2) 방사성폐기물(폐기선원을 제외한다)의 저장시설을 변경하는 경우
(3) 일시적인 사용 장소에 사용시설 등을 설치하는 경우
(4) 규정에 따라 신고대상인 방사성동위원소 등을 사용하기 위하여 사용시설 등을 추가로 설치하거나 변경하는 경우
(5) 규정에 따른 제작검사에 합격한 방사선기기를 기존시설의 변경 없이 설치하는 경우
(6) 방사광가속기에 방사광빔라인을 추가로 설치하거나 구조를 변경하는 경우로서 위원회가 시설검사가 필요 없다고 인정하는 경우
(7) 방사선발생장치의 보관시설을 설치하거나 변경하는 경우

4) 정기검사

(1) 허가사용자는 규정에 따라 사용시설 등의 시설 및 그 운영에 관하여 총리령으로 정하는 바에 따라 정기적으로 위원회의 검사를 받아야 한다.
(2) 업무대행자는 규정에 따라 대행업무의 운영 및 내용에 관하여 총리령으로 정하는

바에 따라 정기적으로 위원회의 검사를 받아야 한다.

(3) 다음 각 호의 요건을 모두 갖춘 허가사용자가 사용시설등의 시설 및 그 운영에 관하여 총리령으로 정하는 바에 따라 자체점검을 하고, 그 자체점검 결과를 위원회에 제출하여 서면심사에 의한 검사(이하 이 조에서 "서면검사"라 한다)를 받아 합격한 경우에는 그 서면검사로 제(1)항에 따른 정기검사를 갈음한다. 다만, 처음으로 정기검사를 받아야 하는 경우와 서면검사를 받은 직후에 정기검사를 받아야 하는 경우는 예외로 한다.

① 총리령으로 정하는 정기검사 주기가 3년 또는 5년인 사용시설등을 설치·운영하는 자일 것

② 직전 정기검사에서 시정 또는 보완명령을 받지 아니하였을 것

③ 정기검사 해당 연도의 1월 1일부터 기산하여 최근 3년간 규정에 따른 보고(해당 사용시설 등의 시설 및 그 운영에 관한 보고에 한정한다)가 누락되지 아니하였을 것

④ 정기검사 해당 연도의 1월 1일부터 기산하여 최근 3년간 판독특이자가 발생하지 아니하였을 것

⑤ 정기검사 해당 연도의 1월 1일부터 기산하여 최근 5년간 규정에 따른 방사선발생장치 또는 방사성물질등에 관한 도난·분실·화재, 그 밖의 사고가 발생하지 아니하였을 것

정기검사에 갈음하는 자체점검에 대한 서면심사

① 방사성동위원소 등의 구매·사용·저장 및 폐기 현황
② 방사성동위원소 등의 사용실적
③ 방사선작업종사자 및 수시출입자 현황
④ 방사선작업종사자 및 수시출입자의 피폭관리·건강진단 현황
④-1 방사선작업종사자의 교육현황
⑤ 사용시설등의 방사선측정 현황
⑥ 방사선측정장비의 보유현황 및 그에 대한 검정·교정 현황
⑦ 방사선기기에 대한 누설점검 실적 및 결과
⑧ 보유하고 있는 안전관리기록 현황
⑨ 법 규정에 따른 기술기준에 적합하지 아니한 사항과 그 원인 및 조치에 관한 사항

(4) 제(1)항 및 제(2)항에 따른 검사결과 또는 제(3)항에 따른 자체점검 결과에 대한 서면심사 결과 규정에 따른 기준에 맞게 유지된 경우에는 합격으로 한다.

(5) 위원회는 서면검사 결과 불합격한 사용시설등의 시설 및 그 운영에 대해서는 제

(1)항에 따른 검사를 해야 한다.

5) 정기검사의 면제

(1) 규정에 따른 검사결과나 허가사용자 및 업무대행자의 자체 안전관리 수준이 우수하다고 위원회가 인정하는 허가사용자 및 업무대행자에 대해서는 정기검사를 면제한다.

(2) 제(1)항에 따른 검사면제의 기준 등 검사면제에 필요한 사항은 위원회가 정하여 고시한다.

위원회 고시

- 목　　적: 방사성동위원소 등의 허가사용자 및 업무대행자에 대한 정기검사의 면제를 위한 기준 등에 관하여 필요한 사항을 규정함을 목적으로 한다.
- 적용범위: 정기검사 주기가 매 1년인 방사성동위원소 등의 허가사용자 및 업무대행자 중에서 전년도에 정기검사 또는 수시검사를 받은 자에 대하여 적용한다.
- 면제기준: 안전관리실적평가표 별표 1 및 별표 2에 따른 평점이 70점 이상인 허가사용자 및 업무대행자에 대하여는 해당년도 정기검사를 면제해주며 한국원자력안전기술원장은 정기검사가 면제되는 허가사용자 및 업무대행자에 대하여 해당년도 정기검사계획에 따라 이를 통보하여야 한다.
- 면제대상자 선정: 한국원자력안전기술원장은 매년 2월말까지 규정에 따른 면제기준에 해당하는 허가사용자 및 업무대행자를 해당년도 정기검사계획에 반영하여 위원회의 승인을 받아야 한다.
- 예외규정: 위원회는 정기검사가 면제된 허가사용자 및 업무대행자에 대하여 방사선안전관리상 문제가 있거나 문제가 있을 것으로 예상되는 경우에는 수시 검사를 통하여 방사선안전관리상태를 점검할 수 있다.

허가사용자의 안전관리실적 평가표

항 목		해당기간	평점	비고
1	정기검사 또는 수시검사 지적사항	전년도	−30	(주1)
2	정기검사 또는 수시검사 권고사항	전년도	−10	(주2)
3	정기검사 또는 수시검사 준비 및 수검자세가 우수함	전년도	+5	
4	방사성동위원소 등의 분실 또는 도난 사고 발생	최근 1년간	−50	
		1~2년 경과시	−40	
		2~3년 경과시	−30	
		3~4년 경과시	−20	
		4~5년 경과시	−10	
5	선량한도 초과피폭자 발생	최근 1년간	−30	
		1~2년 경과시	−20	
		2~3년 경과시	−10	
6	피폭선량 측정결과 판독특이자 발생	최근 1년간	−10	
		1~2년 경과시	−5	
7	변경허가를 받은 실적이 있음	전년도	−5	
8	방사선안전관리자의 변경 실적이 있음	전년도	−5	
9	각종 보고 또는 신고기한 초과	전년도	−5	

※ 기본점수 100점에서 각 항목의 점수를 가감하여 70점 이상인 경우 정기검사 면제 가능

(주1) 발급건당 10점 감점, 최대 30점 감점

(주2) 발급건당 5점 감점, 최대 10점 감점

업무대행자의 안전관리실적 평가표

항 목		해당기간	평점	비고
1	정기검사 또는 수시검사 지적사항	전년도	−30	(주1)
2	정기검사 또는 수시검사 권고사항	전년도	−10	(주2)
3	정기검사 또는 수시검사 준비 및 수검자세가 우수함	전년도	+5	
4	대행업무분야 관련 사고 발생	최근 1년간	−50	
		1~2년 경과시	−40	
		2~3년 경과시	−30	
		3~4년 경과시	−20	
		4~5년 경과시	−10	
5	선량한도 초과피폭자 발생	최근 1년간	−30	
		1~2년 경과시	−20	
		2~3년 경과시	−10	
6	피폭선량 측정결과 판독특이자 발생	최근 1년간	−10	
		1~2년 경과시	−5	
7	변경등록 실적이 있음	전년도	−5	
8	전담인력의 변경 실적이 있음	전년도	−5	
9	각종 보고 또는 신고기한 초과	전년도	−5	
10	업무대행자가 제공한 대행업무로 인한 원자력관계사업자의 보완 및 지적발생	전년도	−20	(주3)

※ 기본점수 100점에서 각 항목의 점수를 가감하여 70점 이상인 경우 정기검사 면제 가능
(주1) 발급건당 10점 감점, 최대 30점 감점
(주2) 발급건당 5점 감점, 최대 10점 감점
(주3) 발생건당 2점 감점, 최대 20점 감점

6) 정기검사의 신청

검사를 받아야 하는 자는 검사신청서를 위원회에 제출하여야 한다. 다만, 위원회가 해당 년도 정기검사 대상기관에 대하여 그 검사계획을 수립하여 허가사용자 및 업무대행자에게 통보한 경우에는 그러하지 아니하다.

7) 방사성동위원소등 사용자에 대한 정기검사의 시기

구분	검사시기
1. 방사성동위원소등을 인체에 사용하는 공장 또는 사업소	
가. 인체의 치료 및 체내외 검진을 목적으로 사용하는 경우	매 1년
나. 가목 외의 경우	
(1) 연간 사용량이 3.7기가베크렐(100밀리큐리) 이상	매 3년
(2) 연간 사용량이 3.7기가베크렐(100밀리큐리) 미만	매 5년
2. 방사성동위원소등을 인체에 사용하지 않는 공장 또는 사업소	
가. 밀봉된 방사성동위원소	
(1) 연간 사용량이 111테라베크렐(3,000큐리) 이상	매 3년
(2) 연간 사용량이 111테라베크렐(3,000큐리) 미만	매 5년
나. 밀봉되지 않은 방사성동위원소	
(1) 연간 사용량이 3.7기가베크렐(100밀리큐리) 이상	매 3년
(2) 연간 사용량이 3.7기가베크렐(100밀리큐리) 미만	매 5년
다. 방사선발생장치	
(1) 1기가전자볼트 이상	매 1년
(2) 1기가전자볼트 미만, 1메가전자볼트 이상	매 3년
(3) 최대사용전압 350킬로볼트 이상으로서 용량이 350킬로볼트, 5밀리암페어 1대 이상	매 3년
(4) 최대사용전압 350킬로볼트 미만으로서 용량이 250킬로볼트, 5밀리암페어 2대 이상	매 3년
(5) (3) 또는 (4)에서 정한 각각의 전압·용량 및 수량에 해당되지 않는 경우	매 5년
3. 방사성동위원소 등의 이동사용을 전문으로 하는 사업소	매 1년
4. 판매허가를 받은 자	
가. 밀봉된 방사성동위원소	
(1) 연간 판매량이 370테라베크렐(10,000큐리) 이상	매 1년
(2) 연간 판매량이 370테라베크렐(10,000큐리) 미만	매 3년
나. 밀봉되지 아니한 방사성동위원소	
(1) 연간 판매량이 37테라베크렐(1,000큐리) 이상	매 1년
(2) 연간 판매량이 37테라베크렐(1,000큐리) 미만	매 3년
다. 방사선발생장치	매 3년
5. 방사성동위원소 등의 생산허가를 받은 자	매 1년
6. 업무대행자	매 1년

8) 생산검사

방사성동위원소의 생산허가를 받은 자는 다음 각 호의 방사성동위원소의 생산에 대하여 핵종별 및 수량별로 위원회가 정하는 바에 따라 검사를 받아야 한다.

(1) 밀봉된 방사성동위원소
(2) 밀봉되지 아니한 방사성동위원소
(3) 특수형 방사성물질

특수형방사성물질

① 견고한 고체형 방사성물질 또는 캡슐에 봉입된 방사성물질로서 한 변의 길이가 최소한 0.5 cm 이상일 것
② 위원회가 정하여 고시하는 시험기준에 적합한 방사성물질
　가. 충격시험·타격시험 및 굽힘시험에서 파괴되거나 부서지지 않을 것
　나. 열시험에서 용융되거나 분산되지 않을 것
　다. 누출평가시험에서 물의 방사능이 2킬로베크렐을 초과하지 않을 것. 다만, 밀봉 캡슐형태의 방사성물질인 경우에 선택적으로 문서번호 ISO 9978 "Radiation Protection-Sealed Radioactive Sources-Leakage Test Method"에 규정된 시험을 적용할 수 있다.
③ 캡슐에 봉입된 방사성물질인 경우에는 캡슐이 파괴되어야만 개봉될 수 있을 것

9) 방사선기기의 검사

(1) 법 제60조1항에 따라 승인을 받은 자는 제작 또는 수입한 방사선기기를 승인받은 방사선기기의 형식별로 위원회의 검사를 받아야 한다. 다만, 다음 각 호의 어느 하나에 해당하는 경우에는 그러하지 아니하다.
　① 검사에 합격한 방사선기기와 동일한 형식의 방사선기기를 제작하거나 수입하는 경우
　② 제작국의 인허가 절차를 완료한 방사선기기를 수입하는 경우로서 위원회가 정하여 고시하는 기준에 적합한 경우

법 제60조1항

방사선기기를 제작하려는 자 또는 외국에서 제작된 방사선기기를 수입하려는 자는 총리령으로 정하는 바에 따라 위원회의 승인을 받아야 한다. 이를 변경하려는 때에도 또한 같다. 다만, 총리령으로 정하는 경미한 사항을 변경하려는 때에는 이를 위원회에 신고하여야 한다.

위원회 고시(검사면제)

① 해당 방사선기기의 차폐 및 안전계통이 사용시설과 연동되어 조립·설치되지 않은 것을 말한다.

② 제①항에 따른 확인은 방사선기기 설계승인 신청자가 관련 증빙서류를 제시하는 것으로 갈음한다.

(2) 위원회의 검사를 받으려는 자는 방사선기기검사 신청서에 다음의 서류를 첨부하여 위원회에 제출하여야 한다.

① 시험·검사시설 및 장비명세서

② 시험·검사에 관한 설명서

③ 설계승인서

(3) 위원회는 검사의 결과가 규정에 적합한 경우에는 설계승인서에 검사합격내용을 적어 재발급하여야 한다.

(4) 방사선기기의 검사기준은 위원회가 고시하는 방사선기기의 설계기준을 포함하여 설계승인서에서 승인된 검사기준으로 한다.

(5) 허가사용자 및 신고사용자는 다음의 어느 하나에 해당하는 방사선기기를 사용하여야 한다.

① 위 (1)항의 본문에 따른 검사에 합격하거나 단서에 따라 검사가 면제된 방사선기기

② 법 제60조제2항에 따라 설계에 대한 승인이 면제된 기기

법 제60조2항

법 제60조1항에도 불구하고 다음 각 호의 어느 하나에 해당하는 경우에는 위원회의 승인을 받지 아니하고 방사선기기를 제작하거나 수입할 수 있다.

1. 승인을 받은 방사선기기와 동일한 형식의 방사선기기를 제작하거나 수입하려는 경우
2. 시험용으로 시제품을 개발하거나 비영리 단체의 학술연구를 위한 경우로서 위원회가 정하여 고시하는 기준에 적합한 경우
3. 수출전용으로 방사선기기를 제작하는 경우로서 위원회가 정하여 고시하는 기준에 적합한 경우
4. 그 밖에 대통령령으로 정하는 경우

위원회 고시(검사면제)

① 해당 방사선기기의 차폐 및 안전계통이 사용시설과 연동되어 조립·설치되지 않은 것을 말한다.

② 제①항에 따른 확인은 방사선기기 설계승인 신청자가 관련 증빙서류를 제시하는 것으로 갈음한다.

대통령령

1. 의료기기법 및 체외진단의료기기법에 따라 품목별 제조허가 또는 제조인증을 받거나 제조신고를 한 경우
2. 의기기기 및 체외진단의료기기법에 따라 품목별 수입허가 또는 수입인증을 받거나 수입신고를 한 경우

4. 기록과 비치 사항

허가사용자·신고사용자 및 업무대행자는 총리령으로 정하는 바에 따라 방사성동위원소 등의 생산·사용·이동사용·분배·저장·운반·보관·처리·배출·판매 또는 업무대행 등에 관한 사항을, 판독업무자는 판독시설 및 판독업무에 관한 사항 등을 기록하여 이를 공장 또는 사업소마다 비치하여야 한다. 다만, 기록하여야 할 사항 중 측정이 필요한 경우로서 직접 측정하기가 곤란한 때에는 해당 사항을 간접적으로 추정하여 그 내용을 기록하되, 추정치임을 부기하여야 한다.

총리령으로 정하는 기록 비치

1) 방사성동위원소 등의 생산 및 사용자(신고사용자를 제외한다)

기 록 사 항	기록시기	보존기간
(1) 방사성동위원소 등의 생산 또는 사용기록(생산 또는 사용일시·장소·방법·목적·종사자성명·종류 및 수량)	생산 또는 사용한 때마다	5년
(2) 방사성동위원소 또는 방사성동위원소에 따른 오염물의 보관·처리·저장 및 배출기록(일시·장소·방법·종사자 성명·종류 및 수량)	보관·처리·저장 및 배출한 때마다	5년
(3) 방사선안전관리의 기록		
① 방사성동위원소 등의 생산·사용·분배·저장 및 폐기시설의 방사선량률	측정한 때마다	5년
② 밀봉방사성동위원소 또는 방사선발생장치로서 방사선차폐시설이 일정한 장소의 방사선량률	측정한 때마다	10년
③ 배기구 및 배수구에서의 방사성물질의 농도	배기 및 배수한 때마다	10년
④ 방사선관리구역에서의 방사성물질로 오염된 물체의 표면오염도	작업한 때마다	10년
⑤ 1월 1일, 4월 1일, 7월 1일, 10월 1일을 기준으로 한 각 3개월간의 종사자의 피폭방사선량	매분기 1회	사용을 폐지할 때까지

기 록 사 항	기록시기	보존기간
⑥ 1월 1일, 4월 1일, 7월 1일, 10월 1일을 기준으로 한 각 3개월간의 수시출입자의 피폭방사선량	매분기 1회	5년
⑦ 방사선작업종사자가 해당 업무에 종사하기 이전의 건강진단기록 및 방사선피폭경력	방사선작업종사자가 해당 업무에 종사하기 시작한 때	사용을 폐지할 때까지
⑧ 수시출입자가 해당 업무에 종사하기 이전의 건강진단기록	수시출입자가 해당업무에 종사하기 시작한 때	5년
⑨ 방사선작업종사자가 해당 업무에 종사하는 기간 중의 건강진단기록	건강진단을 한 때마다	사용을 폐지할 때까지
⑩ 수지출입자가 해당 업무에 종사하는 기간 중의 건강진단기록	건강진단을 한 때마다	5년
⑪ 자체처분한 방사성폐기물의 발생원·종류·수량·방사선량률·처분방법 및 처리일시	자체처분한 때마다	5년

2) 방사성동위원소 등의 판매업자

기 록 사 항	기록시기	보존기간
(1) 방사성동위원소 등의 구입 또는 판매기록(일시·종류 및 수량)	구입 또는 판매한 때마다	5년
(2) 방사성동위원소 또는 방사성동위원소에 따른 오염물의 부관·처리·저장 및 배출기록(일시·장소·방법·종사자 성명·종류 및 수량)	보관·처리·저장 및 배출한 때마다	5년
(3) 방사선안전관리의 기록		
① 방사성동위원소 등의 분배·저장·보관·처리 및 배출시설의 방사선량률	측정한 때마다	10년
② 밀봉방사성동위원소 저장시설의 방사선량률	측정한 때마다	10년
③ 배기구 및 배수구에서의 방사성물질의 농도	배기 및 배수한 때마다	10년
④ 방사선관리구역에서 방사성물질로 오염된 물체표면의 오염도	작업한 때마다	10년
⑤ 1월 1일, 4월 1일, 7월 1일, 10월 1일을 기준으로 한 각 3개월간의 종사자의 피폭방사선량	매분기 1회	판매사업을 폐지할 때까지
⑥ 1월 1일, 4월 1일, 7월 1일, 10월 1일을 기준으로 한 각 3개월간의 수시출입자의 피폭방사선량	매분기 1회	5년
⑦ 방사선작업종사자가 해당 업무에 종사하기 이전의 건강진단기록 및 방사선피폭경력	방사선작업종사자가 해당 업무에 종사하기 시작한 때	판매사업을 폐지할 때까지
⑧ 수시출입자가 해당 업무에 종사하기 이전의 건강진단기록	수시출입자가 해당업무에 종사하기 시작한 때	5년
⑨ 방사선작업종사자가 해당 업무에 종사하는 기간 중의 건강진단기록	건강진단을 한 때마다	판매사업을 폐지할 때까지
⑩ 수지출입자가 해당 업무에 종사하는 기간 중의 건강진단기록	건강진단을 한 때마다	5년
⑪ 자체처분한 방사성폐기물의 발생원·종류·수량·방사선량률·처분방법 및 처리일시	자체처분한 때마다	5년

3) 업무대행자

기 록 사 항	기록시기	보존기간
(1) 업무대행실적		
① 업무대행내용 및 기간	업무대행 때마다	업무대행등록을 폐지할 때까지
② 방사선작업내용 및 결과	업무대행 때마다	업무대행등록을 폐지할 때까지
③ 방사선안전관리대행의 경우에는 정기적인 안전관리 대행 실적	업무대행 때마다	업무대행등록을 폐지할 때까지
(2) 방사선안전관리의 기록		
① 1월 1일, 4월 1일, 7월 1일, 10월 1일을 기준으로 한 각 3개월간의 종사자의 피폭방사선량	매분기 1회	업무대행등록을 폐지할 때까지
② 1월 1일, 4월 1일, 7월 1일, 10월 1일을 기준으로 한 각 3개월간의 수시출입자의 피폭방사선량	매분기 1회	5년
③ 방사선작업종사자가 해당 업무에 종사하기 이전의 건강진단기록 및 방사선피폭경력	방사선작업종사자가 해당 업무에 종사하기 시작한 때	업무대행등록을 폐지할 때까지
④ 수시출입자가 해당 업무에 종사하기 이전의 건강진단기록	수시출입자가 해당업무에 종사하기 시작한 때	5년
⑤ 방사선작업종사자가 해당 업무에 종사하는 기간 중의 건강진단기록	건강진단을 한 때마다	업무대행등록을 폐지할 때까지
⑥ 수지출입자가 해당 업무에 종사하는 기간 중의 건강진단기록	건강진단을 한 때마다	5년

5. 기준준수 의무등

5-1. 시설기준

- 허가사용자 및 신고사용자는 다음 사항에 관하여 <u>위원회규칙으로 정하는 기술기준</u>을 준수하여야 한다.
  ① 방사성동위원소 또는 그에 따라 오염된 물질이나 방사선발생장치의 생산시설·사용시설 등의 위치·구조 및 설비
  ② 방사성동위원소 또는 그에 따라 오염된 물질이나 방사선발생장치의 사업소 안에서의 생산·사용·분배·저장·운반·보관·처리 및 배출
  ③ 방사성동위원소 등의 이동사용 및 판매
- 위원회는 사업소 안에서의 방사성동위원소 또는 그에 따라 오염된 물질이나 방사선발생장치의 생산시설 또는 사용시설 등의 위치·구조 및 설비, 사업소 안에서의 생산·사용·분배·저장·운반·처리 및 배출과 방사성동위원소 등의 이동사용이나 판매가 기술

기준에 적합하지 아니하다고 인정하면 허가사용자 및 신고사용자에게 해당시설의 수리·개선·이전 또는 생산·사용의 정지, 취급방법의 변경과 그 밖의 안전에 필요한 조치를 명할 수 있다.

- 허가사용자 및 그 종업원은 규정에 따른 안전관리규정을 준수하여야 하며, 업무대행자와 그 종업원은 규정에 따른 업무대행규정을 준수하여야 한다.

1) 개봉선원

(1) 생산시설

지반이 견고하고 화재 또는 침수의 우려가 적은 장소에 이를 설치하여야 한다.

- **구조 및 설비에 관한 기술기준**

① 주요 구조부는 내화구조로 하거나 불연재료를 사용할 것

② 다음 각 목의 1에 해당하는 방사선량이 선량한도 이하가 되도록 필요한 차폐벽이나 차폐물을 설치할 것

가. 생산시설 안의 사람이 상시 출입하는 장소에서의 방사선량

나. 사업소의 경계에 인접하는 구역에서의 방사선량

③ 다음 각 목의 기준에 따라 작업실을 설치할 것

가. 작업실 내부의 벽·바닥 그밖에 개봉선원에 의하여 오염될 우려가 있는 부분의 표면은 평탄하고 매끄러우며 빈틈이나 구멍이 없도록 하고, 기체 또는 액체가 침투할 수 없는 내식성이 강한 재료로 할 것

나. 작업실에 설치한 후드·글로브박스 등 기체상의 방사성동위원소의 확산을 방지하는 장치는 배기설비에 연결시킬 것

④ 다음 각 목의 기준에 따라 오염검사실을 설치할 것

가. 오염검사실은 사람이 상시 출입하는 출입구 부근 등 개봉선원에 의한 오염검사를 실시하기에 가장 적합한 장소에 설치할 것

나. 오염검사실 내부의 벽·바닥 그 밖에 개봉선원에 의하여 오염될 우려가 있는 부분은 제③호 가목의 기술기준에 적합한 것으로 할 것

다. 오염검사실에는 세정·탈의설비, 오염검사를 위한 방사선측정기 및 오염제거에 필요한 장비를 갖출 것

⑤ 개봉선원을 생산하기 위한 방사선 조사시설에는 다음 각 목의 기준에 따라 시설을 설치할 것

가. 출입구에 방사선 조사중임을 자동적으로 표시하는 장치를 설치할 것

나. 방사선 조사여부에 따라 출입구가 개폐되는 연동장치를 할 것

다. 내부를 상시 감시할 수 있는 장치를 할 것
라. 사람의 출입을 제한하는 장치를 할 것

⑥ 시설의 경계에는 울타리 그 밖에 사람의 출입을 제한하는 시설을 할 것. 다만, ②의 가목에 해당하는 방사선량이 선량한도 이하가 되도록 차폐벽이나 차폐물이 설치되어 있는 경우에는 그러하지 아니하다.

⑦ 생산시설·작업실·오염검사실의 경계에 설치한 울타리 그밖에 사람의 출입을 제한하는 시설에는 별표 1(각종 표지 및 방사능표지)에 의한 표지를 부착할 것

(2) 사용시설등

사용시설등(사용시설·분배시설·저장시설·보관시설·처리시설 및 배출시설)은 지반이 견고하고 화재 또는 침수의 우려가 적은 장소에 이를 설치하여야 한다.

• 사용시설 및 분배시설의 구조 및 설비에 관한 기술기준

① 주요구조부는 내화구조로 하거나 불연재료를 사용할 것. 다만, 위원회가 정하여 고시하는 것은 그러하지 아니하다.

위원회 고시

가. 내화구조 및 불연재료 시설을 요하지 아니하는 한도량은 별표5(핵종별 규제면제 관련 수량 및 농도)의 제2란(핵종)의 해당 방사성핵종에 대하여 제3란(최소수량, Bq)에 규정된 수량의 1,000배

나. 오염검사 또는 배기설비의 설치를 요하지 아니하는 한도량은 별표5의 제2란의 해당 방사성핵종에 대하여 제3란에 규정된 수량의 100배

② 사용시설은 개봉선원을 취급하기 위한 장비의 설치 및 작업 수행에 필요한 공간을 확보할 것

③ 다음 각 목의 1에 해당하는 방사선량이 선량한도 이하가 되도록 필요한 차폐벽이나 차폐물을 설치할 것
가. 사용시설안 및 분배시설안의 사람이 상시 출입하는 장소에서의 방사선량
나. 사업소의 경계에 인접하는 구역에서의 방사선량

차폐벽이나 차폐물에 대한 설계기준

가. 사용시설 등의 내부에 사람이 상시 출입하는 장소는 연간 방사선량이 20 mSv(방사선작업종사자의 선량한도)를 초과하지 아니하여야 하고 1주당 방사선량은 1 mSv를 초과하지 아니하여야 한다.

나. 사용시설 등의 경계에 인접하여 사람이 거주하는 구역은 연간 방사선량이 1 mSv(일반인의

선량한도)를 초과하지 아니하여야 하고 1주당 방사선량은 0.1 mSv를 초과하지 아니하여야 한다.

④ 다음 각목과 같은 작업실을 설치할 것

가. 작업실 내부의 벽·바닥 기타 개봉선원에 의하여 오염될 우려가 있는 부분의 표면은 평탄하고 매끄러우며 빈틈이나 구멍이 없도록 하고, 기체 또는 액체가 침투할 수 없는 내식성이 강한 재료로 할 것

나. 작업실에 설치한 후드·글로브박스 등 기체상의 방사성동위원소의 확산을 방지하는 장치는 배기설비에 연결시킬 것. 다만, 위원회가 정하는 것은 그러하지 아니하다.

⑤ 다음 각 목의 1에 해당하는 오염검사실을 설치할 것. 다만, 인체 및 작업복·신발 등 인체에 착용하는 물건의 표면이 방사성동위원소에 의하여 오염될 우려가 없도록 밀폐된 장치 안에서 개봉선원을 사용 또는 분배하는 경우와 위원회가 정하여 고시하는 경우에는 그러하지 아니하다.

가. 오염검사실은 사람이 상시 출입하는 출입구 부근 등 개봉선원에 의한 오염검사를 실시하기에 가장 적합한 장소에 설치할 것

나. 오염검사실 내부의 벽·바닥 기타 개봉선원에 의하여 오염될 우려가 있는 부분은 제④호 가목의 기술기준에 적합한 것으로 할 것

다. 오염검사실에는 세정·탈의설비, 오염검사를 위한 방사선측정기 및 오염제거에 필요한 기재를 갖출 것

⑥ 경계에는 울타리 기타 사람의 출입을 제한하는 시설을 할 것. 다만, 제③호 가목에 해당하는 방사선량이 선량한도 이하가 되도록 차폐벽이나 차폐물이 설치되어 있는 경우에는 그러하지 아니하다.

⑦ 사용시설·분배시설·작업실·오염검사실의 경계에 설치한 울타리 기타 사람의 출입을 제한하는 시설에는 별표 1에 의한 표지를 부착할 것

위의 '사용시설 및 분배시설의 구조 및 설비에 관한 기술기준'의 규정은 누수의 조사, 곤충의 역학적 조사 또는 원료물질의 생산공정중 이동상황의 조사 등을 위하여 개봉선원을 광범위하게 분산·이동시키는 경우 또는 일시적으로 사용·분배하는 경우에는 이를 적용하지 아니한다.

- 방사선투과검사를 위한 밀봉선원의 사용시설의 구조 및 설비에 관한 기술기준

① 저장시설의 구조 및 설비에 관한 기술기준 ①,②,④항에 적합할 것

② 출입구 및 반입구 외부에 방사선작업 중임을 표시하는 장치를 설치할 것

③ 사람의 출입을 제한하는 장치를 할 것

④ 방사선작업 또는 비상상황을 내부에서 인지할 수 있도록 방사선감지·경보장치를 설치할 것

⑤ 내부에서 외부에 비상상황을 알릴 수 있는 장치를 각 벽면마다 1개 이상 설치할 것

⑥ 검사대상물 사용시설 내부로 이동하기 용이하도록 적정한 운반수단 및 방법 등을 마련할 것

⑦ 감마선조사장치의 원격조작장치는 방사선차폐에 영향을 미치지 아니하고 사용시럴 외부에서 작동할 수 있도록 설치할 것

⑧ 검사물의 이동을 위해 불가피하게 '밀봉선원의 사용시설 및 분배시설의 구조 및 설비에 관한 기술기준'의 방사선량이 선량한도 이하가 되도록 필요한 차폐벽이나 차폐물을 설치해야 하는 기준을 충족하는 천장 차폐체를 설치하지 않은 사용시설의 경우에는 추가적인 차폐설계, 사용선원 강도 및 조사방법 제한 등의 방법을 강구하여 해당기준 충족할 것

(3) 저장시설의 구조 및 설비에 관한 기술기준

① 저장시설의 구조는 다음 각목과 같이 할 것

가. 저장실의 주요구조부 및 출입문은 내화구조로 하거나 불연재료를 사용할 것

나. 저장함은 내화구조로 하거나 불연재료를 사용할 것

② 저장시설에는 기술기준에 적합한 차폐벽이나 차폐물을 설치할 것

③ 저장시설에 비치하는 용기는 다음 각 목의 기준에 적합할 것

가. 외부의 공기를 오염시킬 우려가 있는 개봉선원을 넣는 용기는 기밀구조일 것

나. 액체상의 개봉선원을 넣는 용기의 구조는 액체가 누출되지 아니하도록 하고, 그 재료는 액체가 침투할 수 없는 것으로 할 것

다. 액체상 또는 기체상의 개봉선원을 넣는 용기가 균열 또는 파손될 우려가 있는 때에는 밑받이·흡수재 기타 개봉선원에 의한 오염의 확산을 방지하기 위한 시설 또는 기구를 설치할 것

④ 저장시설의 문·덮개 등 외부로 통하는 부분에는 자물쇠 기타 도난 또는 분실을 방지하기 위한 시설 또는 기구를 설치할 것

⑤ 저장시설의 경계에는 울타리 기타 사람의 출입을 제한하는 시설을 설치할 것

⑥ 저장실·저장함, 제③호의 용기 및 저장시설의 경계에 설치하는 울타리 기타 사람의 출입을 제한하는 시설에는 별표 1에 의한 표지를 부착할 것

(4) 보관시설의 구조 및 설비에 관한 기술기준

① 주요 구조부를 내화구조로 하거나 불연재료로 할 것

② 기술기준에 적합한 차폐벽이나 차폐물을 설치할 것

③ 다음 각 항의 기준에 적합한 보관설비를 갖출 것

가. 외부와 구획된 구조로 할 것

나. 문·덮개 등 외부로 통하는 부분에는 자물쇠 기타 도난 또는 분실을 방지하기 위한 설비 또는 기구를 설치할 것

다. 저장시설에 비치하는 용기의 기술기준에 적합한 용기를 비치할 것. 다만, 방사성동위원소에 의하여 오염된 대형기계 등으로서 용기에 넣기가 곤란하여 오염확산을 방지하기 위한 조치를 취한 경우에는 그러하지 아니하다.

④ 보관설비, 제③호 다목의 용기 기타 사람의 출입을 제한하는 시설에는 별표 1에 의한 표지를 부착할 것

(5) 처리시설의 구조 및 설비에 관한 기술기준

① 주요구조부를 내화구조 또는 불연재료로 할 것

② 기술기준에 적합한 차폐벽이나 차폐물을 설치할 것

③ 방사성동위원소 및 그에 의하여 오염된 물질을 소각하는 경우에는 위원회가 정하여 고시하는 바에 따라 소각설비를 설치할 것

④ 방사성동위원소 및 그에 의하여 오염된 물질을 콘크리트 기타 고형화 재료에 의하여 고형화하는 경우에는 다음 각 목에 정하는 바에 따라 고형화처리설비를 설치하는 외에 오염검사실 및 기준에 적합한 배기설비를 설치할 것

가. 고형화처리설비는 방사성동위원소 및 그에 의하여 오염된 물질이 누설되거나 넘쳐 흐르지 아니하고 분진이 확산되지 아니하는 구조로 할 것

나. 고형화처리설비는 액체가 침투하지 아니하고 부식에 강한 재료로 할 것

⑤ 소각로·오염검사실 기타 사람의 출입을 제한하는 시설에는 별표 1에 의한 표지를 부착할 것

(6) 배출시설의 구조 및 설비에 관한 기술기준

① 주요구조부를 내화구조 또는 불연재료로 할 것

② 기술기준에 적합한 차폐벽이나 차폐물을 설치할 것

③ 액체상의 방사성동위원소를 정화하거나 배출하는 경우에는 다음 각 목에 정하는 바에 따라 배수설비를 설치할 것. 다만, 위원회가 정하여 고시하는 경우에는 그

러하지 아니하다.

가. 배수설비는 배수구에서 채취한 배출액의 방사성동위원소 농도를 배출관리기준의 제한값 이하로 하는 능력을 갖추도록 할 것. 다만, 배수구에서의 배수중 방사성동위원소의 농도를 배출관리기준의 제한값 이하로 하기가 곤란한 경우로서 배수중 방사성동위원소의 농도를 감시하기 위한 배수감시설비를 하고 사업소의 경계외부에서의 수중 방사성동위원소의 농도를 배출관리기준의 제한값 이하로 하는 경우에는 그러하지 아니하다.

나. 배수설비의 구조는 배출액이 누설되지 아니하도록 하고, 그 재료는 배출액이 침투할 수 없고 내식성이 강한 것으로 할 것

다. 배수정화조는 배출액을 채취하여 배출액의 방사성동위원소 농도를 쉽게 측정할 수 있도록 이를 설치하고, 그 주위에는 울타리 등 사람의 출입을 제한하는 시설을 설치할 것

④ 기체상의 방사성동위원소를 정화하거나 배기하는 경우에는 다음 각 목에 정하는 바에 따라 배기설비를 설치할 것. 다만, 위원회가 정하여 고시하는 경우에는 그러하지 아니하다.

가. 배기설비는 작업실안의 사람이 상시 출입하는 장소에서의 공기중 방사성동위원소의 농도를 유도공기중농도 이하로 하는 능력을 갖출 것

나. 배기설비는 배기구의 배기중 방사성동위원소 농도를 배출관리기준의 제한값 이하로 하는 능력을 갖출 것. 다만, 배기구에서의 배기중 방사성동위원소의 농도를 배출관리기준의 제한값 이하로 하기가 곤란한 경우로서 배기중 방사성동위원소의 농도를 감시하기 위한 배기감시설비를 하고 사업소 등의 경계외부에서의 공기중 방사성동위원소 농도를 배출관리기준의 제한값 이하로 하는 경우에는 그러하지 아니하다.

다. 배기설비의 구조는 배기구 외로 기체가 누설되지 아니하도록 하고, 그 재료는 내식성 이 강한 것으로 할 것

라. 배기설비에는 고장이 발생한 경우 방사성동위원소에 의하여 오염된 공기의 확산을 신속히 방지할 수 있는 장치를 할 것

⑤ 배수설비·배기설비와 기타 사람의 출입을 제한하는 시설에는 별표 1에 의한 표지를 부착할 것

(7) 개봉선원의 보안관리 시설등

위원회가 정하는 수량 이상의 개봉선원 생산시설 및 사용시설등에는 위원회가 정하여 고시하는 바에 따라 보안관리 시설 또는 설비를 설치하여야 한다.

보안관리 규정 적용대상

가. 방사성동위원소의 방사능이 별표(방사성동위원소 등급별 최소 방사능)의 2등급(D*×10) 이상인 경우에 적용한다. 다만 사용이 종료된 방사성동위원소의 보안관리는 방사성동위원소의 등급에 관계없이 적용한다.

*D값: 방사성동위원소가 적절하게 관리되지 않을 경우 심각한 결정적 영향을 초래할 잠재적 위험이 있는 방사능

나. 원자력시설등의 방호 및 방사능방재 대책법에 따라 물리적방호의 대상이 되는 핵물질 및 원자력시설에는 이 규정을 적용하지 않는다.

2) 밀봉선원

(1) 생산시설

① 밀봉선원의 생산시설은 비상시 생산시설 안에 들어가 있는 사람이 신속히 탈출할 수 있는 구조로 하고, 반입구·비상구 등 사람이 상시 출입하지 아니하는 출입구의 문은 외부로부터 개폐할 수 없도록 하여야 한다.

② 밀봉선원 생산시설의 구조 및 설비에 관한 기술기준에 관하여 제①항에 규정되지 아니한 사항은 '개봉선원 생산시설의 구조 및 설비에 관한 기술기준'을 일부 준용하며 그 내용은 다음과 같다.

가. 밀봉선원의 생산시설은 지반이 견고하고 화재 또는 침수의 우려가 적은 장소에 이를 설치할 것

나. 주요 구조부는 내화구조로 하거나 불연재료를 사용할 것

다. 방사선량이 선량한도 이하가 되도록 필요한 차폐벽이나 차폐물을 설치할 것

라. 개봉선원을 생산하기 위한 방사선 조사시설(조사시설)에는 다음 각목의 기준에 따라 시설을 설치할 것

가) 출입구에 방사선 조사중임을 자동적으로 표시하는 장치를 설치할 것

나) 방사선 조사 여부에 따라 출입구가 개폐되는 연동장치를 할 것

다) 내부를 상시 감시할 수 있는 장치를 할 것

라) 사람의 출입을 제한하는 장치를 할 것

마. 시설의 경계에는 울타리 그 밖에 사람의 출입을 제한하는 시설을 할 것. 다만, 제2호 가목에 해당하는 방사선량이 선량한도 이하가 되도록 차폐벽이나 차폐물이 설치되어 있는 경우에는 그러하지 아니하다.

바. 생산시설·작업실·오염검사실의 경계에 설치한 울타리 그 밖에 사람의 출입을 제한하는 시설에는 별표 1에 의한 표지를 부착할 것

(2) 사용시설등의 위치

화재·침수 또는 지반붕괴의 우려가 적은 장소에 이를 설치하여야 한다.

(3) 사용시설 및 분배시설의 구조 및 설비에 관한 기술기준

① 주요 구조부는 내화구조로 하거나 불연재료를 사용할 것

② 다음 각 목의 1에 해당하는 방사선량이 선량한도 이하가 되도록 필요한 차폐벽이나 차폐물을 설치할 것

가. 사람이 상시 출입하는 장소에서의 방사선량

나. 사업소의 경계에 인접하는 구역에서의 방사선량

③ 111테라베크렐 이상의 밀봉선원을 사용 또는 분배하는 때에는 다음 각 목의 시설을 갖출 것

가. 출입구에 밀봉선원의 사용 또는 분배중임을 자동적으로 표시하는 장치를 설치할 것

나. 밀봉선원의 사용 또는 분배여부에 따라 출입구가 개폐되는 연동장치를 할 것

다. 내부를 상시 감시할 수 있는 장치를 할 것

라. 사람의 출입을 제한하는 장치를 할 것

④ 시설의 경계에는 울타리 등 사람의 출입을 제한하는 시설을 하고 별표 1(각종 표지 및 방사능표지)에 의한 표지를 부착할 것. 다만, 제②호 가목에 해당하는 방사선량이 선량한도 이하가 되도록하는 데 필요한 차폐벽이나 차폐물이 설치되어 있는 경우에는 그러하지 아니하다.

⑤ 비상시 사용시설 또는 분배시설안에 들어있는 사람이 신속히 탈출할 수 있는 구조로 하고, 반입구·비상구 등 사람이 상시 출입하지 아니하는 출입구의 문을 외부로부터 개폐할 수 없도록 할 것

- 위 (3)의 ①, ②, ③ 및 ⑤의 규정은 방사선투과검사 외의 목적으로 밀봉선원을 수시로 이동시켜 사용 또는 분배하는 경우에는 이를 적용하지 아니한다.

(4) 저장시설의 구조 및 설비에 관한 기술기준

① 저장시설의 구조는 다음 각목과 같이 할 것

가. 저장실의 주요구조부 및 출입문은 내화구조로 하거나 불연재료로 할 것

나. 저장함은 내화구조로 하거나 불연재료로 할 것

② 기술기준에 적합한 차폐벽이나 차폐물을 설치할 것

③ 문·덮개 등 외부로 통하는 부분에는 자물쇠 기타 도난 또는 분실을 방지하기 위한 시설 또는 기구를 설치할 것

④ 시설의 경계에는 울타리 기타 사람의 출입을 제한하는 시설을 설치할 것

⑤ 저장실·저장함 및 저장시설의 경계에 설치하는 울타리 등에는 별표 1에 의한 표지를 부착할 것

(5) 보관시설의 구조 및 설비에 관한 기술기준

① 내화구조로 하거나 불연재료로 할 것

② 외부와 구획된 구조로 할 것

③ 문·덮개 등 외부로 통하는 부분에는 자물쇠 기타 도난 또는 분실을 방지하기 위한 설비 또는 기구를 설치할 것

④ 기술기준에 적합한 차폐벽이나 차폐물을 설치할 것

⑤ 시설의 경계에는 별표 1에 의한 표지를 부착하고 울타리 기타 사람의 출입을 제한하는 시설을 설치할 것

3) 방사선발생장치

(1) 사용 보관 시설의 위치

방사선발생장치의 사용·보관시설은 화재·침수 또는 지반붕괴의 우려가 적은 장소에 설치하여야 한다. 다만, 시설 내에 방사성물질에 의한 오염이나 방사성물질의 외부누설의 우려가 없는 시설의 경우 「건축법」 제11조 및 「소방시설 설치 및 관리에 관한 법률」 제12조에서 정한 요건을 충족하면 본문의 기준에 부합하는 것으로 본다.

(2) 사용시설의 구조 및 설비에 관한 기술기준

① 사용시설에는 다음 각 목의 1에 해당하는 방사선량이 선량한도 이하가 되도록 필요한 차폐벽이나 차폐물을 설치할 것

가. 사용시설안의 사람이 상시 출입하는 장소에서의 방사선량

나. 사업소의 경계에 인접하는 구역에서의 방사선량

② 방사선발생장치를 사용하는 때에는 그 사용시설의 출입구에 방사선발생장치의 사용 중임을 자동적으로 표시하는 장치와 사람의 출입을 제한하는 장치를 할 것

③ 방사선발생장치를 사용하는 때에는 방사선발생장치의 사용여부에 따라 사용시설의 출입구 개폐되는 연동장치를 할 것

④ 시설의 경계에는 울타리 기타 사람의 출입을 제한하는 시설을 할 것. 다만, 제① 항 가목에 해당하는 방사선량이 선량한도 이하가 되도록 하는 데 필요한 차폐벽이나 차폐물이 설치되어 있는 경우에는 그러하지 아니하다.

⑤ 사용시설 및 사용시설의 경계에 설치한 울타리 기타 사람의 출입을 제한하는 시설에는 별표 1(각종 표지 및 방사능표지)에 의한 표지를 부착할 것

⑥ 비상시 사용시설 안에 들어있는 사람이 신속히 탈출할 수 있는 구조로 하고, 반입구·비상구 등 사람이 상시 출입하지 아니하는 출입구의 문을 외부로부터 개폐할 수 없도록 할 것

- 위항 제①호·제③호 및 제⑥호의 규정은 방사선투과검사 외의 목적으로 방사선발생장치를 수시로 이동시켜 사용하는 경우에는 이를 적용하지 아니한다.

(3) 방사선투과검사를 위한 방사선발생장치의 사용시설의 구조 및 설비에 관한 기술기준

① '사용시설의 구조 및 설비에 관한 기술기준'의 ①,④,⑤호에 적합할 것

② 출입구 및 반입구 외부에 방사선작업 중임을 표시하는 장치와 사람의 출입을 제한하는 장치를 설치할 것

③ 방사선작업 또는 비상상황을 내부에서 인지할 수 있도록 방사선감지·경보장치를 설치할 것

④ 내부에서 외부에 비상상황을 알릴 수 있는 방치를 벽면마다 1개 이상 설치할 것

⑤ 검사대상물을 사용시설 내부로 이동하기 용이하도록 적정한 운반수단 및 방법 등을 마련할 것

⑥ 방사선발생장치의 컨트롤박스는 방사선차폐에 영향을 미치지 아니하고 사용시설 외부에서 작동할 수 있도록 할 것

(4) 보관시설의 구조 및 설비에 관한 기술기준

① 문·덮개 등 외부로 통하는 부분에는 자물쇠 기타 도난·분실을 방지하기 위한 시설 또는 기구를 설치할 것

② 출입문에는 눈에 띄기 쉬운 곳에 방사선장해방지에 필요한 주의사항을 게시할 것

5-2. 취급기준

1) 개봉선원

(1) 생산에 관한 기술기준

① 다음 각 목에 해당하는 조치를 함으로써 방사선작업종사자 또는 수시출입자의 피폭방사선량이 선량한도를 초과하지 아니하도록 할 것

가. 차폐벽이나 차폐물에 의하여 방사선을 차폐할 것

나. 원격조작장치·집게 등을 사용하여 개봉선원과 인체 사이에 적당한 거리를 확보하고 차폐물을 이용하도록 할 것

다. 면밀한 작업계획 및 숙달·훈련 등을 통하여 인체에 방사선이 피폭되는 시간을 단축할 것

② 생산시설 안의 사람이 상시 출입하는 장소에서 사람이 호흡하는 공기중 방사성동위원소의 농도는 방사성동위원소에 의하여 오염된 공기를 정화하거나 배기함으로써 유도 공기중농도를 초과하지 아니하도록 할 것
③ 생산시설 안의 사람이 접촉하는 물건표면의 방사성동위원소의 오염도가 허용표면오염도를 초과하지 아니하도록 할 것
④ 생산시설 안에서는 작업복·신발·보호구 등을 착용하되, 이를 착용한 채 작업실을 나가지 아니하도록 할 것
⑤ 생산시설을 나갈 때에는 인체에 착용하고 있는 물건표면에 대하여 방사성동위원소에 의한 오염상태를 검사하고 그 오염을 제거할 것
⑥ 생산시설에는 눈에 띄기 쉬운 장소에 방사선장해방지에 필요한 주의사항을 게시할 것

(2) 사용 또는 분배에 관한 기술기준

① 사용시설 또는 작업실에서 사용·분배할 것
② 다음 각 목에 해당하는 조치를 함으로써 방사선작업종사자 또는 수시출입자의 피폭방사선량이 선량한도를 초과하지 아니하도록 할 것
가. 차폐벽이나 차폐물에 의하여 방사선을 차폐할 것
나. 원격조작장치·집게 등을 사용하여 개봉선원과 인체 사이에 적당한 거리를 확보하고 차폐물을 이용하도록 할 것
다. 면밀한 작업계획 및 숙달·훈련 등을 통하여 인체에 방사선이 피폭되는 시간을 단축할 것
③ 작업실안의 사람이 상시 출입하는 장소에서 사람이 호흡하는 공기중 방사성동위원소의 농도는 방사성동위원소에 의하여 오염된 공기를 정화하거나 배기함으로써 유도공기중농도를 초과하지 아니하도록 할 것
④ 작업실 또는 오염검사실안의 사람이 접촉하는 물건표면의 방사성동위원소의 오염도가 허용표면 오염도를 초과하지 아니하도록 할 것
⑤ 작업실안에서는 작업복·신발·보호구 등을 착용하되, 이를 착용한 채 작업실을 나가지 아니하도록 할 것
⑥ 작업실을 나갈 때에는 인체 및 작업복·신발·보호구 등 인체에 착용하고 있는 물건표면에 대하여 방사성동위원소에 의한 오염상태를 검사하고 그 오염을 제거할 것
⑦ 사용 또는 분배시설에는 눈에 띄기 쉬운 장소에 방사선장해방지에 필요한 주의사항을 게시할 것

(3) 저장에 관한 기술기준

① 용기에 넣어 저장시설에 저장할 것

② 저장시설의 저장능력을 초과하여 저장하지 아니할 것

③ (2)의 ②항 각 목의 조치를 함으로써 방사선작업종사자 또는 수시출입자의 피폭방사선량이 선량한도를 초과하지 아니하도록 할 것

④ 저장함은 개봉선원의 보관중에는 그 운반을 제한하도록 할 것

⑤ 저장시설안의 사람이 호흡하는 공기중 방사성동위원소의 농도가 유도공기중농도를 초과하지 아니하도록 할 것

⑥ 저장시설안의 사람이 접촉하는 물건표면의 방사성동위원소의 오염도가 허용표면오염도를 초과하지 아니하도록 다음 각 목의 조치를 할 것

가. 액체상의 방사성동위원소는 액체가 흘러 넘치지 아니하는 구조 및 액체가 침투할 수 없는 재료로 된 용기에 넣을 것

나. 액체상의 방사성동위원소를 넣은 용기가 균열 또는 파손될 우려가 있는 경우에는 밑받이·흡수재 기타 시설 또는 기구를 사용하여 방사성동위원소에 의한 오염의 확산을 방지할 것

⑦ 방사선관리구역에는 사람의 출입을 제한하는 조치를 할 것

(4) 개봉선원 및 그에 의하여 오염된 물질을 사업소 안에서 운반하는 경우 기술기준

① 용기에 봉입하여 운반할 것. 다만, 다음의 조치를 하는 경우에는 그러하지 아니하다.

가. 방사성동위원소에 의하여 오염된 것(당해 물질에 함유된 방사성동위원소의 농도가 허용표면오염도를 초과하지 아니하는 것에 한한다)으로서 방사성동위원소의 확산 또는 누설의 방지조치를 하거나 기타 위원회가 정하여 고시하는 방사선장해방지를 위한 조치를 하여 운반하는 경우

나. 방사성동위원소에 의하여 오염된 것으로서 대형기계 등 용기에 넣어 운반하기 어려운 것을 위원회의 승인을 얻어 운반하는 경우

② 방사성동위원소 및 그에 의하여 오염된 물질을 넣은 용기(①호 가목 또는 나목의 규정에 의한 방사성동위원소에 의하여 오염된 것을 포함하며, 이하 "운반물"이라 한다)및 이를 적재하는 차량이나 방사성동위원소 및 그에 의하여 오염된 물질을 운반하는 기계·기구(이하 "차량등"이라 한다)의 표면으로부터 10센티미터 및 차량의 외부표면으로부터 2미터 떨어진 위치의 방사선량률이 각각 위원회가 정하여 고시하는 방사선량률을 초과하지 아니하도록 하고 운반물표면의 방사성동위원소의 오염도가 허용표면오염도를 초과하지 아니하도록 할 것

③ 운반물을 차량등에 실을 때에는 운반 중에 이동·전도 또는 전락 등에 의하여 운

반물의 안전성이 손상되지 아니하도록 할 것

④ 동일한 차량등에 규정(위험물질 혼재의 제한 등)에 의한 위험물과 운반물을 혼재하지 아니하도록 할 것

위험물의 종류

1. 화약류
2. 고압가스
3. 휘발유·알코올·이황화탄소 기타 인화성 물질로서 인화점이 섭씨 50도 이하인 것
4. 염산·황산·질산 기타 강산류로서 산의 함유량이 체적의 10퍼센트를 초과하는 것
5. 1 내지 4에 의한 것 외에 운반물의 안전한 운반에 지장을 초래할 우려가 있는 물건 또는 물질

- 방사성 또는 핵분열성 이외에 폭발성·인화성·자연발화성·화학적독성 또는 부식성 등 운반물내의 방사성물질에 대한 기타의 위험성도 고려

⑤ 운반물의 운반경로에는 표지를 설치하거나 감시인을 배치하는 등의 방법으로 운반에 종사하지 아니하는 자와 운반에 사용되지 아니하는 차량등의 출입을 제한할 것

⑥ 운반물을 운반하는 차량등은 서행하도록 할 것

⑦ 방사성동위원소의 취급에 관하여 지식과 경험을 갖춘 자를 동행하게 하거나 방사선장해방지를 위하여 필요한 감독을 하도록 할 것

⑧ 운반물 및 차량등에는 눈에 띄기 쉬운 곳에 별표 2(포장 및 운반관계 표지) 표지를 부착할 것

⑨ 방사선작업종사자외의 사람이 운반물의 운반에 종사하는 경우에는 그의 피폭방사선량이 선량한도를 초과하지 아니하도록 할 것

⑩ 용기 밖의 운반물 등을 오염시킬 우려가 있는 방사성동위원소 및 그에 의하여 오염된 물질은 기밀구조의 용기에 넣어 운반할 것

⑪ 액체상태의 방사성동위원소 및 그에 의하여 오염된 물질은 그 액체의 침투나 부식이 잘 되지 아니하는 재료로 만들어지고 전복되기 어려운 구조로 된 용기에 넣어 운반할 것

- 위항 제③호의 조치의 전부 또는 일부를 하기가 곤란한 경우에는 위원회의 승인을 얻은 조치로 이를 갈음할 수 있다. 이 경우 당해 운반물의 표면으로부터 10 cm 및 2 m 떨어진 위치의 방사선량률은 각각 위원회가 정하여 고시하는 방사선량률을 초과하여서는 아니 된다.
- 위항 제①호·제②호·제⑤호부터 제⑧호까지는 방사선관리구역안에서의 운반에 관하여는 이를 적용하지 아니한다.

- 위 항의 규정은 방사성동위원소 및 그에 의하여 오염된 물질을 사용시설등의 안에서 운반하는 경우와 운반 시간이 짧고 방사선장해의 우려가 없는 경우에는 이를 적용하지 아니한다.

(5) 사업소 안에서 방사성동위원소 또는 그에 의하여 오염된 물질을 보관·처리 및 배출하는 경우 기술기준

① 기체상의 방사성동위원소 또는 그에 의하여 오염된 물질은 이를 배기설비로 정화하거나 배출할 것

② 제①호의 방법으로 배출하는 경우에는 배기설비의 배기구에서의 배기중 방사성동위원소의 농도를 배출관리기준의 제한값 이하로 할 것. 다만, 배기구에서의 배기중 방사성동위원소의 농도를 배출관리기준의 제한값 이하로 하기가 곤란한 경우로서 배기중 방사성동위원소의 농도를 감시하기 위한 배기감시설비를 하고 사업소 등의 경계외부에서의 공기중 방사성동위원소 농도를 배출관리기준의 제한값 이하로 하는 경우에는 그러하지 아니하다.

③ 배기설비에 부착한 방사성동위원소를 제거하는 때에는 깔개·밑받이 또는 흡수재 기타 방사성동위원소에 의한 오염의 확산을 방지하기 위한 시설·기구 및 보호구를 사용할 것

④ 액체상의 방사성동위원소 또는 그에 의하여 오염된 물질은 다음 각 목의 1의 방법으로 보관·처리 또는 배출할 것

가. 배수설비로 정화하거나 배출할 것

나. 용기에 넣거나 고형화처리설비안에서 콘크리트 기타 고형화재료로 고형화하여 보관할 것

다. 방사선장해방지를 위하여 위원회가 정하여 고시하는 기준에 따라 소각할 것

⑤ 제④호 가목의 방법으로 배출하는 경우에는 배수설비의 배수구에 있어서의 배출액중 방사성동위원소의 농도를 배출관리기준의 제한값 이하로 할 것. 다만, 배수구에서의 배수중 방사성동위원소의 농도를 배출관리기준의 제한값 이하로 하기가 곤란한 경우로서 배수중 방사성동위원소의 농도를 감시하기 위한 배수감시설비를 하고 사업소의 경계외부에서의 수중 방사성동위원소 농도를 배출관리기준의 제한값 이하로 하는 경우에는 그러하지 아니하다.

⑥ 제④호 가목의 방법으로 배출하는 경우 배출액을 처리하는 때 또는 동목의 배수설비의 부착물 또는 침전물 등의 방사성동위원소를 제거하는 때에는 깔개·밑받이 또는 흡수재 기타 방사성동위원소에 의한 오염의 확산을 방지하기 위한 시설·기구 또는 보호구를 사용할 것

⑦ 제④호 나목의 방법으로 보관하는 경우 액체상의 방사성동위원소 및 그에 의하여 오염된 물질을 넣는 용기는 액체가 흘러 넘치지 아니하는 구조 및 액체가 침투할 수 없는 재료로 된 용기에 넣을 것

⑧ 제④호 나목의 방법 중 액체상의 방사성동위원소 또는 그에 의하여 오염된 물질을 용기에 넣어 보관하는 경우 당해 용기가 균열 또는 파손될 우려가 있는 때에는 밑받이·흡수재 기타 방사성동위원소에 의한 오염의 확산을 방지하기 위한 시설 또는 기구를 사용하여 방사성동위원소의 오염의 확산을 방지할 것

⑨ 제④호 나목의 방법 중 액체상의 방사성동위원소 또는 그에 의하여 오염된 물질을 고형화하는 경우에는 액체상의 방사성동위원소 또는 그에 의하여 오염된 물질의 확산 또는 누설을 방지할 수 있을 것

(6) 개봉선원의 보안관리등

위원회가 정하는 수량 이상의 개봉선원을 생산·사용·분배·보관·저장 또는 운반하는 경우에는 위원회가 정하여 고시하는 바에 따라 보안관리 및 그에 관련된 계획 등을 수립하여 이행하여야 한다.

2) 밀봉선원

(1) 생산에 관한 기술기준

① 다음 각 목에 해당하는 조치를 함으로써 방사선작업종사자 또는 수시출입자의 피폭방사선량이 선량한도를 초과하지 아니하도록 할 것

가. 차폐벽이나 차폐물에 의하여 방사선을 차폐 할 것

나. 원격조작장치·집게 등을 사용하여 밀봉선원과 인체 사이에 적당한 거리를 확보하고 차폐물을 이용하도록 할 것

다. 면밀한 작업계획 및 숙달·훈련 등을 통하여 인체에 방사선이 피폭되는 시간을 단축할 것

② 생산시설에는 눈에 띄기 쉬운 장소에 방사선장해방지에 필요한 주의사항을 게시할 것

(2) 사용에 관한 기술기준

① 사용시설 안에서만 사용할 것

② 정상적인 사용 상태에서는 밀봉선원이 개봉 또는 파괴될 우려가 없도록 할 것

③ 다음 각 목의 1에 해당하는 조치를 함으로써 방사선작업종사자 또는 수시출입자의 피폭방사선량이 선량한도를 초과하지 아니하도록 할 것

가. 차폐벽이나 차폐물에 의하여 방사선을 차폐할 것

나. 원격조작장치 또는 집게 등을 사용하여 밀봉선원과 인체 사이에 적당한 거리를 확보 하도록 할 것

다. 면밀한 작업계획 및 취급의 숙달·훈련 등을 통하여 인체에 방사선이 피폭되는 시간을 단축할 것

④ 사용시설 또는 방사선관리구역의 눈에 띄기 쉬운 장소에 방사선장해방지에 필요한 주의사항을 게시할 것

⑤ 밀봉선원을 이동사용하는 경우에는 사용직후 그 밀봉선원의 분실 또는 누설 등 이상유무를 점검하고, 이상이 판명된 때에는 탐사 기타 방사선장해방지를 위하여 필요한 조치를 할 것

⑥ 밀봉선원의 건전성을 확인하기 위하여 위원회가 정하여 고시하는 바에 따라 누설점검을 실시할 것

밀봉선원 누설점검 종류 및 방법

1. 문지름 시험

① 시험조건

시험실시전에 방사선원은 청결한 상태이어야 하며 방사선원의 표면은 방사능오염이 없는 상태를 유지하여야 한다.

② 시험절차

가. 습기보유능력 및 흡수능력이 양호한 종이필터 또는 이와 유사한 문지름 재료를 준비한다.

나. 종이필터 등에 방사선원의 표면물질에 손상을 주지 아니하는 용매를 적시어 방사선원의 외부표면을 충분히 문지른다. 다만, 종이필터 등을 방사선기기에 내장된 방사선원에 직접 접촉시키는 것이 실질적으로 불가능한 경우에는 방사선원이 누설되어 방사선원 내부의 방사성물질이 묻어 있을 것으로 추정되는 부위를 문지르는 것으로 대신할 수 있다.

다. 방사선원의 외부표면 또는 방사선기기를 문지른 종이필터 등의 방사능을 계측한다.

③ 합격기준

계측결과, 해당 방사선원을 구성하고 있는 핵종의 총 방사능량이 200Bq을 초과하지 아니하는 경우에는 방사선원의 누설이 없는 것으로 간주한다.

2. 건조 문지름 시험

① 시험조건

시험실시전에 방사선원은 청결한 상태이어야 하며 방사선원의 표면은 방사능오염이 없는 상태를 유지하여야 한다.

② 시험절차

가. 건조한 종이필터 또는 이와 유사한 물질을 준비한다.

나. 건조한 종이필터 등으로 방사선원의 외부표면을 충분히 문지른다. 다만, 종이필터 등을 방사선기기에 내장된 방사선원에 직접 접촉시키는 것이 실질적으로 불가능한 경우에는 방사선원이 누설되어 방사선원 내부의 방사성물질이 묻어 있을 것으로 추정되는 부위를 문지르는 것으로 대신할 수 있다.

다. 방사선원의 외부표면 또는 방사선기기를 문지른 종이필터 등의 방사능을 계측한다.

③ 합격기준

계측결과, 해당 방사선원을 구성하고 있는 핵종의 총 방사능량이 200Bq을 초과하지 아니하는 경우에는 방사선원의 누설이 없는 것으로 간주한다.

3. 가열 및 침수 시험

① 시험조건

시험실시전에 방사선원은 청결한 상태이어야 하며 방사선원의 표면은 방사능오염이 없는 상태를 유지하여야 한다.

② 시험절차

가. 방사선원의 외부표면물질에 손상을 주지 않는 청결한 용매를 준비한다.

나. 용매에 방사선원을 침수시키고 10분간 가열한 후 선원을 꺼낸다.

다. 선원을 냉각시킨 후 깨끗한 용매로 방사선원의 외부를 닦아낸다.

라. 나목 및 다목의 시험을 3회 반복하여 실시한다. 이때, 용매는 처음의 것을 계속 사용하여야 한다.

마. 최초의 용매에 대한 총 방사능량을 계측한다.

③ 합격기준

계측결과, 해당 방사선원을 구성하고 있는 핵종의 총 방사능량이 200Bq을 초과하지 아니하는 경우에는 선원의 누설이 없는 것으로 간주한다.

---

⑦ 밀봉선원이 내장된 방사선기기의 건전성을 확인하기 위하여 위원회가 정하여 고시하는 바에 따라 정기점검을 실시할 것

(3) 분배에 관한 기술기준

① 밀봉선원의 분배는 분배시설에서 할 것

② 방사성동위원소를 밀봉된 상태로 분배하는 경우에는 그 방사성동위원소를 정상적인 사용 상태에서는 밀봉선원이 개봉 또는 파괴 될 우려가 없는 적합한 상태에서 분배할 것

③ 분배시설안의 눈에 띄기 쉬운 곳에는 방사선장해방지에 필요한 주의사항을 게시할 것

(4) 보관 또는 저장하는 경우의 기술기준

① 사용하지 아니하는 밀봉선원은 저장시설에 저장할 것

② 저장시설의 저장능력을 초과하여 방사성동위원소를 저장하지 아니할 것
③ 차폐·거리유지·시간단축 조치를 함으로써 방사선작업종사자 및 수시출입자의 피폭방사선량이 선량한도를 초과하지 아니하도록 할 것
④ 저장함(방사성동위원소를 내화구조의 용기에 넣어 보관하는 경우에는 그 용기)에 방사성동위원소를 보관·저장중인 때에는 그 운반을 제한하도록 할 것
⑤ 보관·저장시설에는 눈에 띄기 쉬운 곳에 방사선장해방지에 필요한 주의사항을 게시할 것

(5) 밀봉선원을 사업소안에서 운반하는 경우 기술기준

'개봉선원 및 그에 의하여 오염된 물질을 사업소 안에서 운반하는 경우의 기술기준'과 동일함

(6) 밀봉선원의 보안관리등

위원회가 정하는 수량 이상의 밀봉선원을 생산·사용·분배·보관·저장 또는 운반하는 경우에는 위원회가 정하여 고시하는 바에 따라 보안관리 및 그에 관련된 계획 등을 수립하여 이행하여야 한다.

3) 방사선발생장치

(1) 생산에 관한 기술기준

① 다음 각 목에 해당하는 조치를 함으로써 방사선작업종사자 또는 수시출입자의 피폭방사선량이 선량한도를 초과하지 아니하도록 할 것
가. 차폐벽이나 차폐물에 의하여 방사선을 차폐할 것
나. 원격조작장치·집게 등을 사용하여 방사선발생장치와 인체 사이에 적당한 거리를 확보하고 차폐물을 이용하도록 할 것
다. 면밀한 작업계획 및 숙달·훈련 등을 통하여 인체에 방사선이 피폭되는 시간을 단축할 것
② 생산시설에는 눈에 띄기 쉬운 장소에 방사선장해방지에 필요한 주의사항을 게시할 것

(2) 사용에 관한 기술기준

① 사용시설 안에서만 사용할 것
② 정상적인 사용 상태에서는 방사선발생장치가 파괴될 우려가 없도록 할 것
③ 다음 각 목의 조치를 할 것
가. 차폐벽이나 차폐물에 의하여 방사선을 차폐할 것
나. 원격조작장치를 사용하여 방사선발생장치와 인체 사이에 적당한 거리를 두게

할 것

다. 면밀한 작업계획 및 취급의 숙달·훈련 등을 통하여 인체에 방사선이 피폭되는 시간을 단축할 것

④ 사용시설 또는 방사선관리구역의 눈에 띄기 쉬운 장소에 방사선장해방지에 필요한 주의사항을 게시할 것

⑤ 방사선발생장치의 건전성을 확인하기 위하여 위원회가 정하여 고시하는 바에 따라 정기점검을 실시할 것

6. 방사선장해방지 조치등

- 원자력관계사업자(신고사용자는 제외한다)는 방사선장해를 방지하기 위하여 대통령령으로 정하는 바에 따라 다음의 조치를 하여야 한다.

1. 방사선량 및 방사성오염의 측정 2. 건강진단 3. 피폭 관리

- 원자력관계사업자는 대통령령으로 정하는 바에 따라 방사성물질의 방출량 및 피폭방사선량을 가능한 한 합리적으로 낮게 유지하기 위하여 필요한 조치를 하여야 한다.
- 원자력관계사업자는 방사선작업종사자 및 대통령령으로 정하는 수시출입자의 피폭방사선량이 대통령령으로 정하는 선량한도를 초과하지 아니하도록 필요한 조치를 하여야 한다.
- 원자력관계사업자는 방사선장해를 받은 사람 또는 방사선장해를 받은 것으로 보이는 사람에게 원자력이용시설에의 출입제한과 그 밖의 보건상 필요한 조치를 하여야 한다.

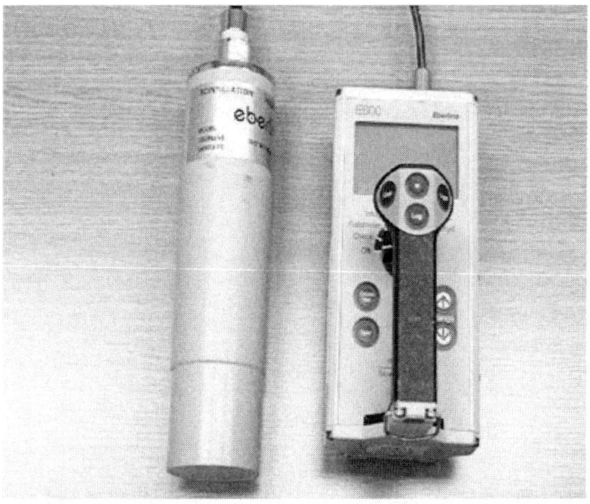

방사선량 오염도 및 선량 측정기

1) 방사선량 및 방사성오염의 측정

- 원자력관계사업자(신고사용자를 제외한다.)는 총리령으로 정하는 방사선장해의 우려가 있는 장소에 대한 방사선량 및 방사성물질등에 의한 오염상황을 측정하여야 한다.
- 원자력관계사업자는 총리령으로 정하는 바에 따라 원자력이용시설에 출입하는 사람의 피폭방사선량 및 방사성물질에 의한 오염상황을 측정하여야 한다.
- 원자력관계사업자는 측정결과에 관하여 기록의 작성, 보존 그 밖의 총리령으로 정하는 조치를 하여야 한다.

1-1) 방사선량 및 방사성물질등에 의한 오염상황의 측정장소

방사선장해우려가 있는 장소를 말한다.

(1) 방사선량의 경우

① 사용·분배·저장 및 폐기시설
② 고정된 방사선차폐시설 안에 있는 밀봉된 방사성동위원소 또는 방사선발생장치
③ 방사성폐기물의 저장·처리 및 처분시설
④ 방사선관리구역
⑤ 비정상적으로 방사성물질이 누출된 장소

(2) 방사성물질등에 따른 오염상황의 경우

① 방사선관리구역에 있어서 공기중의 방사성물질농도와 오염되거나 오염의 우려가 있는 물체의 표면
② 방사선관리구역으로부터 반출하는 물품의 표면
③ 배기구 또는 배수구
④ 비정상적으로 방사성물질이 누출된 장소

1-2) 피폭방사선량 및 방사성물질등에 의한 오염상황의 측정대상

(1) 피폭방사선량의 경우

① 방사선작업종사자
② 수시출입자
③ 방사선관리시설에 일시적으로 출입하는 자로서 선량한도를 초과하여 피폭될 우려가 있는 자

(2) 방사성물질에 따른 오염상황의 경우

① 방사선작업종사자의 손·발·작업복·보호구 그밖에 오염의 우려가 있는 부위의 표면

전신오염감지기

② 수시출입자의 손·발·작업복·보호구 그 밖의 오염의 우려가 있는 부위의 표면

1-3) 측정장소 및 측정대상에 대한 측정방법

(1) 방사선량 및 오염상황은 방사선측정에 가장 적합한 장소에서 측정할 것

(2) 방사선에 따른 인체내부의 피폭은 공기중 또는 음료수중의 방사성물질의 농도 및 양을 측정하거나 필요한 정밀검사를 통하여 산출할 것

2) 건강진단

원자력관계사업자는 총리령으로 정하는 바에 따라 원자력이용시설의 방사선작업종사자에 대하여 건강진단을 실시하여야 하며 건강진단의 결과에 관하여 기록의 작성·보존 그 밖에 조치를 하여야 한다.

2-1) 건강진단 시 검사내용

(1) 직업력 및 노출력
(2) 방사선 취급과 관련된 병력
(3) 임상검사 및 진찰
　가. 임상검사: 말초혈액중의 백혈구, 혈소판의 수 및 혈색소의 양
　나. 진찰: 눈, 피부, 신경계 및 조혈계(혈구형성계통) 등의 증상
(4) 말초혈액도말검사와 세극등현미경검사((1)부터 (3)까지의 규정에 따른 검사결과 건강수준의 평가가 곤란하거나 질병이 의심되는 경우에만 해당한다)

2-2) 건강진단 실시시기

(1) 방사선작업종사자 및 수시출입자가 최초로 해당 업무에 종사하기 전

(2) 해당 업무에 종사 중인 방사선작업종사자 및 수시출입자에 대하여는 매년. 다만, 전년도 건강진단 이후 12개월간의 피폭방사선량이 일반인에 대한 선량한도를 초과하지 아니한 경우에는 그해의 직업력 및 노출력과 방사선취급과 관련된 병력에 대한

검사는 생략할 수 있다.

(3) 방사선작업종사자 및 수시출입자의 피폭방사선량이 선량한도를 초과한 때

선량한도

구 분	유효선량한도	등가선량한도	
		수정체	손발 및 피부
1. 방사선작업종사자	연간 50 mSv를 넘지 아니하는 범위에서 5년간 100 mSv	연간 150 mSv	연간 500 mSv
2. 수지출입자, 운반종사자 및 법 제96조 단서에 따라 교육훈련 등의 목적으로 위원회가 인정한 18세 미만인 사람	연간 6 mSv	연간 15 mSv	연간 15 mSv
3. 제1호 및 제2호 외의 사람	연간 1 mSv	연간 15 mSv	연간 50 mSv

1. "선량한도"란 매년 1월 1일부터 12월 31일까지 1년간 피폭하는 방사선량을 말한다.
2. 제1호 또는 제2호에 해당하는 사람 중 임신이 확인된 사람과 제3호에 해당하는 사람 중 제79조제1항에 따른 방사성동위원소등을 제한적 또는 일시적으로 사용하는 사람에 대한 선량한도는 위의 표에도 불구하고 위원회가 정하여 고시한다.
3. 제2호에서 "운반종사자"란 방사선관리구역 밖에서 제2조제12호에 따른 방사성물질등을 운반하는 사람으로서 방사선 작업종사자에 해당하지 않는 사람을 말한다.
4. 제3호에 해당하는 사람에 대하여 연간 1밀리시버트를 넘는 경우가 발생한 경우로서 위원회가 인정하는 경우에는 위 표 제3호의 유효선량한도값에도 불구하고 피폭방사선량의 합을 5년간 평균하여 연가 1밀리시버트를 넘지 않는 범위에서 해당 1밀리시버트를 넘는 값을 유효선량한도로 한다.
5. 제1호의 유효선량한도란 및 비고 제4호에서 "5년간"이란 1998년 1월 1일부터 기산되는 5년마다의 기간을 말한다.

2-3) 예외사항

위 2-2)항에도 불구하고 방사선유해인자에 대한 배치전건강진단을 받은 경우 2-2)의 (1)항 시기에 실시하는 건강진단을 받은 것으로 보고, (2)항 외의 부분 본문에 따라 방사선유해인자에 대한 특수건강진단을 받은 경우에는 2-2)의 (2)항의 시기에 실시하는 건강진단을 받은 것으로 본다.

3) 피폭관리

- 원자력관계사업자는 방사선작업종사자 및 수시출입자의 개인피폭선량이 선량한도를 초과하지 아니하도록 총리령으로 정하는 바에 따라 피폭선량평가 및 피폭관리를 하여야 한다.
- 원자력관계사업자는 원자력이용시설의 정상운전 및 비정상상태(사고의 경우는 제외한다)에서 원자력이용시설에 종사하는 방사선작업종사자 및 수시출입자와 시설주변 주

민의 방사선피폭을 최소화하기 위하여 위원회가 정하는 바에 따라 다음 각 호의 조치를 하여야 한다.

(1) 방사선 작업특성에 부합하는 방호조치
(2) 방사선차폐 및 시설의 적절한 배치
(3) 선량저감에 효과적인 재료 및 기기의 사용
(4) 적절한 작업공간의 확보

3-1) 피폭방사선량 평가 및 관리

원자력관계사업자는 방사선작업종사자 및 수시출입자에 대하여 다음 각 호에 따라 피폭방사선량을 평가하고 관리하여야 한다.

(1) 방사선작업종사자가 방사선관리구역에 출입하는 때에는 방사선작업종사자의 피폭방사선량을 평가하기 위하여 위원회가 정하는 개인선량계를 착용하도록 할 것
(2) 수시출입자가 방사선관리구역에 출입하는 때에는 수시출입자의 피폭방사선량을 평가하기 위하여 위원회가 정하는 개인선량계를 착용하도록 할 것
(3) 제(1)호 및 제(2)호에 따른 개인선량계 중 판독이 필요한 개인선량계는 위원회가 정하는 기간마다 교체하여 판독하도록 할 것

* 방사선작업종사자가 제3호에 따른 기간 내에 「진단용 방사선발생장치의 안전관리에 관한 규칙」제4조제5항 또는 「동물 진단용 방사선 발생장치의 안전관리에 관한 규칙」제4조제6항에 따른 방사선 피폭선량 측정을 받은 경우에는 그 측정 내용을 포함하여 제3호에 따른 판독을 하도록 할 것

(4) 제(3)호의 규정에 따른 개인선량계의 판독은 판독업무자가 수행하도록 할 것
(5) 방사선작업종사자 또는 수시출입자 중 판독특이자가 발생한 때에는 위원회가 정하여 고시하는 바에 따라 필요한 조치를 할 것

3-2) 방사선작업종사자가 착용하는 선량계와 교체시기

원자력관계사업자는 방사선작업종사자가 착용한 선량계를 다음 각 호의 기간에 선량판독하여야 한다.

(1) 감광 또는 흑화작용 등 화학작용을 이용한 선량계: 1개월을 초과하지 않는 기간
(2) 형광 또는 섬광 등 여기작용을 이용한 선량계: 3개월을 초과하지 않는 기간
(3) 분자구조결함 등 결함유발을 이용한 선량계: 3개월을 초과하지 않는 기간

• 위의3-2)항에도 불구하고 방사선투과검사 방사선작업종사자는 방사선경보기 및 직독식개인선량계(방사선경보기로 알람도시메터를 갖추지 아니한 경우만 해당)를 3-2)항의 선량계와 함께 착용하여야 한다.

개인선량계(필름배지 및 TLD)

3-3) 수시출입자가 착용하는 선량계와 교체시기

방사선작업종사자가 착용하는 선량계 또는 다음과 같다.

(1) 기체, 액체 및 고체전리 등 전리 작용을 이용한 선량계

(2) 섬광 원리를 이용한 선량계

(3) 기타 개인이 휴대할 수 있는 누적선량계

- 수시출입자가 착용한 선량계의 선량판독은 방사선작업종사자가 착용한 선량계의 선량판독의 기간을 초과하지 않는 기간 내에서 출입 종료시에 수행한다.

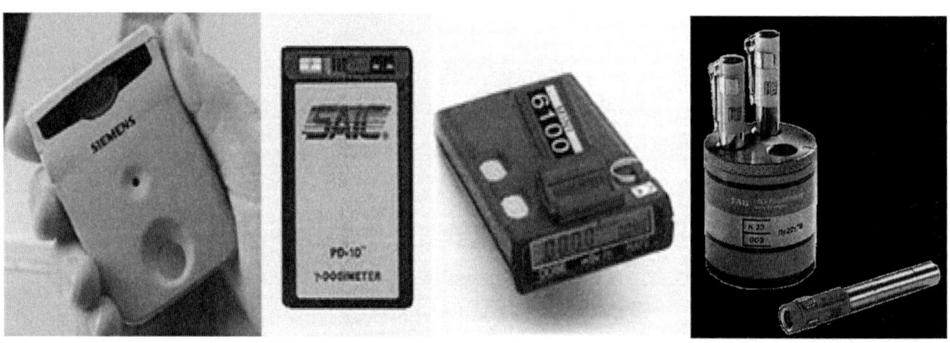

자동선량계 및 포켓선량계

3-4) 선량계의 착용

선량계는 작업자 등의 가슴 부위에 착용하는 것을 원칙으로 한다. 이 경우 종사자등의 신체 조건 및 작업 조건을 고려하여 종사자등의 피폭방사선량을 대표할 수 있어야 한다.

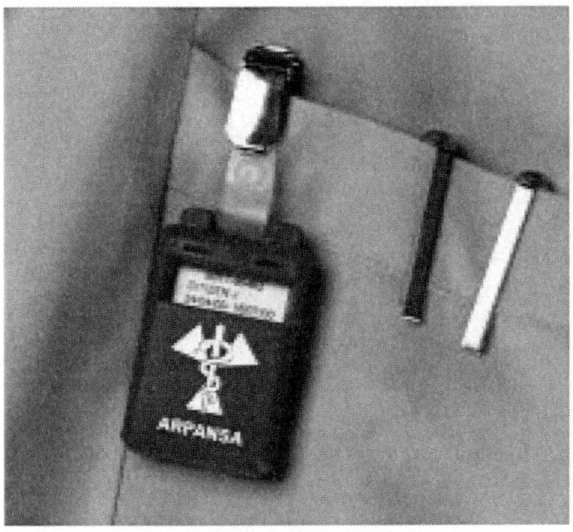

선량계 착용 위치

3-5) 판독특이자

(1) 선량한도를 초과하여 방사선에 피폭된 사람
(2) 선량계의 훼손·분실 등으로 인하여 선량판독이 불가능하게 된 사람
(3) 위원회가 정하는 선량계 교체주기를 2개월 이상 지난 후 선량계를 제출한 사람

판독특이자에 대한 판독업무자 또는 사업자의 조치사항

① 판독업무자는 판독특이자가 발생한 경우, 판독특이자의 인적사항 및 선량판독 결과 등을 즉시 한국원자력안전기술원장에게 보고하여야 하며, 선량판독을 위탁받은 판독업무자의 경우 동시에 해당 사업자에게 그 사실을 통보하여야 한다.

② 판독특이자가 발생한 해당 사업자는 발생 사실을 인지한 날로부터 20일 이내에 별지 제1호서식(개인선량계 판독특이자 발생보고서) 및 별지 제2호서식(판독특이자 피폭방사선량 추정 및 확인서)에 따라 보고서를 작성하여 한국원자력안전기술원장에게 보고하여야 한다.

3-6) 피폭방사선량의 확정·관리

(1) 원자력안전기술원장은 사업자 추정선량 평가 결과를 심의·확정하기 위하여 피폭방사선량평가위원회를 구성하여 운영하여야 한다.

(2) 원자력안전기술원장은 제(1)항의 피폭방사선량평가위원회에서 심의·확정한 종사자등의 피폭방사선량을 피폭방사선량평가위원회에서 확정한 날로부터 10일 이내에 위원회에 보고하고 해당 사업자 및 한국원자력안전재단 이사장에게 통보하여야 한다.

3-7) 피폭방사선량 분석 등

① 안전재단 이사장은 종사자등의 피폭방사선량 분석을 위해 다음의 업무를 수

행한다.

1. 피폭방사선량 기록
2. 판독특이자 조사 평가결과 분석
3. 방사선 피폭 사건정보 분석
4. 피폭방사선량 저감을 위한 분석 및 연구
5. 선량분포 통계에 영향을 미치는 원인 및 관련 정보 수집 분석

② 안전기술원장은 제①항의 업무 수행을 위해 다음의 자료를 안전재단 이사장에게 제공하여야 한다. 단 1호, 제2호의 자료는 선량평가위원회 또는 사건등급평가위원회 개최 후 1개월 이내에 제공하여야 한다.

1. 판독특이자 조사·평가결과
2. 방사선피폭 사건정보
3. 기타 피폭방사선량 분석을 위해 필요한 자료

③ 제①항의 업무 수행을 위해 판독업무자는 안전재단 이사장에게 다음 각 호의 자료를 매 분기 경과 후 3개월 이내에 제출하여야 한다.

1. 종사자등이 착용한 선량계의 판독결과
2. 선량평가 알고리즘 변경사항
3. 종사자등의 착용 선량계의 반응값 및 백그라운드선량계 판독정보
4. 판독시스템 교정 기록 등 판독시스템 선량계 기초자료

④ 안전재단 이사장은 제①항의 내용이 포함된 연간보고서를 해당년도 사업종료 후 3개월 이내에 원자력안전위원회에 제출한다.

3-8) 피폭기록 관리

안전재단 이사장은 종사자등의 피폭기록에 대한 관리체계를 구축 운영하여야 하며 다음 각 호의 업무를 수행한다.

(1) 종사자등의 등록·해지에 관한 기록의 관리
(2) 종사자등의 피폭기록 관리 및 피폭이력 제공
(3) 종사자등의 업종별·연도별 피폭방사선량 현황 등 피폭기록 관련 통계의 생산·관리

3-9) 기록 유지

① 사업자 및 원자력안전기술원장은 종사자등의 모든 피폭방사선량 측정 및 평가에 사용된 관련 자료의 기록을 유지하여야 한다.

② 안전재단 이사장은 다음 각 호의 기록을 유지하여야 한다.

1. 종사자등의 피폭방사선량에 대한 자료

2. 3-8)의 제②항, 제③항에 따라 종사자등의 피폭방사선량 분석을 위해 각 기관이 제출한 자료

③ 3-8)의 제④항에 따른 연간보고서

3-10) 방사선장해를 받은 사람 등에 대한 조치

규정에 따라 원자력관계사업자가 하여야 할 조치는 다음 각 호와 같다.

(1) 방사선작업종사자 또는 수시출입자가 방사선장해를 받았거나 받은 것으로 보이는 경우에는 지체 없이 의사의 진단 등 필요한 보건상의 조치를 하고, 그 방사선장해의 정도에 따라 방사선관리구역 출입시간의 단축, 출입금지 또는 방사선피폭 우려가 적은 업무로의 전환 등 필요한 조치를 하여야 한다.

(2) 방사선관리구역에 일시적으로 출입하는 사람이 방사선장해를 받았거나 받은 것으로 보이는 경우에는 지체없이 의사의 진단 등 필요한 보건상의 조치를 하여야 한다.

7. 장해방어조치 및 보고

- 원자력관계사업자는 다음 각 호의 어느 하나에 해당하면 대통령령으로 정하는 바에 따라 안전조치를 하고 그 사실을 지체 없이 위원회에 보고하여야 한다.

① 지진·화재와 그 밖의 재해에 따라 원자력이용시설이나 방사성물질등에 위험이 발생하거나 발생할 염려가 있을 때
② 원자력이용시설의 고장 등이 발생한 때
③ 방사선장해가 발생한 때

- 위원회는 위의 규정에 따라 보고를 받은 때에는 당해 원자력관계사업자에게 원자력이용시설의 사용정지, 방사성물질등의 이전·오염의 제거와 그 밖의 방사선장해를 방지하기 위하여 필요한 조치를 명할 수 있다.

1) 원자력관계사업자가 취하여야 할 안전조치

(1) 지진·화재·홍수·태풍 및 유해가스 누출 등의 재해로 인하여 원자력이용시설의 안전성이 위협을 받고 있거나 방사선작업종사자가 안전운영과 관련된 직무를 수행하는 데에 위협을 받을 경우에는 그 원인을 제거하고 피해 확대방지를 위한 조치를 하여야 한다.

(2) 원자력이용시설 등의 고장 등이 발생하여 원자력이용시설의 안전성이 위협을 받

을 경우에는 고장 등의 원인을 제거하여 정상상태로 복구하여야 한다. 다만, 정상복구가 불가능할 경우에는 고장 등의 확대방지를 위한 조치를 하여야 한다.

(3) 방사성물질이 비정상적으로 누설되어 시설경계(제한구역경계가 설정되어 있는 경우에는 제한구역경계를 말한다)에서 공기중 및 수중 농도가 위원회가 정하는 배출관리기준에 따른 제한값을 초과하거나 방사선작업종사자 또는 수시출입자가 선량한도를 초과하여 피폭된 경우에는 다음의 조치를 하여야 한다.

① 원자력이용시설 및 제한구역 내부에 있는 사람 또는 부근에 있는 사람에 대한 피난경고

② 방사선장해를 받은 사람 또는 받을 우려가 있는 사람에 대한 구출·피난 등의 긴급조치

③ 방사성물질등에 의하여 오염이 발생한 경우 오염확대의 방지 및 오염제거

④ 방사성물질등을 다른 장소에 옮길 여유가 있을 경우에는 안전한 장소로의 이전과 그 장소 주위에 위원회 규칙으로 정하는 표지 설치 및 관계자이외의 출입 또는 접근의 금지

⑤ 방사선긴급작업을 하는 경우에는 적절한 보호용구의 사용 및 방사선피폭시간 단축 등으로 긴급작업에 종사하는 사람에 대한 위원회가 정하는 기준 이상의 방사선피폭의 방지

2) 안전조치 후 원자력관계사업자가 보고 해야 할 사항

(1) 규정에 따라 안전조치가 필요한 상황이 발생한 일시 및 장소와 그 원인

(2) 발생하였거나 발생할 우려가 있는 방사선장해의 상황

(3) 안전조치의 내용 및 계획

3) 방사선 긴급작업 시 선량제한

(1) 긴급작업에 종사하는 자나 사고의 진압 등 피해의 확대를 방지하기 위하여 불가피한 작업에 참여하는 자에 대하여는 <u>유효선량은 0.5 Sv, 피부의 등가선량은 5 Sv</u>까지 허용할 수 있다. 다만, 인명의 구조를 목적으로 하는 긴급작업에 대해서는 이를 적용하지 아니한다.

(2) 긴급작업으로 인한 피폭선량은 개인피폭방사선량에 합산하지 아니 할 수 있다.

4) 긴급 시 방사선작업절차 등

(1) 원자력관계사업자는 방사선 긴급작업으로 인해 예상되는 피폭방사선량을 피할 수 있는 대안이 없거나 현실적으로 불가능한 극히 예외적인 상황일 때에만 이를 승인하여야 한다.

(2) 긴급시의 방사선작업은 작업 시작 전에 원자력관계사업자(원자력관계사업자의

허가 등을 받은 자가 아닌 경우에는 그 고용주 또는 대리인)의 승인을 서면으로 받아야 한다.

(3) 원자력관계사업자는 규정(방사성물질의 방출량 및 피폭방사선량을 가능한 한 합리적으로 낮게 유지하기 위하여 필요한 조치)에 따른 작업에 참여하는 자의 피폭방사선량을 가능한 한 합리적으로 낮게 유지하기 위하여 필요한 방사선방호 조치를 취하여야 한다.

(4) 원자력관계사업자는 작업 승인을 하기 전에 해당 작업에 참여하는 자에게 다음 사항을 통보하여야 한다.

① 계획된 긴급작업의 목적 ② 작업 수행으로 받게 되는 예상 피폭방사선량, 부수적인 잠재적 위험도, 구체적인 방사선 준위 또는 기타 작업 조건 ③ 제(3)호의 방사선방호 조치에 관한 구체적 지침

5) 사고 시 조치사항

- 원자력관계사업자 또는 원자력관계사업자로부터 방사성물질등의 운반을 위탁받은 자는 방사성물질등의 운반 또는 포장 중에 발생할 수 있는 사고에 대비하여 총리령으로 정하는 바에 따라 비상대응계획을 수립·시행하여야 한다.
- 원자력관계사업자 또는 원자력관계사업자로부터 방사성물질등의 운반을 위탁받은 자는 방사성물질등의 운반 또는 포장 중 방사성물질등의 누설·화재 그 밖의 사고가 발생한 때에는 대통령령으로 정하는 바에 따라 필요한 안전조치를 취하고 지체 없이 이를 위원회에 보고하여야 한다.

(1) "방사성물질등의 누설·화재와 그 밖의 사고가 발생한 때"란 다음 각 호의 어느 하나에 해당하는 때를 말한다.

① 방사성물질등의 누설 또는 일탈 등으로 환경오염이 우려되거나 방사선작업종사자의 안전이 위협받게 되었을 때

② 차량 또는 방사성물질등의 화재로 인하여 방사성물질등의 누설이 우려될 때

③ 방사선작업종사자 및 수시출입자가 선량한도 이상의 피폭되었을 때

④ 외국으로부터 반입된 포장물이 법 및 이 영에 따른 운반기준에 맞지 아니하였을 때

⑤ 방사성물질등을 도난당하거나 분실하였을 때

⑥ 방사성물질이 누출되어 인근주민의 긴급대피가 필요할 때

(2) 원자력관계사업자나 방사성물질등의 운반을 위탁받은 자가 (1)항에 따른 사고가 발생한 경우에 하여야 할 안전조치에 대해서는 장해방어조치 및 보고 규정을 준용한다.

(3) 원자력관계사업자나 방사성물질등의 운반을 위탁받은 자는 제(1)항 제⑤호 또는 제⑥호의 사고가 발생한 경우에는 그 지역을 관할하는 경찰관서에 즉시 신고하여야 한다.

8. 방사성물질등 또는 방사선발생장치의 소지 및 양도·양수 제한

다음의 어느 하나에 해당하는 경우 외에는 방사성물질등 또는 방사선발생장치를 소지하거나 양도·양수할 수 없다. 다만, 국제약속에 따라 국가가 핵물질을 양도·양수하거나 국가로부터 양수하는 경우에는 그러하지 아니하다.

- 원자력관계사업자가 이 법에 따라 허가 또는 지정을 받거나 신고를 한 범위에서 방사성물질등 또는 방사선발생장치를 양수·소지하거나 다른 원자력관계사업자에게 양도하는 경우
- 허가가 취소된 원자력관계사업자가 그 허가가 취소되었거나 사용이 금지된 때에 소지하고 있던 방사성물질등 또는 방사선발생장치를 총리령으로 정하는 바에 따라 소지하거나 다른 원자력관계사업자에게 양도하는 경우
- 해당 사업 또는 업무를 폐지한 원자력관계사업자가 그 사업 또는 업무를 폐지한 때에 소지 하고 있던 방사성물질등 또는 방사선발생장치를 총리령으로 정하는 바에 따라 소지하거나 다른 원자력관계사업자에게 양도하는 경우
- 원자력관계사업자로부터 방사성물질등 또는 방사선발생장치의 운반을 위탁 받은 자가 그 위탁받은 방사성물질등 또는 방사선발생장치를 소지하는 경우
- 원자력관계사업자의 종업원이 그 직무상 방사성물질등 또는 방사선발생장치를 소지하는 경우
- 원자력관계사업자가 사망하여 그 상속인이 방사성물질등 또는 방사선발생장치를 소지하는 경우. 다만, 해당 상속인이 제14조 제1호부터 제3호까지 중 어느 하나에 해당하는 경우는 제외한다.

제14조 제1호부터 제3호까지

① 피성년후견인 또는 파산선고를 받고 복권되지 아니한 사람
② 이 법을 위반하여 징역 이상의 형의 선고를 받고 그 형의 집행이 종료되거나 집행을 받지 아니하기로 확정된 후 3년이 경과되지 아니한 사람이나 징역 이상의 형의 집행유예를 선고

받고 그 집행유예기간 중에 있는 사람

③ 규정에 따라 허가가 취소(이 조 제1호에 해당하여 허가가 취소된 경우는 제외한다)된 후 2년이 경과되지 아니한 자

④ 임원 중에 제1호부터 제3호까지 중 어느 하나에 해당하는 사람이 있는 법인

---

1) 방사성물질등 또는 방사선발생장치의 양도·양수의 기간

(1) 방사성물질등 또는 방사선발생장치의 양도 및 양수는 각각 양도 및 양수의 사유가 되는 사실이 발생한 날부터 30일 이내에 하여야 한다.

(2) 방사성물질등 또는 방사선발생장치를 양도·양수한 때에는 지체없이 서식에 따른 양도·양수신고서를 위원회에 제출하여야 한다.

(3) (2)항의 신고서에는 다음 각 호의 서류를 첨부하여야 한다.

① 설계승인서 등 관련 증빙서류 사본

② 방사성동위원소의 누설점검기록 사본

2) 방사성물질등 또는 방사선발생장치의 소지

방사성물질등 또는 방사선발생장치의 소지는 각각 그 사유가 발생한 날부터 30일 이내인 경우로 한정된다.

3) 원자력이용시설의 취급제한

누구든지 18세 미만인 사람으로 하여금 원자력이용시설이나 방사성물질등을 취급하게 하여서는 아니 된다. 다만, 교육훈련 등의 목적으로 위원회가 인정하면 그러하지 아니하다.

9. 허가 등의 취소 또는 사업폐지 등에 따른 조치

- 허가 취소(사용금지를 포함한다)되거나 사업 또는 사용을 폐지한 원자력관계사업자는 대통령령으로 정하는 바에 따라 방사성물질등 또는 방사선발생장치의 양도·보관·배출·저장·처리·처분·오염제거·기록인도와 그 밖의 방사선장해방어를 위하여 필요한 조치를 하고, 그 조치한 날부터 **30일** 이내에 이를 위원회에 신고하여야 한다.
- 위원회는 원자력관계사업자가 대통령령으로 정하는 바에 따라 방사성물질등 또는 방사선발생장치의 양도·보관·배출·저장·처리·처분·오염제거·기록인도와 그 밖의 방사선장해방어를 위하여 필요한 조치를 하지 아니하거나 그러한 조치에도 불구하고 방사성물질등 또는 방사선발생장치로부터 지역주민 또는 주변환경을 보호하기 위하여 필요하다고 인정하는 경우에는 방사성물질등 또는 방사선발생장치의 수거 및 오염된 시설의 해체 등 필요한 조치를 할 수 있다.
- 위원회는 방사성물질등 또는 방사선발생장치의 수거 및 오염된 시설의 해체 등 조

치에 소요되는 비용을 당해 원자력관계사업자에게 부담하게 할 수 있다.

1) 허가등의 취소 또는 사업의 폐지 등에 따른 조치

허가 취소등의 경우 원자력관계사업자가 하여야할 조치

(1) 원자력관계사업자가 소유하고 있는 방사성물질 또는 방사선발생장치를 다른 원자력관계사업자에게 양도하여야 한다.
(2) 방사성물질에 의한 오염은 이를 제거하여야 한다.
(3) 방사성물질에 의하여 오염된 물질은 방사성폐기물관리시설등 건설·운영자에게 양도하여야 한다.
(4) 총리령으로 정하는 기록은 안전재단에 인도하여야 한다.

총리령으로 정하는 기록

① 방사성동위원소에 의한 오염상황의 측정기록
② 방사선작업종사자 및 수시출입자의 건강진단 기록

규정에 따른 허가 또는 지정이 취소되거나 사업 또는 사용을 폐지(사망 또는 해산으로 인한 폐지를 포함한다)한 원자력관계사업자는 총리령으로 정하는 바에 따라 그 신고서를 위원회에 제출하여야 한다.

2) 허가취소 등에 따른 신고

규정에 의한 신고서(허가등 취소·사업(사용)폐지의 신고서)에는 다음 각 호의 서류를 첨부하여야 한다.

(1) 방사선발생장치 또는 방사성물질등에 관한 조치사항에 관한 서류
(2) 방사선작업종사자 및 수시출입자의 건강진단기록 등의 인도에 관한 서류
(3) 허가증 또는 신고확인증(분실한 경우에는 그 사유서)

10. 면허 및 시험

- 원자로의 운전이나 핵연료물질, 방사성동위원소 등의 취급은 대통령령으로 정하는 바에 따라 위원회의 면허를 받은 사람이나 국가기술자격법에 따른 방사선관리기술사가 아니면 이를 할 수 없다. 다만, 규정에 따른 교육 및 훈련을 받은 사람이 아래 각 호(2. 원자로조종사면허는 제외한다)의 면허를 받은 사람 또는 국가기술자격법에 따른 방사선관리기술사의 지시·감독 하에 이를 운전하거나 취급하는 경우에는 그러하지 아니하다.

• 면허의 종류

1. 원자로조종감독자면허
2. 원자로조종사면허
3. 핵연료물질취급감독자면허
4. 핵연료물질취급자면허
5. 방사성동위원소취급자일반면허
6. 방사성동위원소취급자특수면허
7. 방사선취급감독자면허

• 결격사유

다음에 각 호의 어느 하나에 해당하는 사람은 규정에 따른 면허를 받을 수 없다.

1. 18세 미만의 사람
2. 피성년후견인
3. 이 법을 위반하여 징역 이상의 형의 선고를 받고 그 형의 집행이 종료되거나 집행을 받지 아니하기로 확정된 후 3년이 경과되지 아니한 사람이나 징역 이상의 형의 집행유예를 선고받고 그 집행유예기간 중에 있는 사람
4. 면허가 취소(이 조 제1호 또는 제2호에 해당하여 면허가 취소된 경우는 제외한다)된 후 2년이 경과되지 아니한 사람
5. 원자로 및 관계시설의 건설 및 개수·보수에 관한 업무, 원자로 및 관계시설의 재료·부품 등의 납품·검수에 관한 업무를 수행하는 자가 업무와 관련된 죄를 범하여 징역 이상의 형의 선고를 받고 그 형의 집행이 종료되거나 집행을 받지 아니하기로 확정된 후 5년이 경과되지 아니한 사람이나 징역 이상의 형의 집행유예를 선고받고 그 집행유예기간 중에 있는 사람

1) 면허시험

• 규정에 따른 면허를 받으려는 사람은 위원회가 시행하는 면허시험에 합격하여야 한다.

• 위원회는 위 "면허의 종류" 중 어느 하나에 해당하는 면허를 받은 사람 또는 외국에서 이에 준하는 면허를 받은 사람이 규정에 따른 면허를 받으려는 때에는 대통령령으로 정하는 바에 따라 면허시험의 전부 또는 일부를 면제할 수 있다.

• 면허시험에 응시한 사람이 그 시험에 관하여 부정한 행위를 한 경우에는 해당 시험을 무효로 하고, 그 시험의 응시 일부터 3년간 그 면허시험의 응시자격을 정지한다.

• 면허시험의 응시자격·시험과목·시험방법과 그 밖에 필요한 사항은 대통령령으로 정한다.

2) 응시자격

면허시험 응시자격은 학력과 경력(교육훈련을 포함한다)으로 구분한다.

면허의 종류	면허시험의 응시자격
1. 원자로조종감독자 면허	가. 이공계 4년제 대학졸업자 또는 이와 동등 이상의 학력이 있다고 교육부장관이 인정하는 사람이나 국가기술자격법에 따른 기사 이상의 자격을 가진 사람으로서 원자로조종에 관한 실무에 3년(원자력공학 또는 원자핵공학을 전공한 사람의 경우에는 2년) 이상 종사한 사람 나. 원자로조종사면허를 받은 후 원자로조종에 관한 실무에 2년 이상 종사한 사람 다. 외국에서 동일 기종에 관한 원자로조종감독자면허를 받았거나 이에 준하는 자격을 가진 사람
2. 원자로조종사면허	가. 이공계 4년제 대학졸업자 또는 이와 동등 이상의 학력이 있다고 교육부장관이 인정하는 사람이나 국가기술자격법에 따른 기사 이상의 자격을 가진 사람으로서 원자로조종에 관한 실무에 1년(원자력공학 또는 원자핵공학을 전공한 사람의 경우에는 6개월) 이상 종사한 사람 나. 이공계 전문대학 2년 이상 수료자 또는 이와 동등 이상의 학력이 있다고 교육부장관이 인정하는 사람이나 국가기술자격법에 따른 산업기사 이상의 자격을 가진 사람으로서 원자로조종에 관한 실무에 2년(원자력공학 또는 원자핵공학을 전공한 사람의 경우에는 1년6개월) 이상 종사한 사람 다. 고등학교졸업자 또는 이와 동등 이상의 학력이 있다고 교육부장관이 인정하는 사람이나 국가기술자격법에 따른 기능사 이상의 자격을 가진 사람으로서 원자로조종에 관한 실무에 3년 이상 종사한 사람 라. 외국에서 동일 기종에 관한 원자로조종사면허를 받았거나 이에 준하는 자격을 가진 사람
3. 핵연료물질취급감독자면허	가. 이공계 4년제 대학졸업자 또는 이와 동등 이상의 학력이 있다고 교육부장관이 인정하는 사람이나 국가기술자격법에 따른 기사 이상의 자격을 가진 사람으로서 핵물질 및 핵연료의 취급에 관한 실무에 2년(원자력공학 또는 원자핵공학을 전공한 사람의 경우에는 1년) 이상 종사한 사람 나. 핵연료물질취급자면허를 받은 후 핵물질 및 핵연료의 취급에 관한 실무에 2년 이상 종사한 사람 다. 외국에서 핵연료물질취급감독자면허를 받았거나 이에 준하는 자격을 가진 사람
4. 핵연료물질취급자면허	가. 이공계 4년제 대학졸업자 또는 이와 동등 이상의 학력이 있다고 교육부장관이 인정하는 사람이나 국가기술자격법에 따른 기사 이상의 자격을 가진 사람 나. 이공계 전문대학 2년 이상 수료자 또는 이와 동등 이상의 학력이 있다고 교육부장관이 인정하는 사람이나 국가기술자격법에 따른 산업기사 이상의 자격을

면허의 종류	면허시험의 응시자격
	가진 사람으로서 핵물질 및 핵연료의 취급에 관한 실무에 1년(원자력공학 또는 원자핵공학을 전공한 사람의 경우에는 6개월) 이상 종사한 사람 다. 고등학교졸업자 또는 이와 동등 이상의 학력이 있다고 교육부장관이 인정하는 사람이나 국가기술자격법에 따른 기능사 이상의 자격을 가진 사람으로서 핵물질 및 핵연료의 취급에 관한 실무에 2년 이상 종사한 사람 라. 외국에서 핵연료물질취급자면허를 받았거나 이에 준하는 자격을 가진 사람
5. 방사성동위원소취급자일반면허	가. 이공계 전문대학 2년 이상 수료자 또는 이와 동등 이상의 학력이 있다고 교육부장관이 인정하는 사람이나 국가기술자격법에 따른 산업기사 이상의 자격을 가진 사람으로서 방사성동위원소 등의 취급에 관한 실무에 1년 이상 종사한 사람 나. 고등학교졸업자 또는 이와 동등 이상의 학력이 있다고 교육부장관이 인정하는 사람이나 국가기술자격법에 따른 기능사 이상의 자격을 가진 사람으로서 방사성동위원소 등의 취급에 관한 실무에 2년 이상 종사한 사람 다. 외국에서 방사성동위원소취급자일반면허를 받았거나 이에 준하는 자격을 가진 사람으로서 위원회가 인정하는 사람
6. 방사성동위원소취급자특수면허	가. 의사 또는 치과의사의 면허를 가진 사람으로서 다음의 어느 하나에 해당하는 사람 1) 방사성동위원소 등을 의학적으로 인체에 사용하는 실무에 1년 이상 종사한 사람 2) 방사선취급감독자면허를 가진 사람 나. 외국에서 방사성동위원소취급자특수면허를 받았거나 이에 준하는 자격을 가진 사람으로서 위원회가 인정하는 사람
7. 방사선취급감독자면허	가. 이공계 4년제 대학졸업자 또는 이와 동등 이상의 학력이 있다고 교육부장관이 인정하는 사람이나 국가기술자격법에 따른 기사 이상의 자격을 가진 사람으로서 방사선장해방어에 관한 실무에 2년 이상 종사한 사람 나. 방사성동위원소취급자일반면허를 받은 후 방사선장해방어에 관한 실무에 2년 이상 종사한 사람 다. 방사성동위원소취급자특수면허를 가진 사람 라. 외국에서 방사선취급감독자면허를 받았거나 이에 준하는 자격을 가진 사람으로서 위원회가 인정하는 사람

3) 시험방법

(1) 원자로조종감독자면허 및 원자로조종사면허에 관한 시험은 위원회가 정하는 원자로의 종류, 노형, 용량급 및 핵증기공급계통의 공급사별로 실시하며, 필기시험과 실기시험으로 구분하여 실시하되, 실기시험은 필기시험에 합격한 사람 또는 필기시험을 면제받은 사람이 아니면 응시할 수 없다.

(2) 면허의 종류에서 3~7까지의 규정에 따른 면허에 관한 시험은 필기시험으로 실시한다.

4) 시험과목

면허의 종류	시험방법	시 험 과 목
1. 원자로조종감독자면허	가. 필기시험	원자로의 종류와 노형, 용량급 및 핵증기공급계통의 공급사별로 다음의 사항에 관하여 해당 원자로의 조종감독자로서 그 직무수행에 필요한 전문적 지식과 그 응용능력을 검정한다. 1) 원자로이론 2) 원자로시설의 구조, 재료 및 설계 3) 원자로의 운전제어 4) 핵연료물질 등의 취급 및 관리 5) 방사선안전관리 6) 원자력관계법령
	나. 실기시험	원자로의 종류와 노형, 용량급 및 핵증기공급계통의 공급사의 구분에 따라 다음 사항에 관하여 해당 원자로 모의제어반에서 해당 원자로의 조종감독자로서 필요한 실무능력을 검정한다. 다만, 모의제어반이 설치되지 않은 원자로는 해당 발전소 주제어실에서 검정을 실시한다. 1) 원자로의 예비운전·시운전의 절차 및 그 운전조작 2) 지시신호의 판별 및 그 대책 3) 계측시설의 이용 및 그 판독방법 4) 원자로시설의 동 특성 및 운전 5) 방사능감시시설의 기능 및 사용법 6) 방사선장해방어 7) 비상시의 대책
2. 원자로 조종사면허	가. 필기시험	원자로의 종류와 노형, 용량급 및 핵증기공급계통의 공급사별로 다음의 사항에 관하여 해당 원자로의 조종사로서 그 직무수행에 필요한 일반적 지식과 그 응용능력을 검정한다. 1) 원자로이론 2) 원자로시설의 구조 3) 원자로의 운전제어 4) 방사선안전관리 5) 원자력관계법령(핵연료주기시설과 핵물질사용 관계 법령은 제외한다)
	나. 실기시험	원자로의 종류와 노형, 용량급 및 핵증기공급계통의 공급사의 구분에 따라 다음 사항에 관하여 해당 원자로 모의제어반에서 원자로의 조종사로서 필요한 실무능력을 검정한다. 다만, 모의제어반이 설치되지 않은 원자로는 해당 발전소 주제어실에서 검정을 실시한다. 1) 원자로의 예비운전·시운전의 절차 및 그 운전조작 2) 지시신호의 판별 및 그 대책 3) 계측시설의 이용 및 그 판독 방법 4) 원자로시설의 동 특성 및 운전 5) 방사능감시시설의 기능 및 사용법 6) 방사선장해방어 7) 비상시의 대책

면허의 종류	시험방법	시 험 과 목
3. 핵연료물질취급감독자 면허	필기시험	핵연료물질의 취급감독자로서 그 직무수행에 필요한 전문적 지식과 기술에 관하여 다음의 사항을 검정한다. 가. 핵연료물질의 화학적 성질 및 물리적 성질 나. 핵연료물질의 취급기술 다. 방사선의 측정 및 방사선장해의 방지에 관한 기술 라. 원자력관계법령(원자로의 관리 등 관계법령은 제외한다)
4. 핵연료물질 취급자 면허	필기시험	핵연료물질의 취급자로서 그 직무수행에 필요한 일반적 지식과 기술에 관하여 다음의 사항을 검정한다. 가. 핵연료물질의 화학적·물리적 성질에 대한 기초지식 나. 핵연료물질의 취급기술에 관한 기초지식 다. 방사선측정 및 방사선장해방어에 관한 기초지식 라. 원자력관계법령(원자로의 관리등 관계법령은 제외한다)
5. 방사성동위원소취급자 일반면허	필기시험	방사성동위원소의 취급자로서 그 직무수행에 필요한 일반적 지식과 기술에 관하여 다음의 사항을 검정한다. 가. 원자력기초이론 나. 방사성동위원소 및 방사선의 취급기술에 관한 기초지식 다. 방사선장해방어에 관한 기초지식 라. 원자력관계법령(법 및 방사선장해방어 관계법령에 한정한다)
6. 방사성동위원소취급자 특수면허	필기시험	방사성동위원소의 인체에 대한 취급자로서 그 직무수행에 필요한 전문적 지식과 기술에 관하여 다음의 사항을 검정한다. 가. 방사선에 의한 장해 및 그 방어 나. 의학 또는 치의학에 관한 과목중 수험자가 선택 하는 1과목에 대한 방사성동위원소 및 방사선에 관한 사항 다. 방사성동위원소등을 의학적으로 인체에 사용하는 기술 라. 원자력관계법령(법 및 방사선장해방어 관계법령에 한정한다)
7. 방사선취급감독자면허	필기시험	방사선의 취급감독자로서 그 직무수행에 필요한 전문적 지식과 기술에 관하여 다음의 사항을 검정한다. 가. 방사선에 의한 장해 및 그 방어 나. 원자력이론(물리학·화학·생물학 분야중 방사선에 관한 것에 한정한다) 다. 방사성동위원소 및 방사선의 취급기술 및 측정기술 라. 원자력관계법령(법 및 방사선장해방어 관계법령에 한정한다)

5) 면허종류별 경력의 내용 및 산출 방법

면허 종류	경력의 내용	환산율
1. 원자로조종감독자면허·원자로조종사면허	가. 다음 각 호의 어느 하나에 해당하는 기관에서 원자로의 운전 또는 시운전 업무에 직접 종사한 경력 1) 한국원자력연구원 2) 한국전력공사 및 한국수력원자력주식회사 원자력발전소 3) 경희대학교	100%

면허 종류	경력의 내용	환산율
	나. 교육 및 훈련용 모의제어반(시뮬레이터)의 운전실무에 관한 교육 및 훈련을 담당한 강사로 근무한 경력	
	가. 다음 각 호의 어느 하나에 해당하는 기관에서 원자로의 운전 또는 시운전에 관한 기술을 지원 또는 보조하는 업무에 종사한 경력 1) 원자력안전위원회의 지역사무소(기존의 원자력안전위원회 원자력발전소 주재관실을 포함한다) 2) 한국전력공사 및 한국수력원자력주식회사 원자력발전소 나. 원자로의 운전에 관한 교육 및 훈련을 담당한 강사로 근무한 경력	80%
	가. 다음 각 호의 어느 하나에 해당하는 기관에서 원자력발전소의 설계, 공사의 감독, 검사 또는 안전성 분석 및 심사, 기타 이와 유사한 업무에 종사한 경력 1) 원자력안전위원회 2) 한국원자력연구원 3) 한국원자력안전기술원 4) 한국전력공사, 한국수력원자력주식회사 5) 한국전력기술주식회사	50%
2.핵연료물질취급감독자면허·핵연료물질취급자 면허	가. 원자력안전법(이하 "법"이라 한다) 제20조, 제30조, 제30조의2, 제35조, 제45조에 따라 허가 또는 지정 받은 기관에서 핵물질의 취급에 관한 업무에 종사한 자로서 법 제98조의 규정에 따라 개인 방사선피폭선량이 보고된 경력 나. 다음 각 호의 어느 하나에 해당하는 기관에서 핵물질의 안전규제에 관한 업무에 종사한 경력 1) 원자력안전위원회 2) 한국원자력안전기술원	100%
3.방사성동위원소취급자일반면허·방사성동위원소취급자특수면허·방사선취급감독자면허	가. 법 제53조제1항, 제54조 및 제63조의 규정에 의하여 허가를 받은 기관에서 방사성동위원소 등의 취급이나 방사선장해방어에 관한 업무에 종사한 자로서 법 제98조의 규정에 따라 개인 방사선피폭경력이 보고된 경력 나. 1997. 6. 30일 당시 법 제53조제2항의 규정에 의하여 신고를 한 기관에서 방사성동위원소 등의 취급이나 방사선장해방어에 관한 업무에 종사한 자로서 법 제98조의 규정에 따라 개인 방사선피폭경력이 보고된 경력 다. 다음 각 호의 어느 하나에 해당하는 기관에서 방사성동위원소 등의 안전규제에 관한 업무에 종사한 경력 1) 원자력안전위원회 2) 한국원자력안전기술원	100%
	가. 고등교육법 제14조에 규정하는 이공계 4년제 대학 및 전문대학에 재직중인 교직원으로서 1년이상 교육 및 연구목적으로 사용하는 방사선투과검사관련 업무에 종사한 경력(단, 방사성동위원소취급자 일반면허에만 적용한다)	80%
	가. 진단용 방사선발생장치의 방사선 관련 업무에 종사한 자로서 1년이상 연속된 개인 방사선피폭선량의 월별선량기록을 원자력안전위원회에게 제출하여 확인된 경력	50%

6) 면허종류별 교육 훈련

면허종류	교육훈련내용	기간	기관	경력인정대상자
1. 원자로조종감독자면허·원자로조종사면허	원자로조종에 관한교육훈련	10주 이상	가. 한국원자력연구원 나. 한국전력공사, 한국수력원자력주식회사	가. 외국에서 동일 기종이 아닌 원자로조종감독자면허 또는 원자로조종자면허를 받았거나 또는 이에 준하는 자격을 가진 자 나. 외국에서 별표2에 준하는 교육 및 훈련을 받은 자
2. 핵연료물질취급감독자면허·핵연료물질취급자면허	핵연료물질 취급에 관한 교육훈련	4주 이상	한국원자력연구원	가. 외국에서 이에 상응하는 교육훈련을 받은 자
3. 방사성동위원소취급자일반면허	다음 각 호의 1에 해당하는 교육훈련내용 1) 방사성장해방어의 기초에 관한 교육훈련 2) 방사선장해방어의 기초에 관한 통신교육훈련	 4주 이상 9개월 이상	 한국원자력연구원 가. 한국방사선진흥협회(기존의 한국동위원소협회를 포함한다) 나. 사단법인한국방사선안전협회(기존의 사단법인한국원자력안전아카데미를 포함한다)	가. 이공계 4년제 대학 및 이공계 전문대학에서 2년이상 수료한 자로서 <u>별표4의 4개 경력인정 분야별로 각각 1과목 포함하여 총 12학점이상 취득한 자</u> 나. 원자력(핵)공학, 방사선(공학) 또는 원자력안전위원회가 이와 교육과정이 동등하다고 인정한 학과에서 2년 이상 수료한 자 다. 외국에서 이에 상응하는 교육 및 훈련을 받은 자
4. 방사성동위원소취급자특수면허	방사선의 의학적 이용에 관한 교육훈련	4주 이상	한국원자력연구원	가. 외국에서 이에 상응하는 교육 및 훈련을 받은 자
5. 방사선취급감독자면허	방사선장해방어의 감독에 관한 교육훈련	6주 이상	한국원자력연구원	가. 이공계 대학원, 대학 또는 전문대학에서 <u>별표4의 4개 경력인정분야별로 각각 1과목 포함하여 24학점이상 취득한 자</u> 나. 원자력(핵)공학, 방사선(공학) 또는 원자력안전위원회가 이와 교육과정이 동등하다고 인정한 학과에서 2년 이상 수료한 자 다. 외국에서 이에 상응하는 교육 및 훈련을 받은 자

7) 경력인정대상 관련 과목(면허종류별 3 및 5의 경력인정대상자 관련)

경력인정 분야	경력인정대상관련 과목
1.원자력 이론	원자력개론, 원자력기초이론(학), 방사화학, 핵공학(개론, 설계, 응용), 원자력공학, 핵주기공학, 원자력과 환경, 원자력이론, 방사성동위원소 총론, 원자 및 핵물리, 원자력입문, 핵의학물리학, 원자로시스템공학, 방사선응용생명과학개론, 방사선응용물리, 의용방사선물리학, 방사선약물동태학, (의용)방사선생물학, 비파괴총론, 의학물리학, 방사선물리학, 방사선물리학 및 실습, 방사선학(개론), 방사선학(개론) 및 실습, 방사선과학(개론), 방사화학 및 방사선의약분석, 방사화학 및 방사성의약품학, 방사선의약화학, 현대물리(학), 원자로시스템설계, 원자로안전(해석), 원자로해석 및 핵설계, 원자력안전분석, 원자로물리, 원전안전성구조, 원자로안전공학, 고급핵물리, 핵물리(학), 원자로이론, 원자력안전공학, 방사선(학)개론, (응용)핵물리(학), 원자로공학, 방사선(개론) 및 실습, 핵공학개론, 응용핵물리, 원자력공학(개론), 에너지공학(개론), 핵공학응용, 핵공학설계, 방사선의학물리(개론), 방사선(물질) 상호작용, 방사성의약품개발론, 원자력폐기물공학, 분할조사연구
2.방사선 취급기술	방사선취급기술, 방사선취급기술학 및 실습, 방사선기기(학) 및 실습(험), 방사선계측(학)실습, 방사선계측(학)실험, 방사선계측학 및 실습, 방사선계측실험 및 설계, 방사선량계측, 방사선계측학, 방사선계측이론, 방사선계측(기)학, 방사선계측, 방사선계측기술, 방사선계측학실습, 원자력계측제어 및 실험, 방사선민감제 연구, 근접치료법연구, 방사선치료(학), 방사선치료 및 핵의학 임상실습, 방사선치료기술학, 방사선치료기술학 및 실습, 방사선치료(학)실습, 방사선치료계획, 방사선투과검사, 방사선기술학, 비파괴검사, 방사선종양학(실습), 방사선종양학과 임상실습, 방사선차폐설계, 방사성폐기물관리, (방사성)동위원소이용, 비파괴이용, 방사선(응용)공학, 방사선의 산업 및 의학응용, 방사선공학설계, 비파괴응용 및 실험, 핵의공학, 방사선상호작용, 원자력폐기물 공학, 방사선안전평가, 방사선응용기술, 방사선영상, 영상정보학, 핵의학영상론, 방사선의약품개발론, 양전자방출체약제학, 원자력의학, 방사선기기실험, 방사선이용, 치료방사선학, 임상치료방사선학, 방사선치료학, 방사선치료선량학, 방사선기기관리공학, 방사선물리학 실습(험), 센서계측공학, 방사선계측설계, 방사선장치설계, 핵공학기초실험, 방사선계측시스템, 방사선량계측, 방사선계측학, 방사선물리 및 선량학, 고급방사선계측이론, 방사선안전 및 관리학, 방사선(치료)임상실습, 방사성동위원소이용암치료론, 방사선치료(학) 실습, 방사선기기관리학 실험, 방사선관리, 방사선치료학, 방사선치료, 방사선치료 기술학 실습, 방사선치료 기술학 및 실습, 방사선기기학, 방사선기기학 및 실습, 방사선치료(임상)실습, 방사선기기(학)실습, 방사선공학, 비파괴응용 및 실험, 핵의공학, 원자력의학과, 방사선차폐
3.방사선 장해방어	방사선관리학, 방사선안전관리총론, 방사선장해방어(학), 보건물리, 보건물리 및 실험, 방사선방어공학, 방사선방어, 현대보건물리, 보건물리(학), 방사선안전관리, 방사선장해방어 및 관리, 방사선방호 및 보건물리, 방사선보건관리학, 방사선안전관리실습, 방사선과 환경, 방사선환경 및 실험, 방사선량과 생물학적 영향, 방사선안전관리와 방사능방제, 방사선안전분석, 원자력환경공학, 의용방사선방어학

4.원자력 관계법령	원자력법령(법규), 원자력관계법령(법규), 방사선장해방어관계(법령, 법규), 방사선방호관계법령, 방사선관계법규, 원자력(시설)안전규제

※원자력관련 교육훈련기관(한국방사선진흥협회 등)에서 실시하는 고등교육법상 교과과정 수준의 교육프로그램 및 상기 이외 과목의 인정여부는 관련법령과 면허시험제도의 취지 등을 고려하여 원자력안전위원회가 결정
※상기과목명에 "개론, 총론, 특론, 각론", "기초, 초급, 중급, 고급", "Ⅰ,Ⅱ,Ⅲ" 등이 표기된 과목도 각각 경력인정 대상관련 과목으로 인정

8) 응시신청

응시원서에는 사진(최근 6개월 이내에 모자 등을 쓰지 않고 정면 상반신을 촬영한 가로 3.5센티미터 세로 4.5센티미터 크기의 사진을 말하며, 전자적 파일 형태의 사진을 포함한다) 1매와 시험면제에 필요한 증빙서류를 각각 첨부하여야 한다.

9) 시험 등의 면제

(1) 원자로조종감독자면허, 원자로조종사면허에 관한 시험에 있어서 다음 사항에 해당하는 자에 대하여는 필기시험을 면제한다.

① 원자로조종감독자의 면허를 받은 사람으로서 원자로의 종류는 동일하나 노형, 용량급 또는 핵증기공급계통의 공급사 중 하나 이상이 다른 원자로조종감독자 면허에 응시하는 사람은 필기시험 과목 중 2) 원자로시설의 구조, 재료 및 설계 및 3) 원자로의 운전제어를 제외한 과목을 면제한다.

② 원자로조종사면허를 받은 사람으로서 원자로의 종류는 동일하나 노형, 용량급 또는 핵증기공급계통의 공급사 중 하나 이상이 다른 원자로조종사 면허시험에 응시하는 사람은 필기시험 과목 중 2) 원자로시설의 구조 및 3) 원자로의 운전제어를 제외한 과목을 면제한다.

③ 원자로조종감독자면허 및 원자로조종사면허에 따른 면허시험의 필기시험에 합격하고, 실기시험에 불합격한 사람으로서 원자로의 종류, 노형, 용량급 및 핵증기공급계통의 공급사가 동일한 원자로조종감독자 또는 원자로조종사 면허시험에 응시하는 사람은 다음 회의 시험에 한정하여 필기시험을 면제한다.

(2) 의사 또는 치과의사의 면허와 방사선취급감독자면허를 받은 사람이 방사성동위원소취급자특수면허에 응시할 때에는 방사성동위원소취급자특수면허 시험과목 중 가목 “방사선에 의한 장해 및 그 방어”, 나목 “의학 또는 치의학에 관한 과목 중 수험자가 선택하는 1과목에 대한 방사성동위원소 및 방사선에 관한 사항”, 및 라목 “원자력 관계법령(법 및 방사선장해방어 관계법령에 한정한다)”을 면제한다.

(3) 외국에서 이 영에 따른 면허와 동등 이상의 것으로 위원회가 인정하는 면허를 받은 경우에는 시험과목 중 원자력관계법령을 제외한 과목을 면제한다.

10) 시험시행

(1) 위원회는 면허시험을 특별한 사유가 없으면 매년 1회 이상 실시하여야 한다.
(2) 규정에 따라 면허시험을 실시하는 경우에는 그 시험의 시행일시 및 장소를 시험 실시90일 전까지 공고하여야 한다.

11) 합격기준

(1) 필기시험의 합격기준은 과목마다 100점을 만점으로 하여 매 과목 40점 이상, 전 과목 평균 60점 이상으로 한다.
(2) 실기시험의 합격기준은 100점을 만점으로 하여 60점 이상으로 한다.

11-1) 원자로조종면허에 필요한 신체검사

(1) 원자로조종면허를 받으려고 하거나 갱신 받으려고 하는 사람은 위원회에서 실시하는 신체검사에 합격하여야 한다.
(2) 신체검사의 시기
① 원자로조종면허를 받으려는 사람: 규정에 따라 원자로조명면허증 교부를 신청하는 날의 1년 전부터 교부를 신청하는 날의 전날까지의 기간
② 원자로조종면허의 갱신을 받으려는 사람: 규정에 따라 원자로조종면허의 갱신을 신청하는 날의 1년 전부터 갱신을 신청하는 날의 전날까지의 기간

12) 면허증의 교부신청

(1) 면허시험에 합격한 사람은 합격발표일부터 30일 이내에 규정에 따른 응시자격을 증명하는 서류(면허시험의 일부를 면제받기 위하여 제출한 서류는 제외한다)와 규정에 따라 신체검사의료기관으로부터 교부 받은 신체검사 판정서(원자로조종면허만 해당한다. 이하 이 조에서 같다)를 위원회에 제출하여야 한다.
(2) 응시자격 심사결과 적합하다고 인정받은 사람은 면허시험 합격발표일부터 60일 이내에 원자력관계면허증 교부신청서에 사진을 첨부하여 위원회에 제출하여야 한다.
(3) 면허시험 실시업무 수탁기관의 장은 필요한 경우 면허시험 합격자가 결격사유에 해당하는지를 확인하기 위하여 관계기관에 신원확인을 의뢰할 수 있다.
(4) 위원회는 제(2)항에 따른 면허증 교부신청을 받은 경우 신청인의 선택에 따라 수첩형 면허증 또는 상장형 면허증으로 구분하여 교부해야 한다.

13) 면허증의 재교부신청

면허증을 교부받은 사람이 면허증을 잃어버렸거나 면허증이 헐어서 쓸 수 없게 되었을 때 또는 면허증의 기재사항이 변경되었을 때에는 다음 각 호의 사항을 기재한 재교부신청서를 위원회에 제출하여 면허증 재교부를 신청할 수 있다.

(1) 면허증(분실한 경우에는 사유서)

(2) 사진 1매

(3) 변경사항을 확인할 수 있는 서류(기재사항이 변경된 경우에만 해당한다)

14) 면허취소

(1) 면허를 받은 사람이 다음 각 호의 어느 하나에 해당하면 그 면허를 취소하거나 3년 이내의 기간을 정하여 그 면허를 정지할 수 있다. 다만, 제①호, 제②호 또는 제③호에 해당하는 경우에는 그 면허를 취소하여야 한다.

① 거짓이나 그 밖의 부정한 방법으로 면허를 받거나 갱신한 때

② 제85조 제1호부터 제3호까지 및 제5호 중 어느 하나에 해당하게 된 때

- 제1호: 18세 미만의 사람
- 제2호: 피성년후견인
- 제3호: 이 법을 위반하여 징역 이상의 형의 선고를 받고 그 형의 집행이 종료되거나 집행을 받지 아니하기로 확정된 후 3년이 경과되지 아니한 사람이나 징역 이상의 형의 집행유예를 선고받고 그 집행유예기간 중에 있는 사람
- 제5호: 원자로 및 관계시설의 건설 및 개수ㆍ보수에 관한 업무, 원자로 및 관계시설의 재료ㆍ부품 등의 납품ㆍ검수에 관한 업무를 수행하는 자가 업무와 관련된 죄를 범하여 징역 이상의 형의 선고를 받고 그 형의 집행이 종료되거나 집행을 받지 아니하기로 확정된 후 5년이 경과되지 아니한 사람이나 징역 이상의 형의 집행유예를 선고받고 그 집행유예기간 중에 있는 사람

③ 면허증을 다른 사람에게 빌려준 때

④ 위원회가 실시하는 보수교육의 규정을 위반한 때

(2) 제(1)항에 따른 면허의 취소 또는 정지의 기준은 총리령으로 정한다.

총리령

1. 면허취소

가. 거짓이나 그 밖의 부정한 방법으로 면허를 받거나 갱신한 경우

나. 18세미만의 사람, 피성년후견인, 이 법을 위반하여 징역 이상의 형의 선고를 받고 그 형

의 집행이 종료되거나 집행을 받지 아니하기로 확정된 후 3년이 경과되지 아니한 사람이나 징역 이상의 형의 집행유예를 선고받고 그 집행유예기간 중에 있는 사람, 원자로 및 관계시설의 건설 및 개수 · 보수에 관한 업무, 원자로 및 관계시설의 재료 · 부품 등의 납품 · 검수에 관한 업무를 수행하는 자가 업무와 관련된 죄를 범하여 징역 이상의 형의 선고를 받고 그 형의 집행이 종료되거나 집행을 받지 아니하기로 확정된 후 5년이 경과되지 아니한 사람이나 징역 이상의 형의 집행유예를 선고받고 그 집행유예기간 중에 있는 사람

다. 면허를 다른 사람에게 빌려준 경우

라. 면허정지처분기간 종료 후 3년 이내에 정지처분에 해당하는 행위를 한 경우

마. 면허정지처분을 받고도 같은 기간 내에 면허증을 사용한 경우

2. 3년의 범위 내에서 보수교육을 이수할 때까지 면허정지
정당한 사유 없이 보수교육을 받지 않은 경우

---

15) 시험위원

(1) 위원회는 면허시험 및 원자로조종면허 갱신을 위한 경력 인정 시험의 출제·편집 및 채점과 실기시험의 시행과 평가를 담당하게 하기 위하여 시험을 시행할 때마다 시험위원을 임명하거나 위촉하여야 한다. 다만, 시험이 문제은행식인 경우에는 문제 선정 및 난이도 평가를 위한 문제은행시험 평가위원을 임명하거나 위촉하여야 한다.

(2) 제(1)항의 시험위원은 필기시험의 과목마다 2명 이상, 실기시험은 2명 이상을 해당 과목에 관한 학식과 경험이 풍부한 사람 중에서 선정한다.

11. 교육 및 훈련

• 원자력관계사업자는 다음 각 호의 구분에 따른 사람에게 대통령령으로 정하는 바에 따라 원자력이용에 따르는 안전성 확보와 방사선장해방지에 필요한 교육 및 훈련을 실시하여야 한다.

1) 원자력관계사업자(신고사용자는 제외한다)의 경우: 방사선작업종사자 및 방사선관리구역에 출입하는 사람

2) 신고사용자의 경우: 방사선안전관리자

• 면허를 받은 사람은 대통령령으로 정하는 바에 따라 위원회가 실시하는 보수교육을 받아야 한다.

• 원자력관계사업자 및 원자력 관련 연구를 수행하는 사람 중 대통령령으로 정하는 사람은 총리령으로 정하는 바에 따라 원자력통제에 관한 교육을 받아야 한다.

1) 원자력통제 교육대상자

원자력관계사업자 및 원자력 관련 연구를 수행하는 사람 중 대통령령으로 정하는 사람은 총리령으로 정하는 바에 따라 원자력통제에 관한 교육을 받아야 하는데 여기에서 "대통령령으로 정하는 사람"이란 다음 각 호의 어느 하나에 해당하는 사람을 말한다.

(1) 다음 각 목의 어느 하나에 해당하는 원자력관계사업자의 종업원으로서 특정핵물질의 계량관리 업무를 수행하는 사람

가. 발전용원자로설치자
나. 발전용원자로운영자
다. 연구용원자로등설치자 및 연구용원자로등운영자
라. 핵연료주기시설건설자
마. 핵연료주기시설운영자
바. 핵연료물질사용자

(2) 위원회가 정하는 핵연료주기 관련공정이나 계통개발에 관련된 연구개발과제의 연구책임자

(3) 원자력통제교육

① 신규교육과 보수교육으로 구분하여 실시한다.
② 원자력통제교육의 교육시간, 교육방법 및 교육내용

<table>
<tr><th rowspan="2">교 육 대 상</th><th colspan="2">교 육 시 간</th><th rowspan="2">교육방법</th><th rowspan="2">교 육 내 용</th></tr>
<tr><th>신규교육</th><th>보수교육</th></tr>
<tr><td>발전용원자로설치자
발전용원자로운영자
연구용원자로등설치자 및 연구용원자로등운영자
핵연료주기시설건설자
핵연료주기시설운영자
핵연료물질사용자</td><td>16시간 이상</td><td>매년 8시간 이상(3회 이상 보수교육을 이수한 때에는 매년 2시간 이상)</td><td>이론교육을 원칙으로 하되, 필요한 경우 실습교육을 병행할 수 있다.</td><td>• 원자력통제에 관한 법령 및 국제협약
• 원자력통제 정책에 관한 사항
• 핵물질 등의 안전조치에 관한 사항
• 핵물질 등 국제규제물자의 수출입통제에 관한 사항
• 원자력통제 관련 국제협력에 관한 사항
• 검사장비에 관한 사항
• 핵물질 등의 계량관리 보고에 관한 사항</td></tr>
<tr><td>위원회가 정하는 핵연료주기 관련 공정이나 계통개발에 관련된 연구개발과제의 연구책임자</td><td>8시간 이상</td><td>매년 4시간 이상(3회 이상 보수교육을 이수한 때에는 매년 2시간 이상)</td><td>이론교육을 원칙으로 하되, 필요한 경우 실습교육을 병행할 수 있다.</td><td>• 원자력통제에 관한 법령 및 국제협약
• 원자력통제 정책에 관한 사항
• 핵물질 등의 안전조치에 관한 사항
• 핵물질 등 국제규제물자의 수출입통제에 관한 사항
• 원자력통제 관련 국제협력에 관한 사항</td></tr>
</table>

비고: 신규교육은 특정핵물질의 계량관리 업무를 담당하는 종업원으로 임용된 때부터 또는 연구개발과제의 연구책임자가 된 때부터 각각 1년 이내에 받아야 한다.

③ 규정에 따라 설립된 한국원자력통제기술원의 장은 매년 12월 31일까지 다음 해의 원자력통제교육에 관한 계획을 수립하고, 교육대상자 또는 그 사용자에게 교육일정 등을 통지하여야 한다.

④ 원자력통제 교육대상자가 받아야 하는 원자력통제교육을 이수한 경우에는 제②호에 따른 교육대상자가 받아야 하는 원자력통제교육을 이수한 것으로 본다.

⑤ 교육이 유예되는 경우

가. 질병이나 부상으로 입원 중이거나 거동이 매우 곤란한 경우

나. 업무와 관련하여 국외에서 체류하고 있는 경우

다. 군 복무 중이거나 임신, 출산한 경우

라. 그 밖에 교육을 받을 수 없다고 위원회가 인정하는 경우

⑤ 교육을 이수한 것으로 보는 경우

가. 외국기관에서 주관하는 교육으로서 원자력통제교육 내용에 상응하는 교육을 이수한 것으로 인정되는 경우

나. 원자력안전법 시행령 별표9 한국원자력통제기술원에 위탁하는 업무 제2호 각 목에 따른 검사업무를 담당하는 경우

다. 그 밖에 원자력통제교육과 동등한 교육을 이수하였다고 위원회가 인정하는 경우

검사업무

가. 발전용원자로설치자의 특정핵물질의 계량관리에 관한 검사

나. 발전용원자로운영자이 특정핵물질의 계량관리에 관한 검사

다. 연구용원자로등설치자의 특정핵물질의 계량관리에 관한 검사

라. 핵연료주기시설운영자의 특정핵물질의 계량관리에 관한 검사

마. 핵연료물질사용자의 특정핵물질의 계량관리에 관한 검사

바. 폐기시설등건설·운영자의 특정핵물질의 계량관리에 관한 검사

2) 방사선작업종사자 및 수시출입자 교육

(1) 원자력관계사업자는 법 제106조 제1항에 따라 방사선작업종사자에 대해서는 신규교육과 정기교육을 실시하여야 한다. 이 경우 신규교육은 작업 종사 전에 실시하여야 한다.

① 원자력관계사업자(신고사용자는 제외한다)가 실시하는 방사선작업종사자에 대한 교육: 신규교육 및 정기교육

② 신고사용자가 실시하는 방사선안전관리자에 대한 교육: 정기교육

법 제106조 제1항

• 법 제106조제1항

원자력관계사업자는 다음 각 호의 구분에 따른 사람에게 대통령령으로 정하는 바에 따라 원자력이용에 따르는 안전성 확보와 방사선장해방지에 필요한 교육 및 훈련을 실시하여야 한다.

1. 원자력관계사업자(신고사용자는 제외한다)의 경우: 방사선작업종사자 및 방사선관리구역에 출입하는 사람
2. 신고사용자의 경우: 방사선안전관리자

(2) 제(1)항에 따른 교육은 기본교육과 직장교육으로 구분하여 실시한다. 이 경우 직장교육은 방사선안전관리자외의 방사선작업종사자를 대상으로 한다.

기본교육과 직장교육

• 기본교육

가. 원자력시설 이용에 따른 안전관리
나. 방사성물질등의 취급
다. 방사선장해방어
라. 방사선안전 관계법령
마. 그 밖에 이용업체의 특성에 따른 교육

• 직장교육

가. 이용업체의 방사선안전관리규정
나. 이용업체의 방사선원 및 방사선장비의 특성
다. 그 밖에 이용업체의 특성에 따른 교육

(3) 원자력관계사업자(신고사용자는 제외한다)는 수시출입자에 대하여 기본교육 또는 직장교육을 실시할 수 있다.

(4) 제2항 및 제3항에 따른 기본교육은 안전재단에서 받도록 하여야 하며, 직장교육은 해당 원자력관계사업자가 자체적으로 실시하되 위원회가 지정하여 고시하는 기관에 위탁하여 실시할 수 있다.

자체교육 및 위탁교육

직장교육계획에는 다음 각 호의 사항이 포함되어야 한다.

1. 자체교육의 경우
   가. 교육일정
   나. 교육대상별 교재
   다. 강사에 관한 사항
   라. 교육시설에 관한 사항
   마. 평가에 관한 사항
2. 위탁교육의 경우: 위탁의 내용 및 수탁기관

(5) 제(1)항 및 제(2)항에 따른 교육의 과정 및 시간 등은 총리령으로 정한다.

교육의 과정 및 시간

교육과정	신규교육 시간		정기교육 시간			
			기본교육			
	기본교육	직장교육	방사선안전 관리자	방사선안전 관리자 이외의 종사자	수시출입자	직장교육
일반분야	8시간 이상	4시간 이상	매년 3시간 이상	매년 3시간 이상	매년 3시간 이상	매년 3시간 이상
방사선 투과검사분야	12시간 이상	6시간 이상	매년 5시간 이상	매년 5시간 이상	매년 5시간 이상	매년 5시간 이상

1. 「산업안전보건법」제31조제1항에 따른 교육(같은 법 시행규칙 별표 8의2 제1호라목의 33에 해당하는 작업에 종사하는 근로자를 대상으로 하는 교육으로 한정한다)을 받은 사람에 대해서는 해당 교육 시간만큼 해당연도 정기교육 중 직장교육을 받은 것으로 본다.
2. 「산업안전보건법」제31조제3항에 따른 특별교육(같은 법 시행규칙 별표 8의2 제1호라목 33에 해당하는작업에 종사하는 근로자를 대상으로 하는 교육으로 한정한다)을 작업 종사 전에 받는 사람에 대해서는 해당 교육 시간만큼 신규교육 중 직장교육을 받은 것으로 본다.

(6) 보수교육을 받은 자는 제(1)항에 따른 해당 연도의 정기교육을 받은 것으로 본다.

3) 교육계획 제출

(1) 안전재단은 매년 11월 30일까지 다음 각 호의 사항이 포함된 다음 해의 기본교육계획을 위원회에 제출하고, 위원회의 승인을 받아야 한다.

1. 연간 교육일정, 교육과정, 교육대상, 과정별 이수과목과 시간 등에 관한 사항
2. 예산 및 결산에 관한 사항(교육훈련분야만 해당한다)
3. 강사, 교육시설·장비 현황 및 확충계획

4. 교육비 및 교재비에 관한 사항
5. 교육의 평가방법 및 결과에 따른 조치사항

(2) 위원회는 안전재단이 제1항에 따라 승인받은 교육계획을 제대로 이행하지 아니하는 경우에는 개선 또는 보완을 요구할 수 있다.

(3) 안전재단은 교육 실시결과를 다음 해 1월 31일까지 위원회에 보고하여야 한다.

4) 방사선관리구역 출입자 교육

원자력관계사업자는 법 제106조제1항에 따라 방사선관리구역에 출입하는 사람에 대해서는 출입할 때마다 방사선장해방지 등에 대하여 안전수칙을 알려주는 등 필요한 교육을 실시하여야 한다. 다만, 제148조에 따른 교육을 받은 방사선작업종사자 또는 수시출입자는 제외할 수 있다.

시행령 148조

• 시행령 제148조

① 원자력관계사업자가 법 제106조제1항에 따라 실시하는 교육은 다음 각 호의 구분에 따른다. 이 경우 신규교육은 작업 종사 전에 실시해야 한다.
  1. 원자력관계사업자(신고사용자는 제외한다)가 실시하는 방사선작업종사자에 대한 교육: 신규교육 및 정기교육
  2. 신고사용자가 실시하는 방사선안전관리자에 대한 교육: 정기교육

② 제1항에 따른 교육은 기본교육과 직장교육으로 구분하여 실시한다. 이 경우 직장교육은 방사선안전관리자 외의 방사선작업종사자 및 수시출입자를 대상으로 한다.

③ 원자력관계사업자(신고사용자는 제외한다)는 법 제106조제1항제1호에 따라 수시출입자에 대하여 기본교육 또는 직장교육을 실시할 수 있다.

④ 제2항 및 제3항에 따른 기본교육은 안전재단에서 받도록 하여야 하며, 직장교육은 해당 원자력관계사업자가 자체적으로 실시하되 위원회가 지정하여 고시하는 기관에 위탁하여 실시할 수 있다.

⑤ 제1항부터 제3항까지의 규정에 따른 교육의 과정 및 시간 등은 총리령으로 정한다.

⑥ 제149조제1항에 따른 보수교육을 받은 자는 제1항에 따른 해당 연도의 정기교육을 받은 것으로 본다.

5) 보수교육

(1) 신청

보수교육을 받으려는 자는 교육실시 1개월 전까지 '보수교육신청서'서식에 따른 신청서를 해당 교육훈련 기관의 장에게 제출하여야 한다.

(2) 구분

① 법 제84조제2항제1호 및 제2호에 따른 면허 중 발전용원자로 또는 열출력 10메가와트 이상의 연구용원자로의 운전에 관련된 면허를 받은 사람 : **5일 이상**

② 법 제84조제2항제3호부터 제7호까지의 규정에 따른 면허를 받은 사람으로서 핵연료물질 또는 방사성동위원소 등의 취급업무에 종사하는 사람 : **2일 이상**

(3) 기간

원자로조종감독자면허 및 원자로조종사면허 중 발전용원자로 또는 열출력 10메가와트 이상의 연구용원자로의 운전에 관련된 면허를 받은 사람과 핵연료물질 또는 방사성동위원소 등의 취급업무에 종사하는 사람은 총리령으로 정하는 바에 따라 3년(면허취득일 또는 직전의 보수교육을 받은 날부터 기산하여 3년이 되는 날이 속하는 해의 1월 1일부터 12월 31일까지를 말한다)마다 규정에 따른 보수교육을 받아야 한다.

(4) 불이익 금지

원자력관계사업자는 종업원 중 법 제84조제2항에 따른 면허를 받은 사람에 대하여 제(3)항에 따른 보수교육을 받는 데에 필요한 편의를 제공하여야 하며, 이를 이유로 임금을 줄이거나 기타 불이익처분을 하여서는 아니 된다.

(5) 이수 확인증명

위원회는 제(3)항에 따른 보수교육과정수료자에 대하여 그 면허수첩에 교육이수 사실을 확인해 주어야 한다.

(6) 교육을 받은 것으로 보는 경우

제(3)항에 따른 보수교육을 받아야 하는 사람이 다음의 어느 하나에 해당하는 경우에는 다음의 구분에 따른 보수교육을 받은 것으로 본다.

① 노형, 용량급 및 핵증기공급계통의 공급사가 동일한 원자로에 대하여 법 제84조제2항제1호의 면허에 관한 보수교육을 받은 경우 : 법제84조제2항제2호의 면허에 관한 보수교육

(3) 기간

① 노형, 용량급 및 핵증기공급계통의 공급사가 동일한 원자로에 대하여 법 제84조제2항제1호의 면허에 관한 보수교육을 받은 경우 : 법제84조제2항제2호의 면허에 관한 보수교육

② 법제84조제2항제2호제3호 및 제4호의 면허를 모두 받은 사람이 법제84조제2항제2호제3호의 면허에 관한 보수교육을 받은 경우 : 법제84조제2항제4호의 면허에 관한 보수교육

③ 법제84조제2항제5호부터 제7호까지의 면허 중 서로 다른 2개 이상의 면허를 받은 사람이 법제84조제2항제2호제6호 또는 제7호의 면허에 관한 보수교육을 받은

경우 : 나머지 면허에 관한 보수교육

법 제84조 제2항

• 법 제84조제2항

1. 원자로조종감독자면허
2. 원자로조종사면허
3. 핵연료물질취급감독자면허
4. 핵연료물질취급자면허
5. 방사성동위원소취급자일반면허
6. 방사성동위원소취급자특수면허
7. 방사선취급감독자면허

제2장 방사성동위원소 등의 허가기준

객관식

01 원자력안전법에 의하여 허가를 받은 자가 그 허가사항을 변경하고자 할 때 행하는 행정절차는?

① 신고　② 허가
③ 등록　④ 승인

02 방사성동위원소 등의 사용허가 신청시 제출하여야 할 서류가 아닌 것은?

① 사용허가신청서　② 안전관리규정
③ 방사선안전보고서　④ 시설검사신청서

03 대통령령으로 정하는 바에 따라 원자력안전위원회의 허가를 받아야 하는 경우가 아닌 것은?

① 방사성동위원소 또는 방사선발생장치의 의료적 사용
② 방사성동위원소 또는 방사선발생장치의 일시적 사용장소의 변경
③ 방사성동위원소 또는 방사선발생장치의 생산
④ 방사성동위원소 또는 방사선발생장치의 판매

04 일시적인 사용장소의 변경신고는 이동사용 개시 며칠 전까지 해야 하는가?

① 3일　② 4일
③ 5일　④ 7일

정답

1) ② 2) ④ 3) ② 4) ③

05 다음에서 원자력안전위원회의 승인 대상이 되는 경우는?

① 방사선기기의 검사
② 방사성물질등의 운반용기의 검사
③ 방사성물질등의 운반용기의 판매
④ 방사선기기의 설계

06 다음중 방사성동위원소 등의 사용허가 대상이 아닌 것은?

① 수하물 검색용 방사선발생장치를 사용하는 자
② RI가 교정용장치에 내장된 경우로서 그 수량이 40MBq 이하이고, 사용 시 표면방사선량률이 500 μSv/h를 초과하는 것
③ 연간 2 TBq의 ^{60}Co 핵종을 사용하는 자
④ ^{147}Pm 개봉선원을 연간 300 MBq 사용하는 자

07 허가사용자가 갖추어야 할 장비에 대한 기준 중 옳지 않은 것은?

① 밀봉된 방사성동위원소를 사용하는 경우 방사선측정기 1대 이상
② 방사선발생장치를 사용하는 경우 방사선측정기 1대 이상
③ 밀봉된 방사성동위원소를 판매하는 경우에는 방사선 측정기 1대 이상
④ 개봉선원을 사용하는 경우 사용시설마다 방사선측정기 및 방사능 측정기 각 1대 이상

08 허가기준 중 확보하여야 하는 장비에 관한 규정이다. 옳지 않은 것은?

① 밀봉된 RI 또는 RG를 사용하는 경우에는 방사선측정기 1대 이상
② 개봉선원을 사용하는 경우에는 사용시설마다 방사선측정기 및 방사능측정기 각 1대 이상
③ 비파괴검사 등 방사성동위원소를 이동사용하는 경우에는 방사선측정기 1대 이상
④ RG를 판매하는 경우에는 방사선측정기 2대 이상

풀이 일반적으로 이동사용하는 경우는 방선측정기 1대 이상이나 비파괴검사의 경우는 다음과 같다.
- 방사선 투과 검사장비: 5대 이상
- 방사선 측정장비
  - 방사선측정기: 방사선투과검사장비 1대당 1대 이상
  - 방사선경보기: 방사선작업종사자 1명당 1개 이상
  - 직독식개인선량계: 방사선작업종사자 1명당 1개 이상(방사선경보기로 알람도시메터를 갖추지 아니한 경우만 해당함)
- 방사선 방호장비
  - 콜리메타(10밀리미터 이상): 방사선발생장치를 제외한 방사선투과검사 장비 1대당 1개 이상
  - 경고등: 방사선투과검사 장비 1대당 4개 이상
- 방사선원 운반 전용차량: 2대 이상(승용차는 제외한다.)

정답
5) ④ 6) ① 7) ③ 8) ③

09 원자력관계사업자는 방사선장해를 방지하기 위하여 대통령령으로 정하는 바에 따라 조치사항 중 옳지 않은 것은?

① 방사선량 및 방사성오염의 측정
② 건강진단
③ 피폭관리
④ 방사성물질의 방출량 및 피폭방사선량을 가능한 한 일정하게 유지하기 위하여 필요한 조치

10 방사성동위원소등을 인체에 사용하는 공장 또는 사업소의 정기검사시기가 옳은 것은?

① 인체의 치료 및 체내외 검진을 목적으로 사용하는 경우 – 2년
② 인체의 치료 및 체내외 검진을 목적으로 사용하는 경우 외에 연간 사용량이 3.7GBq (100mCi)이상–1년
③ 인체의 치료 및 체내외 검진을 목적으로 사용하는 경우 외에 연간 사용량이 3.7GBq (100mCi)미만–3년
④ 인체의 치료 및 체내외 검진을 목적으로 사용하는 경우 외에 연간 사용량이 3.7GBq (100mCi)미만–5년

풀이 p 77 참조 ① – 1년, ② – 3년, ③ – 5년

11 개봉선원의 사용시설 및 분배시설의 구조 및 설비에 관한 기술기준 중 서술이 틀린 것은?

① 모든 구조부는 내화구조로 하거나 불연재료를 사용할 것
② 사용시설은 개봉선원을 취급하는 데 용이하도록 충분한 공간을 확보할 것
③ 방사선량이 선량한도 이하가 되도록 필요한 차폐벽이나 차폐물을 설치할 것
④ 오염검사실에는 세정·탈의설비, 오염검사를 위한 방사선측정기 및 오염제거에 필요한 장비를 갖출 것

12 개봉선원의 처리시설의 구조 및 설비에 관한 기술기준 중 옳지 않은 것은?

① 기술기준에 적합한 차폐벽이나 차폐물을 설치할 것
② 주요구조부를 내화구조 또는 불연재료로 할 것
③ 방사성동위원소 및 그에 의하여 오염된 물질을 소각하는 경우에는 원자력안전위원회가 고시하는 바에 따라 소각설비를 설치할 것
④ 고형화처리설비는 액체가 침투하지 아니하고 부식에 약한 재료로 할 것

정답

9) ④ 10) ④ 11) ① 12) ④

13 개봉선원 저장시설에 비치하는 용기에 관한 기준이다. 옳지 않은 것은?

① 용기가 파손될 우려가 있는 때에는 밑받이·흡수재 기타 개봉선원에 의한 오염의 확산을 방지하기 위한 시설 또는 기구를 설치하여야 한다.

② 용기의 구조는 액체가 누출되지 아니하도록 하고, 그 재료는 액체가 침투할 수 없는 것으로 한다.

③ 외부의 공기를 오염시킬 우려가 있는 개봉선원을 넣는 용기는 기밀구조이어야 한다.

④ 용기는 내화구조로 하거나 불연재료로 하여야 한다.

14 방사성동위원소 등의 사용여부에 따라 출입구가 개폐되는 연동장치를 갖추어야 하는 시설이다. 옳지 않은 것은?

① 111 TBq이상의 개봉선원을 사용하는 시설

② 111 TBq이상의 밀봉선원을 사용하는 시설

③ 개봉선원을 생산하기 위한 방사선 조사시설

④ 방사선발생장치 사용시설

15 개봉선원의 사용 또는 분배에 관한 기술기준이다. 옳지 않은 것은?

① 작업실을 나갈 때에는 인체 및 물체에 대한 오염검사를 하여야 한다.

② 작업실안의 사람이 접촉하는 물건표면의 방사성동위원소의 오염도가 최대표면오염도를 초과하지 아니하도록 하여야 한다.

③ 면밀한 작업계획 및 숙달훈련을 통하여 인체에 방사선이 피폭되는 시간을 단축하여야 한다.

④ 작업실안의 사람이 상시 출입하는 장소에서 사람이 호흡하는 공기중 방사성동위원소의 농도는 유도공기중농도를 초과하지 아니하여야 한다.

풀이) 최대표면오염도가 아니고 허용표면오염도임.

16 선량한도의 설명 중 틀린 것은?

① 방사선작업종사자는 연간 50 mSv를 넘지 아니하는 범위에서 5년간 100 mSv

② 수시출입자 연간 6 mSv

③ 일반인 연간 1 mSv

④ 운반종사자 연간 12 mSv

풀이) 운반종사자는 연간 6 mSv이다.

정답

13) ④ 14) ① 15) ② 16) ④

17 다음은 선량한도에 관한 기준이다. <u>틀린</u> 것은?

① 긴급작업에 종사하는 자나 사고의 진압 등 피해의 확대를 방지하기 위하여 불가피하게 작업에 참여하는 자에 대한 유효선량은 500 mSv이다.

② 일반인에 대한 유효선량한도는 연간 1 mSv이다.

③ 원자력안전법 제96조 단서에 따라 교육훈련 등의 목적으로 위원회가 인정한 18세 미만인에 대한 유효선량한도는 연간 12mSv이다.

④ 인명구조를 목적으로 하는 긴급작업에 대해서는 선량한도를 적용하지 아니한다.

풀이) 일반인의 경우 5년간 평균하여 연 1밀리시버트를 넘지 않는 범위에서 단일한 1년에 대하여 1밀리시버트를 넘는 값은 인정될 수 있다

18 면허를 받을 수 없는 경우에 대한 설명이다. 옳지 <u>않은</u> 것은?

① 18세 미만의 사람

② 피성년후견인

③ 이법을 위반하여 형집행 종료 후 3년이 경과되지 아니한 사람

④ 면허가 취소된 후 3년이 경과되지 아니한 사람

19 다음은 대형방사선발생장치의 정의이다. 옳지 <u>않은</u> 것은?

① 가속시킨 전자, 양성자 또는 중성자의 입자당 에너지가 20MeV를 초과하는 RG

② 가속시킨 전자, 양성자 또는 중성자의 입자당 에너지가 30MeV를 초과하는 RG

③ 가속시킨 전자, 양성자 또는 중성자의 입자당 에너지가 40MeV를 초과하는 RG

④ 가속시킨 전자, 양성자 또는 중성자의 입자당 에너지가 50MeV를 초과하는 RG

20 면허취소가 되는 사유가 <u>아닌</u> 것은?

① 거짓이나 그 밖의 부정한 방법으로 면허를 받은 때

② 면허를 2회 이상 타인에게 대여한 때

③ 면허를 1회 6월 이상 타인에게 대여한 때

④ 면허정지처분을 받고도 동 기간내에 면허증을 사용한 때

정답

17) ③ 18) ④ 19) ④ 20) ③

제3장 방사성물질등의 포장·운반·폐기

1. 운반

1) 운반신고

- 발전용원자로설치자·발전용원자로운영자·연구용원자로등설치자·연구용원자로등운영자·핵연료주기시설건설자·핵연료주기시설운영자·핵연료물질사용자·핵원료물질사용자·허가사용자·신고사용자·업무대행자 및 방사성폐기물관리시설등건설·운영자(이하 "원자력관계사업자"라 한다)가 총리령으로 정하는 수량의 방사성물질등을 해당 사업소 밖의 장소나 외국으로부터 국내의 해당 사업소로 운반하려는 때에는 대통령령으로 정하는 바에 따라 위원회에 신고하여야 한다.
- 총리령으로 정하는 수량의 방사성물질등을 실은 선박이나 항공기를 대한민국의 항구 또는 공항에 입항시키거나 대한민국의 영해를 경유하려는 자(선박의 경우만 해당한다)는 대통령령으로 정하는 바에 따라 미리 위원회에 신고하여야 한다. 신고한 사항을 변경하려는 때에도 또한 같다.

총리령으로 정하는 수량의 방사성물질등(제98조1항)

① B(U)형 운반물
② B(M)형 운반물
③ C형 운반물
④ 핵분열성물질 운반물
⑤ 방사성물질에 의하여 오염된 대형기계 장치로서 운반용기로 포장하기에 부적합한 것
⑥ 1.6세제곱미터 이상의 중·저준위방사성폐기물

(1) 규정에 따라 방사성물질등을 운반신고를 하려는 원자력관계사업자는 운반할 때마다 그 신고서에 총리령으로 정하는 서류를 첨부하여 위원회에 제출하여야 한다. 다만, 방사성동위원소 등의 생산·판매·사용 또는 이동사용의 허가를 받은 자의 경우에는 총리령으로 정하는 기간(1년)을 단위로 하여 해당 신고서를 제출할 수 있다.

운반신고시 제출서류

가. 운반신고서
나. 방사성물질 운반명세서
다. 운반할 방사성물질등에 관한 설명서
라. 포장 및 운반 점검기록부 양식
마. 방사성물질등의 포장 또는 운반을 위한 용기 및 특수형방사성물질의 설계승인서
바. 운반 절차서
사. 비상대응 계획서

(2) 위원회는 제(1)항에 따라 신고를 받은 경우 그 신고 된 내용에 미비사항이 있거나 신고를 받은 방사성물질등의 운반이 인체·물체 및 공공의 안전을 해칠 우려가 있다고 인정할 때에는 이를 시정하거나 보완하게 할 수 있다.
(3) 제(1)항에 따라 신고한 자가 그 신고한 사항을 변경하려면 미리 위원회에 변경신고서를 제출하여야 한다.
(4) 제(1)항에 따른 신고는 운반을 개시하려는 날의 5일 전까지 하여야 한다.
(5) 원자력관계사업자 또는 원자력관계사업자로부터 방사성물질등의 운반을 위탁받은 자는 제98조 제1항 각 호의 방사성물질등을 운반하는 때에는 규정 따른 비상대응계획을 수립하여야 한다.

비상대응계획서의 내용

- 비상대응 조직과 그 권한 및 임무
- 사고보고절차
- 사고유형에 따른 조치계획

2) 외국선박 등의 운반신고

(1) 총리령으로 정하는 수량의 방사성물질등을 적재한 선박이나 항공기를 대한민국의

항구 또는 공항에 입항시키거나 대한민국 영해를 경유하려는 자는 방사성물질등을 적재하여 운항을 개시하려는 날의 7일 전까지 총리령으로 정하는 서류를 첨부하여 위원회에 신고하여야 한다.

총리령으로 정하는 수량의 방사성물질등(외국선박 등의 운반신고)

1. B(M)형 운반물
2. B(U)형 운반물로서 위원회가 정하여 고시하는 수량을 초과하는 운반물
3. C형 운반물로서 위원회가 정하여 고시하는 수량을 초과하는 운반물
4. 그 밖에 위원회가 정하여 고시하는 방사성물질등

총리령으로 정하는 제출서류

(1) 관련 증명서번호 및 표시를 포함하여 운반물의 확인이 가능한 정보
(2) 운송일, 도착예정일 및 예정경로를 포함한 운반정보
(3) 방사성물질 또는 방사성핵종의 명칭
(4) 방사성물질 또는 방사성핵종의 물리적 및 화학적 형태에 대한 정보
(5) 특수형방사성물질 또는 저분산성방사성물질의 해당여부
(6) 운반물에 포함된 베크렐 단위의 최대 방사능량. 다만, 핵분열성물질의 경우에는 그램 단위로 표기할 수 있다.

(2) 위원회는 제(1)항에 따라 그 신고된 내용에 미비사항이 있거나 신고를 받은 방사성물질등의 운반이 인체·물체 및 공공의 안전을 해칠 우려가 있다고 인정할 때에는 이를 시정하거나 보완하게 할 수 있다.
(3) 제(1)항에 따라 신고한 자가 그 신고사항을 변경하려면 그 변경하여는 사항을 위원회에 미리 신고하여야 한다.

2. 포장 및 운반검사

(1) 원자력관계사업자 및 그로부터 방사성물질등의 포장 또는 운반을 위탁받은 자로서 총리령으로 정하는 자는 총리령으로 정하는 바에 따라 정기적으로 검사를 받아야 한다.

총리령으로 정하는 자

① 발전용원자로 및 관계시설의 운영허가를 받은 자
② 연구용 또는 교육용 원자로 및 관계시설의 운영허가를 받은 자

③ 핵연료주기시설의 운영허가를 받은 자
④ 방사성동위원소의 생산 및 판매허가 또는 이동사용허가를 받은 자
⑤ 방사성폐기물관리시설등의 건설·운영허가를 받은 자

(2) 원자력관계사업자 및 그로부터 방사성물질등의 포장 또는 운반을 위탁받은 자는 총리령으로 정하는 방사성물질등을 포장 또는 운반할 때마다 그 포장 또는 운반에 관하여 검사를 받아야 한다.

총리령으로 정하는 방사성물질

① 제(1)항 각 호의 자가 포장 또는 운반하는 경우
가. 사용후핵연료
나. 위원회가 정하여 고시하는 바에 따라 특별운반이 승인된 방사성물질등
다. 운반하려는 방사성물질등의 방사능량이 위원회가 정하여 고시하는 A값의 30배를 초과하는 방사성물질등
라. 1.6세제곱미터 이상의 중·저준위방사성폐기물
② 제①호에 해당하는 자 외의 자가 포장 또는 운반하는 경우
가. B(U)형 운반물 또는 B(M)형 운반물에 해당하는 운반물
나. 제①호 나목에 해당하는 방사성물질등

(3) 제(1)항 또는 제(2)항에 따른 포장 또는 운반검사의 방법·절차 등에 관하여 필요한 사항은 위원회가 정하여 고시한다.
(4) 제(1)항 또는 제(2)항에 따른 포장 또는 운반 검사를 받으려는 자는 총리령으로 정하는 바에 따라 검사신청서를 위원회에 제출하여야 한다. 다만, 위원회가 해당 연도의 정기검사계획을 수립하여 해당 사업자에게 통보한 경우에는 그러하지 아니하다.
(5) 다음 각 호의 요건을 모두 갖춘 원자력관계사업자가 총리령으로 정하는 검사대상에 대하여 총리령으로 정하는 바에 따라 자체점검을 하고, 자체점검 결과에 대하여 위원회의 서면심사를 받아 합격한 경우에는 자체점검으로 제(1)항에 따른 정기검사를 갈음한다. 다만, 최초의 정기검사에 대해서는 그러하지 아니하다.
① 생산 또는 판매하는 방사성동위원소의 양이 총리령으로 정하는 기준량 미만일 것
② 직전 정기검사에서 시정 또는 보완명령을 받지 아니하였을 것
③ 정기검사 해당 연도의 1월 1일부터 기산하여 최근 3년간 보고가 누락되지 아니하였을 것

④ 정기검사 해당 연도의 1월 1일부터 기산하여 최근 5년간 방사선발생장치 또는 방사성물질등에 관한 도난·분실·화재, 그 밖의 사고가 발생하지 아니하였을 것

총리령으로 정하는 검사대상

① 방사성물질등의 포장·운반 및 점검 실적
② 방사성물질등의 포장·운반관련 작업자 현황
③ 방사성물질 포장·운반관련 작업자의 피폭관리 및 교육 현황
④ 운반용기 보유 및 관리현황
⑤ 운반차량 보유 및 관리현황
⑥ 방사선측정장비 보유현황 및 그에 대한 검정·교정 현황
⑦ 보유하고 있는 안전관리기록 현황
⑧ 포장 또는 운반에 관한 기술기준에 적합하지 아니한 사항과 그 원인 및 조치에 관한 사항

총리령으로 정하는 기준량

밀봉된 방사성동위원소의 연간 생산·판매량: 370테라베크렐
밀봉되지 아니한 방사성동위원소의 연간 생산·판매량: 37테라베크렐

(5-1) 서면심사를 신청하려는 원자력관계사업자는 방사성물질등의 별지 제88호서식의 신청서(포장 또는 운반의 자체점검결과에 관한 서면심사신청서)에 자체점검결과를 첨부하여 위원회에 제출하여야 한다.

(5-2) 위원회는 제(5)항에 따라 서면심사를 받은 자에 대하여 합격여부를 통지하여야 한다.

(6) 제(1)항 및 제(2)항에 따른 검사결과 또는 제(5)항에 따른 자체점검 결과에 대한 서면심사 결과 포장 또는 운반이 규정에 따른 운반신고의 내용과 기술기준에 맞는 경우에는 합격으로 한다.

(7) 위원회는 제(5)항에 따라 제출된 자체점검 결과에 대한 서면심사 결과 불합격된 검사대상에 대해서는 제(1)항에 따른 검사를 하여야 한다.

1) 정기적으로 포장 및 운반검사를 받아야 하는 대상 및 주기

(1) 발전용원자로운영자, 연구용원자로등설치자, 핵연료주기사업자, 방사성폐기물관리시설등건설·운영자 또는 방사성동위원소 등의 이동사용을 전문으로 하는 자: 매 1년

(2) 방사성동위원소 생산 및 판매업자

① 밀봉된 방사성동위원소의 연간 생산·판매량이 370테라베크렐 이상인 경우: 매 1년

② 밀봉되지 아니한 방사성동위원소의 연간 생산·판매량이 37테라베크렐 이상인 경우: 매 1년

③ 밀봉된 방사성동위원소의 연간 생산·판매량이 370테라베크렐 미만인 경우: 매 3년

④ 밀봉되지 아니한 방사성동위원소의 연간 생산·판매량이 37테라베크렐 미만인 경우: 매 3년

2) 포장·운반검사의 서면심사 대상

(1) 밀봉된 방사성동위원소의 연간 생산·판매량: 370테라베크렐

(2) 밀봉되지 아니한 방사성동위원소의 연간 생산·판매량: 37테라베크렐

3. 용기 및 포장

1) 운반용기의 설계승인

- 원자력관계사업자가 총리령으로 정하는 수량의 방사성물질등의 포장 또는 운반을 위한 용기(이하 "운반용기"라 한다)를 제작하려는 때 또는 외국에서 제작된 운반용기를 수입하려는 때에는 대통령령으로 정하는 설계기준에 따라 위원회의 승인을 받아야 한다. 이를 변경하려는 때에도 또한 같다. 다만, 총리령으로 정하는 경미한 사항을 변경하려는 때에는 이를 위원회에 신고하여야 한다.
- 위 항목의 승인을 받으려는 자는 승인신청서에 운반용기의 설계자료, 제작에 관한 품질보증계획서, 안전성분석보고서와 그 밖에 총리령으로 정하는 서류를 첨부하여 위원회에 제출하여야 한다.

(1) 방사성물질등의 포장 또는 운반용기를 제작 또는 수입하려는 원자력관계사업자는 총리령으로 정하는 바에 의하여 운반용기의 형식별로 설계 승인을 받아야 한다. 다만, 설계승인을 받은 운반용기를 반복하여 제작하려는 경우에는 그러하지 아니하다.

(2) 대통령령으로 정하는 설계기준이란 다음 각 호의 기준을 말한다.

① 운반용기의 파손·마모 등에 의하여 방사선원 또는 그 오염물이 쉽게 누설되거나 방사선장해가 발생할 우려가 없을 것

② 운반용기의 설계·재료 및 구조가 위원회가 정하여 고시하는 기준에 맞을 것

(3) 위원회는 운반용기의 설계가 제(2)항에 따른 기준에 맞는 경우에는 그 승인신청자에게 총리령으로 정하는 바에 따라 설계승인서를 발급하여야 한다.

(4) 제(1)항에 따라 운반용기 설계승인을 받은 자가 승인 받은 사항을 변경하려는 경우에는 규정에 따라 변경승인신청서를 작성하여 위원회에 제출해야 한다.

운반용기의 설계승인 대상

"총리령으로 정하는 수량의 방사성물질등의 포장 또는 운반을 위한 용기"란 다음 각 호의 어느 하나의 운반물에 적용하는 용기를 말한다.

① B(U)형 운반물

② B(M)형 운반물

③ C형 운반물

④ 핵분열성물질운반물

2) 설계승인신청

(1) 법 제76조 제2항에 따른 승인신청서는 별지 제89호서식(운반용기설계승인신청서)과 같다.

(2) 법 제76조 제2항에 따른 제작에 관한 품질보증계획서는 제108조에 따른 제작검사 신청 시에 제출할 수 있다.

(3) 법 제76조 제2항에 따른 안전성분석보고서에는 다음 각 호의 사항을 적어야 한다.

① 운반용기의 개요 및 제원

② 운반용기의 재질·구조·열·격납·차폐 및 핵임계의 평가결과

③ 운반용기의 조작 및 운영절차

④ 운반용기의 시험 및 유지·보수절차

(4) 법 제76조 제2항에서 "총리령으로 정하는 서류"란 성능시험계획서를 말한다.

(5) 법 제76조 제2항에 따른 첨부서류의 작성기준 및 그 밖에 필요한 사항은 위원회가 정하여 고시한다.

(6) 외국에서 설계승인을 받은 운반용기의 경우에는 법 제76조 제2항에 따른 첨부서류 대신 해당 국가의 설계승인서를 승인신청서에 첨부하여 제출할 수 있다.

(7) 법 제76조 제1항 본문의 후단에 따라 설계변경승인을 받으려는 자는 별지 제90호서식(운반용기설계변경승인신청서)의 신청서에 변경사항에 관한 서류를 첨부하여 위원회에 제출하여야 한다.

법 제76조 1항 및 2항

1. 원자력관계사업자가 총리령으로 정하는 수량의 방사성물질등의 포장 또는 운반을 위한 용기(이하 "운반용기"라 한다)를 제작하려는 때 또는 외국에서 제작된 운반용기를 수입하려는 때에는 대통령령으로 정하는 설계기준에 따라 위원회의 승인을 받아야 한다. 이를 변경하려는 때에도 또한 같다. 다만, 총리령으로 정하는 경미한 사항을 변경하려는 때에는 이를 위원회에 신고하여야 한다.
2. 제1항의 승인을 받으려는 자는 승인신청서에 운반용기의 설계자료, 제작에 관한 품질보증계획서, 안전성분석보고서와 그 밖에 총리령으로 정하는 서류를 첨부하여 위원회에 제출하여야 한다.

3) 운반용기의 검사

- 원자력관계사업자는 운반용기의 설계승인 규정에 따라 승인을 받아 제작ㆍ수입된 운반용기 및 사용 중인 운반용기를 위원회의 검사를 받아야 한다. 다만, 대통령령으로 정하는 바에 따라 검사가 면제되는 경우에는 그러하지 아니하다.
- 원자력관계사업자는 제1항에 따른 검사에 합격된 운반용기를 사용하여야 한다.

(1) 원자력관계사업자가 설계승인을 받아 운반용기를 제작하거나 외국에서 제작된 운반용기를 수입한 경우에는 제작검사를 받아야 한다.

(2) 운반용기를 계속적으로 사용하려는 원자력관계사업자는 다음 각 호에 대하여 5년마다 사용검사를 받아야 한다. 이 경우 사용검사의 시기 등에 대하여 필요한 사항은 위원회가 정하여 고시한다.

① B(U)형 운반용기, B(M)형 운반용기, C형 운반용기

② 핵분열성물질 운반용기

(3) 사용검사를 받으려는 자가 총리령으로 정하는 바에 따라 자체점검보고서를 제출하여 위원회의 서면심사를 받은 경우에는 해당 자체점검보고서의 제출로 제(2)항에 따른 사용검사를 갈음한다.

(4) 제(1)항 및 제(2)항에 따른 제작검사 및 사용검사의 검사기준과 제(3)항에 따른 자체점검보고서의 서면심사기준 등에 관하여 필요한 사항은 총리령으로 정한다.

(5) 제(1)항부터 제(3)항까지의 규정에 따른 제작검사·사용검사 및 서면심사 결과 운반용기가 제(4)항에 따른 검사기준 및 서면심사기준에 적합한 때에는 이를 합격으로 한다.

3-1) 운반용기의 제작검사

(1) 운반용기의 제작검사를 받으려는 자는 검사를 받으려는 날의 60일 전까지 운반용기 제작검사신청서에 다음 각 호의 서류를 첨부하여 위원회에 제출하여야 한다.

① 삭제

② 제작방법에 관한 설명서

③ 제작설비 명세서

④ 시험방법·검사방법에 관한 설명서

⑤ 시험·검사시설 또는 검사기기 명세서

(2) 위원회는 제작검사를 받은 자에 대하여 합격여부를 통지하여야 한다.

(3) 운반용기의 제작검사에 관한 검사기준은 다음 각 호와 같다.

① 설계승인을 받은 당시의 설계·재료 및 구조내용과 일치할 것

② 운반용기의 형식별 <u>검사항목 및 방법</u> 등이 위원회가 정하여 고시하는 기준에 적합할 것

운반용기의 제작검사에 관한 검사항목 및 방법

• 제작검사 항목

1. 운반용기의 제작검사 항목은 다음 각 호와 같다.

① 구조 및 주요기능 부품에 대한 재료검사

② 주요 기능부위에 대한 용접검사 및 비파괴검사

③ 성능검사

가. 내부와 외부의 외형검사

나. 인양장치의 하중검사

다. 수압 또는 공기압을 이용한 최대정상운전압력검사

라. 격납경계에 대한 누설검사

마. 방사선차폐 성능검사

바. 열전달 성능검사. 다만, 방사성내용물로부터 발생되는 열이 없는 경우에는 제외한다.

④ 품질보증검사

2. 제1항의 규정에도 불구하고 설계승인서에서 운반용기의 설계특성을 고려하여 별도의 제작검사항목이 승인된 경우에는 해당 검사항목을 적용할 수 있다.
3. 제1항의 제작검사 항목 중 해당 운반용기의 사용목적이나 그 원리 또는 설계의 특성상 해당 운반용기에 그대로 적용하기가 적합하지 아니하거나 적용하지 아니하더라도 안전에 지장이 없는 경우에는 일부 규정을 적용하지 아니할 수 있다.

• 제작검사 기준

운반용기 제작검사의 기준은 설계승인서에서 승인된 검사기준으로 한다.

• 외국제작 운반용기

외국 해당 관계당국으로부터 설계승인을 받아 제작한 운반용기의 경우 규정에도 불구하고 해당 관계당국의 설계승인서에서 승인된 제작검사항목 및 검사기준을 적용할 수 있다.

3-2) 운반용기의 사용검사

(1) 운반용기의 사용검사를 받으려는 자는 검사를 받으려는 날의 60일 전까지 운반용기 사용검사신청서에 다음 각 호의 서류를 첨부하여 위원회에 제출하여야 한다.

① 운반용기의 보수명세서(보수한 경우에 한한다)

② 운반용기 자체점검보고서 및 점검절차서(서면심사를 받으려는 경우에만 해당한다)

(2) 위원회는 규정에 따라 사용검사를 받은 자에 대하여 합격여부를 통지하여야 한다.

(3) 운반용기의 사용검사에 관한 검사기준은 다음 각 호와 같다.

① 제작검사 합격 당시의 성능을 유지하고 있을 것

② 운반용기의 형식별 검사항목 및 방법 등이 위원회가 정하여 고시하는 기준에 적합할 것

(4) 제(1)항 제2호의 자체점검보고서에는 제(3)항 각 호의 검사기준에 적합함을 입증하는 서류를 첨부하여야 한다.

(5) 자체점검보고서의 서면심사 기준은 다음 각 호와 같다.

① 운반용기의 사용검사 기준에 적합할 것

② 검사항목별 검사절차가 적합할 것

3-3) 사용검사의 대상 및 시기

① 운반용기 사용검사의 대상은 아래와 같다.

가. B(U)형 운반용기, B(M)형 운반용기, C형 운반용기

나. 핵분열성물질 운반용기

② 운반용기에 대한 사용검사의 시기는 제작검사에 합격한 이후 5년마다로 한다.

③ 운반용기를 사용하지 아니하는 경우 사용검사를 받지 아니할 수 있다. 다만, 제작검사 또는 사용검사를 받은 지 5년을 초과한 운반용기를 다시 사용하고자 하는 경우 사용검사를 받은 이후에 사용하여야 한다.

3-4) 사용검사 항목

① B(U)형 · B(M)형 · C형 운반용기 중에서 방사선비파괴검사를 위한 방사선조사기 겸용으로 사용하는 용기에 대한 사용검사 항목은 다음 각 호와 같다.

가. 내부와 외부에 대한 외형 육안검사

나. 인양장치의 하중검사(방사성내용물을 포함한 운반용기의 총 중량이 50 kg 이하인 경우에는 제외한다.)

다. 방사선차폐 성능검사

라. 감손우라늄이 방사선 차폐체로 사용된 방사선조사기의 경우 S-튜브의 건전성에 대한 검사

마. 방사선조사기의 방사선원 고정장치 또는 잠금장치에 대한 건전성 검사

바. 규정에 따른 유지 및 보수 적합성 검사

② 핵분열성물질 운반용기 중에서 사용전 핵연료집합체를 운반하는 용기에 대한 사용검사 항목은 다음 각 호와 같다.

가. 제①항에 따른 검사항목

나. 주요 용접부위에 대한 비파괴검사(방사성내용물을 포함한 운반용기의 총 중량이 50kg이하인 경우에는 제외한다.)

③ B(U)형 · B(M)형 · C형 또는 핵분열성물질 운반용기 중에서 제①항 및 제②항 이외의 운반용기에 대한 사용검사 항목은 다음 각 호와 같다.

가. 제②항에 따른 검사항목

나. 수압 또는 공기압을 이용한 최대정상운전압력검사

다. 격납계통에 대한 누설검사

라. 열전달 성능검사. 다만, 방사성내용물로부터 발생되는 열이 없는 경우에는 제외한다.

④ 제①항부터 제③항까지의 규정에 따른 사용검사 항목 중 해당 운반용기의 사용목적이나 그 원리 또는 설계의 특성상 해당 운반용기에 그대로 적용하기가 적합하지 아니하거나 적용하지 아니하더라도 안전에 지장이 없는 경우에는 일부 규정을 적용하지 아니할 수 있다.

3-5) 사용검사 기준

① 내부와 외부에 대한 외형 육안검사의 기준

가. 운반용기(운반용기의 지지대 및 설치대 포함) 본체에 균열·변형 또는 손상이 없을 것

나. 밸브·플러그·보강판·보강링 또는 스커트 등이 운반용기에 부착된 경우에 이들의 균열·변형 또는 손상이 없고 성능이 정상일 것

다. 운반용기에 선원을 내장하는 바스켓· 장착대 또는 안내튜브 등이 설치된 경우에는 이들의 균열·변형 또는 손상이 없을 것

라. 운반용기에 선원을 고정하거나 잠그는 장치가 설치된 경우 이들의 기능이 정상적으로 유지될 것

마. 운반용기에 충격완충체가 부착되는 경우 충격완충체는 균열·변형 또는 손상이 없을 것

바. 운반용기에 부착된 명판은 읽기 쉽고 내구성이 있으며 견고하게 부착되어 있을 것

② 인양장치 또는 결속장치의 하중검사의 기준

가. 인양장치 또는 결속장치에 방사성내용물을 포함한 운반용기 총 중량의 1.5배의 하중을 적용시킨 상태에서 10분 이상 유지할 것

나. 제 가 목의 시험을 실시한 후에 인양장치 및 결속장치 등 하중 작용부위에 대한 육안검사를 실시하여 변형이나 손상이 발생되지 아니하고 비파괴검사를 실시하여 결함이 발견되지 아니할 것

③ 방사선차폐 성능검사의 기준

가. 제작검사 당시의 검사방법과 동일한 기준 또는 이와 동등한 검사기준을 적용하여 실시할 것

나. 제 가 목의 검사에서 제작검사 당시의 차폐성능이 유지될 것

④ S-튜브의 건전성에 대한 검사 기준

가. 방사선조사기의 "S-튜브"에 대하여 문지름 시험을 실시할 것

나. 문지름 시험 시료에 포함된 제거성 감손우라늄의 양을 분석할 것. 이때, 시료에 대한 분석은 감손우라늄 오염물질 200 Bq을 분별할 수 있는 성능의 장비와 방법을 사용할 것

다. 제 나 목의 분석결과 감손우라늄의 양이 200 Bq 미만일 것

라. 제 나 목의 분석결과 '다'의 제한치를 초과한 경우 해당 방사선조사기의 사용을 즉시 중단하고, "S-튜브"가 관통된 것으로 최종 판정되는 경우 불합격으로 할 것

⑤ 유지 및 보수 이행의 적합성 검사 기준은 설계승인신청 시 제출된 문서와 해당 설계승인서에 따른다.

⑥ 주요 용접부위에 대한 비파괴검사의 기준

가. 운반용기(운반용기의 지지대 및 설치대 포함) 제작검사 당시의 검사방법과 동일한 기준 또는 이와 동등한 기준을 적용하여 실시할 것. 다만, 운반용기의 형태가 제작검사 당시의 검사방법을 적용할 수 없는 때에는 그와 동등한 검사방법이나 또는 승인을 받은 다른 검사방법을 적용할 수 있다.

나. 제 가 목의 검사에서 결함이 발견되지 아니할 것

⑦ 최대정상운전압력검사의 기준

가. 운반용기 설계 시에 적용한 최대정상운전압력검사의 1.5배의 압력을 가한 후 10분 이상 동안 유지할 것

나. 제 가 목의 시험에서 압력저하가 발생하지 아니할 것

⑧ 격납계통에 대한 누설검사의 기준

가. 제작검사 당시의 검사방법과 동일한 기준 또는 이와 동등한 검사기준을 적용하여 실시할 섯

나. 제 가 목의 검사에서 누설이 발생하지 아니할 것

⑨ 열전달 성능검사의 기준

가. 제작검사 당시의 검사방법과 동일한 기준 또는 이와 동등한 검사기준을 적용하여 실시할 것

나. 제 가 목의 검사에서 제작검사 당시의 열전달 성능이 유지될 것

3-6) 외국제작 운반용기

외국 해당 관계당국으로부터 설계승인을 받아 제작한 운반용기의 경우 '3-4) 사용검사 항목과 3-5) 사용검사 기준'의 규정에도 불구하고 해당 관계당국의 설계승인서에서 승인된 사용검사항목 및 검사기준을 적용할 수 있다.

3-7) 자체 사용검사 대상

규정에 따른 자체점검보고서를 제출하여 위원회의 서면심사를 받아 사용검사에 갈음할 수 있는 용기는 다음 각 호와 같다.

① B(U)형 또는 B(M)형 운반용기 중에서 방사선비파괴 검사용 방사선조사기 겸용으로 사용하는 운반용기

② 핵분열성물질 운반용기 중에서 사용전 핵연료집합체를 운반하는 운반용기

③ 육불화우라늄 운반용기(실린더) 등을 보호하기 위한 외부 보호용기

4) 운반용기의 검사면제

- 제작검사 또는 사용검사가 면제되는 경우는 다음 각 호와 같다.
  ① 외국에서 제작된 운반용기에 대하여 총리령으로 정하는 설계승인 및 제작검사 합격 관련서류를 제출하여 위원회의 서면심사를 받아 합격한 경우
  ② 외국에서 사용검사를 받은 운반용기에 대하여 총리령으로 정하는 사용검사 합격 관련서류를 제출하여 위원회의 서면심사를 받아 이에 합격한 경우
- 제작검사 또는 사용검사의 면제에 관하여 필요한 사항은 총리령으로 정한다.

(1) 검사면제의 신청

- 운반용기의 제작·사용검사를 면제받고자 하는 자는 운반용기제작·사용검사 면제신청서에 다음 서류를 첨부하여 위원회에 제출하여야 한다.

① 제작검사 면제신청의 경우: 해당 국가의 설계승인서 및 제작검사 합격을 입증하는 해당 국가의 서류

② 사용검사 면제신청의 경우: 사용검사 합격을 입증하는 해당 국가의 서류

- 규정에 의한 서면심사의 기준에 관하여 필요한 사항은 위원회가 정하여 고시한다.

(2) 서면심사의 기준

(2-1) 제작검사 면제

제작검사 합격을 입증하는 해당 국가의 서류는 다음 각 호와 같다.

① 외국 해당국가 규제기관에서 발급한 제작검사합격증명서 또는 이와 동등한 증명서

② 외국 제작업체의 운반용기 제작 및 검사 기록이 포함된 제작검사보고서 또는 이와 동등한 서류

(2-2) 제작검사 면제기준

① 외국 관계당국으로부터 발급 받은 설계승인서가 적합한 것일 것

② 운반용기의 구조 및 재료가 설계 승인된 도면과 일치할 것

③ 설계승인서에서 승인된 성능검사 및 시험기준에 적합할 것

④ 품질보증규정에 따라 제작되었을 것

(2-3) 사용검사 면제

사용검사 합격을 입증하는 해당 국가의 서류는 다음 각 호와 같다.

① 외국 해당국가 규제기관에서 발급한 사용검사합격증명서 또는 이와 동등한 증명서

② 외국 검사업체의 운반용기 보수내용 및 사용검사 기록이 포함된 사용검사보고서 또는 이와 동등한 서류

(2-4) **사용검사 면제기준**

① 운반용기 보수내용이 설계 승인된 보수내용과 일치할 것

② 설계승인서에서 승인된 사용검사항목 및 기준에 적합할 것

③ 품질보증규정에 따라 보수 및 사용검사가 되었을 것

4. 폐기

1) 방사성폐기물관리시설등의 건설·운영 허가

(1) 방사성폐기물의 저장·처리·처분 시설 및 그 부속시설(이하 "방사성폐기물관리시설등"이라 한다)의 건설·운영 허가를 받으려는 자는 방사성폐기물관리시설등별로 총리령으로 정하는 바에 따라 허가신청서를 작성하여 위원회에 제출하여야 한다. 허가받은 사항을 변경하려는 때에도 또한 같다. 다만, 총리령으로 정하는 경미한 사항을 변경하려는 때에는 이를 신고하여야 한다.

(2) 제(1)항에 따라 허가를 받으려는 자는 허가신청서에 방사선환경영향평가서, 안전성분석보고서, 안전관리규정, 건설 및 운영에 관한 품질보증계획서와 그밖에 총리령으로 정하는 서류를 첨부하여 위원회에 제출하여야 한다.

2) 허가기준

방사성폐기물관리시설등의 건설·운영 허가에 따른 허가기준은 다음 각 호와 같다.

(1) 총리령으로 정하는 방사성폐기물관리시설등의 건설·운영에 필요한 기술능력을 확보하고 있을 것

(2) 방사성폐기물관리시설등의 위치·구조·설비 및 성능이 위원회규칙으로 정하는 기술기준에 적합하여 방사성물질등에 따른 인체·물체 및 공공의 재해방지에 지장이 없을 것

(3) 방사성폐기물관리시설등의 건설·운영 과정에서 발생되는 방사성물질등으로부터 국민의 건강 및 환경상의 위해를 방지하기 위하여 대통령령으로 정하는 기준에 적합할 것

(4) 대통령령으로 정하는 장비 및 인력을 확보하고 있을 것

* 제63조제2항에 따른 건설 및 운영에 관한 품질보증계획서의 내용이 위원회 규칙으로 정하는 기준에 적합할 것

(5) 방사성폐기물 처분시설의 전부 또는 일부에 대한 폐쇄 후 관리계획이 300년 이

하의 범위에서 대통령령으로 정하는 기간 동안 방사성폐기물 처분시설의 안전성 확보를 위하여 위원회규칙으로 정하는 관리 기준에 적합할 것

대통령령

"대통령령으로 정하는 기간"이란 다음 각 호에 따른 방사성폐기물 처분시설의 폐쇄 후 관리기간을 말한다. 이 경우 동일 부지 안에 2개 이상의 방사성폐기물 처분시설을 운영하려는 경우에는 그 중 가장 긴 기간이 적용되는 방사성폐기물 처분시설의 폐쇄 후 관리기간을 그 부지의 모든 방사성폐기물 처분시설에 적용한다.

1) 동굴처분을 하는 방사성폐기물 처분시설: 200년 이하
2) 동굴처분 외의 천층처분을 하는 방사성폐기물 처분시설: 300년 이하

3) 허가신청서

(1) 방사선환경영향평가서에는 다음의 사항을 기재하여야 한다.

① 시설 및 그 부지주변지역의 환경현황
② 시설의 건설 및 운영으로 인하여 주변환경에 미치는 방사선영향의 예측
③ 시설의 건설 및 운영 중 시행할 방사선환경감시계획
④ 운전 중 사고로 인하여 환경에 미치는 방사선영향
⑤ 방사선환경영향평가서 초안의 규정에 따라 통지된 의견
⑥ 공청회개최에 따른 의견 청취 결과 또는 공청회 개최결과

(2) 안전성분석보고서에는 위원회가 정하여 고시하는 지침에 따라 다음 각 호의 사항을 적어야 한다.

① 시설의 개요 및 현황
② 부지특성
③ 시설의 설계 및 건설
④ 시설의 운영 및 관리
⑤ 부지폐쇄 및 폐쇄 후 관리
⑥ 안전성평가 및 사고분석
⑦ 방사선장해방어
⑧ 기술지침

(3) 안전관리규정에는 다음 각 호의 사항을 적어야 한다.

① 방사성폐기시설 등의 저장·처리·처분시설 및 부속시설의 운영·관리조직 및 그 기능에 관한 사항
② 방사선안전관리자의 선임·권한·책임 및 직무수행에 관한 사항

③ 방사성폐기물관리시설등의 종사자에 대한 안전관리교육에 관한 사항
④ 안전관리설비의 운전에 관한 사항
⑤ 방사성폐기물관리시설등의 안전운전에 관한 사항
⑥ 방사선관리구역·보전구역 및 제한구역에서의 출입제한 등에 관한 사항
⑦ 배기감시설비 및 배수감시설비에 관한 사항
⑧ 방사선관리구역·보전구역 및 제한구역에서의 다음 각 목의 사항
가. 방사선량률
나. 방사성물질의 농도
다. 방사성물질에 의하여 오염된 물질의 표면오염도의 감시 및 오염제거에 관한 사항
⑨ 방사선측정기의 관리 및 방사선측정방법에 관한 사항
⑩ 방사선작업종사자 및 수시출입자에 대한 피폭방사선량의 평가 및 개인선량계의 관리에 관한 사항
⑪ 방사성폐기물관리시설등의 순시 및 점검과 이에 따른 조치에 관한 사항
⑫ 방사성폐기물관리시설등의 자체 점검에 관한 사항
⑬ 방사성폐기물의 운반·저장 및 그 밖의 취급에 관한 사항
⑭ 방사성폐기물의 처리에 관한 사항
⑮ 주변지역 등의 방사선 감시에 관한 사항
⑯ 비상시 조치에 관한 사항
⑰ 방사성폐기물관리시설등의 관계되는 안전관리기록에 관한 사항
⑱ 그 밖에 안전관리에 필요한 사항

(4) 건설 및 운영에 관한 품질보증계획서는 다음 각 호의 사항을 적어야 한다.
① 품질보증체제의 조직
② 품질보증계획
③ 설계관리
④ 구매서류관리
⑤ 지시서·절차서 및 도면
⑥ 서류관리
⑦ 구매품목 및 용역의 관리
⑧ 품목의 식별 및 관리
⑨ 특수작업의 관리
⑩ 검사
⑪ 시험관리

⑫ 측정 및 시험장비의 관리
⑬ 취급·저장 및 운송
⑭ 검사·시험 및 운전의 상태
⑮ 부적합한 품목의 관리
⑯ 시정조치
⑰ 품질보증기록
⑱ 감사

(5) 그 밖에 총리령으로 정하는 서류란 다음 각 호의 서류를 말한다.
① 방사성폐기물관리시설등의 건설·운영계획에 관한 서류
② 방사성폐기물의 저장·처리 및 처분방법에 관한 서류
③ 방사성폐기물관리시설등에 저장·처리 또는 처분할 방사성폐기물의 종류 및 수량에 관한 서류
④ 방사성폐기물관리시설등의 건설·운영에 관한 기술능력에 관한 설명서
⑤ <u>규정에 따른 장비 및 인력을 확보하고 있음을 증명하는 서류</u>

규정에 의하여 확보하여야 하는 장비 및 인력

• 장비
1. 방사선측정기 3대 이상
2. 방사능측정기 3대 이상
3. 방사성폐기물 취급 및 운반 장비 1대 이상

• 인력
1. 방사선취급감독자면허 소지자 또는 방사선관리기술사 1명 이상

4) 운영에 관한 안전조치

(1) 방사성폐기물관리시설등건설·운영자가 방사성폐기물관리시설등을 운영할 때에는 인체·물체 및 공공의 안전을 위하여 위원회규칙으로 정하는 바에 따라 다음 각 호의 조치를 취하여야 한다. 다만, 위원회가 방사성폐기물관리시설등의 사용목적이나 설계상의 원리적인 차이로 인하여 그대로 적용하기 어렵거나 기술적인 면에서 적용하지 아니하여도 안전상 지장이 없다고 인정하는 경우에는 조치를 취하지 아니할 수 있다.
① 피폭방사선량 등에 관한 조치
② 방사성폐기물 안전관리에 관한 조치
③ 방사성폐기물관리시설등의 자체점검에 관한 조치

④ 방사성폐기물관리시설등의 안전운전에 관한 조치
⑤ 그 밖에 방사성폐기물관리시설등의 안전에 관한 조치로서 대통령령으로 정하는 조치

(2) 방사성폐기물관리시설등 건설·운영자 및 그 종업원은 안전관리규정을 준수하여야 한다.

(3) 방사성폐기물관리시설등건설、운영자가 제64조제2항에 따라 영구정지 또는 처분활동의 완결에 관한 변경허가를 받은 경우 위원회가 다음 각 호의 어느 하나에 해당하는 것으로 인정하면 (1) 및 (2)항의 규정 중 일부를 적용하지 아니할 수 있다.

① 방사성폐기물관리시설등의 영구정지 또는 처분활동의 완결로 인하여 (1) 및 (2)항의 규정 중 일부를 그대로 적용하기 어려운 경우
② 방사성폐기물관리시설등의 영구정지 또는 처분활동의 완결의 목적에 비추어 (1) 및 (2)항에 따른 안전조치를 하지 아니하여도 기술적인 면에서 안전에 지장이 없는 경우

대통령령으로 정하는 조치

1. 방사선관리구역 등의 설정 및 안전관리에 관한 조치
2. 사업소 안에서의 안전운반에 관한 조치

5) 처분검사

(1) 방사성폐기물관리시설등 건설·운영자는 방사성폐기물을 처분하려면 위원회가 정하는 바에 따라 처분검사를 받아야 한다.

(2) 제(1)항에 따라 처분검사를 받으려는 자는 그 신청서에 총리령으로 정하는 서류를 첨부하여 위원회에 제출하여야 한다.

(3) 제(1)항에 따른 검사 결과 방사성폐기물의 처분이 방사성폐기물의 저장·처리 또는 처분의 기술기준에 맞는 경우에는 합격으로 한다.

6) 처분시기

방사성폐기물관리시설등건설·운영자는 처분검사에 대한 합격통지를 받은 후에 중·저준위 방사성폐기물을 처분시설에 처분할 수 있다.

7) 처분방식

(1) 심층처분은 지하 깊은 곳의 안정한 지층구조에 천연방벽 또는 공학적 방벽으로

방사성폐기물을 처분하는 것을 말한다.

(2) 천층처분은 다음 각목의 어느 하나에 해당하는 것을 말한다.

① 동굴처분: 지하의 동굴 또는 암반 내에 천연방벽 또는 공학적 방벽으로 방사성폐기물을 처분하는 것

② 표층처분: 지표면과 가까이에 천연방벽 및 공학적 방벽으로 방사성폐기물을 처분하는 것

③ 매립형처분: 지표면과 가까이에 천연방벽으로 방사성폐기물을 매립하여 처분하는 것

8) 방사성폐기물의 처분제한

(1) 극저준위방사성폐기물은 천층처분 또는 심층처분 방식으로 처분 할 수 있다.

(2) 저준위방사성폐기물은 매립형처분 방식으로 처분 할 수 없다.

(3) 중준위방사성폐기물은 표층처분 또는 매립형처분 방식으로 처분 할 수 없다.

(4) 고준위방사성폐기물은 천층처분 방식으로 처분 할 수 없다.

위항에도 불구하고 원자력안전위원회가 방사성폐기물의 효율적 처분을 위해 필요하다고 인정하는 때에는 적용하지 아니할 수 있다.

9) 방사성폐기물의 인도

(1) 법 제70조 제4항에 따른 방사성폐기물의 인도기준은 다음 각 호와 같다.

① 방사성폐기물은 종류 및 방사능 농도에 따라 분류하고, 처분장의 처분요건에 적합하도록 할 것

② 방사성폐기물은 처분 후의 안전성을 확보하기 위하여 고체형태로 할 것

③ 포장물은 운반 및 취급 시 파손되지 아니하도록 구조적 건전성을 유지할 것

④ 포장내의 유리수는 최소화하고 고화체가 함유하고 있는 핵종의 침출률이 적절히 제한되도록 할 것

⑤ 방사성폐기물은 폭발·인화 및 유해성 물질 등에 따른 위험성이 제거되도록 할 것

⑥ 포장물 외부에 방사성폐기물에 대한 주요 정보를 알아보기 쉽게 표시할 것

(2) 방사성폐기물의 인도방법、절차 및 그 밖의 필요한 사항은 위원회가 정하여 고시한다.

10) 방사성폐기물 자체처분의 절차 및 방법

(1) 원자력관계사업자는 다음 각 호의 어느 하나에 해당하는 방사성폐기물로서 핵종

별 농도가 위원회가 정하는 값 미만이 된 것으로 위원회로부터 확인을 받은 방사성폐기물을 소각·매립 또는 재활용 등의 방법으로 처분(이하 "자체처분"이라 한다)할 수 있다.

① 원자력관계사업자가 발생시킨 방사성폐기물

② 원자력관계사업자(방사성폐기물관리시설등 건설·운영자는 제외한다)로부터 처분을 위탁받아 관리하고 있는 방사성폐기물

(2) 제(1)항에 따라 자체처분을 하려는 원자력관계사업자는 방사성폐기물을 자체처분할 때마다 **총리령**으로 정하는 바에 따라 자체처분계획서에 관계 서류를 첨부하여 위원회에 제출하여야 한다. 이를 변경하려는 경우에도 또한 같다.

(3) 제(2)항 전단에도 불구하고 다음 각 호의 기준을 모두 만족하는 방사성폐기물을 자체처분하려는 원자력관계사업자는 제(2)항에 따른 자체처분계획서를 5년마다 위원회에 제출할 수 있다.

① 반감기가 5일 미만인 단일 핵종만을 포함할 것

② 위원회가 정하여 고시하는 자체처분 허용기준에 적합할 것

(4) 위원회는 제(2)항 또는 제(3)항에 따라 제출된 자체처분계획서가 **위원회가 정하여 고시**하는 자체처분의 방법 및 절차에 적합한지에 대하여 검토하고, 그 결과를 원자력관계사업자에게 통지하여야 한다.

(5) 제(4)항에 따라 자체처분계획서가 적합한 것으로 통지받은 원자력관계사업자는 해당 방사성폐기물을 자체처분할 수 있다.

(6) 제(5)항에 따라 자체처분을 한 자는 자체처분에 관한 기록을 자체처분 일부터 5년간 보존하여야 한다.

총리령으로 정하는 종류 및 수량의 방사성폐기물

개인에 대한 연간 피폭방사선량이 10 μSv 이상이거나 집단에 대한 총 피폭방사선량이 1 man·Sv 이상이 되는 것으로서 위원회가 정하는 핵종별 농도 이상인 방사성폐기물을 말한다.

위원회가 정하는 핵종별 농도

방사성핵종별 자체처분 허용농도

방사성 핵종	허용농도(Bq/g)
I-129	0.01

Na-22, Sc-46, Mn-54, Co-56, Co-60, Zn-65, Nb-94, Ru-106, Ag-110m, Sb-125, Cs-134, Cs-137, Eu-152, Eu-154, Ta-182, Bi-207, Th-229, U-232, Pu-238, Pu-239, Pu-240, Pu-242, Pu-244, Am-241, Am-242m, Am-243, Cm-245, Cm-246, Cm-247, Cm-248, Cf-249, Cf-251, Es-254	0.1
C-14, Na-24, Cl-36, Sc-48, V-48, Mn-52, Fe-59, Co-57, Co-58, Se-75, Br-82, Sr-85, Sr-90, Zr-95, Nb-95, Tc-96, Tc-99, Ru-103, Ag-105, Cd-109, Sn-113, Sb-124, Te-123m, Te-132, Cs-136, Ba-140, La-140, Ce-139, Eu-155, Tb-160, Hf-181, Os-185, Ir-190, Ir-192, Tl-204, Bi-206, U-233, Np-237, Pu-236, Cm-243, Cm-244, Cf-248, Cf-250, Cf-252, Cf-254	1
Be-7, F-18, Cl-38, K-43, Ca-47, Mn-51, Mn-52m, Mn-56, Fe-52, Co-55, Co-62m, Ni-65, Zn-69m, Ga-72, As-74, As-76, Sr-91, Sr-92, Zr-93, Zr-97, Nb-93m, Nb-97, Nb-98, Mo-90, Mo-93, Mo-99, Mo-101, Tc-97, Ru-97, Ru-105, Cd-115, In-111, In-114m, Sn-125, Sb-122, Te-127m, Te-129m, Te-131m, Te-133, Te-133m, Te-134, I-126, I-130, I-131, I-132, I-133, I-134, I-135, Cs-129, Cs-132, Cs-138, Ba-131, Ce-143, Ce-144, Gd-153, W-181, W-187, Pt-191, Au-198, Hg-203, Tl-200, Tl-202, Pb-203, Po-203, Po-205, Po-207, Ra-225, Pa-230, Pa-233, U-230b, U-236, Np-240, u-241, Cm-242, Es-254m	10
H-3, S-35, K-42, Ca-45, Sc-47, Cr-51, Mn-53, Co-61, Ni-59, Ni-63, Cu-64, Rb-86, Sr-85m, Sr-87m, Y-91, Y-91m, Y-92, Y-93, Tc-97m, Tc-99m, Rh-105, Pd-109, Ag-111, Cd-115m, In-113m, In-115m, Te-129, Te-131, I-123, I-125,Cs-135, Ce-141, Pr-142, Nd-147, Nd-149, Sm-153, Eu-152m, Gd-159, Dy-166, Ho-166, Er-171, Tm-170, Yb-175, Lu-177, Re-188, Os-191, Os-193, Ir-194, Pt-197m, Au-199, Hg-197, Hg-197m, Tl-201, Ra-227, U-231, U-237, U-239, U-240, Np-239, Pu-234, Pu-235, Pu-237, Bk-249, Cf-253, Es-253, Fm-255	100
Si-31, P-32, P-33, Fe-55, Co-60m, Zn-69, As-73, As-77, Sr-89, Y-90, Tc-96m, Pd-103, Te-125m, Te-127, Cs-131, Cs-134m, Pr-143, Pm-147, Pm-149, Sm-151, Dy-165, Er-169, Tm-171, W-185, Re-186, Os-191m, Pt-193m, Pt-197, At-211, Th-226, Pu-243, Am-242, Cf-246	1,000
Co-58m, Ge-71, Rh-103m, Fm-254	10,000

자체처분계획서, 자체처분절차서

• 자체처분계획서

방사성폐기물 자체처분계획서에 첨부하여야 하는 서류는 다음 각 호와 같다.

가. 자체처분 대상 폐기물의 종류 및 수량

나. 자체처분 대상 폐기물의 발생원, 발생일시 또는 발생기간

다. 자체처분 대상 폐기물의 측정 대상별 표면 방사선량률, 핵종별 농도 및 그 산출근거

라. 자체처분 방법 및 예정 목적지(위탁 처리하고자 하는 경우 위탁업체를 포함한다)

마. 자체처분으로 인하여 부수적으로 발생되는 폐기물의 수량 및 관리방법

바. 자체처분에 따른 예상 피폭방사선량이 자체처분 허용선량을 만족함을 입증하는 자료(단, 자체처분 허용선량을 만족하는 것이 입증된 방사성폐기물을 자체처분하는 경우에 한한다.)

사. 규정에 따른 자체처분절차서

• 자체처분절차서

자체처분사업자는 다음 각 호의 사항을 포함한 방사성폐기물 자체처분절차서를 마련하여 그 절차서에 따라 자체처분에 관한 제반업무를 수행하여야 한다.

① 자체처분 정책 및 전략

가. 자체처분 원칙

나. 자체처분이 정당화되는 근거

다. 자체처분 폐기물의 수량 및 방사능 최소화 전략

라. 자체처분 업무를 수행하는 조직, 책임 및 권한

② 자체처분하고자 하는 폐기물의 특성과 관리방안

가. 폐기물의 발생장소, 발생과정 및 예상 발생량

나. 폐기물의 종류 및 형태

다. 폐기물에 함유될 수 있는 방사성핵종의 종류

라. 폐기물의 선별, 수거, 분리 및 저장방법

마. 핵종별 및 폐기물별 자체보관기간 및 자체보관기간의 평가방법(적용 가능한 경우에 한함)

바. 폐기물의 표면오염 관리방안

③ 자체처분 관련 기준을 만족함을 입증하는 방법

가. 방사능 측정방법(대표시료 채취방법을 포함한다) 또는 방사능 평가방법(평가의 타당성에 대한 논거)

나. 방사선 측정방법

다. 기타 이 규정의 제반 규정을 만족함을 입증하는 방법

④ 자체처분 방법 및 사전 조치

가. 자체처분 방법

나. 자체처분 전 조치사항

다. 자체처분으로 인하여 부수적으로 폐기물이 발생될 경우, 이 부수적인 폐기물의 관리방법

⑤ 기록 및 관리

가. 기록의 종류 및 작성양식

나. 기록의 보존방법 및 보존기간

제3장 방사성물질등의 포장·운반·폐기

객관식

01 방사성물질등의 운반에 사용되는 탱크의 외부 표면오염도를 측정할 경우 그 측정면적은?

① 100 cm^2 이상 ② 200 cm^2 이상
③ 300 cm^2 이상 ④ 400 cm^2 이상

02 방사선 비파괴검사를 위한 방사선조사기 겸용으로 사용하는 방사성물질 운반용기에 대한 사용검사 항목이 아닌 것은?

① 외부에 대한 외형 육안검사 ② 내부에 대한 외형 육안검사
③ 외부 표면오염검사 ④ 방사선 차폐성능검사

03 운반신고 대상이 되는 방사성물질등의 운반신고 시기는?

① 운반개시 5일전 ② 운반개시 7일전
③ 운반개시 10일전 ④ 운반개시 15일전

04 방사성운반물의 종류가 아닌 것은?

① L형 운반물 ② M형 운반물
③ A형 운반물 ④ B형 운반물

정답

1) ③ 2) ③ 3) ① 4) ②

05 포장 및 운반에 대해 정기검사를 받은 자 이외의 자가 방사성물질등을 해당 사업소 외의 장소나 외국으로부터 국내의 해당 사업소로 운반하고자 할 때 원자력안전위원회에 신고하여야 하는 방사성물질에 속하지 않는 것은?

① B(U)형 운반물·B(M)형 운반물·C형 운반물
② 핵분열성물질 운반물
③ 방사성물질에 의하여 오염된 대형기계장치로서 운반용기로 포장하기에 부적합한 것
④ A형 운반물

06 정기적으로 포장 또는 운반검사를 받아야 할 대상 및 주기를 나타낸 것이다. 옳지 않은 것은?

① 방사성동위원소 등의 이동사용을 전문으로 하는 자: 1년
② 밀봉 방사성동위원소의 연간생산·판매량이 370 TBq 이상인 방사성동위원소 판매업자: 1년
③ 비밀봉 방사성동위원소의 연간생산·판매량이 37 TBq 이상인 방사성동위원소 판매업자: 1년
④ 원자력관계사업자로부터 방사성물질등의 운반을 위탁받은 자가 특별승인된 방사성물질등을 포장 및 운반하는 경우: 1년

07 정기적으로 포장·운반검사를 받아야 할 대상이 아닌 것은?

① 판독업자
② 연구용원자로 등 설치자
③ 핵연료주기사업자
④ 밀봉 방사성동위원소 생산·판매업자

08 포장 및 운반검사의 서면심사 대상이 되는 경우의 요건에 해당하지 않는 것은?

① 생산 또는 판매하는 밀봉 방사성동위원소의 연간 생산·판매량이 370 TBq 미만일 것
② 최근 3년간 정기검사에서 시정 또는 보완명령을 받지 아니하였을 것
③ 정기검사 해당 연도의 1월 1일부터 기산하여 최근 3년간 법 규정에 따른 보고가 누락되지 아니하였을 것
④ 정기검사해당 연도의 1월 1일부터 기산하여 최근 5년간 법 규정에 따른 방사선발생장치 또는 방사성물질등에 관한 도난·분실·화재, 그 밖의 사고가 발생하지 아니하였을 것

정답

5) ④ 6) ④ 7) ① 8) ②

09 운반할 때마다 포장 또는 운반검사를 받아야 하는 경우는?

① 밀봉 방사성동위원소의 판매
② 비밀동 방사성동위원소의 판매
③ 방사성동위원소 등의 이동사용을 전문으로 하는 경우
④ 포장 또는 운반에 대해 정기검사를 받는 자가 사용후핵연료를 운반하는 경우

10 다음 운반용기 중 설계승인 대상이 아닌 운반용기는?

① A형 운반용기　② B형 운반용기
③ C형 운반용기　④ 핵분열성물질 운반용기

11 운반용기의 설계승인에 대하여 다음 중 옳지 않은 것은?

① 운반용기를 제작 또는 수입하고자 하는 원자력관계사업자는 총리령으로 정하는 바에 의하여 운반용기의 형식별로 설계승인을 받아야 한다.
② 설계승인을 얻은 운반용기를 반복하여 제작하고자 하는 때에는 다시 설계승인서를 받을 필요가 없다.
③ 원자력안전위원회는 운반용기의 설계가 규정에 적합한 때에는 신청자에게 설계승인서를 발급하여야 한다.
④ 운반용기의 설계승인을 받아야 하는 운반용기는 A, B, C 형 운반용기와 핵분열성물질 운반용기가 있다.

12 방사선기기를 제작하거나 수입하고자 하는 자는 방사선기기의 형식별로 어떤 승인을 받는가?

① 설계승인　② 시설승인
③ 사용승인　④ 제작승인

13 원자력관계사업자가 설계승인을 얻어 운반용기 등을 제작한 때 받는 검사는?

① 시설검사　② 설계승인검사
③ 제작검사　④ 정기검사

14 운반용기의 설계승인신청시 제출서류가 아닌 것은?

① 방사선 안전보고서　② 품질보증계획서
③ 성능시험계획서　④ 설계도면 등 설계자료

정 답

9) ④　10) ①　11) ④　12) ①　13) ③　14) ①

15 운반용기의 제작검사 시 형식별 검사항목이 <u>아닌</u> 것은?

① 성능검사 ② 품질보증검사
③ 재료검사 ④ 설계도면 검사

16 폐기시설 허가신청 시 필요하지 <u>않은</u> 서류는?

① 방사선환경영향 평가서 ② 방사선안전 보고서
③ 안전관리규정 ④ 건설 및 운영에 관한 품질보증계획서

17 총리령으로 정하는 바에 따라 정기적으로 방사성물질등의 포장 또는 운반검사를 받아야 할 대상이 아닌 자는?

① 연구용 또는 교육용 원자로 및 관계시설의 운영허가를 받은 자
② 핵연료주기시설의 운영허가를 받은 자
③ 방사성동위원소의 저장허가를 받은 자
④ 방사성폐기물관리시설등의 건설·운영허가를 받은 자

18 방사성폐기물의 자체처분 허용선량으로 맞는 것은 ?

① 개인에 대한 연간 예상 피폭선량이 10 μSv 이상이고 집단에 대한 연간 예상 총피폭방사선량이 1 man·Sv 이상인 폐기물
② 개인에 대한 연간 예상 피폭선량이 10 μSv 미만이고 집단에 대한 연간 예상 총피폭방사선량이 1 man·Sv 미만인 폐기물
③ 처분대상 전체 방사성폐기물의 농도가 100 Bq/g 이상인 것
④ 처분대상 전체 방사성폐기물의 농도가 100 Bq/g 미만인 것

19 폐기시설등 건설·운영자가 방사성폐기물의 처분시 처분검사 신청기한 중 맞는 것은?

① 처분작업 개시 5일 전까지 ② 처분작업 개시 10일 전까지
③ 처분작업 개시 30일 전까지 ④ 처분작업 개시 1개월 전까지

20 운반용기 제작검사신청서를 위원회에 제출하여 운반용기의 제작검사를 받으려고 한다. 검사 전 신청서 제출 시기 중 맞는 것은?

① 30일 전까지 ② 40일 전까지
③ 50일 전까지 ④ 60일 전까지

정답

15) ④ 16) ② 17) ③ 18) ② 19) ④ 20) ④

제4장 방사선안전관리

1. 의료분야의 안전관리

1) 의료방사선 방호 및 관리

(1) 방사성동위원소등을 인체에 사용함에 따른 방사선피폭(이하 "의료피폭"이라 한다)의 관리 대상 및 범위는 다음 각 호와 같다.

① 진료 목적으로 받는 개인의 피폭

② 진료를 받은 임산부의 태내 배태아 또는 모유 수유하는 환자의 유아가 받는 피폭

③ 진료 환자를 간병하는 가족이나 친지가 받는 피폭

④ 방사선을 이용한 의생명 연구 대상으로 참여하는 연구 자원자가 받는 피폭

(2) 방사성동위원소등을 인체에 사용하는 자는 방사선피폭으로 인한 해로움보다 이로움이 크도록 하여야 한다.

(3) 방사성동위원소등을 인체에 사용하는 사용자는 방사선 피폭이 경제적, 사회적 인자를 고려해 합리적으로 달성할 수 있는 범위에서 낮게 유지되도록 하여야 한다.

2) 사용자의 책임

(1) 방사성동위원소등을 인체에 사용하는 자는 의료방사선 방호에 충분한 전문성을 가진 의사가 의료방사선을 사용하도록 하여야 한다.

(2) 방사성동위원소등을 인체에 사용하는 자는 의사의 의뢰와 함께 방사선방호 대책 수립을 확인하고 원자력안전위원회가 정하여 고시하는 바에 따라 의료피폭을 받는 사람 또는 법적 보호자가 적절하게 이해하고 동의한 경우가 아니면 의료피폭을 받지 않도록 하여야 한다.

(3) 제(1)항에 따른 사용자는 의도되지 아니한 또는 사고에 의한 의료피폭 가능성을 최소화하기 위한 모든 가용한 수단을 강구해야 하며, 이러한 의료피폭이 있는 경우 즉시 조사를 수행하고 시정조치를 하여야 한다.

(4) 제(1)항에 따른 사용자는 방사선 사용시설에서 이행하는 의료피폭의 정당화와 최적화에 대하여 원자력안전위원회가 정하여 고시하는 바에 따라 주기적으로 검토하여야 하며 의료피폭 기록을 유지하여야 한다.

3) 적용범위

(1) 방사선발생장치
(2) 밀봉된 방사성동위원소
(3) 밀봉선원이 내장된 기기
(4) 밀봉되지 아니한 방사성동위원소

4) 정의

(1) 방사선 진료장비

방사선을 이용하여 질병을 치료하는데에 사용하는 방사선기기로서 다음의 장치를 말한다

① 의료용 가속장치
② 의료용 방사성동위원소 치료장치

(2) 의료용 가속장치

가속된 전자선 또는 이 전자가 금속표적과 충돌할 때 방출하는 고에너지 X선이나 가속된 입자빔을 치료목적으로 사용하는 기기로서 다음의 장치를 말한다

① 선형가속기
② 사이버나이프
③ 토모테라피
④ 양성자 치료장치
⑤ 중입자 치료장치

(3) 의료용 방사성동위원소 치료장치

방사성동위원소에서 발생되는 방사선을 이용하여 종양을 치료하는 장치로서 다음의 장치를 말한다

① Co-60 치료장치
② Ir-192 치료장치

③ 감마나이프

5) 의료방사선 품질관리

(1) 진료의 목적으로 방사성동위원소등을 인체에 사용하는 자는 환자의 피폭방사선량 또는 투여 방사능량을 의사의 처방대로 유지하여야 한다.

(2) 제(1)항에 따른 사용자는 원자력안전위원회가 고시하는 바에 따라 방사선 진료장비를 유지·관리하여야 하며, 방사선안전관리자와 별도로 의료방사선 품질관리를 위한 전문인력을 두어야 한다.

6) 방사성동위원소 투여환자 안전관리

(1) 진료의 목적으로 방사성동위원소를 인체에 사용하는 자는 체내에 잔류하는 방사능 또는 인체표면 1m 거리에서의 방사선량률이 원자력안전위원회가 정하여 고시하는 수량을 초과하는 환자를 일반환자와 격리하여 입원시켜야 한다.

(2) 제(1)항에 따른 사용자는 환자의 입원실에 전용 화장실을 설치하여야 한다.

(3) 제(1)항에 따른 사용자가 진료환자의 배설물을 배출하는 경우에는 원자력안전위원회가 정하여 고시하는 방법에 따라야 한다.

7) 임신 또는 모유 수유중인 여성

진료의 목적으로 방사성동위원소등을 인체에 사용하는 자는 방사선 진료를 받는 여성 환자가 임신했거나 임신 했을 가능성이 있는 경우, 또는 모유 수유중인 경우에는 원자력안전위원회가 정하여 고시하는 바에 따라 적합한 방사선방호 절차를 수립하여 이행하여야 한다.

8) 진료환자의 격리 및 퇴원 기준

(1) 방사선규칙 제53조 제1항에서 원자력안전위원회가 정하여 고시하는 수량이란 다음 각 호의 하나와 같다.

가. 환자 체내에 잔류하는 방사성동위원소의 방사능은 별표 2(진료환자 격리 및 퇴원 기준)의 1란(방사능)

나. 환자 신체 표면으로부터 1m 거리에서 최대방사선량률은 별표 2의 2란(1m 거리 선량률)

다. 환자 퇴원 후 요양 계획 및 주변 환경을 면밀히 고려하여 환자의 가족이나 친지 등이 받는 개인의 유효선량이 5mSv를 초과하지 않도록 한다.

별표 2

진료환자 격리 및 퇴원 기준(제12조제1항 관련)

	방사능 제1란		1m 거리 선량률 제2란
주요 핵종	GBq	mCi	mSv/h
Au-198	3.5	93	0.21
Ga-67	8.7	240	0.18
I-123	6	160	0.26
I-125	0.25	7	0.01
I-125 (이식)	0.33	9	0.01
I-131	1.2	33	0.07
In-111	2.4	64	0.2
Ir-192 (이식)	0.074	2	0.008
P-32	*	*	*
Re-186	28	770	0.15
Sr-89	*	*	*
Tc-99m	28	760	0.58
Tl-201	16	430	0.19
Y-90	*	*	*
Yb-169	0.37	10	0.02
Ra-223	*	*	*

1. 방사성동위원소를 투입 또는 투여 받은 환자의 퇴원으로 인한 다른 개인의 피폭방사선량이 5mSv를 초과할 가능성이 있는 방사능 및 환자로부터 1 m 거리에서의 선량률을 각각 제시하였다.
2. 1 m 거리에서의 선량률은 환자 신체 표면에서부터 1 m 거리에서 바닥으로부터 1 m 높이의 공간 선량률(주위선량당량률 또는 유효선량당량률)을 측정한다.

* 알파 방출체(Ra-223) 또는 베타 방출체(P-32, Sr-89, Y-90)는 다른 개인에게 미치는 영향이 매우 미미하므로 기준값을 따로 제시하지 않는다.

방사선규칙 제53조 제1항

- 제53조(방사성동위원소 투여환자 안전관리)

1. 진료의 목적으로 방사성동위원소를 인체에 사용하는 자는 체내에 잔류하는 방사능 또는 인체표면 1m 거리에서의 방사선량률이 원자력안전위원회가 정하여 고시하는 수량을 초과하는 환자를 일반환자와 격리하여 입원시켜야 한다.

(2) 치료의 목적으로 방사성동위원소를 인체에 사용하는 자는 환자의 퇴원으로 인하여 방사선에 의해 영향을 받을 수 있는 다른 개인의 유효선량을 합리적으로 가능한 낮게 유지하도록 하기 위하여 퇴원 후 주의사항이 기재된 지침서를 제공하여야 한다.

(3) 제(2)항에 따른 지침서는 다음 각 호의 사항을 포함하여야 하며, 특히 가정 내에 수유중인 유아 또는 어린이가 있거나 치료를 받고 퇴원하는 환자가 가정 이외의 장소에 머무르는 경우, 퇴원한 환자 이외의 다른 개인의 유효선량이 일반인 선량한도를 초과할 가능성이 있을 때, 환자가 지켜야 할 사항을 강조한 특정 내용을 추가하여야 한다.

가. 방사성동위원소 투여량에 따른 환자와의 접촉 제한과 접촉시간 최소화

나. 방사성동위원소 투여 환자 특정 장소로의 군집 제한

다. 환자의 배설물 등으로 인한 오염의 최소화

라. 모유 수유 또는 임신 계획에 대한 주의사항 및 방사선에 의한 영향

마. 항공 이용 시 X-선 검색 주의사항

바. 전리방사선 영향에 대한 정보

사. 추가 질문이 있는 경우 연락 가능한 담당자의 성명 및 연락처

9) 진료환자의 배설물

방사선규칙 제53조 제3항에 따라 진료환자의 배설물을 배출하는 경우에는 배출액 중의 방사성동위원소의 농도가 위원회 고시 「방사선방호 등에 관한 기준」제6조의 배출관리기준을 초과하여서는 아니 된다.

방사선규칙 제53조

• 제53조(방사성동위원소 투여환자 안전관리)

1. 진료의 목적으로 방사성동위원소를 인체에 사용하는 자는 체내에 잔류하는 방사능 또는 인체표면 1m 거리에서의 방사선량률이 원자력안전위원회가 정하여 고시하는 수량을 초과하는 환자를 일반환자와 격리하여 입원시켜야 한다.
2. 제1항에 따른 사용자는 환자의 입원실에 전용 화장실을 설치하여야 한다.
3. 제1항에 따른 사용자가 진료환자의 배설물을 배출하는 경우에는 원자력안전위원회가 정하여 고시하는 방법에 따라야 한다.

배출관리기준

배출관리기준을 적용함에 있어 배기 중 또는 배수 중 방사성핵종의 허용농도는 1주간의 평균치로 한다. 다만, 부득이한 경우에는 3개월간의 평균치로 갈음할 수 있다.

10) 방사선기기 안전요건

치료용 방사선기기 중 밀봉선원이 내장된 장비의 안전요건은 다음 각 호와 같다.

(1) 전원의 공급이 중단되는 경우, 자동으로 방사선원이 차폐되고 제어판으로부터 빔 제어 기능이 재 작동될 때까지 차폐된 상태로 유지되어야 한다.

(2) 비정상 상황 시 방사선조사를 중단시키는 독립된 장치를 둘 이상 갖추어야 한다.

(3) 밀봉선원이 장착된 치료실에는 연속적으로 방사선량을 감시하는 장치를 설치하여 종사자가 선원의 상태를 알 수 있도록 하여야 한다.

(4) 방사선 치료를 위해 치료실 내부에 치료받는 자 외의 사람이 잔류하고 있는지를 외부에서 확인할 수 있도록 하여야 한다.

11) 방사선량 교정

의료기관은 치료용 방사선기기에 대한 방사선량 교정 및 평가를 다음 각 호에 따라 수행하여야 한다.

(1) 해당 방사선기기의 방사선량 교정에 적합한 측정장비 및 방사성동위원소를 준비하여야 한다.

(2) 국제원자력기구 기술보고서 또는 이와 동등한 기술기준 및 해당 방사선기기의 제작사가 권고한 조건에 따라 방사선량을 교정하여야 한다.

(3) 치료용 방사선기기에 대한 선량 교정 및 평가주기는 다음 각 목의 어느 하나와 같다.

가. 장비를 설치하고 처음으로 사용할 때

나. 처음으로 사용한 이후 매 1년마다

다. 방사선원을 교체하거나 새로운 시설로 이전한 경우

라. 선량평가에 영향을 미칠 수 있는 보수를 한 경우

마. 1년 이상 사용을 중지 한 후 다시 사용하려는 경우

2. 이동사용의 안전관리

1) 사용시설 이외에서의 방사선투과검사 작업

방사성동위원소등을 고정 차폐된 사용시설 이외에서의 사용은 검사대상물을 사용시설

내부로 이동할 수 없는 타당한 사유가 있고 방사선투과검사 이외의 가능한 검사 방법이 없는 경우에 한하며 이때 적용하는 기술기준은 다음 각 호와 같다.

(1) 피폭방사선량이 선량한도 이하가 되도록 하는 차폐벽이나 차폐물을 설치할 것
(2) 방사선관리구역의 경계에 설치한 울타리 등 사람의 출입을 제한하는 시설의 사방에 소리 및 경광등 겸용의 경고등을 설치할 것
(3) Ir-192 0.74 테라베크렐 이하에 상응하는 방사성동위원소만을 사용할 것
(4) (3)호에도 불구하고 "도시가스사업법 시행규칙"제2조에 따른 배관 및 "집단에너지사업법 시행규칙"제2조에 따른 열수송관 중 두께 20mm이하의 검사대상물에는 2.22 테라베크렐 이하의 Se-75를 사용할 것. 다만, 사용이 불가능한 경우 원자력안전위원회의 인정을 받아 Ir-192 0.74 테라베크렐 이하에 상응하는 방사성동위원소를 사용할 수 있다.

2) 작업환경

발주자는 발주자의 안전조치의무 규정에 따라 안전한 작업환경을 제공하기 위하여 다음 각 호의 조치를 취하여야 한다.

방사선투과검사를 위하여 방사성동위원소등을 이동사용하는 경우 방사선투과검사를 의뢰한 발주자는 발주자의 사업장에서 방사성동위원소등을 이동사용하는 방사선작업종사자가 과도한 방사선에 노출되지 아니하도록 위원회규칙으로 정하는 바에 따라 안전한 작업환경을 제공하여야 한다는 규정에 따라 안전한 작업환경을 제공하기 위하여 다음 각 호의 조치를 취하여야 한다.

(1) 방사선장해방지 조치에 적합한 사용시설 또는 차폐물 및 방사선원과 종사자 사이에 안전거리를 유지할 수 있는 작업환경을 제공할 것
(2) 용역계약의 내용이 허가사용자의 방사선안전관리 계획 수립 이행에 지장을 초래하지 않도록 할 것
(3) 작업장 소재지 직원 및 출입자에게 방사선투과검사가 진행됨을 알려 주의를 환기할 것
(4) 복수의 허가사용자에게 방사선투과검사 용역을 발주하는 경우 동시 작업에 따른 방사선영향을 최소화할 것

3) 작업 중지

위원회는 규정에 따라 방사선투과검사의 중지를 명할 때에는 발주자에게 다음 각 호의 사항을 알려야 한다.

(1) 작업을 중지하여야 하는 장소 및 일시
(2) 설치 또는 보완되어야 하는 안전설비와 그 사유

4) 일일작업량 등 보고

(1) 규정에 따라 작업 기간을 1개월 이상 발주한 발주자는 다음 각 호의 사항을 위원회에 보고하여야 한다.

가. 용역 계약 시 총 작업량 및 일일 평균 작업량

나. 허가사용자의 작업자(작업조)가 일자별로 수행한 방사선투과검사 작업시간, 작업장소, 작업량, 피검사체의 설명서 및 사용선원

다. 제1호에 따른 일일 평균 작업량을 초과한 경우 해당 사유

(2) 발주자는 제가호에 따른 사항은 용역 업무 개시일로부터 15일 이내에, 제나호 및 제다호에 따른 사항은 매월 경과 후 15일 이내에 방사선안전관리통합정보망을 통하여 온라인 보고하여야 한다. 다만, 위원회가 인정하는 부득이한 경우에는 서면으로 보고할 수 있다

5) 방사선투과검사 작업

방사성동위원소 등을 이동사용하는 경우의 기술기준은 다음 각 호와 같다.

(1) 사용시설 또는 방사선관리구역안에서 사용할 것

(2) 정상적인 사용상태에서는 밀봉선원이 개봉 또는 파괴될 우려가 없도록 할 것

(3) 다음 각 목에 해당하는 조치를 함으로써 방사선작업종사자 또는 수시출입자의 피폭방사선량이 선량한도를 초과하지 아니하도록 할 것

가. 전용작업장을 설치하거나, 차폐벽 또는 차폐물에 의하여 방사선을 차폐할 것

나. 원격조작장치·집게 등을 사용하여 방사성동위원소와 인체 사이에 적당한 거리가 확보되도록 할 것

다. 면밀한 작업계획, 숙달·훈련 등을 통하여 인체에 방사선이 피폭되는 시간을 단축할 것

(4) 사용시설 또는 방사선관리구역의 눈에 띄기 쉬운 장소에 방사선장해방지에 필요한 주의사항을 게시할 것

(5) 사용시설에는 사람의 출입을 제한하고, 방사선작업종사자외의 사람이 출입하는 경우에는 방사선작업종사자의 지시에 따르도록 할 것

(6) 사용시설에는 표지를 부착할 것

(7) 밀봉선원을 사용한 직후에는 그 방사성동위원소의 분실 및 누설 등 이상유무를 점검하고, 이상이 판명되는 경우에는 탐사 기타 방사선장해방지를 위하여 필요한 조치를 취할 것

(8) 감마선조사장치를 천장 차폐체가 규정을 충족하지 않은 사용시설 또는 사용시설 외

에서 사용하는 경우에는 콜리메터(collimator)를 장착하고 사용할 것

(9) 방사선조사장치 1대당 측정범위가 작업현장에 적합한 방사선측정기 1대 이상을 휴대하고 이상유무를 점검하여 활용할 것

(10) 방사선작업은 반드시 2인 이상을 1조로 편성하여 작업을 수행하고 각 개인에 대한 직무를 분담하되, 조장은 다음 각 목의 1에 해당하는 자일 것

가. 방사성동위원소취급자일반면허 또는 방사선취급감독자면허 취득자

나. 방사선투과검사 경력 2년이상 또는 「국가기술자격법」에 의한 방사선비파괴검사 기능사 이상의 자격을 취득한 자

(11) 방사선조사장치의 정상 작동상태를 확보하고 안전한 작업을 수행하기 위하여 감마선조사장치에 대한 점검절차서를 정하고 그 절차서에 따라 점검을 실시한 후 작업을 수행할 것

(12) 야간 방사선작업을 수행하는 경우에는 작업수행에 필요한 다음 각 목의 기구 등을 확보할 것

가. 방사선관리구역의 경계를 쉽게 식별할 수 있는 기구

나. 작업수행에 필요한 조명기구

다. 기다 직업수행에 필요한 기구

(13) 방사선작업을 종료하는 경우에는 방사선조사장치 등의 안전성 여부를 확인하기 위하여 다음 각 목의 조치를 할 것

가. 감마선조사기의 방사성동위원소 정상상태를 확인할 것

나. 개인피폭선량계, 직독식선량계 및 방사선경보기 등의 정상상태를 확인할 것

다. 기타 안전장구 등에 대하여 안전상태를 점검할 것

(14) 일시적 사용장소에 사용을 폐지한 선원을 보관하지 아니할 것

(15) 고정 설치된 방사선차폐시설이 없는 곳에서 방사선작업을 하는 경우 외부방사선량률이 시간당 10마이크로시버트를 초과하는 구역에 대하여 작업장 출입을 관리하고, 시간당 1마이크로시버트를 초과하는 구역에 대하여 일반인의 접근 여부를 감시할 것

6) 작업장 방사선안전관리자

방사성동위원소등을 방사선투과검사 목적으로 이동 사용하는 장소(이하 "작업장"이라 한다.)의 방사선안전관리자의 역할 및 의무 등에 관한 기준은 다음 각 호와 같다.

(1) 규정에 따라 이동사용허가를 받은 자는 작업장 방사선안전관리자에게 작업장에서 발생하는 방사선작업의 허가 및 취소를 할 수 있는 권한을 부여하고, 작업장의 방사선안전관리 업무에 전담하도록 할 것

(2) 작업장 방사선안전관리자는 방사선작업 전에 반드시 작업현장을 확인하고 그 현장에 적합한 작업방법, 절차 및 방사선장해방지에 필요한 사항들을 정하여 방사선작업 종사자에 대하여 교육을 실시할 것
(3) 작업장 방사선안전관리자는 방사선 작업, 작업대기 및 휴식 중에는 방사선조사장치의 도난·분실 등을 예방하기 위하여 항상 감시인을 배치하여 감시하도록 할 것

3. 판매분야의 안전관리

1) 방사성동위원소의 판매 시설기준

방사성동위원소를 판매하고자 하는 자는 규정에 의한 저장시설을 갖추어야 한다. 다만, 개봉선원을 생산하여 판매하거나 원 포장을 개봉·분배하여 판매하는 경우에는 저장시설 이외에 규정에 의한 분배시설·보관시설·처리시설 및 배출시설을, 밀봉선원을 생산하여 판매하거나 원 포장을 개봉·분배하여 판매하는 경우에는 저장시설 이외에 규정에 의한 분배시설 및 보관시설을 갖추어야 한다.

2) 방사성동위원소의 판매 취급기준

(1) 방사성동위원소를 판매하는 경우에는 구매자가 방사성동위원소의 사용에 관한 허가(이동사용 허가를 포함한다)를 받거나 신고를 하였는지 여부를 확인하여야 한다.
(2) 방사성동위원소가 내장된 기기 중 위원회가 정하여 고시하는 것을 판매하는 경우로서 최종 소비자에게 설치하기 위하여 판매시설 이외의 장소에 보관하는 경우에는 규정에 준 하는 시설에 보관하여야 한다.
(3) 방사성동위원소를 생산하거나 분배하여 판매하고자 하는 경우의 기술기준은 다음 각 호와 같다.
① 포장단계마다 표면오염도를 검사하여 표면오염도가 허용표면오염도를 초과하지 아니 하는 제품만 판매할 것
② 제①호와 관련된 표면오염도를 측정하여 기록을 유지할 것
③ 방사성동위원소 등을 분배하는 경우에는 분배에 필요한 절차서를 작성하여 구비할 것
(4) 방사성동위원소 또는 방사성동위원소가 내장된 기기를 판매하는 경우에는 다음 각 호의 자료를 사용자에게 제공하여야 한다.
① 방사선기기설계승인서 및 기기의 정상작동 상태를 입증하는 서류
② 사용·운영·보수 및 관리방법, 취급금지 사항 등을 사용자가 쉽게 이해 할 수 있도록 작성된 사용설명서

③ 사용자가 직관적으로 이해할 수 있도록 작성하여 방사성동위원소가 내장된 기기에 붙일 수 있게 제작된 사용방법, 주의사항 및 경고사항 에 대한 표지
④ 방사성동위원소가 내장된 기기의 사용 및 취급 방법에 대한 교육자료

(5) 방사성동위원소 또는 방사성동위원소가 내장된 기기를 판매하는 경우에는 사용자에게 교육하고 훈련을 실시하여야 한다.
(6) 방사성동위원소가 내장된 기기 중 위원회가 정하여 고시하는 것을 판매하여 설치하는 경우에는 위원회가 정하여 고시하는 바에 따라 누설여부를 점검하여야 한다.
(7) 판매한 방사성동위원소 또는 방사성동위원소가 내장된 기기의 안전성에 결함이 발견된 때에는 즉시 사용자에게 그 사실을 통지하고 필요한 조치를 하여야 한다.
(8) 방사성동위원소 또는 방사성동위원소가 내장된 기기의 판매와 관련하여 발생한 방사성폐기물의 수거·폐기에 관한 사항은 위원회가 정하여 고시한다.

3) 방사선발생장치의 판매 시설기준

방사선발생장치를 판매하고자 하는 자는 제34조의 규정에 의한 보관시설을 갖추어야 한다.

방사선규칙 제34조

방사선발생장치 보관시설의 구조 및 설비에 관한 기술기준은 다음 각 호와 같다.
(1) 문·덮개 등 외부로 통하는 부분에는 자물쇠 기타 도난·분실을 방지하기 위한 시설 또는 기구를 설치할 것
(2) 출입문에는 눈에 띄기 쉬운 곳에 방사선장해방지에 필요한 주의사항을 게시할 것

4) 방사선발생장치의 판매 취급기준

(1) 방사선발생장치를 판매하는 경우에는 방사선발생장치의 사용에 관한 허가를 받거나 신고를 하였는지 여부를 확인하고 판매하여야 한다.
(2) 방사선발생장치의 표면에는 제작사에서 권고하는 안전수칙을 표시하여야 한다.
(3) 방사선발생장치를 판매하는 경우에는 다음 각 호의 자료를 사용자에게 제공하여야 한다.
① 방사선기기설계승인서 및 기기의 정상작동 상태를 입증하는 서류
② 사용·운영·보수 및 관리방법, 취급금지 사항 등을 사용자가 쉽게 이해 할 수 있도록 작성된 사용설명서
③ 사용자가 직관적으로 이해할 수 있도록 작성하여 방사선발생장치에 붙일 수 있게 제작된 사용방법, 주의사항 및 경고사항에 대한 표지

④ 방사선발생장치 사용 및 취급 방법에 대한 교육자료

(4) 방사선발생장치를 판매하는 경우에는 사용자에게 교육하고 훈련을 실시하여야 한다.

(5) 판매한 방사선발생장치의 안전성에 결함이 발견된 때에는 즉시 사용자에게 그 사실을 통지하고 필요한 조치를 하여야 한다.

4. 방사성폐기물의 안전관리

1) 폐기시설등의 시설기준

방사성폐기물의 저장·처리·처분시설 및 그 부속시설(이하 "폐기시설등"이라 한다)의 위치·구조 및 설비에 관한 기술기준은 천층처분시설, 심층처분시설, 사용후핵연료 중간저장시설, 폐기물저장 설비 및 폐기물처리 설비의 기술기준을 적용한다.

2) 천층처분시설의 위치

(1) 중·저준위방사성폐기물 천층처분시설(부속시설을 포함한다)의 위치는 다음 각 호의 기준에 적합한 곳이어야 한다.

① 인구밀집지역으로부터 떨어진 곳일 것

② 기상·수문조건·지표면 및 지질학적 상태를 고려하여 적합한 곳일 것

③ 지표수와 지하수로부터 가능한 한 멀리 떨어진 곳으로서 그 분포상태가 적합한 곳일 것

④ 지진, 생태학적 특징, 수자원의 이용 기타 제반 환경여건이 적합한 곳일 것

(2) 제(1)항의 규정에 의한 중·저준위방사성폐기물 천층처분시설의 위치에 관한 세부기술기준은 위원회가 정하여 고시한다.

3) 심층처분시설의 위치

(1) 고준위방사성폐기물 심층처분시설(부속시설을 포함한다)의 위치에 관한 기준은 다음 각 호와 같다.

① 인구밀집지역으로부터 떨어진 곳일 것

② 해안지역에 위치한 경우에는 해수에 의한 심각한 영향을 받지 아니하는 곳일 것

③ 처분시설의 안전을 위하여 주변지역이 지질학적으로 안정된 곳일 것

④ 기후변화 등이 처분시설의 안전성에 심각한 영향을 미치지 아니하는 심부에 위치할 것

⑤ 지층의 암석은 방사성물질의 이동을 억제할 수 있도록 침투성·다공성 및 확

산성이 낮을 것

⑥ 지하매질은 방사성물질의 붕괴열 등이 처분시설의 안전성에 심각한 영향을 미치지 아니하는 것일 것

⑦ 지표수 및 지하수로부터 멀리 떨어진 곳일 것

⑧ 석유·천연가스 등 인화성 광물질의 매장지역으로부터 멀리 떨어진 곳일 것

(2) 제(1)항의 규정에 의한 고준위방사성폐기물 심층처분시설의 위치에 관한 세부기술기준은 **위원회가 정하여 고시**한다.

위원회고시

고준위방사성폐기물의 처분에 따른 방사선위해 방지기준

국민건강과 환경의 보호

① 심층처분시설로 인한 국민 건강상의 위해는 용인할 수 있을 정도로 낮아야 하며, 후세대에 예상되는 방사선영향은 현재 용인되는 수준보다 크지 않아야 한다.

② 심층처분시설로 인한 환경의 방사선영향은 무시할 만한 수준으로 낮아야 한다.

안전목표치 심층처분시설은 폐쇄 후 방사선영향이 다음 각 호의 안전목표치를 만족하도록 설계되이야 한다.

1. 자연현상과 인간침입을 망라한 주요 시나리오에 따른 방사선피폭으로 인한 연간 총 위험도가 대표인에 대해 10-6을 초과하지 않을 것
2. 발생가능성이 낮은 확률자연현상과 인간침입 등 단일 시나리오에 따른 예상피폭선량이 대표인에 대해 연간 10 mSv를 초과하지 않을 것

안전성평가 제5조에 따른 안전목표치에 대한 부합성의 평가는 다음 각 호에 기초하여야 한다.

1. 총 위험도는 위험도계수(r), 피폭시나리오(i), 피폭시나리오가 발생할 확률(P), 대표인에 대한 연간피폭선량(D)을 고려하여 다음 계산식에 따라 산출한다.

   총위험도 = $\gamma \Sigma P_i D_i$

4) 사용후핵연료 중간저장시설의 위치

(1) 사용후핵연료 중간저장시설(부속시설을 포함한다)의 위치에 관한 기준은 다음 각 호와 같다.

① 인구밀집지역에서 떨어진 곳일 것

② 지진·지질학적 특성을 조사·평가한 결과 장해가 없는 곳일 것

③ 산업·수송 및 군사시설로 인한 인위적 사건의 영향을 평가한 결과 장해가 없는 곳일 것

④ 당해 시설로부터 방사성물질이 대기로 방출되는 경우의 확산 및 희석 특성을

조사·평가한 결과 주변의 대기환경에 장해가 없는 곳일 것

⑤ 해일·회오리바람·태풍·홍수·폭설 또는 폭우 등의 자연현상을 조사·평가한 결과 그것이 중대한 사고의 원인이 될 수 없는 곳일 것

⑥ 저수지·댐의 유실과 빗물 등에 의한 하천범람의 영향이 없는 곳일 것

⑦ 지표수 및 지하수의 수문학적 특성을 조사·평가한 결과 주변의 수중환경에 장해가 없는 곳일 것

(2) 제(1)항의 규정에 의한 사용후핵연료 중간저장시설의 위치에 관한 세부기술기준은 위원회가 정하여 고시한다.

5) 환기 및 배기 설비

(1) 방사성물질에 오염된 공기로부터 방사선장해를 방지할 필요가 있는 방사성폐기물관리시설등에는 다음 각 호의 기술기준에 적합한 환기설비를 설치해야 한다.

① 방사선장해를 방지하기 위하여 필요한 환기능력을 가질 것

② 방사성물질에 오염된 공기가 누설되지 않는 구조이고 역류할 우려가 없을 것

③ 배출되는 공기를 정화하는 설비를 설치한 경우에는 방사성물질에 오염된 공기의 정화 및 여과 장치를 교체하기 쉬운 구조일 것

④ 흡기구는 방사성물질에 오염된 공기를 흡입하지 않도록 설치할 것

(2) 환기 및 배기 계통의 성능은 정상 시뿐만 아니라 사고가 발생한 경우에도 방사선작업종사자 및 공중의 안전을 확보할 수 있어야 한다.

6) 화재방호시설

(1) 방사성폐기물관리시설등에 화재방호설비를 설치할 때에는 화재 및 폭발의 가능성을 낮추고 화재와 폭발로 인한 방사성물질의 확산 및 누출의 방지 능력에 현저한 지장을 초래하지 않도록 다음 각 호의 심층방어개념을 적용하여야 한다.

① 화재 발생의 방지를 위하여 가능한 한 불연성 또는 난연 재료를 사용할 것

② 화재를 조기에 감지하고 신속하게 소화할 수 있는 소방시설을 설치할 것

③ 화재방호시설의 정상적인 작동뿐만 아니라 고장·손상 또는 오동작으로 인하여 안전설비의 기능이 손상되지 않도록 할 것

(2) 방사성폐기물관리시설등의 화재방호에 대한 설계가 제(1)항의 심층방어개념을 준수하고 있음을 보장하기 위하여 설계 초기단계에 다음과 같은 사항이 고려된 화재위험도분석을 수행해야 한다.

① 화재방호구역의 구분

② 화재방호시설

③ 가연성물질의 종류 및 크기(방사성폐기물의 경우 해당시설의 최대 저장능력)

④ 화재위험성의 평가

⑤ 설계기준화재의 범주

⑥ 방사성물질 누출방지 능력

(3) 제(2)항의 규정에 의한 폐기시설 등의 화재위험도분석에 관한 세부기술기준은 위원회가 정하여 고시한다.

7) 방사성물질에 의한 오염의 방지

방사성폐기물관리시설 등으로서 사람이 빈번히 출입하는 건물 등의 내부의 벽·바닥 기타 방사성물질에 의하여 오염될 우려가 있는 부분 중 사람이 접촉할 우려가 있는 부분의 표면은 방사성물질에 의한 오염을 제거할 수 있어야 한다.

8) 폐기물 저장설비

(1) 방사성폐기물저장설비에 관한 기술기준은 다음 각 호와 같다.

① 운영 시에 발생하는 방사성폐기물을 저장할 수 있는 용량일 것

② 붕괴열 및 방사선 조사에 의하여 발생하는 열에 견디어야 하고 화학약품 등에 의하여 부식되는 경우에도 정상 작동상태를 유지할 것

③ 방사성폐기물에 의한 오염이 확산되지 아니하도록 할 것

(2) 액체상의 방사성폐기물을 저장하는 설비가 설치되는 시설에는 그 설비의 고장·손괴 등에 의하여 액체상의 방사성폐기물이 시설 밖으로 누설되는 것을 방지하기 위한 둑을 설치하여야 한다.

9) 천층처분시설의 구조 및 설비

(1) 중·저준위방사성폐기물 천층처분시설의 구조 및 설비에 관한 기술기준은 다음 각 호와 같다.

① 주위의 지질특성과 토양의 흡착능을 고려하여 방사성물질의 이동을 최대로 억제할 수 있도록 설계·건설함으로써 폐쇄 시까지 그 기능이 유지되도록 할 것

② 처분장소 주위에 물이 고일 가능성이 없도록 할 것

③ 주위의 지표수의 범람을 방지할 수 있도록 처분장소를 두껍게 복개할 것

④ 처분장소 주위에 방사성물질 감시설비를 설치할 것

⑤ 화재 또는 지진 등의 사고 시에도 처분시설로부터 방사성물질이 누출되지 아니하도록 할 것

(2) 제(1)항의 규정에 의한 중·저준위방사성폐기물 천층처분시설의 구조 및 설비에 관한 세부기술기준은 위원회가 정하여 고시한다.

10) 심층처분시설의 구조 및 설비

(1) 고준위방사성폐기물 심층처분시설의 구조 및 설비에 관한 기술기준은 다음 각 호와 같다.

① 처분된 방사성폐기물로부터 발생하는 붕괴열 및 압력을 충분히 제어할 수 있도록 할 것

② 처분된 방사성폐기물이 임계에 도달할 가능성이 없도록 할 것

(2) 제(1)항의 규정에 의한 고준위방사성폐기물 심층처분시설의 구조 및 설비에 관한 세부기술기준은 위원회가 정하여 고시한다.

11) 사용후핵연료 중간저장시설의 구조 및 설비

(1) 사용후핵연료 중간저장시설의 구조 및 설비에 관한 기술기준은 다음 각 호와 같다.

① 사용후핵연료를 안전하게 취급하고 저장할 수 있는 방사선 차폐능력을 유지할 것

② 사용후핵연료의 임계를 효율적으로 방지할 것

③ 사용후핵연료가 붕괴열 등으로 인하여 용융되는 것을 방지할 수 있는 냉각능력을 유지할 것

④ 해일·회오리바람·태풍·홍수·폭설·폭우 또는 지진 등의 자연현상에 의한 손괴로 인하여 일반인에게 방사선에 의한 장해가 발생하지 아니하도록 할 것

⑤ 화재 또는 폭발 등이 발생한 경우에도 안전성을 유지할 것

⑥ 기타 방사선 안전사고에 의한 방사성물질의 유출로 주변환경에 대한 방사성물질의 오염 또는 일반인에 대한 방사선피폭을 방지할 것

(2) 제(1)항의 규정에 의한 사용후핵연료 중간저장시설의 구조 및 설비에 관한 세부기술기준은 위원회가 정하여 고시한다.

12) 폐기물처리설비

(1) 방사성폐기물을 처리하는 설비에 관한 기술기준은 다음 각 호와 같다.

① 제한구역 경계의 공기중 및 수중 방사성물질의 농도가 배출관리기준상의 제한값 이하가 되도록 폐기시설로부터 발생하는 방사성폐기물을 처리하는 능력을 보유하고 있을 것

② 방사성폐기물 외의 폐기물을 처리하는 시설과 구별하여 설치할 것. 다만, 방사성폐기물 외의 액체상의 폐기물을 처리하는 설비로 연결하는 경우 연결된 시설을 따라 역류할 우려가 없는 때에는 그러하지 아니하다.

③ 방사성폐기물이 누설되지 않는 구조이고 화학약품 등에 의하여 현저히 부식

될 우려가 없는 것일 것

④ 기체 상태의 방사성폐기물을 처리하는 설비는 다음 각 목의 기준에 적합할 것

가. 방사성폐기물에 의한 오염이 확산되지 않도록 할 것

나. 배기구 외의 곳에서 기체 상태의 방사성폐기물을 배출하지 않을 것

⑤ 액체상의 방사성폐기물을 처리하는 설비가 설치되는 시설은 다음 각 목의 기준에 적합할 것

가. 시설내부는 바닥면의 경사 또는 바닥면에 만들어진 배수로의 경사에 의하여 액체상의 방사성폐기물이 배수구로 흐르는 구조이고 액체상의 방사성폐기물의 누설확대를 방지하기 위한 둑이 설치되어 있을 것

나. 시설 밖으로 통하는 출입구 또는 그 주변에는 액체상의 방사성폐기물이 시설 밖으로 누설되는 것을 방지하기 위한 둑이 설치되어 있을 것. (시설내부의 바닥면이 인접하는 바닥면 또는 지표면보다 낮아서 시설 밖으로 누설될 우려가 없는 때에는 제외한다)

다. 배수구 외의 곳에서 액체 상태의 방사성폐기물을 배출하지 않도록 할 것

⑥ 고체상의 방사성폐기물을 처리하는 설비가 설치되는 시설은 위원회가 정하여 고시하는 바에 따라 방사성폐기물을 처분에 적합한 형태로 고형화 또는 안정화하거나, 처분안전성이 입증된 용기에 장입할 수 있는 능력이 있을 것.

(2) 제(1)항의 규정에 의한 방사성폐기물 처리설비의 구조 및 설비에 관한 세부기술기준은 **위원회가 정하여 고시**한다.

위원회고시

방사성물질의 환경방출관리

① 정상운전 및 예상운전과도시 기체 및 액체상태의 방출물을 적절하게 제어할 수 있어야 하며, 부지 환경조건을 고려하여 필요시 방사성물질의 방출을 억제할 수 있는 충분한 수용능력을 확보하여야 한다.

② 폐기시설 제한구역 경계의 공기중 및 수중 방사성물질의 농도가 배출관리기준상의 제한값 이하가 되도록 방사성폐기물을 처리할 수 있어야 한다.

③ 액체 또는 기체 방사성폐기물은 건설·운영허가시 결정된 배기구 또는 배수구외의 곳에서 환경으로 배출되지 않아야 한다.

④ 방사성폐기물처리설비의 운전상태 및 배출방사능 감시를 위하여 적절한 시료채취장치 및 감시설비를 설치하여야 한다.

방사성물질에 의한 오염 및 역류방지

방사성폐기물을 처리하는 설비는 방사성물질을 취급하지 않는 설비와 구별하여 설치함으로써, 방사성물질의 역류로 인한 오염가능성이 없어야 한다.

화재 및 폭발방지

방사성폐기물 처리설비는 화재 및 폭발을 방지할 수 있도록 설계되어야 한다.

내진설계기준

방사성폐기물의 처리를 위한 기기, 설비 및 구조물은 이들에 작용하는 지진력의 손괴로부터 일반인에게 방사선장해가 미치지 아니하도록 설계되어야 한다.

설계 최적화

방사성폐기물의 처리를 위한 구조물, 설비 및 기기는, 운전 및 보수 작업자의 방사선피폭을 합리적으로 달성 가능한 한 낮게 유지하기 위하여, 누설을 제어하고 접근·운전·검사·시험 및 유지·보수가 용이하도록 설계하여야 한다.

누설방지기준

액체폐기물 처리설비가 설치되는 시설은 다음 각 호의 기준을 만족하여야 한다.

1. 시설내부는 바닥면의 경사 또는 바닥면에 만들어진 배수로의 경사에 의하여 액체상의 방사성폐기물이 배수구로 흐르는 구조이어야 하며, 액체폐기물의 누설확대를 방지하기 위한 둑을 설치하여야 한다.
2. 시설 밖으로 통하는 출입구 또는 그 주변부위에는 액체상의 방사성폐기물이 시설 밖으로 누설되는 것을 방지하기 위한 둑을 설치하여야 한다. 다만, 시설내부의 바닥면이 인접하는 바닥면 또는 지표면보다 낮아서 시설 밖으로 누설될 우려가 없는 때에는 그러하지 아니하다.

액체폐기물 저장탱크의 설계기준

① 액체 상태의 방사성물질을 함유하는 모든 탱크는 통제되지 않은 방사성물질의 배출을 방지할 수 있도록 설계되어야 한다.

② 액체폐기물 저장탱크는 다음 각 호에 따라 설계되어야 한다.

1. 모든 탱크에는 액체의 수위를 감시할 수 있는 설비가 제공되어야 한다.
2. 설정된 고수위조건은 해당 지역 및 제어실에 경보를 발생시켜야 한다.
3. 모든 탱크의 넘침, 배수 및 시료채취배관은 액체폐기물처리계통으로 이송되어야 한다.
4. 건물 내에 설치된 탱크에는 액체폐기물처리계통으로 이송되는 바닥배수관과 함께 "턱" 또는 "돌출 문턱"을 설치해야 한다.
5. 방사성물질이 감시되지 않는 채로 비방사성계통 또는 지역 덕트로 누설되지 않도록 설계하여야 한다.
6. 옥외 탱크에는 탱크의 넘침이 발생하는 경우 유출을 방지할 수 있는 둑 또는 저류지가 설치되어야 하며, 수집된 액체를 시료채취하고 이를 액체방사성폐기물처리계통으로 이송할 수 있는 수단이 마련되어야 한다. 방사성물질을 취급할 수 있고 액체폐기물계통으로 이송할 수 있는 중간 섬프 또는 배수탱크에 의한 저류기능도 허용할 수 있다.

처분안전성 확보

고체폐기물 처리설비는 방사성폐기물을 처분에 적합한 형태로 고형화 또는 안정화하거나 처분안전성이 입증된 용기에 넣을 수 있는 기능을 갖추어야 한다. 다만, 다른 시설에서 해당 폐기물을 이와 같은 방법으로 처리할 경우에는 그러하지 아니하다.

설계, 재질 및 시험 등

① 처리설비는 적절한 산업기술기준에 따라 설계, 제작, 용접 및 시험되어야 한다.

② 처리설비의 재질은 정상운전 및 예상운전과도시 설비의 운전조건 및 예상되는 화학적·물리적·방사선 환경조건에 견딜 수 있어야 한다.

③ 압력보유 기기 및 밀봉기능이 요구되는 기기에 대해서는 가능한 한 용접공법을 적용하여야 한다.

④ 방사성물질을 취급하는 주요 배관은 막힘, 누적 및 역류현상 등이 발생하지 않도록 설계하여야 한다.

13) 폐기시설 등의 성능기준

(1) 구조물·계통 및 기기

방사성폐기물 폐기시설 등의 구조물·계통 및 기기의 성능은 위원회가 정하여 고시하는 바에 따라 정상 작동상태를 유지할 수 있어야 한다.

(2) 환기 및 배기

환기 및 배기 계통의 성능은 정상 시 뿐만 아니라 사고가 발생한 경우에도 방사선작업종사자 및 공중의 안전을 확보할 수 있어야 한다.

(3) 화재방호 운영

① 폐기시설 등의 화재방호를 위해서는 다음 각 목의 사항이 포함된 화재방호 운영절차를 마련해야 한다.

가. 운전 및 소화활동을 위한 화재발생 구역에 대한 상세한 사전 소방대책

나. 화재 발생 시 외부 소방대와의 협력체계 등이 포함된 비상대응절차

다. 적용된 기술기준에 따라 소방시설을 포함한 화재방호계통에 대한 시험·검사 및 유지관리 절차

② 폐기시설등의 설계변경이나 운전방법의 변동으로 인하여 규정에 의한 화재위험도 분석결과에 영향을 미칠 수 있는 경우 화재위험도분석에 반영하여야 한다.

③ 폐기시설등의 건설·운영허가를 받은 날부터 매 10년이 되는 날을 평가기준일로 하여 화재위험도분석의 적합성을 평가하여야 한다.

(4) 감시 및 제어

폐기시설 등의 안전계통 및 기기는 사고가 발생한 경우에도 항상 감시가 가능하고 제어할 수 있어야 한다.

(5) 비상용 전원장치

비상용 전원장치는 발전소 외부로부터의 전원이 차단된 경우에도 폐기시설 등의 안전계통 및 기기가 그 성능을 유지하도록 작동할 수 있어야 한다.

(6) 배수

배수시설은 지표수나 지하수 유입을 최대한 억제하여야 하며, 폐기시설 등이 홍수 또는 하천 범람 등의 자연재해로부터 영향을 받지 아니하도록 할 수 있어야 한다.

(7) 방사선 관리

출입장소 기타 방사선 관리를 특별히 필요로 하는 장소의 방사선량률과 그 장소의 공기 중 방사성물질의 농도는 위원회가 정하여 고시하는 제한값 이하로 유지될 수 있어야 한다.

(8) 방사성물질의 취급 및 처리능력

방사성폐기물의 저장·처리 및 처분능력은 방사성폐기물관리시설등의 건설·운영 허가 규정에 의한 안전성분석보고서 등 허가신청서의 첨부서류에 기재된 능력 이상이어야 한다.

14) 방사성폐기물의 폐기

(1) 천층처분시설에서의 저장·처리 또는 처분

① 중·저준위방사성폐기물 천층처분시설에서의 저장·처리 또는 처분에 관한 기술기준은 다음 각 호와 같다.

가. 방사성폐기물은 방사선장해를 방지하기 위하여 적절한 용기에 넣거나 고형화할 것

나. 방사성폐기물의 방사능농도 및 수량이 방사성물질의 종류에 따라 위원회가 정하여 고시하는 세부기술기준의 한도를 초과하지 아니할 것

다. 방사성폐기물에는 눈에 띄기 쉬운 표면에 방사능 표지를 부착하고, 방사성폐기물에 관한 기록과 대조할 수 있도록 정리번호를 표시할 것

라. 위치와 경계를 표시하고 보전구역을 설치하여 그 경계선에 방사능표지를 설치할 것

마. 방사선작업종사자 및 수시출입자의 피폭방사선량이 선량한도를 초과하지 아니하도록 할 것

② 중·저준위방사성폐기물 천층처분시설에서의 폐쇄 후 관리에 관한 기술기준은 다음 각 호와 같다.

가. 폐쇄 후 관리의 방법은 다음의 활동을 포함 할 것

가) 부지에 대한 방사선환경조사

나) 부지특성에 대한 관찰과 지표구조물의 유지·보수

다) 부지 안으로 일반인의 접근 제한

라) 처분에 관한 기록의 비치 및 보존

마) 그 밖에 해당 처분시설의 특성에 따라 폐쇄 후 관리를 위해 필요한 사항

나. 폐쇄 후 관리기간 이후에는 관리활동 없이 처분안전성을 확보할 수 있을 것

③ 제①항의 규정에 의한 중·저준위방사성폐기물에 대한 천층처분시설에서의 저장·처리 또는 처분에 관한 세부기술기준과 제②항의 규정에 의한 중·저준위방사성폐기물 천층처분시설의 폐쇄 후 관리에 관한 세부기술기준은 위원회가 정하여 고시한다.

(2) 심층처분시설에서의 저장·처리 또는 처분

① 고준위방사성폐기물 및 사용후핵연료의 심층처분장소에서의 저장·처리 또는 처분에 관한 기술기준은 다음 각 호와 같다.

가. 처분장소 주위에 보전구역을 설치하고 제한구역의 설치에 관하여도 반드시 검토할 것

나. 방사성폐기물에는 눈에 띄기 쉬운 표면에 방사능 표지를 부착하고, 방사성폐기물에 관한 기록과 대조할 수 있도록 정리번호를 표시할 것

다. 방사선작업종사자 및 수시출입자의 피폭방사선량이 선량한도를 초과하지 아니하도록 할 것

② 제①항의 규정에 의한 고준위방사성폐기물 및 사용후핵연료의 심층처분시설에서의 저장·처리 또는 처분에 관한 세부기술기준은 위원회가 정하여 **고시**한다.

(3) 처분시설 안에서의 저장·처리

폐기시설 등의 운영 시 발생되는 방사성폐기물의 저장·처리에 관한 기술기준은 다음 각 호와 같다.

① 처리·저장작업은 방사선장해방어에 관한 지식과 경험을 갖춘 자의 감독 하에 하도록 하고, 저장 및 처리에 종사하는 자에게는 작업복·장갑 등 필요한 방호장구를 착용시킬 것

② 처리·저장작업에 종사하는 자외의 자가 폐기시설에 출입하는 경우에는 감독자의 지시를 따르도록 할 것

③ 기체상의 방사성폐기물은 여과, 시간의 경과에 의한 방사능의 감쇠 또는 다량의 공기에 의한 희석 등의 방법으로 배기중의 방사성물질의 농도를 저하시킨 후 이를 배기시설에 의하여 배출할 것. 이 경우 배기구에서 배기중의 방사성물질의 농도를 감시함으로써 제한구역경계에서의 공기중 방사성물질의 농도가 배출관리기준의 제한값을 초과하지 아니하도록 하여야 한다.

④ 액체상의 방사성폐기물은 다음 각 호의 1에 의한 방법에 따라 배출·저장할 것

가. 배수시설에 의하여 배출할 것

나. 방사선장해방지의 효과를 가진 저장조에 저장할 것

다. 용기에 넣은 후 고형화하여 방사선장해방지의 효과를 가진 저장시설에 저장할 것

라. 방사선장해방지를 위하여 위원회가 정하여 고시하는 바에 따라 소각시설에서 소각할 것

⑤ 제④호 가목의 방법으로 배수시설에 의해 배출할 경우에는 배수시설에 있어서 여과, 증발, 이온교환수지 등에 의한 흡착, 시간의 경과에 의한 방사능의 감쇠 또는 다량의 물에 의한 희석 등의 방법에 의하여 배수중의 방사성물질의 농도를 감소시킬 것. 이 경우 배수구에서 배수중의 방사성물질의 농도를 감시함으로써 제한구역경계에서의 수중 방사성물질의 농도가 위원회가 정하여 고시하는 배출관리기준상의 제한값을 초과하지 아니하도록 하여야 한다.

⑥ 제④호 나목의 방법으로 저장하는 경우 그 저장된 방사성폐기물의 붕괴열 등에 의하여 현저히 과열될 우려가 있는 경우에는 냉각을 위하여 필요한 조치를 할 것

⑦ 제④호 다목의 방법 중 용기에 넣어 저장하는 경우 방사성폐기물을 넣은 용기는 다음 각 목의 기준에 적합할 것

가. 물이 침투하지 아니하고, 부식에 견디며, 방사성폐기물이 누설되지 아니하는 구조일 것

나. 균열 또는 파손될 우려가 없을 것

다. 용기의 덮개는 쉽게 열리지 아니할 것

⑧ 제④호 다목의 방법 중 고형화하여 저장하는 경우에는 고형화한 방사성폐기물의 확산 또는 누설을 방지할 수 있을 것

⑨ 제④호 다목의 방법 중 방사성폐기물을 방사선장해방지의 효과를 가진 저장시설에 저장하는 경우에는 다음 각 목의 기준에 따를 것

가. 방사성폐기물을 용기에 넣어 저장하는 경우 당해 용기가 균열 또는 파손될 우려가 있는 때에는 그 방사성폐기물의 전부를 흡수할 수 있는 재료로 당해 용기를 포장하거나 수용할 수 있는 밑받이를 당해 용기에 설치하여 오염의 확대를 방지할 것

나. 저장된 방사성폐기물의 붕괴열 등에 의하여 현저히 과열될 우려가 있는 경우에는 냉각을 위하여 필요한 조치를 할 것

다. 방사성폐기물을 넣은 용기나 고형화한 방사성폐기물에는 방사성폐기물임을 나타내는 표지를 붙이고, 당해 방사성폐기물에 관하여 기록과 비치규정에 의하여 기록된 내용과 대조할 수 있도록 하는 정리번호를 위원회

가 정하여 고시하는 세부기술기준에 따라 표시할 것

라. 저장시설에는 눈에 띄기 쉬운 곳에 관리상의 주의사항을 게시할 것

⑩ 고체상의 방사성폐기물은 다음 각 목의 1에 의한 방법에 따라 폐기할 것

가. 방사선장해방지를 위하여 위원회가 정하여 고시하는 바에 따라 소각시설에서 소각할 것

나. 용기에 넣거나 고형화하여 방사선장해방지의 효과를 가진 저장시설에 저장할 것

다. 나목의 방법으로 저장하기가 곤란한 대형기계 등의 방사성폐기물 또는 시간의 경과에 의한 방사능의 감쇠를 필요로 하는 방사성폐기물에 대하여는 방사선장해방지의 효과를 가진 저장시설에 저장할 것

⑪ 제⑩호 나목의 방법 중 방사성폐기물을 용기에 넣어 저장하는 경우에는 제⑦호 및 제⑨호(가목의 경우를 제외한다)의 예에 따를 것

⑫ 제⑩호 나목의 방법 중 방사성폐기물을 고형화하여 저장하는 경우에는 제⑧호 및 제⑨호(가목의 경우를 제외한다)의 예에 따를 것

⑬ 제⑩호 다목의 방법에 의하여 저장하는 경우에는 제⑨호 나목 및 라목의 예에 따를 것

(4) 품질보증

① 원자로시설 등의 기술기준에 관한 규칙 제68조(품질보증 조직)부터 제85조(감사)까지는 폐기시설 등의 설계·건설 및 운영에 관한 품질보증에 관하여 이를 준용한다.

② 제①항에 따른 품질보증에 관하여 필요한 세부적인 사항은 위원회가 정하여 고시한다.

5. 방사성물질등의 포장 및 운반의 안전관리

1) 운반물 및 운반용기의 기술기준

(1) 운반물의 종류

운반하기 위하여 제시된 방사성물질등과 그 포장(이하 “운반물”이라 한다)의 종류는 방사성물질등의 종류와 그 한도량에 따라 다음 각 호와 같이 분류한다.

① L형 운반물

② IP형 운반물(IP형 운반물은 IP-1형 운반물, IP-2형 운반물 또는 IP-3형 운반물로 구분한다)

③ A형 운반물

④ B형 운반물[B형 운반물은 B(U)형 운반물 또는 B(M)형 운반물로 구분한다.]
⑤ C형 운반물
⑥ 핵분열성물질운반물

(2) 운반물별 방사성물질의 한도량

• L형 운반물의 방사성물질등과 그 한도량은 다음 각 호와 같다.

① 천연우라늄·감손우라늄 또는 천연토륨으로 제조된 물품인 경우로서 우라늄 또는 토륨의 외부 표면이 금속 기타 견고한 물질로 된 비활성 외장물로 싸여 있는 경우에는 한도량에 제한이 없음
② 천연우라늄·감손우라늄 또는 천연토륨으로 제조된 물품 이외의 방사성물질인 경우에는 그 한도량이 다음 각 목의 값을 초과하지 아니하도록 할 것
가. 당해 방사성물질이 봉입되어 있거나 시계·전자기기 등 다른 제품의 구성부품으로 되어 있는 경우에는 각 품목 및 운반물에 대하여 별표 3(L형 운반물의 방사능 제한값)의 2란(품목 제한값) 및 3란(운반물 제한값)에 의한 값
나. 당해 방사성물질이 봉입되어 있지 아니하거나 다른 제품의 구성부품으로 되어 있지 아니한 경우에는 별표 3의 4란(방사성물질 운반물 제한값)에 의한 값
③ 위원회가 정하여 고시하는 핵분열성물질의 면제수량 또는 그 비율에 해당하는 물질

• IP형 운반물의 방사성물질등과 그 한도량은 다음 각 호와 같다.

① 운반물의 방사성물질이 저준위 비방사능물질인 경우 저준위 비방사능물질이 차폐되지 아니한 상태에서 당해 운반물로부터 3미터 지점의 방사선량률이 시간당 10밀리시버트를 초과하지 아니하도록 할 것
② 운반물의 방사성물질이 표면오염물체인 경우 표면오염물체가 차폐되지 아니한 상태에서 당해 운반물로부터 3미터 지점의 방사선량률이 시간당 10밀리시버트를 초과하지 아니하도록 할 것
③ 비가연성 고체상태인 제2종 저준위 비방사능물질 또는 제3종 저준위 비방사능물질이 내장된 운반물을 항공운반하는 경우 그 방사능은 특수형방사성물질 이외의 물질에 적용하는 A값(이하 'A2'라 한다)의 3천배를 초과하지 아니하도록 할 것
④ 운반물의 방사성물질의 수량은 별표 4(IP형 운반물에 대한 선박 운반수단의 방사능 제한값)에서 규정하는 지정된 운반수단에 대한 방사능 제한값을 초과하지 아니하도록 할 것

• A형 운반물의 방사성물질등과 그 한도량은 다음 각 호와 같다.

① 종류 및 방사능을 명확히 알고 있는 단일 방사성핵종인 경우에는 그 한도량이 다음 각 목의 값을 초과하지 아니하도록 할 것

가. 특수형방사성물질: 특수형방사성물질에 적용하는 A값(이하 'A_1'이라 한다)

나. 특수형방사성물질 이외의 방사성물질: A_2

② 종류와 각각의 방사능을 알고 있는 혼합 방사성핵종의 경우에는 각 핵종별 A_1과 A_2에 대한 비의 합계가 1을 초과하지 아니하도록 할 것

• B형 운반물의 방사성물질등과 그 한도량은 다음 각 호와 같다.

① 해당 설계승인서에서 규정하는 제한값을 초과하지 아니하도록 할 것

② 항공기에 의하여 운반하는 경우 제①호의 기준 및 다음 각 목에 의한 값을 초과하지 아니하도록 할 것

가. 저분산성방사성물질의 경우에는 해당 설계승인서에서 규정하는 값

나. 특수형방사성물질의 경우에는 A_1의 3천배 또는 A_2의 10만배 중에서 낮은 값

다. 가목 및 나목 이외의 경우에는 A_2의 3천배

• C형 운반물의 방사성물질등과 그 한도량은 B형 운반물의 방사성물질등과 그 한도량 제②호 나목 및 다목에서 규정한 방사성물질등과 그 한도량을 초과하는 것으로서 당해 운반물을 항공기에 의하여 운반하는 경우 해당 설계승인서에서 규정하는 제한값을 초과하지 아니하여야 한다.

• 핵분열성물질운반물은 핵분열성물질이 포함된 운반물로서 그 한도량은 다음 각 호와 같다.

① 육불화우라늄(UF6)이 들어있지 아니한 핵분열성물질운반물의 경우에는 설계승인서에서 규정하는 제한값을 초과하지 아니하도록 할 것

② 육불화우라늄이 들어있는 핵분열성물질운반물의 방사성물질 한도량은 다음 각 목의 기준에 적합하도록 할 것

가. 제①호에서 규정하는 제한값을 초과하지 아니할 것

나. 운반물의 육불화우라늄은 사용장소 주변의 최대온도를 감안하여 포화상태에 이르지 아니하도록 할 것

다. 육불화우라늄은 고체상태를 유지하고 내부압력은 주위압력보다 낮게 유지할 것

(3) 운반용기의 종류

① 운반용기의 종류는 운반하고자 하는 운반물의 종류에 따라 구분하되, 규정에 의한 운반물의 종류별로 각각 다음과 같이 구분한다.

가. L형 운반용기

나. IP형 운반용기(IP-1형 운반용기, IP-2형 운반용기 및 IP-3형 운반용기로 구분한다)

다. A형 운반용기

라. B형 운반용기[B(U)형 운반용기 및 B(M)형 운반용기로 구분한다]

마. C형 운반용기

바. 핵분열성물질운반용기

② 제①항의 규정에 의한 각 운반용기의 기술기준은 위원회가 정하여 고시한다.

(4) 저준위 비방사능물질 및 표면오염물체의 구분

① 저준위 비방사능물질은 제1종 저준위 비방사능물질, 제2종 저준위 비방사능물질 및 제3종 저준위 비방사능물질로 구분한다.

② 표면오염물체는 제1종 표면오염물체 및 제2종 표면오염물체로 구분한다.

③ 제①항 및 제②항의 규정에 의한 저준위 비방사능물질 및 표면오염물체의 구분기준은 위원회가 정하여 고시한다.

(5) 특별조치승인

① 위원회는 제90조(운반물의 종류) 부터 제93조(저준위 비방사성물질 및 표면오염물체의 구분)의 규정에 의하여 운반하는 것이 매우 곤란한 경우로서 안전을 위하여 필요한 조치가 되어 있고 안전에 지장이 없다고 인정하는 때에는 운반물의 종류 내지 저준위 비방사성물질 및 표면오염물체의 구분의 규정에 불구하고 특별운반을 승인할 수 있다.

② 위원회가 제①항의 경우 안전을 위하여 필요한 조치를 명할 수 있다.

2) 포장 및 운반의 기술기준

(1) 포장

① 운반물은 최초로 운반하기 전에 다음 각 호의 기준에 적합하도록 하여야 한다.

가. 운반물의 격납계통이 해당 압력하에서 그 정상 작동상태를 유지하기 위하여 승인된 설계기준에 적합할 것

나. B(U)형운반물·B(M)형운반물·C형 운반물 및 핵분열성물질운반물을 운반하는 경우 그 차폐·격납 및 열전달 특성이 승인된 설계기준에 적합할 것

다. 중성자 방출물질이 운반물의 구성요소로 포함되어 있는 경우 핵분열성물질의 임계를 방지하기 위하여 중성자 흡수물질의 존재와 분포를 확인할 것

② 운반물은 매 운반 전에 다음 각 호의 기준에 적합하도록 하여야 한다.

가. 위원회가 정하여 고시하는 인양장치의 기준을 만족시키지 아니하는 부착물은 이를 제거하거나 인양하는 데 사용할 수 없도록 할 것

나. B(U)형 운반물·B(M)형 운반물·C형 운반물의 경우 다음 각 목의 기준에 적합할 것

가) 해당 설계승인서에 명시된 모든 기준을 만족시키고 있을 것

나) 온도 및 압력이 평형상태를 유지할 것

다) 방사성물질이 누설될 가능성이 있는 격납계통의 모든 밀봉장치·밸브 및 개구부는 방사성물질이 누출되지 아니하도록 적절하게 밀봉되었는지를 검사 또는 시험할 것

③ 핵분열성물질 및 특수형방사성물질 운반물의 경우 해당 설계승인서에 명시된 기준에 적합할 것

④ 중성자에 의하여 조사된 핵분열성물질운반물의 경우 방사성물질에 대한 동위원소별 함유량을 확인하고 운반물의 밀봉을 입증하는 시험을 실시할 것

⑤ 운반물의 방사성물질이 저분산성방사성물질인 경우 해당 설계승인서에 명시된 기준에 적합할 것

(2) 방사성물질외의 물품

방사성물질 외의 물품의 포장·운반에 관한 기술기준은 다음 각 호와 같다.

① 운반물은 당해 방사성물질등의 이용을 위하여 필요한 물품 외의 것과 함께 포장 또는 운반하지 아니할 것. 다만, 운반물과 상호 작용하여 운반물의 안전성을 저해할 우려가 없는 경우에는 그러하지 아니하다.

② 방사성물질등의 운반에 사용되는 탱크 및 화물컨테이너는 그 내부 및 외부표면 300제곱센티미터 이상에 대하여 측정한 제거성오염의 평균값이 베타·감마방출체 또는 저독성 알파방출체의 경우 제곱센티미터당 0.4베크렐 이하, 그 외의 모든 알파방출체의 경우 제곱센티미터당 0.04베크렐 이하로 제염되지 아니하는 한 이를 다른 물품과 함께 보관 또는 운반하지 말 것

(3) 위험물질 혼재의 제한 등

① 운반물은 다음 각 호의 1에 정하는 물건 또는 물질과 혼재 하여서는 아니 된다.

가. 화약류

나. 고압가스

다. 휘발유·알코올·이황화탄소 기타 인화성 물질로서 인화점이 섭씨 50도 이하인 것
라. 염산·황산·질산 기타 강산류로서 산의 함유량이 체적의 10퍼센트를 초과하는 것
마. 가. 부터 라. 까지의 규정에 의한 것 외에 운반물의 안전한 운반에 지장을 초래할 우려가 있는 물건 또는 물질

② 방사성 또는 핵분열성 이외에 폭발성·인화성·자연발화성·화학적독성 또는 부식성 등 운반물내의 방사성물질에 대한 기타의 위험성도 고려하여야 한다.

(4) 방사선량률

운반물 또는 덧포장의 최대방사선량률은 다음 각 호의 1에 의한 제한값을 초과하지 아니하여야 한다.

① 외부표면에서는 시간당 2밀리시버트. 다만, 전용운반인 경우에는 시간당 10밀리시버트로 한다.
② 외부표면으로부터 1미터 떨어진 지점에서는 시간당 0.1밀리시버트. 다만, 전용운반인 경우를 제외한다.

(5) 표면오염도

운반물의 외부표면과 덧포장·화물컨테이너 및 탱크의 내·외부표면의 제거성 표면오염도는 임의의 표면 300제곱센티미터 이상에 대하여 측정한 평균값이 베타·감마방출체 및 저독성 알파방출체는 제곱센티미터당 4베크렐, 그 외의 모든 알파방출체는 제곱센티미터당 0.4베크렐을 초과하지 아니하여야 한다.

(6) 오염 및 누출 관리

① 운반물이 손상 또는 누출되었거나 손상 또는 누출이 우려되는 경우 운반물에의 접근을 제한하여야 하며, 가능한 한 신속하게 운반물의 오염정도 및 방사선량률을 평가하여야 한다. 이 경우 평가대상은 운반물, 운반수단 및 인근의 적재·하역구역 등 운반에 관련된 모든 사항을 포함하여야 한다.
② 운반물이 손상 또는 누출된 경우 사람·재산 및 환경의 보호를 위한 조치를 하여야 한다.
③ 방사성물질이 손상 또는 누설된 운반물은 적절한 장소로 이동하여 수리 및 제염을 한 후 운반하여야 한다.
④ 방사성물질등의 운반을 위하여 일상적으로 사용하는 운반수단 및 장비는 오염상태를 주기적으로 점검하여야 한다.
⑤ 방사성물질등의 운반과정에 있어서 제100조(표면오염도)의 규정에 의한 제한값 이상으로 오염되었거나 표면에서의 방사선량률이 시간당 5마이크로시버트를 초과하는 운반수단·장비 및 관련부속물은 가능한 한 신속하게 제염하여야 한다.

⑥ 제거성 표면오염도가 표면오염도의 규정에 의한 제한값을 초과하거나 제염후 표면의 고착성 오염으로 인한 방사선량률이 시간당 5마이크로시버트를 초과하는 운반수단·장비 또는 관련부속물은 이를 재사용하여서는 아니 된다.

⑦ 전용으로 방사성물질등을 운반하는 경우 덧포장·화물컨테이너·탱크 및 운반수단의 내부표면에 대하여는 제⑤항 및 표면오염도의 규정을 적용하지 아니한다.

(7) 운반지수 및 핵임계안전지수

① 운반물 및 덧포장의 운반지수 및 핵임계안전지수는 다음 각 호와 같다. 다만, 전용으로 운반하는 경우를 제외한다.

가. 운반지수는 10을 초과하지 아니할 것

나. 핵임계안전지수는 50을 초과하지 아니할 것

② 제①항의 규정에 의한 운반지수 및 핵임계안전지수의 산출방법은 위원회가 정하여 고시한다.

(8) 핵임계 방지

핵분열성물질운반물의 경우에는 포장·적재 또는 운반 과정 중에 핵임계에 도달하지 아니하도록 조치를 하여야 한다.

(9) 운반물의 등급

운반물 및 덧포장은 별표 5(운반물 및 덧포장의 등급 분류기준)에 규정된 조건과 다음 각 호의 기준에 따라 제1종 백색운반물, 제2종 황색운반물, 제3종 황색운반물로 구분하여 등급을 분류하여야 한다.

① 운반물 또는 덧포장의 분류등급은 운반지수 및 표면방사선량률을 고려하여 결정할 것

② 운반지수와 표면방사선량률의 조건 중에서 어느 하나가 다른 하나보다 더 높은 등급에 해당하는 경우에는 더 높은 등급으로 분류할 것

별표 5

조 건		
운반지수	외부표면 임의점에서의 최대방사선량률	등급분류
0	0.005 mSv/h 이하	제1종 백색운반물
0 초과 1 이하	0.005 mSv/h 초과 0.5 mSv/h 이하	제2종 황색운반물
1 초과 10 이하	0.5 mSv/h 초과 2 mSv/h 이하	제3종 황색운반물
10 이상	2 mSv/h 초과 10 mSv/h 이하	제3종 황색운반물

주 1. 이 경우는 반드시 전용으로 운반할 것

(10) 표시

① 운반물의 표시에 관한 기술기준은 다음 각 호와 같다.

가. 포장의 외부에 읽기 쉽고 내구성이 있게 송하인 또는 수하인의 확인표시를 할 것

나. 방사성물질을 운반하는 경우 별표 6(방사성운반물의 국제연합기준 표시)에 의하여 국제연합번호 및 해당 운반명을 운반용기의 외부에 읽기 쉽고 내구성이 있게 표시할 것

② 운반물의 총 중량이 50킬로그램을 초과하는 경우에는 총 중량을 운반용기의 외부에 읽기 쉽고 내구성이 있게 표시하여야 한다.

별표 6

국제연합번호	운반명 및 설명주[1]
L형운반물	
UN2908	방사성물질, L형운반물 - 빈 운반용기
UN2909	방사성물질, L형운반물 - 천연우라늄, 감손우라늄 또는 천연토륨으로 제조한 물품
UN2910	방사성물질, L형운반물 - 물질제한량
저준위비방사능물질	
UN2912	방사성물질, 저준위비방사능(LSA-I), 비핵분열성 또는 핵분열성 면제주2)
UN3321	방사성물질, 저준위비방사능(LSA-II), 비핵분열성 또는 핵분열성 면제주2)
UN3325	방사성물질, 저준위비방사능(LSA-III), 핵분열성
표면오염물체	
UN2913	방사성물질, 표면오염물체(SCO-I 또는 SCO-II), 비핵분열성 또는 핵분열성 면제주2)
UN3326	방사성물질, 표면오염물체(SCO-I 또는 SCO-II), 핵분열성
A형운반물	
UN2915	방사성물질, A형운반물, 비특수형, 비핵분열성 또는 핵분열성 면제주2)
UN3333	방사성물질, A형운반물, 핵분열성
B(U)형운반물	
UN2916	방사성물질, B(U)형운반물, 비핵분열성 또는 핵분열성 면제주2)
UN3328	방사성물질, B(U)형운반물, 핵분열성
B(M)형운반물	
UN2917	방사성물질, B(M)형운반물, 비핵분열성 또는 핵분열성 면제주2)
UN3329	방사성물질, B(M)형운반물, 핵분열성
C형운반물	
UN3323	방사성물질, C형운반물, 비핵분열성 또는 핵분열성 면제주2)

UN3330	방사성물질, C형운반물, 핵분열성
특별조치승인운반물	
UN2919	방사성물질, 특별조치승인운반물, 비핵분열성 또는 핵분열성 면제주2)
UN3331	방사성물질, 특별조치승인운반물, 핵분열성
육불화우라늄 - 부차적 위험으로 부식성(국제연합 Class 8)도 함께 적용	
UN2977	방사성물질, 육불화우라늄, 핵분열성
UN2978	방사성물질, 육불화우라늄, 비핵분열성 또는 핵분열성 면제주2)

주1) '운반명'은 '운반명 및 설명'열의 굵은 글자이며, 작은 글자인 "또는"으로 구분하는 UN2909, UN2911, UN2913, UJ3326의 경우 관련된 운반명만을 사용하여야 한다.
주2) '핵분열성 면제'는 제91조제1항제3호에 해당함

(11) 표지

① 운반물·덧포장 및 화물컨테이너의 표지에 관한 기술기준은 다음 각 호와 같다.
　가. 운반물의 등급 규정에 의하여 등급이 분류된 운반물에는 다음 각 목에 의한 해당 표지를 부착할 것
　　가) 제1종 백색운반물은 별표 2(포장 및 운반관계 표지)에 의한 부표 2의 제1종 백색 운반표지
　　나) 제2종 황색운반물은 별표 2에 의한 부표 3의 제2종 황색 운반표지
　　다) 제3종 황색운반물은 별표 2에 의한 부표 4의 제3종 황색 운반표지

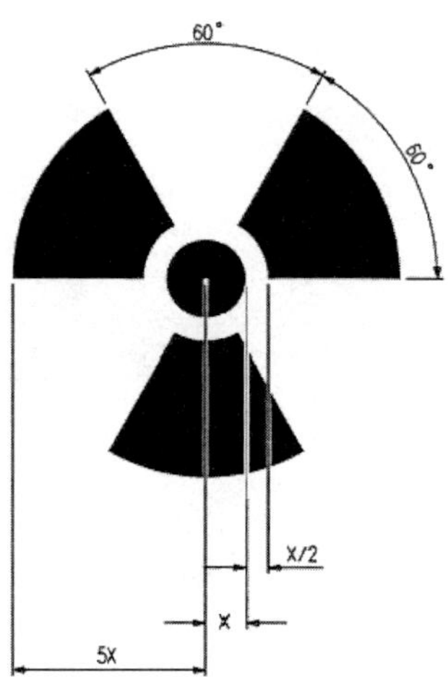

[부표 1] 방사능표지의 규격

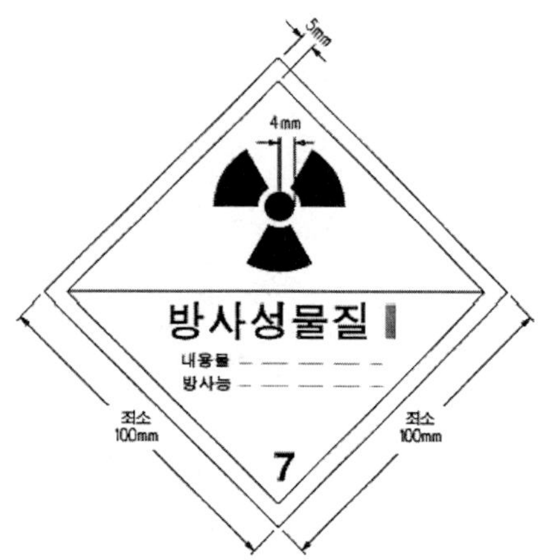

[부표 2] 제1종 백색운반표지

　나. 방사성물질과 관련이 없는 표지는 제거하거나 덮어씌울 것
② 핵분열성물질을 함유한 운반물·덧포장 및 화물컨테이너는 별표 2에 의한 부표 5

의 핵임계안전 운반표지를 부착하여야 한다.

③ 제①항 및 제②항의 규정에 의한 표지는 다음 각 호에 의한 방법으로 부착하여야 한다.

가. 제①항 가의 표지는 운반물 또는 덧포장의 경우에는 외부의 양 측면에, 화물 컨테이너 또는 탱크의 경우에는 4면에 각각 부착할 것

나. 제②항의 핵임계안전 운반표지는 가 의 방법에 따라 부착한 표지 근처에 부착 할 것

다. 표시 규정에 의한 표시와 겹치지 아니하게 부착할 것

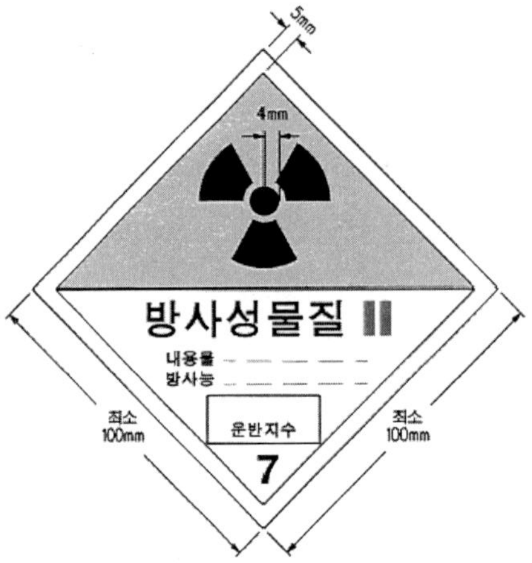

[부표 3] 제2종 황색운반표지

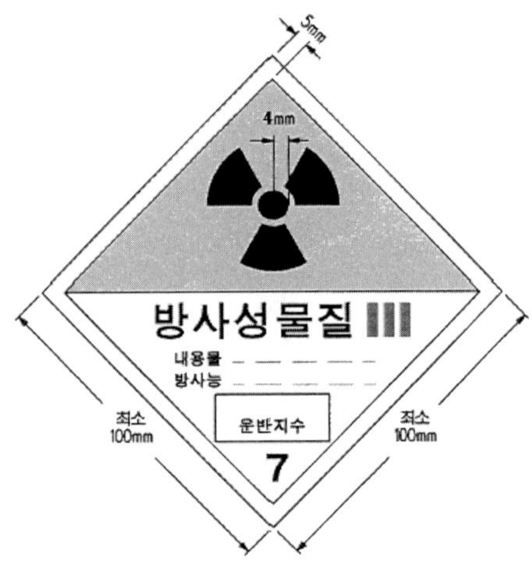

[부표 4] 제3종 황색운반표지

[부표 5] 핵임계안전운반표지

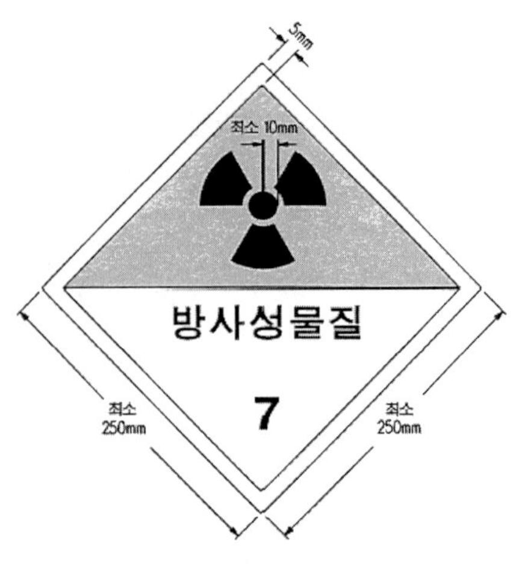

[부표 6] 차량용운반표지

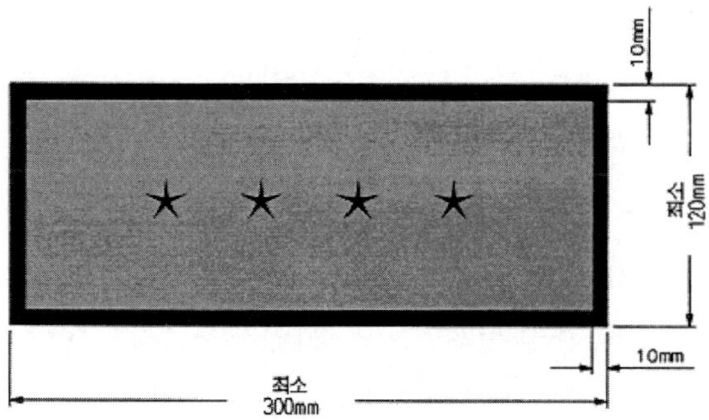

[부표 7] 국제연합번호(UN No.)운반표지

④ 화물컨테이너 및 탱크에는 다음 각 호의 방법에 따라 차량용 운반표지를 부착하여야 한다. 다만, L형 운반물의 경우에는 그러하지 아니하다.

가. 별표 2에 의한 부표 6의 차량용 운반표지를 화물컨테이너 또는 탱크의 양 측벽 및 양 끝벽에 수직방향으로 각 면에 1개씩 4개를 부착할 것. 다만, 제①항 및 제②항의 규정에 의한 해당 운반 표지를 별표 2에 의한 부표 6의 최소크기 이상으로 확대하여 부착하는 경우에는 그러하지 아니하다.

나. 방사성물질과 관계없는 표지는 제거하거나 덮어씌울 것

⑤ 위험물질 혼재제한 등에서 규정하고 있는 위험물질과 혼재한 경우에는 당해 위험물질의 위험성을 나타내는 표지를 부착하여야 한다.

(12) 운반물의 격리

① 방사성물질등이 들어있는 운반물·덧포장 및 화물컨테이너는 운반 중에 일반인의 거주 장소 또는 위험물질 혼재제한등에서 규정하고 있는 위험물질로부터 이를 격리시켜야 한다.

② 제2종 황색운반물 또는 제3종 황색운반물은 일반인이 빈번히 출입하는 구역으로 이를 반입하여서는 아니 된다.

(13) 적재한도

① 표면으로부터의 평균 열방출률이 제곱미터당 15와트를 초과하는 운반물 또는 덧포장은 이를 다른 화물과 함께 운반하여서는 아니 된다.

② 운반물·덧포장 및 화물컨테이너의 적재는 다음 각 호에 따라야 한다.

가. 단일 운반수단에 적재할 수 있는 운반물·덧포장 또는 화물컨테이너의 수량은 운반지수 합계가 별표 7(전용상태가 아닌 화물컨테이너 및 운반수단에 대한 운반지수 제한값)에 의한 운반지수 제한값을 초과하지 아니하도록 할 것. 다만, 제1종 저준위 비방사능물질의 운반물 또는 전용으로 운반되는 운반물

의 경우에는 그러하지 아니하다.

나. 운반에서의 방사선량률은 다음 각 목의 기준을 초과하지 아니할 것

가) 운반수단의 외부표면은 시간당 2밀리시버트

나) 운반수단의 외부표면으로부터 2미터 거리에서는 시간당 0.1밀리시버트

다) 사람이 승차하는 위치에서는 시간당 0.02밀리시버트

다. 운반수단 및 화물컨테이너의 핵임계안전지수 합계가 별표 8(핵임계안전지수 제한값)에 의한 핵임계안전지수의 제한값을 초과하지 아니할 것

③ 운반지수가 10을 초과하거나 핵임계안전지수가 50을 초과하는 운반물 또는 덧포장은 전용으로 운반하여야 한다.

별표 7

화물컨테이너 또는 운반수단의 형태	화물컨테이너 또는 운반수단에 대한 운반지수의 합계에 대한 제한값
화물컨테이너	50
차량	50
항공기: 여객	50
화물	200
내륙수로용 선박	50
해상용 선박 (1) 선창, 방수격실, 지정갑판구역: 운반물, 덧포장, 화물컨테이너	50(대형화물컨테이너인[2] 경우 200)
(2) 선박 전체: 운반물, 덧포장, 화물컨테이너	200

주 1. 제125조(철도 및 도로 운반에 관한 기준) 제3항의 규정에 의하여 전용으로 운반하는 운반물 또는 덧포장은 이를 차량에 적재한 상태로 선박을 이용하여 운반할 수 있다.

2. 화물컨테이너 중 외부의 길이가 1.5미터 이상이고 내부의 부피가 3세제곱미터를 초과하는 것을 말한다.

별표 8

형 태	핵임계안전지수 제한값	
	전용상태	전용상태가 아닌 것
화물컨테이너	100	50
차량	100	50
항공기: 여객	해당없음	50
화물	100	50
내륙수로용 선박	100	50
해상용 선박1 (1) 선창, 격실, 지정갑판구역: 포장물, 덧포장, 화물컨테이너	100	50
(2) 선박 전체:	200	200

포장물, 덧포장, 화물컨테이너	(대형화물컨테이너인 경우 제한값 없음)	(대형화물컨테이너인 경우 제한값 없음)

주 1. 제125조(철도 및 도로 운반에 관한 기준) 제3항의 규정에 의하여 전용으로 운반하는 운반물 또는 덧포장은 이를 차량에 적재한 상태로 선박을 이용하여 운반할 수 있다.

2. 화물컨테이너 중 외부의 길이가 1.5미터 이상이고 내부의 부피가 3세제곱미터를 초과하는 것을 말한다.

(14) 핵분열성물질운반물의 격리

① 운반 중 저장구역에 저장을 하는 핵분열성물질이 들어있는 운반물·덧포장 또는 화물컨테이너의 수량은 해당 운반물·덧포장 또는 화물컨테이너의 집합체의 핵임계안전지수 합계가 50을 초과하지 아니하도록 하여야 한다. 이 경우 핵분열성물질이 들어있는 운반물·덧포장 또는 화물컨테이너의 집합체는 다른 핵분열성물질이 들어있는 운반물·덧포장 또는 화물컨테이너의 집합체와 6미터 이상의 거리를 유지하도록 하여야 한다.

② 별표 8에 의하여 핵임계안전지수 합계가 50을 초과하는 경우에는 다른 핵분열성물질이 들어있는 운반물·덧포장·화물컨테이너의 집합체 또는 방사성물질을 운반하는 운반수단과의 거리가 6미터 이상이 되도록 저장하여야 한다.

(15) 통관절차

운반물의 방사성물질에 대한 검사를 포함한 통관절차는 방사선 피폭을 관리할 수 있는 적절한 수단이 구비되어 있고 운반책임자가 입회한 장소에서 이루어져야 한다. 통관 과정에서 개봉된 운반물은 수하인에게 전달되기 전에 원래의 상태로 복원되어야 한다.

(16) 배달 불가능 운반물

운반책임자는 운반물을 배달할 수 없는 경우, 당해 운반물을 안전한 장소에 저장한 후 지체없이 위원회에 보고하고 그 처리에 대한 지시를 받아야 한다.

(17) 운반차량

방사성물질등의 운반에 사용되는 차량에 관한 기술기준은 다음 각 호와 같다.

① 운반물을 운반하기에 적합한 차량일 것

② 차량에 견고히 묶어두기가 곤란한 소형운반물은 운반 중 이동· 전도 및 전락을 방지하기 위한 운반함을 갖출 것. 이 경우 운반함은 차량에 견고히 고정되어 있어야 한다.

③ 차량의 고장 또는 화재 등에 대비하여 예비타이어와 소화기 등 필요한 장비를 갖출 것

(18) 운반책임자 등

B(U)형 운반물·B(M)형 운반물·C형 운반물·핵분열성물질운반물 또는 방사성물질에 의하여 오염된 대형기계장치로서 운반용기로 포장하기에는 부적합한 것을 운반하고자 하는 경우 운반 시 사고로부터 방사선장해를 방지하기 위한 기술기준은 다음 각 호와 같다.

① 운반은 항상 2인 이상이 할 것
② 운반 시 운반책임자를 지정하고 동행하게 하여 사고 및 방사선장해방지를 위하여 필요한 감독을 하게 할 것
③ 운반사고 시 신속한 응급조치 및 관계기관 신고를 위한 방사성측정기·보호구 및 통신장비를 휴대할 것
④ 운전자에 대하여 필요한 안전교육을 실시할 것
⑤ 운전자 및 운반책임자는 출발 전 차량에 대한 안전점검을 실시할 것
⑥ 제②호의 운반책임자는 다음 각 목의 해당하는 자중에서 지정할 것
가. 핵분열성물질을 운반하는 경우에는 지식과 경험을 가진 방사선안전관리 전담조직의 책임자 또는 방사선안전관리자
나. 기타의 경우에는 해당기관의 방사성동위원소 취급에 관한 면허를 소지한 자

(19) 국외반출 운반물

국외로 반출하는 운반물은 운반물이 경유하거나 도착하는 국가의 관계규정에 적합하여야 한다.

(20) L형 운반물

L형 운반물은 제96조(포장)부터 제113조(운반책임자 등)까지의 규정에 불구하고 다음 각 호의 포장기준에 적합하여야 한다.

① 운반물의 외부표면에서 방사선량률이 시간당 5마이크로시버트를 초과하지 아니 할 것
② 운반물 외부표면의 제거성 표면오염도는 임의의 표면 300제곱센티미터 이상에 대하여 측정한 평균값이 다음 각 목에 의한 제한값을 초과하지 아니할 것
가. 베타·감마방출체 및 저독성 알파방출체는 제곱센티미터당 4베크렐
나. 가목을 제외한 모든 알파방출체는 제곱센티미터당 0.4베크렐
③ 방사성물질 또는 핵분열성물질 이외에 폭발성·인화성·자연발화성·화학적독성 또는 부식성 등 운반물내의 방사성물질에 대한 기타의 위험성을 고려할 것
④ 제105조(표지)의 규정에 의한 표시를 할 것

(21) 저준위 비방사능물질의 운반

① 저준위 비방사능물질은 별표 9(저준위 비방사능물질 및 표면오염물체에 대한 IP형 운반물 기준)에 의한 요건에 따라 IP형 운반물로 운반할 수 있다.
② 저준위 비방사능물질을 IP형 운반물로 운반하는 내륙수송용 선박 또는 다른 운반수단의 단일 선창 또는 격실에서의 총 방사능은 IP형 운반물에 대한 선박운송수단의 방사능 제한값을 초과하여서는 아니 된다.

별표 9

방사성 내용물	IP형 운반물	
	전용상태	전용상태가 아닌 것
제1종 저준위 비방사능물질: 고체	IP-1형 운반물	IP-1형 운반물
액체	IP-1형 운반물	IP-2형 운반물
제2종 저준위 비방사능물질: 고체	IP-2형 운반물	IP-2형 운반물
액체 및 기체	IP-2형 운반물	IP-3형 운반물
제3종 저준위 비방사능물질 :	IP-2형 운반물	IP-3형 운반물
제1종 표면오염물체	IP-1형 운반물	IP-1형 운반물
제2종 표면오염물체	IP-2형 운반물	IP-2형 운반물

(22) 표면오염물체의 운반

① 표면오염물체는 별표 9에 의한 기준에 따라 IP형 운반물로 운반할 수 있다.

② 표면오염물체를 IP형 운반물로 운반하는 내륙수송용 선박 또는 다른 운반수단의 단일 선창 또는 격실에서의 총 방사능은 별표 4(IP형 운반물에 대한 선박 운반수단의 방사능 제한값)에 의한 제한값을 초과하여서는 아니 된다.

(23) L형 운반물의 운반

① 방사성물질이 봉입되어 있거나 제품의 구성부품으로 되어 있는 경우 별표 3(L형 운반물의 방사능 제한값)의 2란 및 3란에 명시된 품목 제한값 및 운반물 제한값을 초과하지 아니하는 방사능을 가진 방사성물질의 운반에 관한 기술기준은 다음 각 호와 같다.

가. 포장되지 아니한 기구 또는 물품의 외부표면의 임의의 지점으로부터 10센티미터 거리에서의 방사선량률이 시간당 0.1밀리시버트를 초과하지 아니할 것

나. 각 기구 또는 물품에 "방사성물질"이라는 표지를 부착할 것. 다만, 방사성 형광시계 문자판 또는 장치는 그러하지 아니하다.

다. 활성물질은 비활성 구성품으로 완전히 밀봉되어 있을 것

② 제①항에서 정하는 것 이외의 형태로서 별표 3의 4란(운반물 제한값)에서 명시된 제한값을 초과하지 아니하는 방사능을 가진 방사성물질의 운반에 관한 기술기준은 다음 각 호와 같다.

가. 운반과정에서 방사성물질을 보전할 수 있을 것

나. 운반물을 개봉할 경우 방사성물질의 존재를 알 수 있도록 눈에 띄기 쉬운 방법으로 내부표면에 "방사성물질"이라는 표지를 부착할 것

③ 방사성물질이 조사되지 아니한 천연우라늄·감손우라늄 또는 천연토륨의 제조물

품으로서 우라늄 또는 토륨의 외부표면이 금속이나 기타 견고한 물질로 만들어진 비활성 외장물질로 둘러싸여 있는 경우에는 L형 운반용기로 운반할 수 있다.

④ 오염 및 누출관리 규정에 의한 오염 및 누출관리 기준에 적합하여야 한다.

(24) 빈 운반용기 운반

방사성물질이 들어 있었던 빈 운반용기의 운반은 다음 각 호의 기준에 적합한 경우 L형 운반용기로 분류하여 운반할 수 있다.

① 운반용기가 양호하게 유지된 상태이고 안전하게 밀폐되어 있을 것

② 운반용기 내부의 제거성 표면오염도가 표면오염도의 규정에 의한 값의 100배를 초과하지 아니할 것

③ 제106조(표지)에서 규정하고 있는 표지를 보이지 아니하게 하거나 제거할 것

3) 송하인 등의 의무

(1) 운반서류의 작성

① 송하인은 운반하고자 하는 각 운반물에 대하여 위원회가 정하여 고시하는 운반서류를 작성하여 당해 운반물의 운반인에게 전달하여야 한다.

② 송하인은 제①항의 규정에 의한 운반서류에 위원회가 정하여 고시하는 선언서를 포함시켜야 한다. 다만, 동 선언서의 취지가 포함되어 있는 국제협약의 운반규정에 따라 이루어지는 운반의 경우에는 그러하지 아니하다.

③ 송하인은 제②항의 규정에 의한 선언서에 서명·날인하여야 한다.

(2) 운반인을 위한 정보 등

① 송하인은 운반인이 취하여야 할 조치에 관한 다음 각 목의 사항을 운반서류에 포함 하여야 한다.

가. 안전한 열 발산을 위한 특별보관규정 또는 이러한 규정이 필요하지 아니한 경우에는 그 이유를 포함한 운반물·덧포장 또는 화물컨테이너의 적재·보관·운반·취급 및 하역에 관한 사항

나. 운반형태 또는 운반수단에 따른 제한 및 필요한 운반 지시사항

라. 화물에 대한 긴급 조치사항

② 송하인은 운반물을 국외로 운반할 경우 적재 및 하역 전에 이에 필요한 관계당국의 증명서를 운반인에게 제공하여야 한다.

(3) 승인서 및 운반서류의 소지 등

① 송하인은 설계승인서의 사본과 운반물의 적절한 밀봉 및 기타 운반 전 준비사항에 관한 운반서류의 사본을 보유하여야 한다.

② 송하인 및 수하인은 설계승인서의 사본과 운반서류 및 기타 운송에 필요한 기록을 유지하여야 한다.

③ 송하인·운반인 및 수하인은 설계승인서에서 명시하는 사항을 준수하여야 한다.

④ 송하인·운반인 및 수하인은 포장 또는 운반과정에 분실 또는 도난 등이 발생되지 아니하도록 하고 운반계약서에 의하여 인수인계를 하는 등 권한과 책임소재를 명백히 하여야 한다.

4) 운반수단별 기술기준

(1) 철도 및 도로 운반에 관한 기준

① 별표 2(포장 및 운반관계 표지)에 의한 부표 2(제1종 백색운반표지)부터 부표 5(핵임계안전운반표지)의 운반표지를 부착한 운반물·덧포장 또는 화물컨테이너를 운반하는 차량은 다음 각 호의 방법에 따라 별표 2에 의한 부표 6의 차량용 운반표지를 부착하여야 한다.

가. 철도차량의 경우에는 외부의 양측벽

나. 도로차량의 경우에는 외부의 양측벽과 뒷벽

② 측벽이 없는 차량의 경우에는 식별이 용이한 운반화물에 직접 차량용 운반표지를 부착하여야 하고, 대형탱크 또는 화물컨테이너의 경우에는 대형탱크 또는 화물컨테이너에 차량용 운반표지를 부착할 수 있다.

③ 전용으로 운반하는 운반물의 방사선량률은 다음 각 호의 제한값을 초과하여서는 아니 된다.

가. 운반물 또는 덧포장의 외부표면은 시간당 10밀리시버트. 다만, 다음 각 목의 기준에 적합하지 아니한 경우에는 시간당 2밀리시버트로 한다.

가) 차량의 내부로의 접근이 방지된 밀폐형 차량일 것

나) 운반물 또는 덧포장이 움직이지 아니하도록 고정될 것

다) 운반 중 적재 또는 하역이 없을 것

나. 차량의 상하부 표면을 포함한 외부표면, 개방형 차량의 경우에는 차량의 외부 가장자리의 수직평면, 화물의 상부표면 및 차량의 외부표면 하부는 시간당 2밀리시버트

다. 차량의 외부측면의 수직평면으로부터 2미터 떨어진 지점과, 화물을 개방형 차량으로 운반하는 경우에는 차량의 외부 가장자리의 수직평면으로부터 2미터 떨어진 지점에서는 시간당 0.1밀리시버트

④ 도로차량의 경우 운전기사·운반책임자 또는 보안관련자외에는 제2종 황색운반표지 또는 제3종 황색운반표지를 부착한 운반물·덧포장 또는 화물컨테이너를 운반

하는 차량에 탑승하여서는 아니 된다.

(2) 선박운반에 관한 기준

① 표면의 방사선량률이 시간당 2밀리시버트를 초과하는 운반물은 특별승인을 얻은 경우를 제외하고는 선박으로 이를 운반하여서는 아니 된다. 다만, 전용 운반차량에 적재된 상태로 선적된 경우에는 그러하지 아니하다.

② 방사성물질을 운반하기 위한 특수 선박으로 운반물을 운반하는 경우로서 다음 각 호의 조건에 적합한 경우에는 제108조(적재한도) 제2항(운반물·덧포장 및 화물컨테이너의 적재)의 규정은 이를 적용하지 아니한다.

가. 운반과 관련하여 방사선에 대비한 방호계획을 마련하여 선박국적의 관계 당국 및 각 기항지의 관계 당국의 승인을 받을 것

나. 도중의 기항지에서 적재되는 화물을 포함하여 전 항해기간 중의 적재조치가 사전에 계획되어 있을 것

다. 방사성물질의 운반책임자가 화물의 적재·운반 및 하역 등을 감독할 것

③ 선박의 선장은 운반물의 적재장소 출입구에 잠금장치 또는 칸막이를 하거나 관계자 이외의 자가 출입할 수 없도록 조치를 하여야 한다.

④ 선박의 선장은 운반물을 적재한 장소 주위에 출입제한구역을 설정하여 관계자 이외의 자의 출입을 제한하여야 하며, 출입을 제한하는 표지를 설치하여야 한다.

⑤ 선박의 선장은 운반물을 운반하는 경우 운반물의 종류·수량·취급방법·유의사항 및 사고가 발생한 경우의 조치에 관하여 필요한 서류를 휴대하여야 한다.

⑥ 제①항부터 제⑤항까지에 규정된 것 외에 선박을 이용하여 운반물을 운반하는 경우의 안전관리에 관한 구체적인 기술기준은 위원회가 정하여 고시한다.

(3) 항공운반에 관한 기준

① B(M)형 운반물 및 전용으로 운반하는 운반물은 여객기로 운반하여서는 아니 된다.

② 배기설비가 있는 B(M)형 운반물, 보조냉각계통에 의한 외부냉각을 필요로 하는 운반물, 운반 중에 조작이 필요한 운반물 및 액체상태의 발화성 물질이 포함된 운반물은 항공기로 운반하여서는 아니 된다.

③ 표면방사선량률이 시간당 2밀리시버트를 초과하는 운반물 또는 덧포장은 특별승인을 받은 경우를 제외하고는 항공으로 운반하여서는 아니 된다.

④ 운반물은 항공기 승무원 등이 상시 사용하는 구역에 적재하여서는 아니 된다.

⑤ 항공기의 기장은 운반물 등을 운반하는 경우 방사성운반물의 종류·수량·취급방법·유의사항 및 사고가 발생한 경우의 조치에 관하여 필요한 서류를 휴대하여야 한다.

(4) 우편운반에 관한 기준

① 별표 3(L형 운반물의 방사능 제한값)에 의한 제한값의 10분의 1을 초과하지 아니하는 운반물은 우편당국이 규정하는 요건을 준수할 경우 국내우송할 수 있다.

② 별표 3에 의한 제한값의 10분의 1을 초과하지 아니하는 운반물은 다음 각 호의 요건을 준수할 경우 국제우송할 수 있다.

가. 우송물의 취급은 관계 당국이 권한을 부여한 송하인에게 위탁할 것

나. 우송물은 항공운송 등 가장 빠른 경로로 송달할 것

다. 우송물의 외부에는 "우편우송 허용량이 포함된 방사성물질"이라는 어귀를 알기 쉽고 내구성이 있도록 표시할 것. 이 표시는 빈 포장으로 반송하는 경우 이를 제거하여야 한다.

라. 우송물의 외부에는 배달되지 못한 경우 반송하여 달라는 요청과 함께 송하인의 이름 및 주소를 명기할 것

마. 송하인의 이름·주소 및 우송물의 내용을 내부포장에 표시할 것

별표 3

L형 운반물의 방사능 제한값

내용물의 물리적 상태	기구 또는 품목		방사성물질
	품목 제한값	운반물 제한값	운반물 제한값
1란	2란	3란	4란
고체: 특수형방사성물질	$10^{-2}A_1$	A_1	$10^{-3}A_1$
특수형 이외의 것	$10^{-2}A_2$	A_2	$10^{-3}A_2$
액체	$10^{-3}A_2$	$10^{-1}A_2$	$10^{-4}A_2$
기체: 삼중수소	$2\times10^{-2}A_2$	$2\times10^{-1}A_2$	$2\times10^{-2}A_2$
특수형방사성물질	$10^{-3}A_1$	$10^{-2}A_1$	$10^{-3}A_1$
특수형 이외의 것	$10^{-3}A_2$	$10^{-2}A_2$	$10^{-3}A_2$

6. 규제 및 감독

1) 제한구역의 설정

(1) 국가가 원자로 및 관계시설, 핵연료주기시설 또는 방사성폐기물관리시설 등을 설치하는 때에는 방사선에 따른 인체·물체 및 공공의 재해를 방어하기 위하여 일정 범위의 제한구역을 설정할 수 있다.

(2) 제(1)항에 따른 제한구역 안에서는 일반인의 출입이나 거주의 제한을 명할 수 있다.

(3) 제(1)항에 따른 제한구역의 설정범위와 제(2)항에 따른 출입이나 거주의 제한에 필요한 사항은 대통령령으로 정한다.

대통령령

제한구역의 설정범위는 지형 및 그 밖의 자연조건을 고려하여 위원회가 관계 기관의 장과 협의한 후 설정한다. 다만, 열출력 10메가와트 이하인 연구용등 원자로시설에 대해서는 제한구역을 설정하지 아니할 수 있다.

(4) (2)항에 따른 제한으로 인하여 발생한 손실은 정당한 보상을 하여야 한다. 이 경우 그 지급에 필요한 사항은 대통령령으로 정한다.

(5) 국가 외에 원자로 및 관계시설, 핵연료주기시설 또는 방사성폐기물관리시설 등을 설치·운영하려는 자는 일정 범위의 부지를 대통령령으로 정하는 바에 따라 확보하여 그 범위에서 제(1)항에 따른 제한구역을 설정하고 그 제한구역에는 일반인의 출입이나 거주를 제한하여야 한다.

대통령령

부지확보는 소유권 취득 또는 지상권 설정의 방법으로 하여야 한다. 다만, 국유·공유의 도로, 철도, 도랑, 하천, 해양, 임야 및 공원에 대해서는 원자로 및 관계시설, 핵연료주기시설 또는 방사성폐기물관리시설 등을 설치·운영하려는 자가 일반인의 출입 및 통행에 대한 통제를 할 수 있는 경우로서, 위원회가 관련 시설의 안전운영에 지장이 없다고 인정하는 경우에는 부지가 확보된 것으로 본다.

2) 위해시설 설치제한

(1) 허가를 받아 원자로 및 관계시설, 핵연료주기시설 또는 방사성폐기물관리시설 등이 건설 또는 운영되고 있는 부지로부터 대통령령으로 정하는 범위에 해당시설의 운영에 위해가 되는 시설의 설치를 허가, 인가 또는 승인하려는 관계 행정기관의 장은 위원회와 미리 협의하여야 한다.

대통령령으로 정하는 범위

원자로 및 관계시설, 핵연료주기시설 또는 방사성폐기물관리시설 등의 중심으로부터 반경 8킬로미터까지의 범위를 말한다. 다만, 항공법 제2조 제7호에 따른 공항 시설의 경우에는 16킬로미터까지의 범위를 말한다.

(2) 제(1)항에 따라 관계 행정기관의 장이 위원회와 협의하여야 하는 대상시설은 대통령령으로 정한다.

위원회와 협의하여야 하는 대상시설

관계 행정기관의 장이 그 시설의 설치를 허가·인가 또는 승인하려는 경우 위원회와 협의하여야 하는 대상시설은 다음 각 호와 같다.

①「항공법」 제2조 제7호의 규정에 의한 공항
②「군사기지 및 군사시설 보호법」에 따른 군사시설 중 포사격장 및 미사일기지(「국방·군사시설 사업에 관한 법률」제2조 제2호 가목에 따른 사업으로 설치되는 것에 한정한다)
③「하천법」 제2조 제3호에 따른 하천시설 중 댐 및 하구둑
④ 그 밖에 폭발·진동·유독성물질 배출 등으로 인하여 원자로 및 관계시설, 핵연료주기시설 또는 방사성폐기물관리시설 등의 안전에 중대한 지장을 줄 우려가 있다고 인정되는 시설로서 위원회가 관계 행정기관의 장과 협의하여 고시하는 시설

3) 방사선장해방지조치

(1) 원자력관계사업자(신고사용자는 제외한다)는 방사선장해를 방지하기 위하여 대통령령으로 정하는 바에 따라 다음 각 호의 조치를 하여야 한다.
① 방사선량 및 방사성오염의 측정
② 건강진단
③ 피폭관리
④ 삭제
(2) 원자력관계사업자는 대통령령으로 정하는 바에 따라 방사성물질의 방출량 및 피폭방사선량을 가능한 한 합리적으로 낮게 유지하기 위하여 필요한 조치를 하여야 한다.
(3) 원자력관계사업자는 방사선작업종사자 및 대통령령으로 정하는 수시출입자의 피폭방사선량이 대통령령으로 정하는 선량한도를 초과하지 아니하도록 필요한 조치를 하여야 한다.
(4) 원자력관계사업자는 방사선장해를 받은 사람 또는 방사선장해를 받은 것으로 보이는 사람에게 원자력이용시설에의 출입제한과 그 밖의 보건상 필요한 조치를 하여야 한다.

4) 장해방어조치 및 보고

(1) 원자력관계사업자는 다음 각 호의 어느 하나에 해당하면 대통령령으로 정하는 바에 따라 안전조치를 하고 그 사실을 지체 없이 위원회에 보고하여야 한다.

① 지진·화재와 그 밖의 재해에 따라 원자력이용시설이나 방사성물질등에 위험이 발생하거나 발생할 염려가 있을 때

② 원자력이용시설의 고장 등이 발생한 때

③ 방사선장해가 발생한 때

(2) 위원회는 제(1)항에 따라 보고를 받은 때에는 해당 원자력관계사업자에게 원자력이용시설의 사용정지, 방사성물질등의 이전·오염의 제거와 그 밖의 방사선장해를 방지하기 위하여 필요한 조치를 명할 수 있다.

(3) 원자력관계사업자는 규정에 따라 국민의 건강 및 환경상 위해 방지를 위하여 대통령령으로 정하는 기준에 적합하지 아니한 사항을 발견하면 그 사실을 지체 없이 위원회에 보고하여야 한다.

(4) 제(1)항에 따라 원자력관계사업자가 위원회에 보고하여야 할 사항 및 절차 등에 관한 사항은 위원회가 정하여 고시한다.

원자력관계사업자가 하여야 할 안전조치 및 보고사항

(1) 원자력관계사업자가 하여야 할 안전조치

① 지진·화재·홍수·태풍 및 유해가스 누출 등의 재해로 인하여 원자력이용시설의 안전성이 위협을 받고 있거나 방사선작업종사자가 안전운영과 관련된 직무를 수행하는 데에 위협을 받을 경우에는 그 원인을 제거하고 피해 확대 방지를 위한 조치를 하여야 한다.

② 원자력이용시설 등의 고장 등이 발생하여 원자력이용시설의 안전성이 위협을 받을 경우에는 고장 등의 원인을 제거하여 정상상태로 복구하여야 한다. 다만, 정상복구가 불가능할 경우에는 고장 등의 확대 방지를 위한 조치를 하여야 한다.

③ 방사성물질이 비정상적으로 누설되어 시설경계(제한구역경계가 설정되어 있는 경우에는 제한구역경계를 말한다)에서 공기 중 및 수중 농도가 위원회가 정하는 배출관리기준에 따른 제한값을 초과하거나 방사선작업종사자 또는 수시출입자가 선량한도를 초과하여 피폭된 경우에는 다음 각 목의 조치를 하여야 한다.

㉮ 원자력이용시설 및 제한구역 내부에 있는 사람 또는 부근에 있는 사람에 대한 피난경고

㉯ 방사선장해를 받은 사람 또는 받을 우려가 있는 사람에 대한 구출·피난 등의 긴급조치

㉰ 방사성물질등에 의하여 오염이 발생한 경우 오염 확대의 방지 및 오염 제거

㉱ 방사성물질등을 다른 장소에 옮길 여유가 있을 경우에는 안전한 장소로의 이전과 그 장소 주위에 위원회규칙으로 정하는 표지 설치 및 관계자 외의 출입 또는 접근의 금지

㉲ 방사선긴급작업을 하는 경우에는 적절한 보호용구의 사용 및 방사선피폭시간 단축 등으로 긴급작업에 종사하는 사람에 대한 위원회가 정하는 기준 이상의 방사선피폭의 방지

(2) 원자력관계사업자가 제(1)항의 안전조치를 한 때에는 위원회가 정하는 바에 따라 다음 각 호의 사항을 위원회에 보고하여야 한다.

① 법 제92조 제1항(지진·화재 등의 재해, 시설의 고장, 방사선장해)의 상황이 발생한 일시 및 장소와 그 원인
② 발생하였거나 발생할 우려가 있는 방사선장해의 상황
③ 안전조치의 내용 및 계획

(3) 위원회는 제(1)항 제③호 ㉯목에 따른 긴급조치를 하는 방사선응급의료구호 관련자에게 위원회가 정하여 고시하는 바에 따라 방사선응급구호에 대한 전문교육을 실시할 수 있다.

5) 해체계획서의 주기적 갱신

발전용원자로운영자, 연구용원자로등운영자 및 핵연료주기시설운영자는 해당 원자로 및 관계시설과 핵연료주기시설의 해체계획서를 총리령으로 정하는 바에 따라 주기적으로 갱신하여 위원회에 보고하여야 한다.

해체계획서의 주기적 갱신

해체계획서의 주기적 갱신은 허가를 받은 날부터 10년마다 실시하여야 한다.

6) 핵물질 등의 수용·양도

(1) 정부는 따로 법률에서 정하는 바에 따라 핵물질 또는 방사성동위원소 등의 생산자·소지자 또는 관리자로부터 해당 핵물질 또는 방사성동위원소등에 관한 권리를 수용하거나 위원회가 지정하는 자에게 그 권리를 양도하게 할 수 있다.

(2) 제(1)항에 따라 권리를 수용하거나 양도하게 한 때에는 정당한 보상을 하여야 한다.

7) 방사성물질등 또는 방사선발생장치의 소지 및 양도·양수 제한

다음 각 호의 어느 하나에 해당하는 경우 외에는 방사성물질등 또는 방사선발생장치를 소지하거나 양도·양수할 수 없다. 다만, 국제약속에 따라 국가가 핵물질을 양도·양수하거나 국가로부터 양수하는 경우에는 그러하지 아니하다.

(1) 원자력관계사업자가 이 법에 따라 허가 또는 지정을 받거나 신고를 한 범위에서 방사성물질등 또는 방사선발생장치를 양수·소지하거나 다른 원자력관계사업자에게 양도하는 경우

(2) 제17조(건설허가의 취소 등)·제24조(운영허가의 취소 등)·제32조(건설허가·운영허가의 취소 등)·제38조(허가 등의 취소 등)·제48조(사용 또는 소지 허가의 취소 등)·제57조(생산·판매·사용 또는 이동사용 허가 등의 취소 등) 및 제66조(방사성폐

기물관리시설등의 건설·운영 허가의 취소 등)에 따라 허가 또는 지정이 취소된 원자력관계사업자가 그 허가 또는 지정이 취소되었거나 사용이 금지된 때에 소지하고 있던 방사성물질등 또는 방사선발생장치를 총리령으로 정하는 바에 따라 소지하거나 다른 원자력관계사업자에게 양도하는 경우

(3) 해당 사업 또는 업무를 폐지한 원자력관계사업자가 그 사업 또는 업무를 폐지한 때에 소지하고 있던 방사성물질등 또는 방사선발생장치를 총리령으로 정하는 바에 따라 소지하거나 다른 원자력관계사업자에게 양도하는 경우

방사성물질등 또는 방사선발생장치의 양도·양수의 기간

① 방사성물질등 또는 방사선발생장치의 양도 및 양수는 각각 양도 및 양수의 사유가 되는 사실이 발생한 날부터 30일 이내에 하여야 한다.

② 방사성물질등 또는 방사선발생장치를 양도·양수한 때에는 지체 없이 별지 제105호서식에 따른 양도·양수신고서를 위원회에 제출하여야 한다.

③ 제②항의 신고서에는 다음 각 호의 서류를 첨부하여야 한다.

㉮ 설계승인서 등 관련 증빙서류 사본

㉯ 방사성동위원소의 누설점검기록 사본

(4) 원자력관계사업자로부터 방사성물질등 또는 방사선발생장치의 운반을 위탁받은 자가 그 위탁받은 방사성물질등 또는 방사선발생장치를 소지하는 경우

(5) 원자력관계사업자의 종업원이 그 직무상 방사성물질등 또는 방사선발생장치를 소지하는 경우

(6) 원자력관계사업자가 사망하여 그 상속인이 방사성물질등 또는 방사선발생장치를 소지하는 경우. 다만, 해당 상속인이 제14조(결격사유) 제1호부터 제3호까지 중 어느 하나에 해당하는 경우는 제외한다.

8) 허가의 취소 또는 사업폐지 등에 따른 조치

(1) 이 법에 따라 허가 또는 지정이 취소(사용금지를 포함한다)되거나 사업 또는 사용을 폐지한 원자력관계사업자는 대통령령으로 정하는 바에 따라 방사성물질등 또는 방사선발생장치의 양도·보관·배출·저장·처리·처분·오염제거·기록인도와 그 밖의 방사선장해방어를 위하여 필요한 조치를 하고, 그 조치한 날부터 30일 이내에 이를 위원회에 신고하여야 한다.

(2) 위원회는 원자력관계사업자가 제(1)항에 따른 조치를 하지 아니하거나 그러한 조치에도 불구하고 방사성물질등 또는 방사선발생장치로부터 지역 주민 또는 주변 환경을 보호하기 위하여 필요하다고 인정하는 경우에는 방사성물질등 또는 방사선발생

장치의 수거 및 오염된 시설의 해체 등 필요한 조치를 할 수 있다.

(3) 위원회는 제(2)항에 따른 조치에 소요되는 비용을 해당 원자력관계사업자에게 부담하게 할 수 있다.

(4) 위원회는 제1항에 따른 신고를 받은 경우 그 내용을 검토하여 이 법에 적합하면 신고를 수리하여야 한다.

허가 취소 등의 경우에 원자력관계사업자가 하여야 할 조치

① 허가 취소 등의 경우에 원자력관계사업자가 하여야 할 조치는 다음 각 호와 같다.

㉮ 원자력관계사업자가 소유하고 있는 방사성물질 또는 방사선발생장치를 다른 원자력관계사업자에게 양도하여야 한다.

㉯ 방사성물질에 의한 오염은 제거하여야 한다.

㉰ 방사성물질에 의하여 오염된 물질은 방사성폐기물관리시설등 건설·운영자에게 양도하여야 한다.

㉱ 총리령으로 정하는 기록은 안전재단에 인도하여야 한다.

② 허가가 취소되거나 사업 또는 사용을 폐지(사망 또는 해산으로 인한 폐지를 포함한다)한 원자력관계사업자는 총리령으로 정하는 바에 따라 그 신고서를 위원회에 제출하여야 한다.

허가 취소 등에 따른 신고

① 신고서는 별지 제106호서식['허가등 취소·사업(사용)폐지'의 신고서]과 같다.

② 제①항의 신고서에는 다음 각 호의 서류를 첨부하여야 한다.

㉮ 방사선발생장치 또는 방사성물질등에 관한 조치사항에 관한 서류

㉯ 방사선작업종사자 및 수시출입자의 건강진단기록 등의 인도에 관한 서류

㉰ 허가증 또는 신고확인증(분실한 경우에는 그 사유서)

9) 원자력이용시설의 취급제한

누구든지 18세 미만인 사람으로 하여금 원자력이용시설이나 방사성물질등을 취급하게 하여서는 아니 된다. 다만, 교육훈련 등의 목적으로 위원회가 인정하면 그러하지 아니하다.

10) 도난 등의 신고

원자력관계사업자는 그가 소지하는 방사선발생장치 또는 방사성물질등에 관하여 도난·분실·화재, 그 밖의 사고가 발생된 경우 지체 없이 그 사실을 위원회에 신고하여야 한다.

11) 보고·검사 등

(1) 위원회는 이 법의 시행을 위하여 필요하다고 인정하면 원자력관계사업자·판독업무자와 원자로 및 관계시설의 건설 또는 운영에 참여하는 사업자와 국제규제물자를 취급하거나 관련 연구를 수행하는 자로서 대통령령으로 정하는 자에게 그 업무에 관한 보고 또는 서류의 제출 및 제출된 서류의 보완을 명할 수 있다.

(2) 위원회는 제(1)항에 따라 보고받은 내용 및 제출된 서류의 현장 확인을 위하여 필요한 경우, 원자력이용시설의 안전을 위하여 특히 필요하다고 인정하는 경우 또는 이 법에 따른 각종 검사를 수행하기 위하여 필요하면 소속 공무원으로 하여금 그 사업소·공장·선박·연구시설 또는 부지 등에 출입하여 장부·서류·시설과 그 밖의 필요한 물건을 검사하게 하거나 관계인에게 질문하게 할 수 있으며, 시험을 위하여 필요한 최소량의 시료를 수거하게 할 수 있다.

(3) 위원회는 제(2)항에 따라 검사 등을 실시한 결과 이 법과 국제약속을 위반한 사항이 있으면 그 시정 또는 보완을 명할 수 있다.

(4) 국제약속에 따라 국제원자력기구가 지정하는 자 또는 국제규제물자공급 당사국 정부가 지정하는 자는 위원회가 지정하는 소속 공무원의 감독하에 국제약속으로 정한 범위에서 국제규제물자를 취급하거나 관련 연구를 수행하는 자의 사업소·공장·선박·연구시설 및 부지 등에 출입하여 장부·서류·시설과 그 밖의 필요한 물건을 검사하고, 관계인에게 질문하거나 시험을 위하여 필요한 최소량의 시료를 수거할 수 있다.

(5) 국제원자력기구가 지정하는 자는 위원회가 지정하는 소속 공무원의 감독하에 국제약속으로 정한 범위에서 국제규제물자의 이동을 감시하기 위한 설비를 설치하거나 봉인을 할 수 있다.

(6) 위원회는 대통령령으로 정하는 바에 따라 국제규제물자의 이동을 확인하거나 정보를 관리하기 위하여 필요한 조치를 할 수 있다.

(7) 제(2)항 및 제(4)항부터 제(6)항까지의 규정에 따라 검사하거나 국제규제물자의 이동을 감시·확인하기 위하여 직무를 수행하는 자는 그 권한을 나타내는 증표를 관계인에게 내보여야 한다.

7. 보 칙

1) 허가 또는 지정조건

(1) 이 법에 따른 허가 또는 지정에는 안전성확보의 이행을 위하여 필요한 조건을 붙일 수 있다.

(2) 제(1)항의 조건은 이 법의 시행을 위하여 필요한 최소한의 것이어야 하며, 허가

또는 지정받은 자에게 부당한 의무를 지우는 것이어서는 아니 된다.

2) 특정기술주제보고서의 승인

(1) 위원회는 원자로 및 관계시설을 설치·운영하려는 자 또는 원자로 및 관계시설의 건설·운영에 참여하는 자가 총리령으로 정하는 특정기술주제보고서의 승인을 신청하는 경우에는 이를 승인할 수 있다.

(2) 제10조(건설허가) 제2항·제20조(운영허가) 제2항·제30조(연구용원자로 등의 건설허가) 제2항·제30조의2(연구용원자로 등의 운영허가) 제2항에 따른 허가신청서류에 기재할 사항 중 제(1)항에 따라 미리 승인을 얻은 사항은 기재하지 아니할 수 있다.

특정기술주제보고서의 승인신청 등

① "총리령으로 정하는 특정기술주제보고서"란 다음 각 호의 사항이 포함된 보고서를 말한다.

가. 원자로시설의 부지선정·설계·제작·건설·가동전시험·시운전·운전 및 해체에 관련된 기술적 사항에 대한 방법론과 관련 전산코드

나. 동일한 목적으로 반복 적용될 수 있는 안전성에 관련된 사항

다. 원자로시설관련 허가신청서의 첨부서류 작성 시에 기초가 되는 사항

② 특정기술주제보고서의 승인을 받으려는 자는 별지 제109호서식(특정기술주제보고서승인신청서)의 신청서에 특정기술주제보고서를 첨부하여 위원회에 제출하여야 한다.

③ 특정기술주제보고서의 기재내용 및 순서는 다음 각 호와 같다.

가. 개요 및 결론을 기술한 초록

나. 목적·적용범위 및 제한사항을 기술한 서론

다. 주제에 대한 설명을 기술한 본문

라. 인용된 참고문헌의 목록

마. 시험결과, 전산코드 프로그램설명, 상세한 해석 및 유도과정에 관한 자료의 목록

3) 청문

위원회는 다음의 각 호의 어느 하나에 해당하는 처분을 하려는 경우에는 청문을 실시하여야 한다.

(1) 제17조(건설허가의 취소 등)제1항·제24조(운영허가의 취소 등)제1항·제32조(건설허가·운영허가의 취소 등)·제38조(핵연료주기시설 건설허가의 취소 등)제1항·제39조의7(핵연료주기시설 운영허가의 취소 등)·제48조(사용 또는 소지 허가의 취소 등)·제57조(생산·판매·사용 또는 이동사용 허가 등의 취소 등)제1항·제66조(방사성폐기물관리시설등의 건설·운영 허가의 취소 등)제1항 또는 제81조(판독업무자 등

록의 취소 등)에 따른 허가 또는 등록의 취소

(2) 삭제

(3) 제86조(면허의 취소 등)에 따른 면허의 취소

4) 종업원에 대한 보호

원자력관계사업자 또는 판독업무자는 그가 사용하는 종업원이 다음 각 호의 어느 하나에 해당하는 행위를 한 것을 이유로 해고하거나 불이익을 주어서는 아니 된다.

(1) 규정에 따른 운영기술지침서, 규정에 따른 안전관리규정 및 규정에 따른 판독에 관한 품질보증계획서를 준수하기 위한 행위

(2) 원자력관계사업자 또는 판독업무자가 제(1)항에 따른 운영기술지침서·안전관리규정 및 판독에 관한 품질보증계획서를 위반하였거나 위반할 우려가 있는 경우에 이를 위원회 또는 위원회의 권한을 위임받거나 위탁받은 기관의 장에게 알려 주는 행위

(3) 규정에 따른 검사 또는 조사에 응하기 위하여 증언을 하거나 증거를 제출하는 행위

(4) 방사선안전관리자의 업무행위 또는 방사선안전관리자가 방사선안전관리에 관하여 조치·권고하거나 안전관리에 필요한 조치나 협력을 요청하는 행위

5) 주민의 의견수렴

(1) 다음 각 호의 어느 하나에 해당하는 자(이하 "신청자"라 한다)는 제10조(건설허가) 제2항·제5항, 제20조(운영허가) 제2항 또는 제63조(방사성폐기물관리시설등의 건설·운영 허가) 제2항에 따른 방사선환경영향평가서를 작성할 때 제(3)항에 따른 방사선환경영향평가서 초안을 온라인 정보공개 및 관련 지방자치단체 제공을 통하여 공람하게 하여야 하며, 공청회 등을 개최하여 위원회가 정하는 범위의 주민의 의견을 수렴하고 이를 방사선환경영향평가서의 내용에 포함시켜야 한다. 이 경우 주민의견수렴 대상지역을 관할하는 지방자치단체의 장 또는 대통령령으로 정하는 범위의 주민의 요구가 있으면 공청회 등을 개최하여야 한다.

① 제10조(건설허가) 제1항 또는 제3항에 따라 허가 또는 승인을 받으려는 자

② 발전용원자로 및 관계시설의 설계수명기간이 만료된 후에 그 시설을 계속하여 운전하기 위하여 제20조(운영허가) 제1항 후단에 따른 변경허가를 받으려는 자

③ 제63조(방사성폐기물관리시설등의 건설·운영 허가) 제1항에 따라 방사성폐기물 처분시설 또는 사용후핵연료 저장시설의 건설·운영 허가를 받으려는 자

(2) 제28조(발전용원자로 및 관계시설의 해체) 제1항에 따라 승인을 받으려는 자가 제28조제2항에 규정한 해체계획서를 작성할 때 제(3)항에 따른 해체계획서 초안

을 공람하게 하거나 공청회 등을 개최하여 위원회가 정하는 범위의 주민의 의견을 수렴하고 이를 해체계획서의 내용에 포함시켜야 한다. 이 경우 주민의견수렴대상지역을 관할하는 지방자치단체의 장 또는 대통령령으로 정하는 범위의 주민의 요구가 있으면 공청회 등을 개최하여야 한다.

(3) 신청자 또는 제28조 제1항에 따라 승인을 받으려는 자는 제(1)항 또는 제(2)항에 따라 주민의 의견을 수렴하려면 총리령으로 정하는 바에 따라 미리 방사선환경영향평가서 초안 또는 해체계획서 초안을 작성하여야 한다.

(4) 제(1)항, 제(2)항 및 제(3)항에 따른 주민의견수렴의 방법·절차와 그 밖에 필요한 사항은 대통령령으로 정한다.

(5) 신청자 또는 제28조제1항에 따라 승인을 받으려는 자는 대통령령으로 정하는 바에 따라 제(1)항 및 제(2)항에 따른 주민의 의견수렴에 드는 비용을 부담하여야 한다.

방사선환경영향평가서 또는 해체계획서 초안의 제출 및 공고·공람 등

① 사업자는 규정에 따라 주민의 의견을 수렴하려는 경우에는 방사선환경영향평가서 초안 또는 해체계획서 초안을 다음 각 호의 행정기관의 장에게 제출하여야 한다.

가. 위원회 위원장

나. 위원회가 정하는 범위의 지역(이하 "의견수렴대상지역"이라 한다)을 관할하는 특별자치도지사·시장·군수 또는 구청장(자치구의 구청장을 말한다. 이하 같다). 다만, 의견수렴대상지역이 둘 이상의 특별자치도·시·군 또는 구의 행정구역에 걸쳐 있는 때에는 의견수렴대상지역의 면적이 가장 많이 포함되는 지역을 관할하는 특별자치도지사·시장·군수 또는 구청장

다. 나목에 따른 특별자치도지사·시장·군수 또는 구청장 외의 특별자치도지사·시장·군수 또는 구청장으로서 의견수렴대상지역을 관할하는 특별자치도지사·시장·군수 또는 구청장

라. 그 밖에 대상 사업의 시행과 관련이 있는 행정기관의 장

② 제①항 나목에 따른 특별자치도지사·시장·군수 또는 구청장(이하 "주관시장·군수·구청장"이라 한다)은 특별한 사유가 없으면 제①항에 따라 평가서초안 또는 해체계획서초안이 접수된 날부터 10일 이내에 사업개요·공람기간·공람장소 등을 1개 이상의 중앙일간신문 및 지방일간신문에 각각 1회 이상 공고하고, 평가서초안 또는 해체계획서초안을 60일을 초과하지 아니하는 범위에서 20일 이상 의견수렴대상지역의 주민 등에게 공람하여야 한다.

③ 주관시장·군수·구청장은 제②항에 따른 공고를 하려는 경우에는 미리 제①항 다에 따른 특별자치도지사·시장·군수 또는 구청장(이하 "관계시장·군수·구청장"이라 한다)의 의견을 들어 그 내용을 결정하되, 공고내용 중 공람 장소의 경우에는 관계시장·군수·구청장의 관할지역 안의 장소가 하나 이상 포함되도록 하여야 한다.

④ 주관시장·군수·구청장은 제②항에 따른 공고를 하는 경우 공청회 개최여부에 관한 주민 의견 제출의 시기 및 방법 등을 함께 공고하여야 한다.

방사선환경영향평가서초안·해체계획서초안의 작성 등

• 방사선환경영향평가서초안 작성

① 규정에 따른 방사선환경영향평가서 초안(이하 "평가서초안"이라 한다)에는 다음 각 호의 사항을 적어야 한다.

가. 사업의 개요

가. 방사선환경영향을 평가하기 위한 시설 및 그 부지 주변지역의 환경현황

나. 시설의 건설 및 운영으로 인하여 주변환경에 미치는 방사선영향의 예측

다. 시설의 건설 및 운영 중 시행할 방사선환경감시계획

라. 운전 중 사고로 인하여 환경에 미치는 방사선영향

② 제①항에 따른 사항 외의 평가서초안의 기재사항과 그 작성방법 등에 관하여 필요한 사항은 위원회가 정하여 고시한다.

• 해체계획서초안 작성

① 규정에 따른 원자로시설의 해체계획서에는 위원회가 정하여 고시하는 바에 따라 다음 각 호의 사항을 적어야 한다.

가. 원자로시설의 해체를 위한 조직, 인력, 비용 및 재원

나. 원자로시설의 해체 전략 및 일정

다. 해체를 용이하게 하기 위하여 설계 시 반영한 사항 및 건설·운영 시 조치하도록 한 사항

라. 방사선으로부터 재해를 방지하기 위한 조치

마. 방사성물질등에 따른 오염의 제거 방법

바. 방사성폐기물의 처리·저장·처분 방법

사. 방사성물질등이 환경에 미치는 영향의 평가 및 대책

아. 그 밖에 원자로시설의 해체에 따른 재해를 방지하기 위하여 위원회가 정하는 사항

평가서초안 또는 해체계획서초안에 대한 의견 제출 등

① 규저에 따른 행정기관의 장은 평가서초안 또는 해체계획서초안이 접수된 날부터 30일 이내에 주관시장·군수·구청장에게, 주민은 공람기간 만료일부터 7일 이내에 주관시장·군수·구청장 또는 관계시장·군수·구청장에게 다음 각 호의 의견을 통보하거나 제출할 수 있다. 이 경우 주민의 의견을 제출받은 관계시장·군수·구청장은 그 내용을 공람기간이 끝난 후 10일 이내에 주관시장·군수·구청장에게 통보하여야 한다.

가. 평가서초안이 접수된 경우: 해당 사업의 시행으로 인하여 예상되는 방사선환경영향 및

그 감소 방안 등에 관한 의견(의견제출자가 주민인 경우에는 공청회 개최 여부에 관한 의견을 포함한다)

나. 해체계획서초안이 접수된 경우: 해체로 인하여 예상되는 방사선영향 및 그 감소 방안 등에 관한 의견(의견제출자가 주민인 경우에는 공청회 개최 여부에 관한 의견을 포함한다)

② 주관시장·군수·구청장은 제①항에 따라 통보받거나 제출받은 의견과 공청회 개최 여부를 공람기간이 끝난 후 14일 이내에 사업자에게 통지하여야 한다. 이 경우 주관시장·군수·구청장은 평가서초안 또는 해체계획서초안의 내용에 대한 의견이 있는 경우에는 그 의견을 함께 통지할 수 있다.

비용부담

① 신청자는 다음 각 호의 비용을 부담하여야 한다.

가. 방사선환경영향평가서초안 또는 해체계획서초안에 대한 사업개요·공람기간·공람장소 등의 공고 및 공청회 개최에 따른 사업개요·공청회의 일시·장소 등의 공고에 따른 신문 공고 비용

나. 주민 의견을 수렴하기 위한 공청회 등의 개최에 드는 비용

② 주관시장·군수·구청장은 제①항에 따라 드는 비용의 구체적인 내용에 관하여 미리 사업자와 협의하여야 한다.

6) 공청회 개최

(1) 다음 각 호 중 어느 하나에 해당하는 경우에는 공청회를 개최하여야 한다.

① 제144조(평가서초안 또는 해체계획서초안에 대한 의견 제출 등)제1항에 따라 공청회개최가 필요하다는 의견을 제출한 주민이 30인 이상인 경우

② 제144조제1항에 따라 공청회개최가 필요하다는 의견을 제출한 주민이 5인 이상 30인 미만인 경우로서 평가서초안 또는 해체계획서초안에 대한 의견을 제출한 주민 총수의 100분의 50이상인 경우

(2) 제144조제2항에 따라 주관시장·군수·구청장으로부터 제(1)항 각 호 중 어느 하나의 요건에 해당되어 공청회 개최 통지를 받은 사업자는 사업개요, 공청회의 일시 및 장소 등을 공청회 개최 예정일 14일 전까지 1개 이상의 중앙일간신문 및 지방일간신문에 각각 1회 이상 공고하여야 한다. 이 경우 공청회의 일시 및 장소 등에 관하여 미리 주관시장·군수·구청장과 협의하여야 한다.

(3) 공청회에 출석하여 의견을 진술하려는 주민은 공청회 개최 예정일 5일 전까지 진술신청서를 사업자 또는 주관시장·군수·구청장에게 제출하여야 한다. 이 경우 진술신청서를 접수한 주관시장·군수·구청장은 그 사실을 사업자에게 즉시 통지하여야 한다.

(4) 사업자는 주관시장·군수·구청장과 협의하여 제(3)항에 따라 제출된 신청서의 진술내용 중 비슷한 내용에 대해서는 일괄하여 공청회에서 진술하도록 대표자를 선정하여 의견을 진술하게 하거나 주민이 추천한 전문가로 하여금 의견을 진술하게 하여야 한다.

(5) 사업자는 제(2)항에 따라 공고한 공청회가 사업자가 책임질 수 없는 사유로 2회에 걸쳐 개최되지 못하거나 개최는 되었으나 정상적으로 진행되지 못한 경우에는 공청회를 생략할 수 있다. 이 경우 사업자는 공청회를 생략하게 된 사유와 공청회에서 의견을 제출하려는 자의 의견 제출의 시기 및 방법 등에 관한 사항을 제(2)항을 준용하여 공고하고, 다른 방법으로 주민의 의견을 듣도록 노력하여야 한다.

(6) 사업자는 공청회가 끝난 후 7일 이내에 총리령으로 정하는 바에 따라 공청회 개최 결과를 주관시장·군수·구청장 또는 관계시장·군수·구청장에게 통지하여야 한다.

(7) 사업자는 제(1)항 각 호의 공청회 개최 요건에 해당되지 아니하는 경우에도 사업시행으로 인한 방사선환경영향 또는 해체로 인한 방사선영향에 관하여 전문가 및 주민의 의견을 수렴할 필요가 있는 경우에는 법 제103조(주민의 의견수렴) 제1항 전단 또는 같은 조 제2항 전단에 따른 공청회를 제143조(방사선환경영향평가서 또는 해체계획서 초안의 제출 및 공고·공람 등) 제2항에 따른 공람기간이 끝난 후 주관시장·군수·구청장과 협의하여 개최할 수 있다. 이 경우 그 공청회는 법 제103조제1항 후단 또는 같은 조 제2항 후단에 따라 개최한 공청회로 보되, 개최방법 및 절차 등에 관하여는 제(2)항부터 제(4)항까지 및 제(6)항을 각각 준용한다.

7) 환경보전

(1) 다음 각 호의 어느 하나에 해당하는 시설의 설치자 및 운영자는 총리령으로 정하는 바에 따라 방사선환경조사 및 방사선환경영향평가를 실시하여 이를 위원회에 보고하여야 한다.

① 발전용원자로

② 열출력 100킬로와트 이상의 연구용원자로

③ 핵연료주기시설

④ 사용후핵연료 중간저장시설

⑤ 방사성폐기물 처분시설

(2) 위원회는 제(1)항에 따른 방사선환경조사 및 방사선환경영향평가의 결과를 확인하기 위하여 필요하면 방사선환경조사를 실시할 수 있다.

(3) 위원회는 제(1)항에 따른 보고결과 또는 제(2)항에 따른 방사선환경조사의 실시결과 그 주변 환경에 나쁜 영향을 미칠 우려가 있다고 인정하면 제(1)항에 따른 시설의 설치자 및 운영자에게 환경보전에 필요한 조치를 명할 수 있다.

위원회가 정하는 규정

① 방사선환경영향평가서초안 작성

가. 규정에 따른 방사선환경영향평가서 초안(이하 "평가서초안"이라 한다)에는 다음 각 호의 사항을 적어야 한다.

가) 사업의 개요

나) 방사선환경영향을 평가하기 위한 시설 및 그 부지 주변지역의 환경현황

다) 시설의 건설 및 운영으로 인하여 주변환경에 미치는 방사선영향의 예측

라) 시설의 건설 및 운영 중 시행할 방사선환경감시계획

마) 운전 중 사고로 인하여 환경에 미치는 방사선영향

나. 가에 따른 사항 외의 평가서초안의 기재사항과 그 작성방법 등에 관하여 필요한 사항은 위원회가 정하여 고시한다.

② 방사선환경영향평가서 초안 또는 해체계획서초안의 제출

가. 행정기관의 장에게 제출하여야 하는 평가서초안 또는 해체계획서초안의 부수는 다음 각 호와 같다.

가) 위원회 위원장: 5부

나) 위원회가 정하는 범위의 지역(의견수렴대상지역)을 관할하는 특별자치도지사·시장·군수 또는 구청장. 다만, 의견수렴대상지역이 둘 이상의 특별자치도·시·군 또는 구의 행정구역에 걸쳐 있을 때에는 의견수렴대상지역의 면적이 가장 많이 포함되는 지역을 관할하는 특별자치도지사·시장·군수 또는 구청장: 20부

다) 나) 항에 따른 특별자치도지사·시장·군수 또는 구청장 외의 특별자치도지사·시장·군수 또는 구청장으로서 의견수렴대상지역을 관할하는 특별자치도지사·시장·군수 또는 구청장: 10부

라) 그 밖에 대상 사업 시행과 관련이 있는 행정기관의 장: 3부

나. 사업자는 방사선환경영향평가서초안 또는 해체계획서초안을 제출한 경우에는 그 제출한 기관의 명단을 주관시장·군수·구청장에게 알려야 한다.

③ 방사선환경조사 및 평가

가. 방사선환경조사 및 방사선환경영향평가는 다음 각 호의 기준에 따라 수행하여야 한다.

가) 방사선환경조사는 사전에 방사선환경조사계획을 수립하여 수행할 것

나) 방사선환경조사에 관한 품질관리계획을 수립하여 주기적으로 방사선환경조사 수행 결과에 대한 검증을 수행할 것

다) 시설의 운영으로 인한 영향을 평가할 수 있도록 충분한 공간적, 시간적 범위를 정하여 방사선환경을 조사할 것

라) 방사선환경 조사결과를 바탕으로 시설의 운영에 따른 방사선환경영향을 평가할 것

나. 제 가항에 따른 방사선환경조사 및 방사선환경영향평가 수행에 필요한 세부사항은 위원회가 정하여 고시한다.

위원회 고시 규정

(1) 방사선환경조사

가. 환경조사계획

가) 사업자는 제136조(방사선환경조사 및 평가) 제1항 제1호(방사선환경조사는 사전에 방사선환경조사계획을 수립하여 수행할 것)에 따라 환경조사를 수행하기 위한 계획서를 수립하여 환경조사 시행 1년 전까지 위원회에 제출하여야 한다.

나) 제 가) 항에 따른 환경조사계획서는 다음 각 호에서 정하는 바에 따라 작성하여야 한다.

(가) 환경조사 및 환경영향평가를 수행할 조직과 책임에 대하여 기술한다.

(나) 해당시설 및 부지의 특성을 환경조사의 관점에서 개략적으로 기술한다.

(다) 환경조사 항목과 내용을 구체적으로 기술하되, 환경조사 결과의 이용 목적과 대비하여 기술한다.

(라) 방사선과 방사능을 측정하기 위한 측정기기의 종류 및 그 특성, 측정방법 및 절차 등을 기술한다.

(마) 방사능측정을 위한 시료채취, 전처리, 분석, 자료의 신뢰성 검증 등의 방법을 간략히 기술하고, 조사항목의 검출목표치를 설정하여 기술한다.

(바) 환경조사 결과의 통계처리와 평가 및 기록유지에 대하여 기술한다.

(사) 환경영향평가 방법을 기술한다.

(아) 환경조사에 대한 품질관리계획을 기술한다.

다) 제 가) 항에 따른 환경조사계획서는 매 3년이 넘지 않는 기간마다 재검토하고, 환경조사계획서의 내용을 변경하고자 할 때에는 변경사유서와 변경할 환경조사계획서를 환경조사 시행 6개월 전까지 위원회에 제출하여야 한다. 다만, 경미한 변경의 경우에는 우선 시행 후 보고할 수 있다.

라) 위원회는 제 가) 항 또는 제 다) 항에 따라 제출된 환경조사계획서의 내용이 해당시설에 의한 환경영향을 평가하기에 불충분하다고 판단할 때에는 사업자에게 환경조사계획서의 수정 또는 보완을 명할 수 있다.

나. 품질관리

제136조(방사선환경조사 및 평가) 제1항 제2호(방사선환경조사에 관한 품질관리계획을 수립하여 주기적으로 방사선환경조사수행결과에 대한 검증을 수행할 것)에 따른 품질관리는 다음 각 호에 대한 계획을 수립하여 연 1회 이상 환경조사 결과에 대한 검증을 수

행하여야 한다.

가) 시료채취 및 운반

나) 시료전처리

다) 방사선측정 및 방사능분석

라) 조사결과의 해석 및 통계처리

마) 조사결과 보고

다. 환경조사 요령

제136조(방사선환경조사 및 평가)제1항 제3호(시설의 운영으로 인한 영향을 평가할 수 있도록 충분한 공간적, 시간적 범위를 정하여 방사선환경을 조사할 것)에 따른 환경조사는 다음 각 호에 따른다.

가) 조사항목, 조사주기 및 조사지점은 "환경방사선/능 조사요령"에 따르되, 해당시설 및 부지의 특성에 따라 조정할 수 있다.

나) 환경조사의 착수시기는 해당시설의 운영으로 인한 환경의 영향을 평가하는데 기준이 되는 기초 환경조사자료를 충분히 확보할 수 있는 시점으로 하되, 최소한 해당시설을 운영하기 2년 전으로 한다.

다) 환경조사의 종결시기는 해당시설을 폐쇄한 후의 환경조사 결과를 평가하여 환경 영향이 없을 것으로 판단되는 시점으로 하여야 한다.

라) 환경조사를 위한 시료의 채취, 전처리, 분석 및 측정은 "환경방사능 분석을 위한 검출하한치"를 만족할 수 있는 방법과 기술에 따라 수행하여야 하며, 조사대상 핵종별 및 시료별 각각의 절차를 기술한 절차서를 작성하여 이에 따라 수행하여야 한다.

라. 환경영향평가

제136조(방사선환경조사 및 평가) 제1항 제4호에 따른(방사선환경조사결과를 바탕으로 시설의 운영에 따른 방사선환경영향을 평가할 것) 환경영향평가는 다음 각 호에 따라 수행하여야 한다.

가) 해당시설로부터 방출된 방사성물질 또는 방사선에 의하여 주민이 받는 피폭방사선량을 계산하고 기준치와 비교·평가한다. 이 경우 주민피폭방사선량 계산프로그램은 부지특성과 주변 환경인자들을 반영하여야 하며, 평가모델의 신뢰성이 확보되어야 한다.

나) 환경조사 결과를 근거로 해당시설 주변환경에 있어서 장기적인 방사성물질의 축적경향과 변동을 평가하고, 해당시설로부터 예기치 않은 방사성물질의 방출에 의한 단기적 변동을 평가한다.

다) 사람이 섭취 가능한 환경시료에 대한 조사결과를 근거로 그 시료를 섭취할 경우의 피폭방사선량을 평가한다.

마. 환경조사자료의 처리

가) 조사지점별로 환경조사항목마다 평균치와 평상시 변동범위(최소치~최대치)를 설정한다.

나) 제 가) 항의 평균치와 평상시 변동범위는 해당시설의 가동전 환경조사 결과 또는

정상 운영중인 해당시설 주변에서 최소한 최근 3년 이상 수행한 환경조사 결과로 설정한다. 이 경우 비정상적인 원인에 의한 환경조사 결과는 제외한다.

다) 환경조사결과는 적절한 접두어를 붙여 국제표준단위를 사용하여 간결하게 기록한다.

라) 환경조사자료는 측정 및 분석의 정도를 가늠할 수 있도록 유효숫자 자리 수를 고려하여 표기하고 조사대상 항목별로 일관성을 유지하여야 한다.

마) 방사능핵종이 검출되지 않는 경우에는 최소검출가능농도를 명기하고 그 미만이라고 표시하되, 환경조사결과의 평균치 산출 시에는 최소검출가능농도를 사용한다.

바) 모든 조사결과가 최소검출가능농도 미만인 경우에는 제 가)항의 평균치는 표시하지 않으며, 평상시 변동범위는 최소검출가능농도 중에서 가장 낮은 값을 명기하고 그 미만이라고 표시한다.

(2) 방사선환경영향평가서

가. 적용범위

이 규정은 방사선 또는 방사능이 주변환경에 미치는 영향을 평가하기 위한 방사선환경영향평가서(이하 "환경영향"이라 한다) 및 주민의 의견을 수렴하기 위한 방사선환경영향평가서초안(이하 "평가서초안"이라 한다)으로 구분하여 다음 각 호의 원자력이용시설에 대하여 적용한다.

가) 평가서초안: 발전용원자로 및 관계시설과 폐기시설등 중에서 방사성폐기물 처분시설 및 사용후핵연료 중간저장시설

나) 평가서: 발전용원자로 및 관계시설, 열출력 100kW 이상의 연구용원자로등, 핵연료주기시설, 방사성폐기물의 폐기시설

나. 평가서 등의 작성에 관한 일반요건

평가서초안 및 평가서를 작성함에 있어 고려하여야 할 일반적인 요건은 다음 각 호와 같다.

가) 평가서 등은 과학적인 사실에 근거를 두고 객관적 논리적으로 작성되어야 하며, 이를 위하여 자연과학, 사회과학 및 응용과학 등이 종합적으로 활용되어야 한다.

나) 자료의 조사·분석 및 환경영향의 예측·평가에 사용된 방법과 기술은 객관적으로 타당성이 인정되는 것이어야 한다. 다만, 객관적인 평가방법이 확립되어 있지 아니한 경우에는 기존의 사례 또는 자료를 이용할 수 있다.

다) 환경현황은 직접 조사함을 원칙으로 하되, 필요한 경우에는 기존의 문헌이나 공신력이 있는 기관의 자료 등을 인용할 수 있다. 다만, 인용된 자료는 그 출처 또는 근거를 분명히 제시하여야 한다.

라) 원자력이용시설의 설치위치 또는 설계의 특성상 이 규정에서 정하는 세부작성항목 중 적용하기 곤란하거나 적용할 필요가 없다고 판단하여 제외한 항목에 대하여는 그 사유 또는 타당성을 명시하여야 한다.

마) 평가서 등에 사용되는 전문용어에 대하여는 일반인이 이해할 수 있도록 용어해설을 부록으로 작성하여야 한다.

다. 평가서 등의 구성 및 작성요령

가) 평가서 등에는 다음 각 호에 정하는 사항이 포함되어야 하며, 평가서초안은 "원자력이용시설 방사선환경영향평가서초안 작성요령", 평가서는 "원자력이용시설 방사선환경영향평가서 작성요령"에 따라 작성하여야 한다.

(가) 건설계획의 개요

원자력이용시설 건설의 필요성, 건설계획 및 해당부지를 선정한 이유 등을 기술한다.

(나) 환경의 현황

원자력이용시설의 건설 및 운영으로 인한 환경영향을 예측·평가하기 위하여 필요한 부지 및 주변지역의 환경특성을 기술하되, 최근 1년 이상의 조사 및 측정 자료를 이용한다.

(다) 시설의 현황

원자력이용시설의 시설에 대하여 기술하되, 방사선 관련계통 및 설비를 중심으로 기술한다.

(라) 건설로 인한 환경영향

원자력이용시설을 기존의 원자력이용시설이 운영되고 있는 동일 부지에 건설할 경우에는 해당 시설의 건설기간 중에 건설에 참여하는 작업자가 기존의 원자력이용시설에 의하여 받게 될 영향을 예측·평가하여 기술한다.

(마) 운영으로 인한 환경영향

원자력이용시설의 운영으로 인한 환경영향을 가능한 한 정량적인 방법으로 예측·평가하여 기술하되, 정량화가 곤란한 경우에는 객관적 정성적인 방법으로 예측 평가하여야 한다.

(바) 사고로 인한 영향

원자력이용시설의 사고로 의한 잠재적인 환경영향을 예측·평가하여야 하며, 평가서에는 주민보호에 대한 대책을 포함하여 기술한다.

(사) 환경감시계획

원자력이용시설의 운영으로 인한 환경영향과 그 정도를 확인하기 위하여 원자력이용시설의 운영 전 및 운영 중으로 구분하여 환경감시계획을 수립하여 이를 기술한다.

(아) 주민의견 수렴

평가서초안에 대한 주민, 관계 행정기관의 장 등의 의견 및 공청회 개최결과에 대한 분석 및 평가결과와 이들의 구체적 반영내용을 평가서에 기술한다.

(자) 종합평가

예상되는 환경영향을 종합적으로 검토하여 해당 사업의 당위성에 대한 최종 결론적인 평가를 기술한다.

(차) 기타

평가서초안의 열람 및 평가서 검토에 참고가 될 수 있거나 관련이 있는 사항을 기술한다.

나) 평가서초안을 작성함에 있어 주민의견 수렴의 관점에서 긴요하지 않은 항목은 간략히 기술하거나 이를 생략할 수 있다.

다) 평가서 내용은 평가서초안의 내용과 상치되어서는 아니 되며 변경되는 내용이 있는 경우에는 그 사유를 제시하여야 한다.

라) 연구용원자로 및 핵연료주기시설의 평가서는 "원자력이용시설 방사선환경영향평가서 작성요령" 중 원자력발전소에 준하여 작성하되, 기술항목 중 시설의 사용목적이나 설계상의 원리적인 차이로 인하여 적용하기 어려운 사항이나 적용할 필요가 없을 때에는 해당 항목을 제외할 수 있다. 다만, 이 경우에는 그 사유 및 타당성을 제시하여야 한다.

(3) 기록유지

가. 환경조사 및 환경영향평가 결과는 해당시설에 대한 환경조사 업무가 종결될 때까지 보존하여야 한다.

나. 환경조사결과의 재평가가 필요할 경우를 대비하여 환경조사 순서의 역순으로 검토가 가능하도록 시료채취, 전처리, 측정·분석이 이루어진 모든 조건을 조사항목 별로 상세히 기록하여 5년 이상 보존하여야 한다.

다. 측정·분석이 완료된 환경시료는 재평가가 필요할 경우를 대비하여 시료 별로 기간을 정하여 보관하여야 한다.

(4) 보고

규정에 의한 사업자의 환경조사 및 환경영향평가 결과보고는 다음 각 호의 정하는 바에 따른다.

가. 환경조사 결과에서 다음 각 목에 해당하는 사항을 발견한 경우에는 발견 후 1주일 이내에 별지 서식에 따라 보고하여야 한다.

가) 고정지점에서 연속측정 중인 공간감마선량률의 1시간 평균치가 최근 3년 이상 자료(그 이하의 경우에는 확보된 자료만)의 평균치보다 10 μR/h를 초과한 경우

나) 조사계획에 의한 시료채취지점에서의 방사능분석결과가 최근 3년 이상 자료(그 이하의 경우에는 확보된 자료만)의 평균치의 5배를 초과한 경우

다) 최근 3년 동안 최소검출가능농도 미만으로 계측된 환경 시료에서 인공방사성 핵종이 검출된 경우

나. 전반기에 수행한 환경조사 결과는 해당년도 9월 30일까지 보고서로 작성하여 제출한다.

다. 매년의 환경조사 및 환경영향평가를 수행한 종합적 결과는 다음 해 3월 31일까지 보고서로 작성하여 제출하고, 그 보고서를 사업자의 인터넷 홈페이지에 게재할 수 있다.

8) 전국 환경방사능 감시

(1) 위원회는 국내 외 방사능 비상사태를 조기에 탐지하여 방사선으로 부터 국민의 건강을 보호하고 환경을 보전하기 위하여 대통령령으로 정하는 바에 따라 국토 전

역에 대하여 환경상의 방사선 및 방사능을 감시하고 그 결과를 평가하여야 한다.

(2) 위원회는 제(1)항에 따른 업무를 체계적으로 수행하기 위하여 중앙방사능측정소 및 지방방사능측정소를 설치·운영할 수 있다.

(3) 제(2)항에 따른 측정소의 설치·운영에 필요한 사항은 총리령으로 정한다.

대통령령(전국 환경방사능 감시)

위원회는 국토 전역에 대한 환경상의 방사선 및 방사능을 감시·평가하기 위하여 다음 각 호의 업무를 수행한다.

① 전 국토 환경방사능의 조사·평가

② 해양환경방사능의 조사·평가

③ 전 국토 환경방사선 자동감시망의 운영

총리령(방사능측정소의 설치·운영)

① 중앙방사능측정소는 환경상의 방사선 및 방사능 감시·평가를 위탁받은 기관에 설치하며, 지방방사능측정소는 위원회가 필요에 따라 설치·폐쇄한다.

② 제①항에 따른 중앙방사능측정소 및 지방방사능측정소에는 권한수탁기관 의장이 임명하는 측정소장을 두며, 그 운영에 관한 세부적인 사항은 권한수탁기관 의장이 정한다.

9) 수출입의 절차

원자로 및 관계시설, 핵물질, 방사성동위원소 등의 수출입절차는 위원회가 산업통상부장관과 협의하여 정하는 바에 의한다.

(1) 원자로 및 관계시설, 핵물질, 방사성동위원소 등의 수출입을 하려는 자 중 국제규제물자 또는 이와 관련된 기술을 수출입하려는 수출입 절차에 따라 원자력 관련 국제조약, 협정, 협약 및 의정서 등에서 규정하고 있는 절차 및 의무사항을 지켜야 한다.

(2) 제(1)항의 절차 및 의무사항의 이행에 필요한 사항은 위원회가 산업통상자원부장관과 협의하여 별도로 정할 수 있다.

10) 국제협력

(1) 위원회는 원자력안전 및 핵안보의 증진을 위하여 국제기구, 외국정부 또는 그 밖의 기관과의 국제협력을 촉진하기 위한 시책을 마련하고 추진할 수 있다.

(2) 정부는 제(1)항에 따른 국제협력에 관한 시책을 효율적으로 추진하기 위하여 이를 전문적으로 지원할 기관을 지정하고 그 지원업무 수행에 필요한 경비의 전부 또는 일부를 출연하거나 보조할 수 있다.

(3) 제(2)항에 따른 전문기관의 지정과 지원 등 국제협력 촉진에 필요한 사항은 대통령령으로 정한다.

대통령령(국제협력 전문기관의 지정 등)

위원회는 안전재단을 국제협력에 관한 시책을 전문적으로 지원할 기관으로 지정한다.

11) 비밀누설금지

이 법에 따른 직무에 종사하거나 종사하였던 위원회의 위원 및 「위원회의 설치 및 운영에 관한 법률」 제15조에 따른 전문위원회의 위원 또는 공무원은 그 직무상 알게 된 원자력에 관한 비밀을 누설하거나 이 법의 시행을 위한 목적 이외에 이를 이용하여서는 아니 된다.

12) 원자력안전 관계 공무원에 대한 수당

원자력안전에 종사하는 공무원은 국가공무원법에 따른 보수와 그 밖의 수당 외에 대통령령으로 정하는 바에 따라 연구수당·위험근무수당 또는 보건수당을 받을 수 있다.

13) 보상

원자력이용과 이에 따른 안전관리 중에 방사선에 의하여 신체 또는 재산에 피해를 입은 자는 대통령령으로 정하는 바에 따라 정당한 보상을 받는다.

대통령령(보상)

원자력이용과 이에 따른 안전관리 중에 방사선에 의하여 신체 또는 재산에 피해를 입은 자에 대하여는 다음 각 호의 구분에 따라 보상하여야 한다.

(1) 원자력관계사업자와 그 종업원이 업무상 입은 손해에 대해서는 원자력관계사업자가 정하여 위원회가 인가한 보상기준에 따른다.

(2) 공무원이 원자력 관계 업무를 수행하는 과정에서 입은 손해에 대하여는 공무원재해보상법으로 정하는 바에 따른다.

(3) 제(1)호 및 제(2)호 외의 자에 대해서는 원자력손해배상법이 정하는 바에 따른다.

14) 업무의 위탁

(1) 이 법에 따른 위원회의 업무 중 다음 각 호의 업무를 대통령령으로 정하는 바에 따라 제5조(원자력안전전문기관) 제2항(원자력안전전문기관의 설치·운영)에 따라 설립된 기관, 통제기술원, 그 밖의 관계 전문기관 또는 다른 행정기관에 위탁

할 수 있다.

① 규정에 따른 인가·허가 및 지정에 관련된 안전성 심사
② 규정에 따른 승인에 관련된 안전성 심사
③ 규정에 따른 기준(기술기준을 포함한다)의 연구·개발
④ 규정에 따른 검사 및 확인·점검
⑤ 규정에 따른 면허시험
⑥ 규정에 따른 국제규제물자에 관한 정보의 관리
⑦ 규정에 따른 판독업무자가 판독한 방사선작업종사자의 피폭에 관한 기록 및 보고의 관리
⑧ 규정에 따른 신고의 접수
⑨ 규정에 따른 보수교육의 실시 및 원자력통제에 관한 교육의 실시
⑩ 규정에 따른 면허증의 교부, 핵물질 등의 수용·양도, 보고, 수출입과 관련된 업무
⑪ 규정에 따른 위탁업무의 수행에 필요한 범위에서 서류의 제출·보완 요구
⑫ 규정에 따른 등록에 관련된 안전성 심사
⑬ 규정에 따른 방사선환경조사 및 환경상의 방사선 및 방사능 감시·평가
⑭ 규정에 따른 주기적 안전성평가에 관련된 안전성 심사
⑮ 규정에 따른 대형방사선발생장치의 허가기준 적합 여부에 대한 사전검토
⑯ 규정에 따른 방사선 건강영향조사
⑰ 그 밖에 대통령령으로 정하는 업무

(2) 위원회는 필요하다고 인정하면 제(1)항에 따라 업무를 위탁받은 기관에 보조금을 지급할 수 있다.

(3) 제(1)항에 따라 업무를 위탁받은 기관의 장은 대통령령으로 정하는 바에 따라 위탁받은 업무의 효율적인 수행을 위한 수탁업무처리 규정을 정하여 위원회의 승인을 받아야 한다. 이를 변경하려는 때에도 또한 같다.

대통령령

① 수탁기관의 구분 등

가. 위원회가 그 업무를 위탁할 수 있는 기관은 다음과 같다.

가) 「한국원자력안전기술원법」에 따라 설립된 한국원자력안전기술원
나) 「과학기술분야 정부출연연구기관 등의 설립·운영 및 육성에 관한 법률」에 따라 설립된 한국원자력연구원
다) 법 제6조(한국원자력통제기술원의 설립)에 따라 설립된 한국원자력통제기술원
라) 안전재단

마) 「방사선 및 방사성동위원소 이용진흥법」 제13조의2에 따라 설립된 한국원자력의학원
바) 다음 각 목의 어느 하나에 해당하는 기관으로서 위원회가 지정하는 기관
(가) 행정기관
(나) 국공립연구기관
(다) 「특정연구기관 육성법」 제2조(특정연구기관)에 따른 특정연구기관
(라) 「비파괴검사기술의 진흥 및 관리에 관한 법률」 제18조(협의의 설립)에 따라 설립된 비파괴검사협회
(마) 「방사선 및 방사성동위원소 이용진흥법」 제14조(협회의 설립 등)에 따라 설립된 협회
(바) 「민법」 제32조(비영리법인의 설립과 허가)에 따라 설립된 비영리법인 중 관계 전문기관

나. 제1항 바)호(가)목에 따라 위원회가 지정한 행정기관에 대해서는 제159조(수탁기관의 명칭 등의 변경)부터 제163조(위탁업무취급자의 해임요구)까지, 제165조(수탁기관의 의무) 및 제166조(사업계획의 승인 등)를 적용하지 아니한다.

② 부담금의 산정기준 등

가. 산정기준
가) 규정에 따라 원자력관계사업등에게 부과하는 부담금 산정기준은 별표 10의2와 같다.

별표 10의2

부담금의 산정기준(제156조제1항 관련)

원자력관계사업자등이 전년도 기준으로 보유한 허가시설의 운영단계별 기준단가에 용량계수 및 산정지수를 곱한 값을 모두 더한 금액으로 하고, 천원미만 단위는 절사한다.

Σ(허가시설의 운영단계별 기준단가 × 용량계수 × 산정지수)

나) 가)항에도 불구하고 다음 각 호의 업무에 대한 부담금의 산정기준은 별표 10의3과 같다.
(가) 규정에 따른 표준설계의 인가 및 신고에 관한 업무
(나) 규정에 따른 허가·신고·검사·사전검토·등록 및 승인에 관한 업무
(다) 규정에 따라 판독업무자가 판독한 방사선작업종사자의 피폭에 관한 기록 및 보고의 관리에 관한 업무
(라) 규정에 따른 특정기술주제보고서의 승인에 관한 업무
(마) 규정에 따른 보수교육의 실시에 관한 업무
(바) 규정에 따른 수출입과 관련된 업무
(사) 그 밖에 위원회가 부담금 부과·징수의 목적 및 대상 업무의 성격상 부담금의 산정기준을 개별적으로 정할 필요가 있다고 인정하는 업무

별표 10의3

부담금의 산정기준(제156조제2항 관련)

1. 법 제12조제1항에 따른 표준설계의 인가 및 신고에 관한 업무에 대한 부담금 : 해당 업무와 직접 연관 있는 기금 지출사업의 예산 범위에서 위원회가 고시하는기준에 따라 산정한다.
2. 규정에 따른 허가·신고·검사·사전검토·등록 및 승인에 관한 업무에 대한 부담금 : 해당 업무에 소요되는 일수 및 인력에 대한 수탁기관의 인건비 범위에서 위원회가 산정하여 고시한다.
3. 규정에 따라 판독업무자가 판독한 방사선작업종사자의 피폭에 관한기록 및 보고의 관리에 관한 업무에 대한 부담금 : 분기별 1명당 5천원
4. 규정에 따른 특정기술주제보고서의 승인에 관한 업무에 대한 부담금 : 해당 업무와 직접 연관 있는 기금 지출사업의 예산 범위에서 위원회가 고시하는 기준에 따라 산정한다.
5. 규정에 따른 보수교육의 실시에 관한 업무에 대한 부담금
6. 규정에 따른 수출입과 관련된 업무에 대한 부담금
7. 규정에 따라 그 밖에 위원회가 부담금 부과·징수의 목적 및 대상 업무의 성격상 부담금의 산정기준을 개별적으로 정할 필요가 있다고 인정하는 업무에 대한 부담금 : 해당 업무와 직접 연관 있는 기금 지출사업의 예산 범위에서 위원회가 고시하는 기준에 따라 산정한다

다) 위원회는 가)항에 따라 산정한 해당 연도 부담금의 규모를 그 산출내용을 명시하여 다음 연도 1월 15일까지 원자력관계사업자등에게 통지해야 한다.

라) 위원회는 가)항 및 나)항에 따른 부담금의 산정기준을 부담금의 규모 및 원자력안전규제계정에 따른 기금의 용도에 사용되는 재원 등을 고려하여 3년마다 재검토해야 한다.

마) 라)항에 따른 재검토 결과에 따라 부담금의 산정기준을 변경하거나 그 밖의 사유로 부담금의 산정기준을 변경하려는 경우에는 미리 해당부처장관 등 관계 중앙행정기관의 장과 협의해야 한다.

바) 위원회는 규정에 따라 부담금의 산정기준을 변경하려는 경우에는 회계연도 개시 전까지 관계 중앙행정기관의 장과 협의하여 변경하여야 한다.

사) 바)항에도 불구하고 부득이한 사유로 회계연도 개시 이후에 부담금의 산정기준이 변경된 경우에는 시행일자를 해당 회계연도 1월 1일로 소급한다.

나. 부담금의 납부방법 및 시기

가) 위원회는 부담금을 징수하려면 그 금액과 함께 산출내용, 납부기한 및 납부장소를 명시하여 원자력관계사업자등에게 고지하여야 한다.

나) 원자력관계사업자등은 가)항에 따라 부담금 납부를 고지받은 날부터 30일 이내에 부담금을 납부해야 한다.

다) 위원회는 원자력관계사업자등이 부담금 분할납부를 신청하는 경우 위원회가 정하여 고시하는 바에 따라 부담금을 나누어 내게 할 수 있다.

라) 가)항 및 다)항에도 불구하고 다음 각 호에 해당하는 업무에 대한 부담금은 해당 호에서 정한 시기에 일시납부해야 한다.

(가) 제156조제2항제2호(허가·신고·검사·사전검토·등록 및 승인)에 따른 업무에 대한 부담금 : 다음 각 목에서 정한 시기. 다만, 핵연료물질사용자, 허가사용자 및 업무대행자는 방사성동위원소등의 생산、판매、사용、이동사용 또는 대행업무자 및 판독업무자에 따른 검사(정기검사로 한정한다)의 경우에는 나)항에 따른다.

㉮ 규정에 따른 허가 : 허가에 관련된 안전성 심사 전까지

㉯ 규정에 따른 신고 : 신고의 접수에 따른 처리 전까지

㉰ 규정에 따른 검사 : 검사 전까지

㉱ 규정에 따른 사전검토 : 사전검토 전까지

㉲ 규정에 따른 등록 : 등록에 관련된 안전성 심사 전까지

㉳ 규정에 따른 승인 : 승인에 관련된 안전성 심사 전까지

(나) 제156조제2항제3호(판독업무자가 판독한 방사선작업종사자의 피폭에 관한 기록 및 보고의 관리)에 따른 업무에 대한 부담금 : 다음 연도 4월 30일까지

(다) 제156조제2항제5호(교육훈련)에 따른 업무에 대한 부담금: 다음 각 목의 어느 하나 중에 원자력관계사업자등이 선택한 시기

㉮ 교육 신청 시

㉯ 보수교육 실시 연도 6월 30일까지(교육시작일이 7월 1일 이후인 경우에는 해당 연도 12월 31일까지)

(라) 제156조제2항제6호(수출입절차)에 따른 업무에 대한 부담금 : 수출입 신고 시. 다만, 전년도 기준 수출입 신고 건수가 월평균 5회 이상인 경우에는 월별로 합산하여 다음 달 5일까지 한 번에 납부할 수 있다.

마) 부담금은 현금, 신용카드 또는 직불카드 등으로 납부할 수 있다.

바) 위원회는 원자력관계사업자등이 납부한 부담금이 해당 업무의 변경、취소 등의 사유로 금액 차이가 발생한 경우에는 위원회가 정하여 고시하는 바에 따라 부담금을 정산하여 추가로 징수하거나 환급하여야 한다.

다. 부담금에 대한 이의 신청

규정에 따른 부담금 납부고지를 받은 원자력관계사업자등은 고지받은 사항에 이의가 있을 경우에는「행정기본법」제36조에 따라 위원회에 이의신청을 할 수 있다.

라. 가산금의 부과

에 따른 가산금은 체납된 부담금에 체납일수 1일당 10만분의 16의 가산율을 적용하여 산출한 금액으로 한다. 이 경우 가산금의 총액은 체납된 부담금의 100분의 20을 초과할 수 없다.

마. 부담금의 징수유예

가) 법 제111조의3제5항(천재지변이나 재난 등)에 따라 부담금의 징수유예를 받으려는 원자력관계사업자등은 부담금의 납부기한 7일 전까지 위원회가 정하여 고시하는 바에 따라 부담금의 징수유예를 신청해야 한다.

나) 부담금의 징수유예 기간은 납부기한의 다음 날부터 1년 이내로 한다.

다) 위원회는 법 제111조의3제5항(천재지변이나 재난 등)에 따른 사유가 지속되어 제2항에 따른 징수유예 기간 이내에도 부담금을 징수할 수 없다고 인정하는 경우에는 1회에 한정하여 징수유예 기간을 연장할 수 있다. 이 경우 연장 기간은 징수유예 기간의 종료일의 다음 날부터 1년 이내로 한다.

③ 수탁기관의 지정 등

가. 위원회가 제153조(수탁기관의 구분 등)제1항제5호에 따른 수탁기관에 업무를 위탁하는 경우 그 효력은 제170조(공고 등)에 따라 관보에 공고한 날부터 발생한다.

다. 제153조제1항제5호 및 제6호에 따라 지정을 받으려는 자는 다음 각 호의 사항을 적은 신청서에 총리령으로 정하는 서류를 첨부하여 위원회에 제출하여야 한다.

가) 명칭·주소 및 대표자 성명

나) 위탁업무를 시행하는 사무소의 명칭 및 위치

다) 위탁을 받으려는 업무의 명칭

라) 위탁업무 개시 예정일

마) 위탁업무에 관한 사업개시연도 및 다음 연도의 사업계획서와 수입·지출 예산서

바) 임원의 성명 및 약력(지정을 받으려는 자가 행정기관 외의 자의 경우에 한정한다)

사) 위탁업무취급자의 명단(성명 및 약력과 소지하는 면허 또는 자격을 명시하여야 한다)

아) 위탁업무 수행에 사용되는 기계·기구와 그 밖의 설비의 종류와 수량

자) 위탁업무 외의 업무를 운영하고 있는 경우에는 그 업무의 종류와 개요

총리령으로 정하는 서류

가. 정관 (법인인 경우에 한한다)

나. 신청일이 속하는 연도의 직전연도 재산목록·대차대조표 및 손익계산서(직전연도가 없는 경우에는 신청일이 속하는 사업연도의 재산목록·대차대조표 및 손익계산서)

④ 수탁기관의 지정기준

제157조(수탁기관의 지정 등)제2항에 따라 지정을 신청하는 자는 다음 각 호의 요건을 모두 갖추어야 한다.

가. 임원 및 주요 직원의 구성이 위탁업무의 공정하고 정확한 수행과 운영에 지장을 주지 아니할 것

나. 위탁업무취급자가 위원회가 정하여 고시하는 자격기준에 맞을 것

다. 위탁업무취급자의 수가 위탁업무를 처리하는 데에 필요한 수 이상일 것

라. 신청한 위탁업무를 수행하는 데에 필요한 종류와 수량의 기계·기구 또는 그 밖의 설비가 있을 것

마. 위탁업무를 정확하고 원활하게 수행하는 데에 필요한 재정적 기초를 가지고 있을 것

바. 위탁업무 외의 업무를 운영하고 있을 때에는 그 업무의 운영으로 위탁업무의 처리가 불공

정하게 될 우려가 없을 것

⑤ 수탁기관의 명칭 등의 변경

가. 제153조(수탁기관의 구분 등)제1항제5호에 따라 지정을 받은 기관(이하 "지정수탁기관"이라 한다)은 그 명칭 또는 주소나 위탁업무를 취급하는 사무소의 명칭 또는 주소를 변경하려는 경우에는 다음 각 호의 사항을 적은 신청서를 위원회에 제출하여 승인을 받아야 한다.

가) 변경 후의 지정수탁기관의 명칭 또는 주소나 위탁업무를 취급하는 사무소의 명칭 또는 주소

나) 변경하려는 일시

다) 변경의 이유

나. 지정수탁기관은 위탁업무를 취급하는 사무소(지방분소를 포함한다)를 신설하거나 폐지하려면 다음 각 호의 사항을 적은 신청서를 위원회에 제출하여 승인을 받아야 한다.

가) 신설하거나 폐지하려는 사무소의 명칭 및 주소

나) 신설하거나 폐지하려는 사무소에서 취급업무를 시작하거나 폐지하려는 일시

다) 신설 또는 폐지의 이유

⑥ 수탁기관의 지정제한

위원회는 그 업무를 위탁하려는 대상기관의 임원 중에 다음 각 호의 어느 하나에 해당하는 사람이 포함되어 있는 경우에는 위탁할 수 없다.

가. 피성년후견인

나. 파산자로서 복권되지 아니한 사람

다. 금고 이상의 형을 선고받고 그 집행이 끝나거나 집행을 받지 아니하기로 확정된 후 2년이 지나지 아니한 사람 또는 형의 집행유예를 선고받고 그 집행유예기간 중에 있는 사람

라. 이 영에 따라 수탁기관의 지정이 취소될 당시 그 수탁기관의 임원이었던 사람으로서 지정이 취소된 날부터 2년이 지나지 아니한 사람

마. 법 제84조(면허 등)제2항의 면허 소지자로서 그 면허가 취소(18세 미만, 피성년후견인에 의한 취소된 경우는 제외한다)된 날부터 2년이 지나지 아니 한 사람

⑦ 수탁업무의 중단·폐지 승인의 신청

수탁기관은 제155조에 따라 승인을 받은 수탁업무처리규정에 따른 위탁업무의 전부 또는 일부를 중단하거나 폐지하려면 다음의 각 호의 사항을 적은 신청서를 위원회에 제출하여 승인을 받아야 한다.

가. 중단하거나 폐지하려는 위탁업무의 종류와 범위

나. 중단하거나 폐지하려는 일시

다. 중단하려는 경우에는 그 기간

라. 중단 또는 폐지의 이유

⑧ 위탁업무취급자의 신고

가. 수탁기관이 위탁업무취급자를 선임한 경우에는 선임한 날부터 30일 이내에 위원회에 신고하여야 한다. 해임한 경우에도 또한 같다.

나. 제 가. 항의 신고서에는 선임한 위탁업무취급자의 성명·약력이나 면허 또는 자격, 취급하는 업무의 종류와 사무소내 배치부서 등을 적어야 한다.

⑨ 위탁업무취급자의 해임 요구

위원회는 위탁업무취급자가 법령 또는 수탁업무 처리규정을 위반하거나 그 직무를 담당하는 것이 적당하지 아니하다고 인정하는 경우에는 수탁기관에 대하여 위탁업무취급자의 해임을 요구할 수 있다.

⑩ 보고

수탁기관이 위탁업무를 처리한 경우에는 처리한 날부터 30일 이내에 그 결과를 총리령으로 정하는 바에 따라 위원회에 보고하여야 한다.

총리령

① 법 제111조(권한의 위탁)제1항제1호 및 제2호에 따른 심사결과
② 법 제111조제1항제3호에 따른 연구·개발의 결과
③ 법 제111조제1항제4호에 따른 검사 및 확인·점검의 결과
④ 법 제111조제1항제5호에 따른 면허시험의 실시결과
⑤ 법 제111조제1항제6호에 따른 국제규제물자에 관한 정보의 관리결과
⑥ 법 제111조제1항제7호에 따른 피폭에 관한 기록 및 보고의 관리결과
⑦ 법 제111조제1항제8호에 따른 신고의 접수 및 그 처리결과
⑧ 법 제111조제1항제9호에 따른 보수교육의 실시결과
⑨ 법 제111조제1항제10호 및 제11호에 따른 업무의 처리결과
⑩ 법 제111조제1항제12호에 따른 심사결과
⑪ 법 제111조제1항제13호에 따른 조사 및 감시·평가의 결과
⑫ 법 제111조제1항제14호에 따른 심사결과
⑬ 영 제154조(위탁할 수 있는 업무)제1항제5호부터 제8호까지에 따른 업무의 처리결과
⑭ 영 제154조제1항제12호에 따른 연구·개발의 결과

⑪ 수탁기관의 의무

가. 수탁기관은 공정하고 신속하게 그 위탁업무를 처리하여야 한다.
나. 수탁기관은 위원회의 승인 없이는 위탁업무의 전부 또는 일부를 중단하거나 폐지해서는 아니 된다.
다. 수탁기관의 임원이나 위탁업무 취급자 또는 그 직원은 수탁업무에 관하여 직무상 알게 된 비밀을 누설하거나 도용해서는 아니 된다.

⑫ 사업계획의 승인 등

가. 지정수탁기관은 매 사업연도의 사업계획 및 수입·지출 예산을 작성하여 그 사업연도가 시작되기 전에(지정을 받은 날이 속하는 사업연도의 경우에는 그 지정을 받은 후 지체 없이) 위원회의 승인을 받아야 한다. 이를 변경할 때에도 또한 같다.
나. 지정수탁기관은 매 사업연도가 지난 후 3개월 이내에 그 사업연도의 사업보고서 및 수입·지출 결산서를 작성하여 위원회에 제출하여야 한다.

⑬ **지정의 취소 등**

위원회는 지정수탁기관이 다음 각 호의 어느 하나에 해당하는 경우에는 그 지정을 취소하거나 기간을 정하여 위탁업무의 전부 또는 일부의 정지를 명할 수 있다. 이 경우 국민경제 또는 원자력 안전성 확보를 위하여 필요한 경우에는 그 정지기간 동안 해당 위탁업무를 수행할 수 있다고 인정되는 다른 기관에 그 정지된 위탁업무를 수행하게 할 수 있다.

가. 제155조(수탁업무처리규정의 승인 등)·제165조(수탁기관의 의무) 및 제166조(사업계획의 승인 등)를 위반한 경우

나. 제158조(수탁기관의 지정기준)에서 정하는 지정기준에 맞지 아니하게 되었다고 인정하는 경우

다. 제171조(지정 등의 조건)의 지정조건에 위배되는 경우

라. 그 밖에 수탁기관이 위탁업무를 정상적으로 수행할 수 없다고 인정되는 경우

⑭ **감독명령 등**

위원회는 수탁기관의 감독 상 필요하다고 인정하는 경우에는 수탁기관의 운영과 위탁업무의 처리에 관한 명령을 할 수 있으며, 소속공무원으로 하여금 그 장부와 전표, 서류, 시설 등을 검사하게 할 수 있다.

⑮ **위탁업무의 인계**

수탁기관은 제161조(수탁업무의 중단·폐지 승인의 신청)에 따라 위탁업무의 폐지 승인을 받거나 제167조(지정의 취소 등)에 따라 지정이 취소되었을 때에는 위탁업무에 관한 기록 내용 및 그 밖에 위원회가 필요하다고 인정하는 사항을 위원회나 위원회가 지정하는 자에게 인계하여야 한다.

⑯ **공고등**

위원회는 다음 각 호에서 정하는 바에 따라 수탁기관에 관한 사항을 관보에 공고하여야 한다.

가. 제153조(수탁기관의 구분 등)제1항제5호에 따라 수탁기관을 지정한 경우
　가) 수탁기관의 명칭과 주소 또는 사무소의 명칭과 주소
　나) 지정 및 위탁 연월일
　다) 위탁업무의 종류와 범위

나. 제161조(수탁업무의 중단·폐지 승인의 신청)에 따라 수탁업무의 전부 또는 일부의 중단 또는 폐지를 승인한 경우
　가) 수탁업무의 전부 또는 일부를 중단하거나 폐지하는 수탁기관의 명칭과 주소
　나) 수탁업무를 중단하거나 폐지하는 사무소의 명칭과 주소
　다) 중단 또는 폐지 연월일
　라) 중단하거나 폐지하는 수탁업무의 종류와 범위
　마) 중단하는 경우 그 중단 기간

다. 제167조(지정의 취소 등)에 따라 수탁기관 지정을 취소한 경우
　가) 수탁기관의 명칭과 주소 또는 사무소의 명칭과 주소
　나) 취소 연월일

라. 제167조에 따라 위탁업무의 전부 또는 일부의 정지를 명한 경우
가) 수탁기관의 명칭과 주소
나) 위탁업무가 정지된 사무소의 명칭과 주소
다) 정지 연월일
라) 정지를 명한 위탁업무의 종류·범위 및 정지기간

⑰ **지정 등의 조건**

가. 위원회는 제153조(수탁기관의 구분 등)제1항제5호에 따른 지정, 제155조(수탁업무처리규정의 승인 등)·제159조(수탁기관의 명칭 등 변경)·제161조(수탁업무의 중단·폐지 승인의 신청) 및 제166조(사업계획의 승인 등)에 따른 승인 등을 할 때에는 조건을 붙이거나 필요하다고 인정하는 사항에 대한 변경을 명할 수 있다.

나. 제 가 항에 따라 조건을 붙이거나 변경을 명하는 경우 그 지정 또는 승인에 관한 사항을 공정하게 운영하는 데에 필요한 최소한의 범위에서 하여야 하며, 지정 또는 승인을 받은 자에게 부당한 의무를 부과해서는 아니 된다.

⑱ **자료 제출의 요구 등**

수탁기관은 위탁업무의 처리를 위하여 필요한 경우에는 그 업무를 신청한 원자력관계사업자에 대하여 위탁업무 처리를 위하여 필요한 보충서류와 그 밖의 자료를 제출할 것을 요구하거나 소속직원으로 하여금 사업소의 위탁업무에 관한 사항을 현지조사를 하게 하거나 관계인에게 필요한 질문을 하게 할 수 있으며, 시험·평가에 필요한 최소량의 시료를 수거하게 할 수 있다.

⑲ **신분증 등**

수탁기관은 제172조(자료 제출의 요구 등)에 따라 소속직원으로 하여금 해당 사업소에서 현지조사 등을 하게 하는 경우에는 위원회가 발행하는 현지조사 등을 하는 사람임을 증명하는 서류를 지니게 하여야 하며, 관계인에게 이를 보여 주게 하여야 한다.

⑳ **위탁할 수 있는 업무**

가. 법 제111조(권한의 위탁) 제1항제15호에서 "대통령령이 정하는 업무"란 다음 각 호의 업무를 말한다.
가) 법 제9조(원자력안전연구개발사업의 추진 등)제1항에 따른 원자력안전연구개발사업계획의 수립과 관련된 기술동향의 조사·분석 및 기술수요의 예측
나) 법 제9조제1항에 따른 연도별 연구개발과제의 선정과 관련된 연구개발과제의 접수·검토 및 평가에 관한 사항
다) 법 제9조제1항에 따른 원자력안전연구개발사업의 실시와 관련된 연구개발과제의 협약체결·진도관리·결과평가 및 사후관리에 관한 사항
라) 법 제9조제2항에 따른 원자력안전연구개발사업을 실시하는 데에 드는 비용의 운용에 관한 사항
(가) 법 제30조(연구용원자로 등의 건설허가)의2제1항 전단 및 후단에 따른 연구용원자로 및 관계시설의 운영허가에 관련된 안전성 심사

(나) 법 제59조(기준준수의무 등)의2제6항에 따른 일일작업량 보고에 관한 업무

마) 법 제70조(방사성폐기물의 처분제한)제2항에 따른 방사성폐기물 외의 방사성폐기물의 처분에 관한 안전관리 업무

바) 법 제74조(사고의 조치 등)에 따른 운반 또는 포장 중 발생한 사고의 조치에 관한 업무

사) 법 제90조(위해시설 설치제한)에 따른 위해시설 설치에 관한 안전성 검토 업무

아) 법 제98조(보고·검사 등)제1항에 따른 원자력관계사업자(신고사용자는 제외한다) 또는 그로부터 방사성물질등을 위탁받아 운반하는 자의 방사성물질등 운반물 현황 보고에 관한 업무

자) 법 제98조제2항 및 제4항에 따른 검사 및 시료 수거에 관한 업무

차) 법 제98조제6항에 따른 국제규제물자의 이동을 확인하기 위한 장치의 설치

카) 법 제107조(수출입의 절차)에 따른 수출입과 관련된 업무

타) 법 제111조(권한의 위탁)제1항제3호에 따른 기준 외에 법 및 이 영에 따른 업무수행을 위하여 필요한 기준의 연구·개발

파) 법 제111조의2제1항에 따른 원자력안전관리부담금의 부과·징수에 관한 업무

나. 한국원자력안전기술원에 위탁할 수 있는 업무

가) 인가·허가 또는 지정에 관한 안전성 심사 중 다음 각 목에 관한 사항

(가) 발전용원자로 및 관계시설의 건설허가에 관련된 안전성 심사

(나) 표준설계인가에 관련된 안전성 심사

(다) 발전용원자로 및 관계시설의 운영허가에 관련된 안전성 심사

(라) 연구용원자로 및 관계시설의 건설 허가에 관련된 안전성 심사

(마) 핵연료주기사업의 허가 또는 지정과 관련된 안전성 심사

(바) 핵연료물질의 사용 또는 소지의 허가에 관련된 안전성 심사

(사) 방사성동위원소 등의 생산·판매·사용 또는 이동사용의 허가에 관련된 안전성 심사

(아) 폐기시설등의 건설·운영 허가에 관련된 안전성 심사

나) 승인에 관한 안전성 심사 중 다음에 관한 사항

(가) 부지에 관한 사전승인에 관련된 안전성 심사

(나) 발전용원자로 및 관계시설의 해체승인에 관련된 안전성 심사

(다) 사용후핵연료처리사업의 변경승인에 관련된 안전성 심사

(라) 핵연료주기시설의 해체승인에 관련된 안전성 심사

(마) 방사선기기의 설계승인에 관련된 안전성심사

(바) 방사성물질들의 포장 또는 운반을 위한 용기의 설계승인에 관련된 안전성 심사

(사) 특정기술주제보고서의 승인에 관련된 안전성 심사

다) 기준(기술기준을 포함한다)의 연구·개발에 관한 사항

라) 검사 및 확인·점검 중 다음 각 목에 관한 사항

(가) 발전용원자로 및 관계시설의 건설에 관한 검사

(나) 발전용원자로 및 관계시설의 운영에 관한 검사
(다) 발전용원자로 및 관계시설의 해체상황의 확인·점검
(라) 핵연료주기시설의 설치·운영에 관한 검사
(마) 핵연료주기시설의 해체상황의 확인·점검
(바) 핵연료물질의 사용 또는 소지에 관한 검사
(사) 방사성동위원소 등의 생산·판매·사용·이동사용 또는 대행업무에 관한 검사(군사적 목적의 방사성동위원소 등의 사용·이동사용에 관한 검사는 제외한다)
(아) 방사선기기에 관한 검사
(자) 폐기시설 등의 설치·운영 및 방사성폐기물의 저장·처리·처분에 관한 검사
(차) 방사성물질등의 포장 또는 운반에 관한 검사(군사적 목적의 방사성물질등의 포장 또는 운반에 관한 검사는 제외한다)
(카) 제작·수입된 운반용기 또는 사용중인 운반용기등에 관한 검사
(타) 판독업무등에 관한 검사

마) 면허시험의 실시

바) 판독업무자가 판독한 방사선작업종사자의 피폭에 관한 기록 및 보고의 관리

사) 신고의 접수와 조치 중 다음 각 목에 관한 사항
(가) 경미한 사항의 변경신고
(나) 사업의 중단·폐지 등의 신고
(다) 사업개시 등의 신고
(라) 핵원료물질의 사용신고 및 그 변경신고
(마) 일시적인 사용장소의 변경신고
(바) 방사성동위원소 등의 사용 또는 이동사용의 신고 및 그 변경신고
(사) 방사선안전관리자의 선임·변경 및 해임 신고
(아) 업무대행자의 등록변경신고
(자) 방사성물질등의 운반신고
(차) 판독업무자의 등록사항 변경신고
(카) 허가 또는 지정이 취소되거나 사업 또는 사용을 폐지한 원자력관계사업자의 방사성물질등 또는 방사선발생장치의 양도·보관·배출·저장·처리·처분·오염제거·기록인도와 그 밖의 방사선장해 방어 조치
(타) 보수교육의 실시

아) 면허증의 교부, 핵물질 등의 수용·양도, 업무에 관한 보고, 수출입과 관련된 업무에 관한 업무 중 다음 각 목에 관한 사항
(가) 면허증 신청의 접수·심사 및 면허증 교부
(나) 핵물질 등의 수용·양도 관련 업무
(다) 원자력관계사업자·판독업무자와 원자로 및 관계시설의 건설 또는 운영에 참여하는 사업자와 국제규제물자를 취급하거나 관련 연구를 수행하는 자로서 대통령령으로 정하는 자에게 그 업무에 관한 보고 또는 서류의 제출 및 시설의 설치자

및 운영자가 방사선환경조사 및 방사선환경영향평가를 실시한 보고

자) 등록에 관련된 안전성심사에 관한 사항

차) 방사선환경조사, 환경상의 방사선 및 방사능 감시·평가에 관한 사항

카) 주기적 안전성평가에 관련된 안전성 심사에 관한 사항

타) 그 밖에 대통령령으로 정하는 업무에 관한 업무 중 다음 각 목에 관한 사항

(가) 연구용원자로 및 관계시설의 운영 허가에 관련된 안전성 심사

(나) 일일작업량 보고에 관한 업무

(다) 위원회규칙으로 정하는 종류 및 수량 외의 방사성폐기물의 자체처분에 관한 안전 관리업무

(라) 운반 중 발생한 사고의 조치에 관한 업무

(마) 위해시설 설치에 관한 안전성 검토 업무

(바) 원자력관계사업자(신고사용자를 제외한다) 또는 그로부터 방사성물질등을 위탁받아 운반하는 자의 방사성물질등의 운반물 현황에 대한 보고에 관한 업무

(사) 검사 및 시료수거를 위한 인력 및 기술의 지원. 다만, 국제규제물자를 취급하거나 이에 관련된 연구를 수행하는 업무는 제외한다.

(아) 기준 외에 법 및 이 영에 따른 업무수행을 위하여 필요한 기준의 연구·개발

다. 한국원자력연구원에 위탁할 수 있는 업무

가) 법 제111조(권한의 위탁)제1항제9호(보수교육 실시 및 원자력통제에 관한 교육의 실시)에 따른 법 제106조(교육훈련)제2항에 따른 보수교육의 실시 중 법 제84조(면허 등)제2항제3호부터 제7호까지(핵연료물질취급감독자면허, 핵연료물질취급자면허, 방사성동위원소취급자일반면허, 방사성동위원소취급자특수면허, 방사선취급감독자면허)의 규정에 따른 면허 소지자로서 핵연료물질 또는 방사성동위원소 등의 취급업무에 종사하는 사람에 대한 보수교육의 실시

라. 한국원자력통제기술원에 위탁 할 수 있는 업무

가) 승인에 관련된 안전성 심사 중 다음 각 목의 사항

(가) 발전용원자로설치자의 계량관리규정에 관한 심사

(나) 발전용원자로운영자의 계량관리규정에 관한 심사

(다) 연구용원자로등설치자의 계량관리규정에 관한 심사

(라) 핵연료주기사업자의 계량관리규정에 관한 심사

(마) 핵연료물질사용자의 계량관리규정에 관한 심사

(바) 폐기시설등건설·운영자의 계량관리규정에 관한 심사

나) 검사 및 확인·점검 중 다음 각 목의 사항

(가) 발전용원자로설치자의 특정핵물질의 계량관리에 관한 검사

(나) 발전용원자로운영자의 특정핵물질의 계량관리에 관한 검사

(다) 연구용원자로등설치자의 특정핵물질의 계량관리에 관한 검사

(라) 핵연료주기사업자의 특정핵물질의 계량관리에 관한 검사

(마) 핵연료물질사용자의 특정핵물질의 계량관리에 관한 검사

(바) 폐기시설등건설·운영자의 특정핵물질의 계량관리에 관한 검사

다) 국제규제물자에 관한 정보의 관리

라) 원자력통제에 관한 교육

바) 수출입과 관련된 업무 중 다음 각 목의 사항

(가) 국제규제물자와 그 관련연구 업무에 대한 보고 및 서류제출 관련 업무

(나) 수출입과 관련된 업무에 관한 인력 및 기술지원. 다만, 방사성동위원소 등의 수출입과 관련된 업무는 제외한다.

사) 그 밖에 대통령령으로 정하는 업무 중 다음 각 목에 관한 사항

(가) 국제규제물자를 취급하거나 이에 관련된 연구를 수행하는 자 및 검사 및 시료수거를 위한 인력 및 기술의 지원

(나) 국제규제물자의 이동을 확인하기 위한 장치의 설치

마. 안전재단에 위탁하는 업무

가) 법 제111조(권한의 위탁)제1항제9호(보수교육 실시 및 원자력통제에 관한 교육의 실시)에 따른 법 제106조(교육훈련)제2항에 따른 보수교육의 실시 중 법 제84조(면허 등)제2항제3호부터 제7호까지(핵연료물질취급감독자면허, 핵연료물질취급자면허, 방사성동위원소취급자일반면허, 방사성동위원소취급자특수면허, 방사선취급감독자면허)의 규정에 따른 면허 소지자로서 핵연료물질 또는 방사성동위원소 등의 취급업무에 종사하는 사람에 대한 보수교육의 실시

나) 법 제111조제1항제10호(법 제88조1항에 따른 면허증의 교부, 제93조에 따른 핵물질 등의 수용·양도, 제98조제1항 및 제104조제1항에 따른 보고, 제107조에 따른 수출입과 관련된 업무)에 따른 업무 중 다음 각 목의 사항

(가) 방사선작업종사자 및 수시출입자의 피폭기록에 관한 보고의 관리에 관한 사항

(나) 방사선작업종사자의 건강진단기록 보고의 관리에 관한 사항

(다) 방사선안전관리자 외의 방사선작업종사자의 직장교육 결과 보고의 관리에 관한 사항

다) 그 밖에 대통령령으로 정하는 업무 중 다음 각 목에 관한 사항

(가) 원자력안전연구개발사업계획의 수립과 관련된 기술동향의 조사·분석 및 기술수요의 예측

(나) 연도별 연구개발과제의 선정과 관련된 연구개발과제의 접수·검토 및 평가에 관한 사항

(다) 원자력안전연구개발사업의 실시와 관련된 연구개발과제의 협약체결·진도관리·결과평가 및 사후 관리에 관한 사항

(라) 원자력안전연구개발사업을 실시하는 데에 드는 비용의 운용에 관한 사항

(마) 방사성동위원소의 수출입과 관련된 업무

15) 수수료

이 법에 따라 허가·지정·승인·면허·등록·검사를 신청하는 자는 총리령으로 정하는 바에 따라 수수료를 납부하여야 한다. 다만, 위원회는 국가, 지방자치단체, 「초 중등 교육법」 및 「고등교육법」에 따른 학교, 그 밖에 다른 법령에 따라 설립된 학교와 이 법 또는 다른 법률에 따라 정부가 출연금을 지급하는 기관으로서 대통령령으로 정하는 기관에는 수수료의 납부를 면제할 수 있다.

대통령령

"정부가 출연금을 지급하는 기관으로서 대통령령으로 정하는 기관"이란 한국원자력안전기술원, 한국원자력연구원, 한국원자력통제기술원 및 안전재단을 말한다.

총리령

(1) 규정에 따라 납부하여야 하는 수수료는 수입인지 또는 정보통신망을 이용한 전자화폐·전자결제 등의 방법으로 납부하며, 그 금액은 별표와 같다. 다만, 위원회가 그 업무를 위탁한 경우의 납부방법은 수탁기관이 정한다.

(2) 위원회는 면허시험에 응시한 자가 다음 각 호의 어느 하나에 해당하는 경우에는 이미 납부한 응시수수료를 환급하여 줄 수 있다.

가. 응시수수료를 과오납한 경우

나. 접수마감일부터 10일 이내에 취소하는 경우

다. 시험시행기관의 귀책사유로 시험에 응하지 못한 경우

별표

(1) 원자로등의 건설·운영허가 등

(단위: 원)

항 목	수수료
가. 발전용원자로 및 관계시설의 건설허가의 신청	200,000
나. 변경허가의 신청	30,000
다. 표준설계인가의 신청	50,000
라. 변경인가의 신청	20,000
마. 발전용원자로 및 관계시설의 운영허가의 신청	200,000
바. 변경허가의 신청	30,000
사. 연구용 등 원자로시설의 건설허가 및 운영허가의 신청	50,000
아. 변경허가의 신청	20,000

(2) 핵연료주기시설의 건설 및 운영허가

(단위: 원)

항 목	수수료
가. 핵연료주기시설의 건설허가의 신청	100,000
나. 핵연료주기시설의 건설허가 사항의 변경허가신청	20,000
다. 핵연료주기시설의 운영허가의 신청	100,000
라. 핵연료주기시설의 운영허가 사항의 변경허가신청	20,000

(3) 방사성동위원소 등의 생산·사용·이동사용 및 판매허가

(단위: 원)

항 목	수수료
가. 방사성동위원소의 생산·사용·이동사용허가신청	10,000
나. 방사선발생장치의 생산·사용·이동사용허가신청	10,000
다. 방사성동위원소의 판매허가신청	10,000
라. 방사선발생장치의 판매허가신청	10,000
마. 방사성동위원소의 생산·사용·이동사용변경허가신청	5,000
바. 방사선발생장치의 생산·사용·이동사용변경허가신청	5,000
사. 방사성동위원소의 판매변경허가신청	5,000
아. 방사선발생장치의 판매변경허가신청	5,000

(4) 폐기시설등의 건설·운영허가

(단위: 원)

항 목	수수료
가. 폐기시설등의 건설·운영 허가신청	100,000
나. 폐기시설등의 건설·운영 변경허가신청	20,000

(5) 판독업무자의 등록

(단위: 원)

항 목	수수료
가. 판독업무의 등록신청	10,000
나. 판독업무의 변경등록 신고	5,000

(6) 원자력 관련 면허

(단위: 원)

항 목	수수료
가. 면허시험에 응시하는 경우	
(1) 원자로조종감독자면허	20,000
(2) 원자로조종사면허	15,000
(3) 핵연료물질취급감독자면허	20,000
(4) 핵연료물질취급자면허	15,000
(5) 방사성동위원소취급자일반면허	15,000
(6) 방사성동위원소취급자특수면허	20,000
(7) 방사선취급감독자면허	20,000
나. 면허증 교부를 신청하는 경우	5,000
다. 면허증 재교부(기재사항 변경, 분실 또는 훼손 및 갱신)을 신청하는 경우	2,500

(7) 업무대행자의 등록

(단위: 원)

항 목	수수료
가. 업무대행자의 등록신청	10,000
나. 업무대행자의 변경등록신고(신청인의 성명 및 주소변경은 제외함)	5,000

(8) 특정기술주제보고서의 승인

(단위: 원)

항 목	수수료
가. 특정기술주제보고서의 승인신청	20,000

8. 벌칙

1) 벌칙

(1) 원자로를 파괴하여 사람의 생명 신체 또는 재산을 해치거나 그 밖에 공공의 안전을 문란하게 한 사람은 사형·무기 또는 3년 이상의 유기징역에 처한다.

(2) 전쟁 천재지변 또는 이에 준하는 비상사태에서 제(1)항의 죄를 범한 사람은 사형 또는 무기징역에 처한다.

(3) 제(1)항 및 제(2)항의 미수범은 처벌한다.

(4) 제(1)항 또는 제(2)항의 죄를 범할 목적으로 예비·음모 또는 선동한 자는 3년 이상의 유기징역에 처한다.

(5) 방사성물질등과 원자로 및 관계시설, 핵연료주기시설, 방사선발생장치를 부당하게 조작하여 사람의 생명 또는 신체에 위험을 가한 사람은 1년 이상 10년 이하의 징역에 처한다.

(6) 제(5)항의 죄를 범하여 사람을 사망하게 한 사람은 3년 이상의 유기징역에 처한다.

(7) 비밀누설금지규정에 위반한 사람은 10년 이하의 징역에 처한다.

(8) 다음 각 호의 해당하는 자는 3년 이하의 징역 또는 3천만원 이하의 벌금에 처하거나 이를 병과할 수 있다.

① 제10조(건설허가)제1항 전단·제20조(운영허가)제1항 전단·제30조(연구용원자로 등의 건설허가)제1항 전단·제30조의2제1항 전단·제35조(핵연료주기사업의 허가 등)제1항 전단 및 제2항 전단·제45조(핵연료물질의 사용 등 허가)제1항 전단·제53조(방사성동위원소·방사선발생장치 사용등의 허가 등)제1항 전단·제54조(업무대행자의 등록)제1항·제63조(방사성폐기물관리시설등의 건설·운영 허가)제1항 전단 또는 제78조(판독업무자의 등록)제1항을 위반하여 허가를 받지 아니하거나 등록을 하지 아니하고 사용·소지·사업등 각 해당 조에 규정된 행위를 한 자

② 제27조(발전용원자로 및 관계시설의 사용정지 등의 조치, 제34조에서 준용하는 경우를 포함한다)·제41조(핵연료주기시설의 사용정지 등의 조치)·제50조(기준준수의무 등)제2항·제68조(기준준수의무 등)제2항 또는 제92조(장해방어조치 및 보고)제2항에 따른 명령에 위반한 자

③ 제17조(건설허가의 취소 등)제1항·제24조(운영허가의 취소 등)제1항·제32조(건설허가·운영허가의 취소 등)·제38조(허가 등의 취소 등)제1항·제48조(사용 또는 소지 허가의 취소 등)·제57조(생산·판매·사용 또는 이동사용 허가 등의 취소 등)제1항·제59조(기준준수의무 등)의2제3항·제66조(방사성폐기물관리시설등의 건설·운영 허가의 취소 등)제1항 또는 제81조(판독업무자 등록의 취소 등)제1항에 따른 사업 또는 업무의 정지명령에 위반하여 사업 또는 업무를 계속한 자

④ 제105조의2제3항을 위반하여 직무상 알게 된 개인정보 또는 비밀을 타인에게 누설하거나 직무상 목적 외의 목적으로 사용한 자

(9) 다음 각 호의 어느 하나에 해당하는 자는 1년 이하의 징역 또는 1천만원 이하의 벌금에 처하거나 이를 병과할 수 있다

① 제10조(건설허가)제1항 후단·제20조(운영허가)제1항 후단·제30조(연구용원자로 등의 운영허가)제1항 후단·제30조의2제1항 후단·제35조(핵연료주기사업의 허가 등)제1항 후단 및 제2항 후단·제45조(핵연료물질의 사용 등 허가)

제1항 후단·제53조(방사성동위원소·방사선발생장치 사용 등의 허가 등)제1항 후단 또는 제63조(방사성폐기물관리시설등건설·운영 허가)제1항 후단을 위반하여 변경허가를 받지 아니하고 허가받은 사항을 변경한 자

② 제10조(건설허가)제4항(제69조에서 준용하는 경우를 포함한다)·제15조(계량관리 규정)제1항 전단(제29조·제34조·제44조·제51조 및 제69조에서 준용하는 경우를 포함한다)·제28조(발정용원자로 및 관계시설의 해체)제1항 전단(제34조에서 준용하는 경우를 포함한다)·제42조(핵연료주기시설의 해체)제1항 전단·제60조(방사선발생장치 등의 설계승인 등)제1항 전단·제76조(운반용기의 설계승인)제1항 전단 또는 제111조(권한의 위탁)제5항 전단을 위반하여 승인을 얻지 아니한 자

③ 제16조(검사)제1항(제34조에서 준용하는 경우를 포함한다)·제22조(검사)제1항(제34조에서 준용하는 경우를 포함한다)·제37조(검사)제1항·제47조(검사)제1항·제56조(검사)제1항·제65조(검사)제1항·제75조(포장 및 운반 검사)제1항·제77조(검사)제1항 또는 제80조(검사)제1항을 위반하여 검사받아야 할 사항을 검사받지 아니하거나 제98조(보고·검사 등)제2항 및 제4항에 따른 검사를 거부、방해 또는 기피하거나 허위의 진술을 한 자

④ 제89조(제한구역의 설정)제2항에 따른 제한명령에 위반하여 출입하거나 거주한 자 또는 같은 조 제5항을(제한구역 규정에) 위반한 자

⑤ 제31조(외국원자력선의 입항·출항 신고 등)제3항·제52조(핵원료물질의 사용신고 등)제3항·제59조(기준준수의무 등)제2항·제59조의2제2항 또는 제98조(보고·검사 등)제1항 및 제3항에 따른 명령을 위반한 자

⑥ 제70조(방사성폐기물의 처분제한)제1항 및 제2항·제77조(검사)제2항·제84조(면허 등)제1항 본문·제94조(방사성물질등 또는 방사선발생장치의 소지 및 양도·양수 제한)·제96조(원자력이용시설의 취급제한) 또는 제97조(도난 등의 신고)를 위반한 자

⑦ 제15조의3(제29조 및 제34조에서 준용하는 경우를 포함한다)·제15조의4제2항·제74조제2항·제92조제1항·제92조의2·제98조제1항 또는 제104조제1항을 위반하여 보고를 하지 아니하거나 거짓의 보고를 한 자

⑧ 거짓이나 그 밖의 부정한 방법으로 제84조제2항(면허 등)의 면허를 받은 자

⑨ 제88조의3(면허증의 대여 등 금지)을 위반하여 면허증을 다른 사람에게 빌려주거나 빌리거나 이를 알선한 자

(10) 다음 각 호의 어느 하나에 해당하는 자는 300만원 이하의 벌금에 처한다.

① 제15조(사용 전 검사의 신청)의4제3항·제16조(운영허가의 신청 등)제2항(제

34조에서 준용하는 경우를 포함한다)·제22조(원자로시설의 해체 승인 신청 등)제2항(제34조에서 준용하는 경우를 포함한다)·제23조(경미한 사항의 변경신고)제2항(제34조제1항에서 준용하는 경우를 포함한다)·제28조(외국원자력선의 입항·출항 변경신고)제7항(제34조 및 제44조에서 준용하는 경우를 포함한다)·제37조(경미한 사항의 변경신고)제2항·제47조(정기검사)제2항·제56조(핵원료물질사용의 신고)제2항·제65조(사용 등의 신고대상 방사성동위원소)제2항·제75조(시설검사의 자체점검·감리에 대한 서면심사 등)제2항 또는 제104조(운반용기의 설계승인 대상)제3항에 따른 명령에 위반한 자

② 제23조(경미한 사항의 변경신고)제1항(제34조제1항에서 준용하는 경우를 포함한다)·제26조(변경허가의 신청, 제34조에서 준용하는 경우를 포함한다)·제40조(가공사업허가의 신청 등)제1항·제88조(허가의 변경)제2항 또는 제102조(포장·운반검사의 서면심사 대상)를 위반한 자

③ 제15조제1항 후단(제29조·제34조·제44조·제51조 및 제69조에서 준용하는 경우를 포함한다)·제28조제1항 후단(제34조에서 준용하는 경우를 포함한다)·제68조의3제1항 후단 또는 제68조의4제1항 후단을 위반하여 변경승인을 받지 아니하고 승인받은 사항을 변경한 자

④ 제59조의2(방사성동위원소 등의 판매허가신청 등)제1항을 위반하여 안전한 작업환경을 제공하지 아니한 자

⑤ 제59조의2(방사성동위원소 등의 판매허가신청 등)제6항을 위반하여 보고를 하지 아니하거나 거짓으로 보고한 자

⑥ 제99조(외국선박 등의 운반신고)제1항의 허가 또는 지정 조건을 위반한 자

2) 과태료

(1) 다음 각 호의 어느 하나에 해당하는 자에게는 3천만원 이하의 과태료를 부과한다.

① 제10조(건설허가)제1항 단서·제15조(계량관리규정)제1항 단서(제29조·제34조·제44조·제51조 및 제69조에서 준용하는 경우를 포함한다)·제15조의2(안전관련설비 계약 신고, 제29조 및 제34조에서 준용하는 경우를 포함한다)·제19조제3항(승계 및 신고, 제29조、제34조、제39조의3、제44조、제51조、제62조、제69조 및 제83조에서 준용하는 경우를 포함한다)·제20조(운영허가)제1항 단서·제28조(발전용원자로 및 관계시설의 해체)제1항 단서(제34조에서 준용하는 경우를 포함한다)·제30조(연구용원자로 등의 건설허가)제1항 단서·제30조의2(연구용원자로 등의 운영허가)제1항 단서·제31조(외국원자력선의 입항·출항 신고 등)제1항·제33조(사업의 중단·폐지 등의 신고)·제35조

(핵연료주기시설의 건설허가)제3항 단서·제39조의2(건설 중단、폐지 등의 신고)·제39조의4(핵연료주기시설의 운영허가)제3항 단서·제42조(핵연료주기시설의 해체)제1항 단서·제43조(사업개시 등의 신고, 제51조·제62조·제69조 및 제83조에서 준용하는 경우를 포함한다)·제45조(핵연료물질의 사용 등 허가)제1항 단서·제52조(핵원료물질의 사용신고 등)제1항·제53조(방사성동위원소·방사선발생장치 사용 등의 허가 등)제1항 단서 및 제2항·제53조의2(방사선안전관리)제1항 및 제3항·제54조(업무대행자의 등록)제2항·제60조(방사선발생장치 등의 설계승인 등)제1항 단서·제63조(방사성폐기물관리시설등의 건설·운영 허가)제1항 단서·제68조의3(방사성폐기물저장시설등의 해체)제1항 단서·제68조의4(방사성폐기물처분시설등의 폐쇄)제1항 단서·제71조(운반신고)·제76조(운반용기의 설계승인)제1항 단서·제77조의2(사용후핵연료 저장용기 등의 설계승인 등)제1항 단서·제78조(판독업무자의 등록)제2항 또는 제95조(허가 등의 취소 또는 사업폐지 등에 따른 조치)제1항을 위반하여 신고를 하지 아니하거나 거짓의 신고를 한 자

② 제40조(운영에 관한 안전조치 등)제2항·제50조(기준준수의무 등)제1항 및 제3항·제52조(핵원료물질의 사용신고 등)제2항·제53조의3(방사선안전관리자)제4항 및 제5항·제59조(기준준수의무 등)제1항 및 제3항·제59조의2(발주자의 안전조치 의무)제7항·제61조(검사)·제68조(운영에 관한 안전조치 등)제2항·제70조(방사성폐기물의 처분제한)제3항 및 제4항·제72조(포장 및 운반에 관한 기술기준)·제73조(피폭관리 등)·제74조(사고의 조치 등)제1항·제91조(방사선장해방지조치) 또는 제106조(교육훈련)제1항을 위반한 자

③ 제18조(기록과 비치, 제34조에서 준용하는 경우를 포함한다)·제25조(기록과 비치, 제34조에서 준용하는 경우를 포함한다)·제39조(기록과 비치)·제39조의8(기록과 비치)·제49조(기록과 비치)·제52조(핵원료물질의 사용신고 등)제4항·제58조(기록과 비치)·제67조(기록과 비치) 또는 제82조(기록과 비치)를 위반하여 기록하지 아니하거나 거짓으로 기록한 자

④ 제80조(검사)제2항에 따른 명령을 위반한 자

⑤ 제28조(발전용원자로 및 관계시설의 해체)제1항 후단(제34조에서 준용하는 경우를 포함한다)·제42조(핵연료주기시설의 해체)제1항 후단·제60조(방사선발생장치 등의 설계승인 등)제1항 후단·제76조(운반용기의 설계승인)제1항 후단·제77조의2(사용후핵연료 저장용기 등의 설계승인 등)제1항 후단 또는 제111조(권한의 위탁)제5항 후단을 위반하여 변경승인을 받지 아니하고 승인받은 사항을 변경한 자

⑥ 제15조의2(안전관련설비 계약 신고)에 따른 성능검증과 관련된 서류를 위조·조작한 자

⑦ 제53조의3(방사선안전관리자)제6항을 위반하여 대리자를 지정하지 아니한 자

⑧ 제106조(교육훈련)제3항을 위반하여 교육을 받게 하지 아니한 자

(2) 제(1)항에 따른 과태료는 대통령령으로 정하는 바에 따라 위원회가 부과·징수한다.

대통령령(과태료 부과기준)

1. 일반기준

가. 위반행위의 횟수에 따른 과태료의 가중된 부과기준은 최근 2년간 같은 위반행위로 과태료를 부과받은 경우에 적용한다. 이 경우 기간의 계산은 위반행위에 대하여 과태료 부과처분을 받은 날과 그 처분 후 다시 같은 위반행위를 하여 적발된 날을 기준으로 한다.

나. 가목에 따라 가중된 부가처분을 하는 경우 가중처분의 적용 차수는 그 위반행위 전 부과처분 차수(가목에 따른 기간 내에 과태료 부과처분이 둘 이상 있었던 경우에는 높은 차수를 말한다)의 다음 차수로 한다.

다. 위원회는 다음의 어느 하나에 해당하는 경우에는 제2호에 따른 과태료 금액의 2분의 1 범위에서 그 금액을 줄일 수 있다. 다만, 과태료를 체납하고 있는 위반행위자의 경우에는 그렇지 않다.

1) 위반행위자가 「질서위반행위규제법 시행령」 제2조의2(과태료 경감)제1항 각 호의 어느 하나에 해당하는 경우

2) 위반행위가 사소한 부주의나 오류로 인한 것으로 인정되는 경우

3) 위반행위자가 법 위반상태를 시정하거나 해소하기 위한 노력한 것이 인정되는 경우

4) 그 밖에 위반행위의 정도, 위반행위의 동기와 그 결과 등을 고려하여 감경할 필요가 있다고 인정되는 경우

라. 위원회는 다음의 어느 하나에 해당하는 경우에는 제2호에 따른 과태료 금액의 2분의 1 범위에서 그 금액을 늘릴 수 있다. 다만, 이 경우에도 법 제119조(과태료)제1항에 따른 과태료 금액의 상한을 넘을 수 없다.

1) 위반의 내용·정도가 중대하여 공중에 미치는 피해가 크다고 인정되는 경우

2) 해당 위반행위보다 중대한 위반행위를 은폐·조작하기 위하여 위반행위가 발생한 경우

3) 법 위반상태의 기간이 6개월 이상인 경우

4) 그 밖에 위반행위의 정도, 위반행위의 동기와 그 결과 등을 고려하여 그 금액을 늘릴 필요가 있다고 인정되는 경우

2. 개별기준

(단위: 만원)

위반행위	과태료 금액		
	1차 위반	2차 위반	3차 이상 위반
1. 법 제10조제1항 단서를 위반하여 신고를 하지 않거나 거짓으로 신고한 경우	500	1,000	2,000
2. 법 제15조제1항 단서를 위반하여 신고를 하지 않거나 거짓으로 신고한 경우	300	450	900
3. 법 제15조의2를 위반하여 신고를 하지 않거나 거짓으로 신고한 경우	600	1,200	3,000
4. 법 제15조의2에 따른 성능검증과 관련된 서류를 위조·조작한 경우	600	1,200	3,000
5. 법 제18조를 위반하여 기록하지 않거나 거짓으로 기록한 경우	400	800	1,600
6. 법 제19조제3항을 위반하여 신고를 하지 않거나 거짓으로 신고한 경우	500	1,000	2,000
7. 법 제20조제1항 단서를 위반하여 신고를 하지 않거나 거짓으로 신고한 경우	500	1,000	2,000
8. 법 제25조를 위반하여 기록하지 않거나 거짓으로 기록한 경우	400	800	1,600
9. 법 제28조제1항 후단을 위반하여 변경승인을 받지 않고 승인받은 사항을 변경한 경우	500	1,000	2,000
10. 법 제28조제1항 단서를 위반하여 신고를 하지 않거나 거짓으로 신고한 경우	500	1,000	2,000
11. 법 제29조에 따라 준용되는 제15조제1항 단서를 위반하여 신고를 하지 않거나 거짓으로 신고한 경우	300	450	900
12. 법 제29조에 따라 준용되는 제15조의2를 위반하여 신고를 하지 않거나 거짓으로 신고한 경우	600	1,200	3,000
13. 법 제29조에 따라 준용되는 제19조제3항을 위반하여 신고를 하지 않거나 거짓으로 신고한 경우	500	1,000	2,000
14. 법 제30조제1항 단서를 위반하여 신고를 하지 않거나 거짓으로 신고한 경우	500	1,000	2,000
15. 법 제30조의2제1항 단서를 위반하여 신고를 하지 않거나 거짓으로 신고한 경우	600	1,200	3,000
16. 법 제31조제1항을 위반하여 신고를 하지 않거나 거짓으로 신고한 경우	500	1,000	2,000
17. 법 제33조를 위반하여 신고를 하지 않거나 거짓으로 신고한 경우	500	1,000	2,000
18. 법 제34조에 따라 준용되는 제15조제1항 단서를 위반하여 신고를 하지 않거나 거짓으로 신고한 경우	300	450	900
19. 법 제34조에 따라 준용되는 제15조의2를 위반하여 신고를 하지 않거나 거짓으로 신고한 경우	600	1,200	3,000

(단위: 만원)

위반행위	과태료 금액		
	1차 위반	2차 위반	3차 이상 위반
20. 법 제34조에 따라 준용되는 제18조를 위반하여 기록하지 않거나 거짓으로 기록한 경우	400	800	1,600
21. 법 제34조에 따라 준용되는 제19조제3항을 위반하여 신고를 하지 않거나 거짓으로 신고한 경우	500	1,000	2,000
22. 법 제34조에 따라 준용되는 제25조를 위반하여 기록하지 않거나 거짓으로 기록한 경우	400	800	1,600
23. 법 제34조에 따라 준용되는 제28조제1항 후단을 위반하여 변경승인을 받지 않고 승인받은 사항을 변경한 경우	500	1,000	2,000
24. 법 제34조에 따라 준용되는 제28조제1항 단서를 위반하여 신고를 하지 않거나 거짓으로 신고한 경우	500	1,000	2,000
25. 법 제35조제1항 단서 또는 제39조의4제3항 단서를 위반하여 신고를 하지 않거나 거짓으로 신고한 경우	500	1,000	2,000
26. 법 제39조를 위반하여 기록하지 않거나 거짓으로 기록한 경우	400	800	1,600
27. 법 제40조제2항을 위반한 경우	400	800	1,600
28. 법 제42조제1항 후단을 위반하여 변경승인을 받지 않고 승인받은 사항을 변경한 경우	400	800	1,600
29. 법 제42조제1항 단서를 위반하여 신고를 하지 않거나 거짓으로 신고한 경우	400	800	1,600
30. 법 제39조의2 또는 제43조를 위반하여 신고를 하지 않거나 거짓으로 신고한 경우	200	300	600
31. 법 제44조에 따라 준용되는 제15조제1항 단서를 위반하여 신고를 하지 않거나 거짓으로 신고한 경우	300	450	900
32. 법 제44조에 따라 준용되는 제19조제3항을 위반하여 신고를 하지 않거나 거짓으로 신고한 경우	500	1,000	2,000
33. 법 제45조제1항 단서를 위반하여 신고를 하지 않거나 거짓으로 신고한 경우	200	300	600
34. 법 제49조를 위반하여 기록하지 않거나 거짓으로 기록한 경우	200	300	600
35. 법 제50조제1항 또는 제3항을 위반한 경우	200	300	600
36. 법 제51조에 따라 준용되는 제15조제1항 단서를 위반하여 신고를 하지 않거나 거짓으로 신고한 경우	300	450	900
37. 법 제51조에 따라 준용되는 제19조제3항 단서를 위반하여 신고를 하지 않거나 거짓으로 신고한 경우	200	300	600
38. 법 제51조에 따라 준용되는 제43조를 위반하여 신고를 하지 않거나 거짓으로 신고한 경우	200	300	600
39. 법 제52조제1항을 위반하여 신고를 하지 않거나 거짓으로 신고한 경우	300	450	900
40. 법 제52조제2항을 위반한 경우	200	300	600

(단위: 만원)

위반행위	과태료 금액		
	1차 위반	2차 위반	3차 이상 위반
41. 법 제52조제4항을 위반하여 기록하지 않거나 거짓으로 기록한 경우	200	300	600
42. 법 제53조제1항 단서 또는 제2항을 위반하여 신고를 하지 않거나 거짓으로 신고한 경우	300	450	900
43. 법 제53조의2제1항을 위반하여 신고를 하지 않거나 거짓으로 신고한 경우	300	450	900
44. 법 제53조의3제3항을 위반하여 신고를 하지 않거나 거짓으로 신고한 경우	200	300	600
45. 법 제53조의3제4항을 위반한 경우	200	300	600
46. 법 제53조의3제5항을 위반한 경우	200	300	600
47. 법 제53조의3제6항을 위반하여 대지자를 지정하지 않은 경우	200	300	600
48. 법 제54조제2항을 위반하여 신고를 하지 않거나 거짓으로 신고한 경우	200	300	600
49. 법 제58조를 위반하여 기록하지 않거나 거짓으로 기록한 경우	200	300	600
50. 법 제59조제1항 또는 제3항을 위반한 경우	300	450	900
51. 법 제59조의2제7항을 위반한 경우	400	800	1,600
52. 법 제60조제1항 후단을 위반하여 변경승인을 받지 않고 승인받은 사항을 변경한 경우	300	450	900
53. 법 제60조제1항 단서를 위반하여 신고를 하지 않거나 거짓으로 신고한 경우	200	300	600
54. 법 제61조를 위반한 경우	300	450	900
55. 법 제62조에 따라 준용되는 제19조제3항을 위반하여 신고를 하지 않거나 거짓으로 신고한 경우	300	450	900
56. 법 제62조에 따라 준용되는 제43조를 위반하여 신고를 하지 않거나 거짓으로 신고한 경우	200	300	600
57. 법 제63조제1항 단서를 위반하여 신고를 하지 않거나 거짓으로 신고한 경우	300	450	900
58. 법 제67조를 위반하여 기록하지 않거나 거짓으로 기록한 경우	300	450	900
59. 법 제68조제2항을 위반한 경우	300	450	900
60. 법 제69조에 따라 준용되는 제15조제1항 단서를 위반하여 신고를 하지 않거나 거짓으로 신고한 경우	300	450	900
61. 법 제69조에 따라 준용되는 제19조제3항을 위반하여 신고를 하지 않거나 거짓으로 신고한 경우	300	450	900
62. 법 제69조에 따라 준용되는 제43조를 위반하여 신고를 하지 않거나 거짓으로 신고한 경우	200	300	600
63. 법 제70조제3항 또는 제4항을 위반한 경우	300	450	900
64. 법 제71조를 위반하여 신고를 하지 않거나 거짓으로 신고한 경우	300	450	900

(단위: 만원)

위반행위	과태료 금액		
	1차 위반	2차 위반	3차 이상 위반
65. 법 제72조를 위반한 경우	300	450	900
66. 법 제73조를 위반한 경우	200	300	600
67. 법 제74조제1항을 위반한 경우	300	450	900
68. 법 제76조제1항 후단을 위반하여 변경승인을 받지 않고 승인받은 사항을 변경한 경우	300	450	900
69. 법 제76조제1항 단서를 위반하여 신고를 하지 않거나 거짓으로 신고한 경우	200	300	600
70. 법 제78조제2항을 위반하여 신고를 하지 않거나 거짓으로 신고한 경우	300	450	900
71. 법 제80조제2항에 따른 명령을 위반한 경우	300	450	900
72. 법 제82조를 위반하여 기록하지 않거나 거짓으로 기록한 경우	200	300	600
73. 법 제83조에 따라 준용되는 제19조제3항을 위반하여 신고를 하지 않거나 거짓으로 신고한 경우	200	300	600
74. 법 제83조에 따라 준용되는 제43조를 위반하여 신고를 하지 않거나 거짓으로 신고한 경우	200	300	600
75. 법 제91조를 위반한 경우	400	800	1,600
76. 법 제95조제1항을 위반하여 신고를 하지 않거나 거짓으로 신고한 경우	300	450	900
77. 법 제106조제1항을 위반한 경우	200	300	600
78. 법 제106조제3항을 위반하여 교육을 받지 않은 경우	200	300	600
79. 법 제111조제5항 후단을 위반하여 변경승인을 받지 않고 승인받은 사항을 변경한 경우	200	300	600

3) 양벌규정

(1) 법인의 대표자나 법인 또는 개인의 대리인, 사용인, 그 밖의 종업원이 그 법인 또는 개인의 업무에 관하여 제113조부터 제115조까지의 어느 하나에 해당하는 위반행위를 하면 그 행위자를 벌하는 외에 그 법인 또는 개인을 1억원 이하의 벌금에 처한다. 다만, 법인 또는 개인이 그 위반행위를 방지하기 위하여 해당 업무에 관하여 상당한 주의와 감독을 게을리하지 아니한 경우에는 그러하지 아니하다.

(2) 법인의 대표자나 법인 또는 개인의 대리인, 사용인, 그 밖의 종업원이 그 법인 또는 개인의 업무에 관하여 제116조(벌칙)부터 제118조(벌칙)까지의 어느 하나에 해당하는 위반행위를 하면 그 행위자를 벌하는 외에 그 법인 또는 개인에게도 해당 조문의 벌금형을 과한다. 다만, 법인 또는 개인이 그 위반행위를 방지하기 위하여 해당 업

무에 관하여 상당한 주의와 감독을 게을리하지 아니한 경우에는 그러하지 아니하다.

4) 벌칙적용에서의 공무원 의제

다음 각 호의 어느 하나에 해당하는 자는 「형법」과 그 밖의 법률에 따른 벌칙의 적용에 있어서는 이를 공무원으로 본다.

(1) 성능검증기관에서 성능검증업무를 하는 자

(2) 성능검증관리기관에서 성능검증관리업무에 종사하는 자

(3) 제111조(권한의 위탁)에 따라 위탁한 업무에 종사하는 기관 또는 관계 전문기관의 임원 및 직원

제4장 방사선안전관리

객관식

01 방사성동위원소 등을 이동 사용하는 경우의 기술기준이다. 옳지 않은 것은?

① 정상적인 사용 상태에서는 밀봉선원이 개봉 또는 파괴될 우려가 없도록 할 것
② 면밀한 작업계획, 숙달·훈련 등을 통하여 인체에 방사선이 피폭되는 시간을 단축할 것
③ 방사선작업은 작업자 개개인이 작업을 수행할 수 있고 각 개인에 대한 직무를 분담하여야 하며 감마선조사장치를 사용하는 경우 콜리메터를 장착하고 사용할 것
④ 방사선조사장치의 정상 작동상태를 확보하고 안전한 작업을 수행하기 위하여 감마선조사장치에 대한 점검 절차서를 정하고 그 절차서의 따라 점검을 실시한 후 작업을 수행한다.

02 진료의 목적으로 방사성동위원소를 인체에 사용하는 의료기관은 체내에 잔류하는 방사성동위원소가 원자력안전위원회가 정하여 고시하는 수량이 얼마 이상일 경우 일반환자와 격리하여 수용하는가?

① 1 mSv ② 5 mSv
③ 0.5 mSv ④ 0.1 mSv

정 답

1) ③ 2) ②

03 방사성동위원소를 투여한 환자의 퇴원에 관한 설명으로 옳은 것은?

① 방사성동위원소를 투입 또는 투여 받은 환자의 퇴원으로 인한 다른 개인의 유효선량이 1 mSv를 초과할 우려가 있다고 판단되는 경우에는 퇴원시켜서는 안된다.
② 수유중인 신생아 또는 어린이에 대해서는 유효선량이 1 mSv를 초과하지 않도록 하여야 한다.
③ 방사성의약품이 투여된 진료환자의 퇴원에 관한 기록은 해당 환자가 영구히 보존하여야 한다.
④ 방사성물질을 투여한 환자의 총 유효선량을 계산할 경우에는 조직에 대한 차폐는 고려하지 않아도 무방하다.

04 방사성동위원소 등을 이동사용하여 야간 방사선작업을 수행하는 경우에 갖추어야 할 기구로 옳지 않는 것은?

① 방사선관리구역의 경계를 쉽게 식별할 수 있는 기구
② 작업수행에 필요한 기구
③ 방사선발생장치 충전기구
④ 작업수행에 필요한 조명기구

05 방사성동위원소의 판매 취급기준이다. 옳지 않은 것은?

① 방사성동위원소를 판매하는 경우에는 구매자가 방사성동위원소의 사용에 관한 허가를 받거나 신고를 하였는지 여부를 확인하여야 한다.
② 방사성동위원소가 내장된 기기를 판매하는 경우 사용자가 요청하는 경우에는 교육·훈련을 실시하여야 한다.
③ 방사성동위원소가 내장된 기기를 판매하는 경우 설계승인서 또는 제작검사필증 등 기기의 정상 작동상태를 입증하는 서류를 사용자에게 제공할 필요가 없다.
④ 방사성동위원소를 생산하거나 분배하여 판매하고자 하는 경우에 표면오염도들 측정하여 기록을 유지한다.

06 중·저준위방사성폐기물 천층처분시설의 위치가 적합하지 않은 곳은?

① 인구밀집지역으로부터 가까운 곳일 것
② 기상·수문조건·지표면 및 지질학적 상태를 고려하여 적합한 곳일 것
③ 지표수와 지하수로부터 가능한 한 멀리 떨어진 곳으로서 그 분포상태가 적합한 곳일 것
④ 지진, 생태학적 특징, 수자원의 이용 기타 제반 환경여건이 적합한 곳일 것

정 답

3) ② 4) ③ 5) ③ 6) ①

07 방사성폐기물 저장설비에 관한 기술기준이 <u>틀린</u> 것은?

① 운전 시에 발생하는 방사성폐기물을 저장할 수 있는 용량일 것
② 붕괴열 및 방사선 조사에 의하여 발생하는 열에 견디어야 한다.
③ 방사성폐기물에 의한 오염이 확산되지 아니하도록 할 것
④ 화학약품 등에 의하여 부식될 경우 즉시 작동상태를 중지해야 한다.

08 방사성폐기물관리시설 등에 환기 및 배기설비를 설치해야 할 경우 기술기준에 맞지 <u>않는</u> 것은?

① 방사선장해를 방지하기 위하여 필요한 환기능력을 가질 것
② 방사성물질에 오염된 공기가 누설되지 않는 구조이고 역류할 우려가 없을 것
③ 배출되는 공기를 정화하는 설비를 설치한 경우에는 방사성물질에 오염된 공기의 정화 및 여과 장치는 쉽게 교체하기 어려운 구조일 것
④ 흡기구는 방사성물질에 오염된 공기를 흡입하지 않도록 설치할 것

09 방사성운반물의 종류가 <u>아닌</u> 것은?

① A형 운반물　　② B형 운반물
③ C형 운반물　　④ D형 운반물

10 운반물 또는 덧포장 및 화물컨테이너 적재에 대한 설명 중 <u>틀린</u> 것은?

① 저준위 비방사능물질의 운반물·덧포장 또는 화물컨테이너의 수량은 운반지수 합계가 운반지수 제한값을 초과하지 아니하도록 할 것
② 운반수단의 외부표면 방사선량률은 2 mSv/hr를 초과하지 아니할 것
③ 운반수단의 외부표면의 2 m 거리에서 방사선량률은 0.1 mSv/hr를 초과하지 아니할 것
④ 사람이 승차하는 위치에서는 0.02 mSv/hr를 초과하지 아니할 것

풀이 – 운반물·덧포장 및 화물컨테이너의 적재는 다음 각 호에 따라야 한다.

가. 단일 운반수단에 적재할 수 있는 운반물·덧포장 또는 화물컨테이너의 수량은 운반지수 합계가 운반지수 제한값을 초과하지 아니하도록 할 것. 다만, 제1종 저준위 비방사능물질의 운반물 또는 전용으로 운반되는 운반물의 경우에는 그러하지 아니하다.
나. 운반에서의 방사선량률은 다음 각목의 기준을 초과하지 아니할 것
　가) 운반수단의 외부표면은 시간당 2 mSv
　나) 운반수단의 외부표면으로부터 2 m 거리에서는 시간당 0.1 mSv
　다) 사람이 승차하는 위치에서는 시간당 0.02 mSv

정 답

7) ④　8) ③　9) ④　10) ①

11 방사성운반물 또는 덧포장의 최대방사선량률이 전용운반인 경우에 제한값을 시간당 얼마 초과할 수 없는가?

① 0.1 mSv
② 1 mSv
③ 5 mSv
④ 10 mSv

12 반드시 운반책임자의 지시나 감독하에 운반하여야 하는 운반물이 아닌 것은?

① IP형 운반물
② B형 운반물
③ 핵분열성물질운반물
④ C형 운반물

13 여객기로 운반할 수 없는 운반물은?

① A형 운반물
② C형 운반물
③ IP형 운반물
④ B(M)형 운반물

14 다음( )안에 들어갈 적당한 말은?

표면방사선량률이 ( )를 초과하는 운반물은 항공기로 운반할 수 없다.

① 10 mSv/h
② 5 mSv/h
③ 2 mSv/h
④ 1 mSv/h

15 치료용 방사선기기의 교정주기가 아닌 것은?

① 장비를 설치하고 처음으로 사용할 때와 사용한 이후 매 6개월
② 방사선원을 교체하거나 또는 새로운 시설로 이전한 경우
③ 선량평가에 영향을 미칠 수 있는 보수를 한 경우
④ 예상출력치와 실제출력치의 차이가 ±5 % 이상인

16 원자력관계사업자는 방사선장해를 방지하기 위하여 방사선장해방지조치를 하여야 할 내용이 아닌 것은?

① 방사선량 측정
② 건강진단
③ 출입관리
④ 피폭관리

정답

11) ④ 12) ① 13) ④ 14) ③ 15) ① 16) ③

17 원자력안전법의 관련규정에 의거, 종업원이 검사 또는 조사에 응하기 위하여 증언 또는 증거를 제출한 종업원에게 원자력관계사업자가 불이익을 줄 경우 벌금은?

① 300만원 ② 800만원
③ 1000만원 ④ 1500만원

풀이 종업원에 대한 보호: 종업원의 불이익 금지 사유 → 위반시: 300만원의 벌금형
- 안전관리규정을 준수하기 위한 행위를 하였을 때
- 안전관리규정 위반사항을 고지하였을 때
- 검사 또는 조사에 응하기 위한 증언 또는 증거를 제출하였을 때

18 벌칙 사항 중 잘못 기술된 것은?

① 방사성물질을 부당하게 조작하여 사람의 생명 또는 신체에 위험을 가한자: 1년 이상 10년 이하의 징역
② 동위원소등을 허가 받지 않고 사용한 자: 3년 이하의 징역 또는 5천만원 이하의 벌금에 취하거나 이를 병과할 수 있다.
③ 방사성물질을 부당하게 조작하여 사람을 사망하게 한 자: 3년 이상의 유기징역
④ 규정에 의한 사업 또는 업무의 정지명령에 위반하여 사업 또는 업무를 계속한 자: 3년 이하의 징역 또는 3천만원 이하의 벌금에 취하거나 이를 병과할 수 있다.

19 방사성물질등을 운반함에 있어 운반물과 혼재하여서는 아니되는 물건 또는 물질이 아닌 것은?

① 화학류
② 고압가스
③ 휘발유·알코올·이황화탄소 기타 인화성 물질로서 인화점이 섭씨 50도 이하인 것
④ 염산·황산·질산 기타 강산류로서 산의 함유량이 체적의 5%를 초과하는 것

20 위해시설 설치제한규정에 의해 시설의 운영에 위해가 되는 시설의 설치를 허가, 인가 또는 승인하고자 하는 관계 행정기관의 장이 위원회와 협의해야 하는 대상시설이 아닌 것은?

① 항공법 제2조제7호의 규정에 의한 공항
② 군사기지 및 군사시설보호법에 의한 군사시설 중 포사격장 및 미사일기지
③ 하천법 제2조제3호의 규정에 의한 하천부속물 중 댐 및 하구둑
④ 광산법 제2조6호의 규정에 의한 석탄광산

정답

17) ① 18) ② 19) ④ 20) ④

제5장 원자력시설 등의 방호 및 방사능방재대책법

1. 목적

- 핵물질 및 원자력시설을 안전하게 관리·운영하기 위하여 물리적방호체제 및 방사능재난 예방체제를 수립하고, 국내외에서 방사능재난이 발생한 경우 효율적으로 대응하기 위한 관리체계를 확립함으로써 국민의 생명과 재산을 보호함을 목적으로 한다.

2. 정의

1) 핵물질

우라늄·토륨 등 원자력을 발생할 수 있는 물질과 우라늄광·토륨광 그 밖의 핵연료물질의 원료가 되는 물질 중 대통령령으로 정하는 것을 말한다.

대통령령(핵물질)

(1) 우라늄 233 및 그 화합물
(2) 우라늄 235 및 그 화합물
(3) 토륨 및 그 화합물
(4) 플루토늄(플루토늄 238의 농축도가 80퍼센트 초과한 것을 제외한 플루토늄을 말한다) 및 그 화합물
(5) 제(1)호 내지 제(4)호의 물질이 1 이상 함유된 물질
(6) 우라늄 및 그 화합물 또는 토륨 및 그 화합물이 함유된 물질로서 제(1)호 내지 제(5)호의 물질외의 물질

2) 원자력시설

발전용원자로, 연구용원자로, 핵연료주기시설, 방사성폐기물의 저장·처리·처분시설, 핵물질사용시설 그 밖에 대통령령으로 정하는 원자력이용과 관련된 시설을 말한다.

대통령령(원자력이용과 관련된 시설)

(1) 발전용 또는 연구용원자로의 관계시설
(2) 열출력 100와트 이상인 교육용원자로 및 그 관계시설
(3) 대한민국의 항구에 입항 또는 출항하는 외국원자력선(「원자력안전법」 제31조제1항 각 호의 어느 하나에 해당하는 자가 소유하는 선박으로서 원자로를 설치한 선박을 말하며, 군함을 제외한다)
(4) 18.5 페타베크렐 이상의 방사성동위원소를 생산·판매 또는 사용하는 시설

원자력안전법 제31조제1항 각 호의 어느 하나에 해당하는 자

(1) 대한민국의 국적을 가지지 아니한 자
(2) 대한민국의 법령에 따라 설립된 법인이나 단체가 아닌 자

3) 물리적방호

핵물질과 원자력시설에 대한 안팎의 위협을 사전에 방지하고, 위협이 발생한 경우 신속하게 탐지하여 적절한 대응조치를 하며, 사고로 인한 피해를 최소화하기 위한 모든 조치를 말한다.

4) 불법이전

정당한 권한 없이 핵물질을 수수·소지·소유·보관·사용·운반·개조·처분 또는 분산 하는 것을 말한다.

5) 사보타주

정당한 권한 없이 방사성물질을 배출하거나 방사선을 노출하여 사람의 건강·안전 및 재산 또는 환경을 위태롭게 할 수 있는 다음 각 목의 어느 하나에 해당하는 행위를 말한다.

(1) 핵물질 또는 원자력시설을 파괴 또는 손상하거나 그 원인을 제공하는 행위
(2) 원자력시설의 정상적인 운전을 방해하거나 방해를 시도하는 행위

6) 원자력시설 컴퓨터 및 정보시스템

원자력시설의 전자적 제어 · 관리시스템 및 「정보통신망 이용촉진 및 정보보호 등에 관한 법률」 제2조제1항제1호에 따른 정보통신망을 말한다.

정보통신망

전기통신설비를 이용하거나 전기통신설비와 컴퓨터 및 컴퓨터의 이용기술을 활용하여 정보를 수집·가공·저장·검색·송신 또는 수신하는 정보통신체제를 말한다.

7) 전자적 침해행위

사용·저장 중인 핵물질의 불법이전과 원자력시설 및 핵물질의 사보타주를 야기하기 위하여 해킹, 컴퓨터바이러스, 논리·메일폭탄, 서비스거부 또는 고출력 전자기파 등의 방법으로 원자력시설 컴퓨터 및 정보시스템을 공격하는 행위를 말한다.

8) 위협

다음 각 목의 어느 하나에 해당하는 것을 말한다.

가. 사보타주

나. 전자적 침해행위

다. 사람의 생명·신체를 해치거나 재산·환경에 손해를 끼치기 위하여 핵물질을 사용하는 것

라. 사람, 법인, 공공기관, 국제기구 또는 국가에 대하여 어떠 행위를 강요하기 위하여 핵물질을 취득하는 것

9) 방사선비상

방사성물질 또는 방사선이 누출되거나 누출될 우려가 있어 긴급한 대응조치가 필요한 상황을 말한다.

10) 방사능재난

방사선비상이 국민의 생명과 재산 및 환경에 피해를 줄 수 있는 상황으로 확대되어 국가적 차원의 대처가 필요한 재난을 말한다.

11) 방사선비상계획구역

원자력시설에서 방사선비상 또는 방사능재난이 발생할 경우 주민보호 등을 위하여 비상대책을 집중적으로 마련할 필요가 있어 제20조의2에 따라 설정된 구역으로서 다음 각 목

의 구역을 말한다.

가. 예방적보호조치구역: 원자력시설에서 방사선비상이 발생할 경우 사전에 주민을 소개하는 등 예방적으로 주민보호 조치를 실시하기 위하여 정하는 구역

나. 긴급보호조치계획구역: 원자력시설에서 방사선비상 또는 방사능재난이 발생할 경우 방사능영향평가 또는 환경감시 결과를 기반으로 하여 구호와 대피 등 주민에 대한 긴급보호 조치를 위하여 정하는 구역

제20조의2(방사선비상계획구역의 설정 등)

① 위원회는 원자력시설별로 방사선비상계획구역 설정의 기초가 되는 지역(이하 "기초지역"이라 한다)을 정하여 고시하여야 한다. 이 경우 원자력시설이 발전용원자로 및 관계시설인 경우에는 다음 각 호의 기준에 따라야 한다.

1. 예방적보호조치구역: 발전용원자로 및 관계시설이 설치된 지점으로부터 반지름 3킬로미터 이상 5킬로미터 이하
2. 긴급보호조치계획구역: 발전용원자로 및 관계시설이 설치된 지점으로부터 반지름 20킬로미터 이상 30킬로미터 이하

② 원자력사업자는 원자력안전위원회가 고시한 기초지역을 기준으로 해당 기초지역을 관할하는 시·도지사와 협의를 거쳐 다음 각 호의 사항을 고려하여 방사선비상계획구역을 설정하여야 한다.

1. 인구분포, 도로망 및 지형 등 그 지역의 고유한 특성
2. 해당 원자력시설에서 방사선비상 또는 방사능재난이 발생할 경우 주민보호 등을 위한 비상대책의 실효성

③ 원자력사업자가 방사선비상계획구역을 설정하려는 경우에는 위원회의 승인을 받아야 한다. 이를 변경 또는 해제하려는 경우에도 또한 같다.

④ 원자력사업자는 제②항에 따라 설정된 방사선비상계획구역을 제20조(원자력사업자의 방사선비상계획)에 따른 방사선비상계획의 수립에 반영하여야 한다.

⑤ 제①항에 따른 위원회의 고시 및 제②항에 따른 협의 절차 등에 필요한 사항은 대통령령으로 정한다.

12) 원자력사업자

다음 각 목의 어느 하나에 해당하는 자를 말한다.

가. 발전용원자로 및 관계시설의 건설허가를 받은 자

나. 발전용원자로 및 관계시설의 운영허가를 받은 자

다. 연구용 또는 교육용원자로 및 관계시설의 건설허가를 받은 자

라. 연구용 또는 교육용원자로 및 관계시설의 운영허가를 받은 자

마. 대한민국의 항구에 입항 또는 출항의 신고를 한 외국원자력선 운항자

바. 핵연료주기시설의 건설허가를 받은 자
사. 핵연료주기시설의 운영허가를 받은 자
아. 핵연료물질의 사용 또는 소지 허가를 받은 자중에서 위원회가 정하여 고시하는 자
자. 방사성폐기물의 저장·처리·처분시설 및 그 부속시설의 건설·운영허가를 받은 자
차. 그 밖에 방사성물질·핵물질 또는 원자력시설의 방호와 재난대책을 수립·시행할 필요가 있어 대통령령으로 정하는 자

대통령령(그 밖의 원자력사업자)

방사성동위원소의 생산·판매 또는 사용허가를 받은 자중에서 18.5 페타베크렐 이상의 방사성동위원소의 생산허가등을 받은 자를 말한다.

13) 방호구역

핵물질 및 원자력시설을 방호하기 위하여 물리적 방벽으로 둘러싸여 있는 구역을 말한다.

14) 핵심구역

방호구역 중 사보타주로 인하여 직접 또는 간접적으로 회복할 수 없는 방사선영향을 발생시킬 수 있는 원자력시설 등을 방호하기 위하여 설정된 구역을 말한다.

15) 물리적 방벽

침입을 방지하거나 지연시키고 접근에 대한 통제를 보완하여 주는 울타리·장벽 또는 이와 유사한 장애물을 말한다.

3. 핵물질 및 원자력시설의 물리적 방호

1) 물리적방호시책의 마련

- 정부는 핵물질 및 원자력시설에 대한 물리적방호를 위한 시책을 마련하여야 한다.
- 물리적 방호시책에는 다음 각 호의 사항이 포함되어야 한다.

(1) 핵물질의 불법이전에 대한 방호
(2) 분실되거나 도난당한 핵물질을 찾아내고 회수하기 위한 대책
(3) 원자력시설등에 대한 사보타주의 방지
(3의2) 전자적 침해행위의 방지
(4) 원자력시설등에 대한 사보타주에 따른 방사선 영향에 대한 대책
(5) 전자적 침해행위에 따른 방사선 영향에 대한 대책

2) 물리적방호체제의 수립 등

- 정부는 물리적방호시책을 이행하기 위하여 정기적으로 원자력시설등에 대한 위협을 평가하여 물리적방호체제를 수립하여야 한다. 이 경우 원자력시설등에 대한 위협 평가 및 물리적방호체제의 수립에 필요한 사항은 대통령령으로 정한다.
- 위원회는 물리적방호체제의 수립에 필요하다고 인정하면 관계중앙행정기관의 장에게 협조를 요청할 수 있다.
- 위원회는 물리적방호체제의 수립에 필요하다고 인정하면 다음 각 호의 자에게 방호 관련 시설·장비의 확보 및 운영 관리 등 대통령령으로 정하는 필요한 조치를 요구하거나 명할 수 있다.

(1) 방사선비상계획구역의 전부 또는 일부를 관할하는 특별시장·광역시장·특별자치시장·도지사·특별자치도지사

(2) 방사선비상계획구역의 전부 또는 일부를 관할하는 시장·군수·구청장(자치구의 구청장을 말한다)

(3) 원자력사업자

(4) 대통령령으로 정하는 공공기관, 공공단체 및 사회단체의 장

- 요청 또는 요구를 받은 기관의 장과 사업자는 특별한 사유가 없으면 이에 따라야 한다.

대통령령(위협평가 및 물리적방호체제의 수립)

① 위원회는 물리적방호시책을 이행하기 위하여 3년마다 다음 각 호의 사항을 고려하여 원자력시설등에 대한 위협을 평가하고 물리적방호체제 설계·평가의 기준이 되는 위협을 설정하여야 한다. 다만, 물리적방호 관련 사고가 발생하거나 발생할 우려가 있다고 판단되는 경우에는 수시로 위협을 평가하고 설계기준위협을 설정할 수 있다.

1. 위협의 요인
2. 위협의 발생 가능성
3. 위협의 발생에 따른 결과

② 위원회는 제①항에 따라 설정된 설계기준위협을 반영하여 원자력시설등에 대한 물리적방호체제를 수립하여야 한다.

③ 위원회는 제①항에 따른 위협평가를 효율적으로 하기 위하여 관계 중앙행정기관의 장에게 협조를 요청할 수 있다. 이 경우 원자력시설등의 컴퓨터 및 정보시스템의 보안과 관련한 사항에 대해서는 국가정보원장에게 우선적으로 협조를 요청하여야 한다.

④ "대통령령으로 정하는 공공기관, 공공단체 및 사회단체"란 다음 각 호의 기관 및 지정기관을 말한다.

1. 방사선비상계획구역의 전부 또는 일부를 관할구역으로 하는 지방경찰청 또는 경찰서
2. 중앙119구조대
3. 방사선비상계획구역의 전부 또는 일부를 관할구역으로 하는 소방본부 및 소방서
4. 방사선비상계획구역의 전부 또는 일부를 관할구역으로 하는 교육청
5. 방사선비상계획구역의 전부 또는 일부를 관할구역으로 하는 해양경찰서
6. 방사선비상계획구역의 전부 또는 일부를 관할구역으로 하는 지방기상청
7. 방사선비상계획구역의 전부 또는 일부를 관할구역으로 하는 보건소
8. 방사선비상계획구역의 전부 또는 일부를 관할구역으로 하는 군부대로서 국방부장관이 지정하는 군부대
9. 한국원자력안전기술원

9의2. 한국원자력통제기술원

10. 한국원자력의학원
11. 위원회의 허가를 받아 설립된 한국방사성동위원소협회
12. 대한적십자사조직법에 의한 대한적십자사
13. 그 밖에 위원회가 물리적방호체제의 수립에 필요하다고 인정하여 지정하는 기관 및 단체

⑤ "대통령령으로 정하는 필요한 조치"란 다음 각 호의 조치를 말한다.

1. 원자력시설등에 대한 위협에 효과적으로 대처하기 위한 물리적방호관련 시설·장비의 설치·운영관리(원자력사업자에 한한다)
2. 원자력시설등에 대한 위협에 효과적으로 대처하기 위한 물리적방호관련 조직 및 인력의 운영(원자력사업자에 한한다)
3. 물리적방호관련 업무를 수행하는 자에 대한 교육 및 훈련
4. 위원회가 원자력시설등에 대한 구체적인 위협 정보를 입수한 경우 그에 대한 방호조치
5. 원자력시설등의 물리적방호체제의 설계·운영 및 변경 등이 원자력시설등의 안전에 미치는 영향의 평가 및 보완조치(원자력사업자에 한정한다)

3) 원자력시설등의 물리적방호협의회

- 원자력시설등의 물리적방호에 관한 국가의 중요 정책을 심의하기 위하여 위원회 소속으로 원자력시설등의 물리적방호협의회(이하 "방호협의회"라 한다)를 둔다.
- 방호협의회의 의장은 위원회 위원장이 되고, 방호협의회의 위원은 재정경제부, 과학기술정보통신부, 국방부, 행정안전부, 농림축산식품부, 산업통상부, 보건복지부, 기후에너지환경부, 국토교통부, 해양수산부, 기획예산처의 고위공무원단에 속하는 일반직공무원 또는 이에 상당하는 공무원(국방부의 경우에는 이에 상당하는 장성급 장교를 포함한다) 중에서 해당기관의 장이 지명하는 각 1명과 대통령령으로 정하는 중앙행정기관의 공무원 또는 관련 기관·단체의 장이 된다.

• 방호협의회의 운영 등에 필요한 사항은 대통령령으로 정한다.
• 방호협의회의 기능

방호협의회는 다음 각 호의 사항을 심의한다.

(1) 물리적방호에 관한 중요정책
(2) 물리적방호체제의 수립
(3) 물리적방호체제의 이행을 위한 관계 기관 간의 협조사항
(4) 물리적방호체제의 평가
(5) 그 밖에 물리적방호와 관련하여 의장이 필요하다고 인정하여 회의에 부치는 사항

대통령령(방호협의회의 위원)

"대통령령으로 정하는 중앙행정기관의 공무원 또는 관련 기관·단체의 장"이라 함은 다음 각 호의 자를 말한다.

1. 국가정보원장이 지명하는 국가정보원 소속 3급 공무원 또는 이에 상당하는 공무원
2. 한국원자력통제기술원의 원장

대통령령(방호협의회 운영 및 실무방호협의회)

(1) **방호협의회의 운영**

① 방호협의회 회의는 의장이 필요하다고 인정하는 때에 소집한다.
② 방호협의회의 회의는 재적위원 과반수의 출석과 출석위원 과반수의 찬성으로 의결한다.
③ 방호협의회에 간사 1인을 두되, 위원회 소속 공무원 중에서 위원회 위원장이 지명한다.
④ 이 영에서 규정한 것외에 방호협의회의 운영에 관하여 필요한 사항은 방호협의회의 의결을 거쳐 방호협의회의 의장이 정한다.

(2) **실무방호협의회**

① 방호협의회에 부의될 의안을 검토하고, 관계 기관 간의 협조사항을 정리하는 등 방호협의회의 효율적인 운영을 도모하기 위하여 방호협의회에 실무방호협의회를 둔다.
② 제①항의 규정에 의한 실무방호협의회의 의장은 위원회 소속 공무원 중에서 물리적방호 관련 업무를 담당하는 국장급 공무원이 되고, 위원은 다음 각 호의 자가 된다.
   1. 방호협의회 위원이 소속하는 중앙행정기관의 장이 지명하는 과장 또는 이에 상당하는 공무원[국방부의 경우에는 이에 상당하는 영관급 장교를 포함한다] 각 1인
   2. 규정에 의한 관련 기관·단체의 임직원중에서 당해 관련 기관·단체의 장이 지명하는 자 각 1인
③ 실무방호협의회의 회의는 실무방호협의회의 의장이 필요하다고 인정할 때에 소집한다.
④ 제①항 내지 제③항에서 규정한 것 외에 실무방호협의회의 조직 및 운영에 관하여 필요한 사항은 실무방호협의회의 의결을 거쳐 실무방호협의회의 의장이 정한다.

4) 지역방호협의회

- 대통령령으로 정하는 원자력시설등이 있는 지방자치단체에 소관 원자력시설등의 물리적방호에 관한 사항을 심의하기 위하여 시·도지사 소속으로 시·도 방호협의회를 두고, 시장·군수·구청장 소속으로 시·군·구 방호협의회를 둔다.
- 시·도 방호협의회의 의장은 시·도지사가 되고, 시·군·구 방호협의회의 의장은 시장·군수·구청장이 된다.
- 지역방호협의회(시·도 방호협의회 및 시·군·구 방호협의회를 말한다. 이하 같다)는 다음 각 호의 사항을 심의한다.
  (1) 해당 지역의 물리적방호에 관한 중요정책
  (2) 해당 지역의 물리적방호체제 수립
  (3) 해당 지역의 물리적방호체제 이행을 위한 관계 기관 간의 협조사항
  (4) 해당 지역의 물리적방호체제 평가
  (5) 그 밖에 해당 지역의 물리적방호와 관련하여 의장이 필요하다고 인정하여 회의에 부치는 사항
- 지역방호협의회의 구성·운영 등에 필요한 사항은 대통령령으로 정한다.

대통령령(지역방호협의회의 설치)

"대통령령이 정하는 원자력시설등"이라함은 다음 각 호의 시설을 말한다.
1. 발전용원자로 및 그 관계시설
2. 연구용원자로 중 2메가와트 이상의 출력을 가지는 연구용원자로 및 그 관계시설
3. 방사성폐기물의 저장·처리·처분시설 중 사용후핵연료 저장·처리시설 및 그 부속시설

대통령령(지역방호협의회의 구성 및 운영)

① 시·도 방호협의회의 위원은 다음 각 호와 같다.
1. 해당 특별시·광역시·특별자치시·도·특별자치도(이하 "시·도"라 한다)의 행정부시장(특별시의 경우에는 행정(1)부시장을 말한다)·행정부지사
2. 해당 시·도의 원자력시설등의 물리적방호업무를 담당하는 국장
3. 해당 시·도를 관할구역으로 하는 국가정보원의 지부장
4. 해당 시·도를 관할구역으로 하는 지방경찰청의 장
5. 해당 시·도의 전부 또는 일부를 관할구역으로 하는 군부대의 지역사령관으로서 국방부장관이 지정하는 자
6. 해당 시·도의 전부 또는 일부를 관할구역으로 하는 해양경찰서장
7. 해당 시·도의 전부 또는 일부를 관할구역으로 하는 원자력시설등의 물리적방호와 관련이

있는 기관·단체의 장 또는 원자력시설등의 물리적방호에 관한 학식과 경험이 있는 자중에서 시·도 방호협의회의 의장이 위촉하는 자

② 시·군·구 방호협의회의 위원은 다음 각 호와 같다.

1. 해당 시·군 또는 자치구(이하 "시·군·구"라 한다)의 부시장·부군수·부구청장
2. 해당 시·군·구의 원자력시설등의 물리적방호업무를 담당하는 과장(국이 설치되어 있는 경우에는 국장)
3. 해당 시·군·구를 관할구역으로 하는 국가정보원의 지부장
4. 해당 시·군·구를 관할구역으로 하는 경찰서의 장
5. 해당 시·군·구의 전부 또는 일부를 관할구역으로 하는 군부대의 장으로서 국방부장관이 지정하는 자
6. 해당 시·군·구의 전부 또는 일부를 관할구역으로 하는 해양경찰파출소장
7. 해당 시·군·구의 전부 또는 일부를 관할구역으로 하는 원자력시설등의 물리적방호와 관련이 있는 기관·단체의 장 또는 원자력시설등의 물리적방호에 관한 학식과 경험이 있는 자 중에서 시·군·구 방호협의회의 의장이 위촉하는 자

③ 시·도 방호협의회 및 시·군·구 방호협의회(이하 "지역방호협의회"라 한다)의 의장은 업무를 총괄하고, 지역방호협의회를 대표한다.

④ 지역방호협의회의 의장이 부득이한 사유로 직무를 수행할 수 없는 때에는 의장이 미리 지명하는 위원이 그 직무를 대행한다.

⑤ 지역방호협의회의 회의는 지역방호협의회의 의장이 필요하다고 인정할 때 소집한다.

⑥ 지역방호협의회의 회의는 재적의원 과반수의 출석과 출석위원 과반수의 찬성으로 의결한다.

⑦ 지역방호협의회의 회의에 출석한 위원에 대하여는 예산의 범위에서 수당 및 여비를 지급할 수 있다. 다만, 공무원인 위원이 그 업무와 직접 관련하여 회의에 출석하는 경우에는 그러하지 아니하다.

⑧ 이 영에서 규정한 것 외에 지역방호협의회의 운영에 관하여 필요한 사항은 지역방호협의회의 의결을 거쳐 지역방호협의회의 의장이 정한다.

5) 물리적방호 대상 핵물질의 분류 등

- 물리적방호의 대상이 되는 핵물질은 잠재적 위험의 정도를 고려하여 대통령령으로 정하는 바에 따라 등급Ⅰ, 등급Ⅱ 및 등급Ⅲ으로 분류한다.
- 원자력시설등의 물리적방호에 관한 다음 각 호의 요건은 대통령령으로 정한다.
  (1) 불법이전에 대한 방호요건
  (2) 사보타주에 대한 방호요건
  (3) 전자적 침해행위에 대한 방호 요건

대통령령(핵물질의 등급별 분류)

핵물질의 등급별 분류

<table>
<tr><th colspan="2">핵물질</th><th colspan="3">등급</th></tr>
<tr><th>물 질</th><th>형 태</th><th>등급 I</th><th>등급 II</th><th>등급 III</th></tr>
<tr><td>1. 플루토늄</td><td>미조사</td><td>2킬로그램 이상</td><td>500그램 초과
2킬로그램 미만</td><td>15그램 초과
500그램 이하</td></tr>
<tr><td rowspan="3">2. 우라늄 235</td><td>우라늄 235의 농축도가 20퍼센트 이상인 미조사 우라늄</td><td>5킬로그램 이상</td><td>1킬로그램 초과
5킬로그램 미만</td><td>15그램 초과
1킬로그램 이하</td></tr>
<tr><td>우라늄 235의 농축도가 10퍼센트 이상 20퍼센트 미만인 미조사 우라늄</td><td></td><td>10킬로그램 이상</td><td>1킬로그램 초과
10킬로그램 미만</td></tr>
<tr><td>우라늄 235의 농축도가 천연우라늄의 농축도 초과 10퍼센트 미만인 미조사 우라늄</td><td></td><td></td><td>10킬로그램 이상</td></tr>
<tr><td>3. 우라늄 233</td><td>미조사</td><td>2킬로그램 이상</td><td>500그램 초과
2킬로그램 미만</td><td>15그램 초과
500그램 이하</td></tr>
<tr><td>4. 조사된 연료</td><td></td><td></td><td>핵분열성물질 10퍼센트 미만의 감손우라늄, 천연우라늄, 토륨 또는 저농축연료</td><td></td></tr>
</table>

비고

1. 이 표에서 “플루토늄”이라 함은 플루토늄 238의 농축도가 80퍼센트를 초과한 것을 제외한 플루토늄을 말한다.
2. 이 표에서 “미조사(未照射)”라 함은 원자로 내에서 조사(照射)되지 아니한 물질 또는 1미터 떨어진 지점에서 차폐없이 시간당 1그레이 미만의 방사선준위를 가진 원자로 안에서 조사된 물질을 말한다.
3. 당초 핵분열성 물질을 함유함에 따라 조사 전에 등급Ⅰ 또는 등급Ⅱ로 분류된 조사된 연료는 1미터 떨어진 지점에서 차폐없이 시간당 1그레이를 초과하는 방사선준위를 가지는 경우 1등급을 감할 수 있다.

대통령령(원자력시설등의 방호요건)

원자력시설등의 물리적방호에 관한 요건

구 분	방호요건
불법이전	1. 사용·저장중인 핵물질의 불법이전에 대한 방호요건 가. 등급Ⅲ 핵물질 1) 등급Ⅲ 핵물질의 사용 및 저장을 위한 구역(이하 "등급Ⅲ 방호구역"이라 한다)에의 접근을 통제할 것 2) 해당 방호구역의 접근 통제를 위한 수단과 절차는 임의조작이나 위조 등으로부터 보호할 것 3) 해당 방호구역의 불법침입에 대한 탐지·경비체계 및 대응조치를 수립할 것 4) 핵물질의 불법이전에 대한 방호비상계획을 수립하고, 해당 시설의 물리적방호업무를 수행하는 자(이하 "방호종사자"라 한다)에 대하여 방호비상훈련을 실시할 것 5) 방호종사자에 대하여 매년 물리적방호교육을 실시하고, 교육한 내용의 이행에 대한 훈련을 실시할 것 6) 물리적방호규정등에 대하여 정기적인 평가를 실시하고, 그 결과를 반영할 것 7) 핵물질의 인수인계 및 작업보고 절차를 마련하여 핵물질의 관리를 철저히 할 것 8) 해당 방호구역 내에서 핵물질을 이동시킬 때 원자력시설등의 설계기준위협에 따라 잠금, 봉인 등의 필요한 물리적방호 조치를 적용할 것 9) 원자력시설등의 컴퓨터 및 정보시스템에 대한 보안 체계를 수립할 것 나. 등급Ⅱ 핵물질 1) 가목 2)부터 9)까지의 방호요건을 충족할 것 2) 등급Ⅱ 핵물질의 사용 및 저장을 해당 방호구역(이하 "등급Ⅱ 방호구역"이라 한다) 내로 제한할 것 3) 등급Ⅱ 방호구역은 등급Ⅲ 방호구역 내에 위치할 것 4) 해당 방호구역 주변에는 불법침입을 탐지할 수 있도록 할 것 5) 해당 방호구역으로의 출입구를 최소화할 것 6) 해당 방호구역 내의 차량 출입을 최소화하고, 주차는 지정한 장소로 제한할 것 7) 해당 방호구역 내 출입의 허용 및 허용된 자의 출입을 최대한 제한하고, 단독출입이 허용되지 않은 사람은 단독출입이 허용된 사람과 동행할 것 8) 해당 방호구역에 출입하는 사람, 차량 및 반입·반출되는 물품을 검색할 것 9) 해당 방호구역의 주변에 대하여 충분한 조명 및 시야를 확보할 것 10) 중앙통제실은 감시, 경비체계 및 군·경찰 등 외부대응인력과의 통신체계를 유기적으로 유지할 것 11) 중앙통제실은 등급Ⅱ 방호구역 내에 위치해야 하며, 중앙통제실의 출입을 최소화하고 엄격히 통제할 것 12) 탐지 관련 설비 및 중앙통제실은 비상시 물리적방호를 위하여 독립적인 전원을 갖출 것 13) 핵물질의 저장과 격납을 위한 열쇠와 잠금장치의 관리 및 기록유지를 철저히 할 것 14) 핵물질의 불법이전에 대한 방호비상계획을 수립하고 방호종사자와 군·경찰 등 외부대응인력 간의 비상훈련을 정기적으로 실시할 것

구 분	방호요건
	15) 해당 방호구역은 24시간 경계근무를 유지하고, 상시 및 불시 순찰을 실시할 것 다. 등급I 핵물질 1) 나목1) 및 같은 목3)부터 15)까지의 방호요건을 충족할 것 2) 등급 I 핵물질의 사용 및 저장을 해당 방호구역(이하 "등급I 방호구역"이라 한다) 내로 제한할 것 3) 등급I 방호구역은 등급II 방호구역 내에 위치해야 하며, 불법이전에 대한 추가적인 물리적방호 조치를 적용할 것 4) 해당 방호구역 내에 개인차량의 출입을 금지할 것 5) 해당 방호구역에의 출입은 2명이 동행, 감시하는 체계를 유지할 것 6) 해당 방호구역은 일반통행로와 격리시킬 것 7) 방호 비상시에도 중앙통제실의 기능이 유지되도록 할 것 라. 분실·도난 핵물질의 위치추적 및 회수조치 1) 핵물질의 분실·도난을 적시에 감지하고 신속히 확인할 수 있는 수단을 갖출 것 2) 분실·도난 핵물질을 추적하고 신속히 회수할 수 있는 수단을 갖출 것 2. 운반 중인 핵물질의 불법이전에 대한 방호요건 가. 공통적인 방호요건 1) 핵물질의 운반시간, 횟수 및 기간을 최소화할 것 2) 핵물질의 운반시간과 경로 등이 운반할 때마다 다르게 되도록 다양한 방법으로 운반계획을 수립할 것 3) 운반종사자는 신원이 확실한 사람으로 제한할 것 4) 운반 중 임시저장을 하거나 예상하지 못한 정차가 있을 경우 등급별 방호요건에 준하여 필요한 조치를 할 것 5) 운반수단이 변경될 경우에도 핵물질의 등급별 분류에 준하여 필요한 조치를 할 것 6) 운반과 관련된 정보의 공유를 최소화하고 기밀성을 유지할 것 7) 핵물질을 운반할 경우 외부 대응인력과의 연락체계를 유지할 것 나. 등급III 핵물질 1) 인계자는 인수자에게 운반방법 및 운반계획을 사전에 통보할 것 2) 운반차량에 대한 검색, 잠금 및 봉인을 철저히 할 것 3) 인계자와 인수자는 운반 중 지연상황을 상호간에 통보할 것 4) 운반차량은 1명 이상의 경찰관이 동승한 두대 이상의 차량으로 호위할 것 5) 운반차량에는 무장한 1명의 방호종사자를 동승시킬 것 다. 등급I 및 등급II 핵물질 1) 나목의 방호요건을 충족할 것 2) 운반대상 핵물질은 자물쇠가 채워진 차량 또는 화물용 컨테이너로 운반할 것 3) 핵물질의 운반계획을 수립하고 운반할 때의 물리적방호를 총괄하는 방호종사자(이하 "운반방호책임자"라 한다)는 운반지침서를 소지할 것 4) 운반방호책임자는 호위차량, 운반차량 및 운반통제소 간에 상호 통신체계를 유지할 것 5) 운반차량에는 무장한 2명의 방호종사자를 동승시킬 것 6) 핵물질을 국제운반하는 경우에는 인계자와 인수자 간에 계약 및 협정에 따라 물리적 방호의 책임소재를 명확히 할 것 7) 운반 중인 핵물질의 불법이전에 대한 방호비상훈련을 실시할 것

구 분	방호요건
	8) 운반 중인 핵물질의 불법이전에 대비하여 군·경찰 등 외부 대응인력과의 통신체계를 유지할 것 라. 분실·도난 핵물질의 위치추적 및 회수조치: 제1호라목의 방호요건을 충족할 것
사보타주	1. 핵물질을 사용·저장하는 원자력시설 및 사용·저장 중인 핵물질의 사보타주에 대한 방호요건 가. 방호구역 및 핵심구역의 불법침입에 대하여 탐지체계, 경고기능 및 방호설비를 갖출 것 나. 방호구역 및 핵심구역 내의 접근 및 출입구는 최소한으로 유지할 것 다. 방호구역 및 핵심구역으로의 출입은 최소화하고, 단독출입이 승인되지 않은 사람에 대해서 단독출입이 승인된 사람이 동행할 것 라. 사보타주를 방지하기 위하여 방호구역 및 핵심구역에 출입하는 사람, 차량 반출입되는 물품을 검색할 것 마. 핵심구역은 일반통행로와 격리시키고 추가적인 물리적방호 조치를 적용할 것 바. 핵심구역 내에 개인차량의 출입을 금지할 것 사. 방호구역에 대하여 지속적인 탐지 및 24시간 경계근무를 유지하고, 상시 및 불시 순찰을 실시할 것 아. 방호구역의 주변에 대하여 충분한 조명 및 시야를 확보할 것 자. 방호구역 및 핵심구역 내에 사보타주 방지를 위하여 운전정지 및 유지보수기간 중에 방호조치를 철저히 할 것 차. 핵물질의 저장과 격납을 위한 열쇠와 잠금장치의 관리 및 기록유지를 철저히 할 것 카. 중앙통제실은 감시, 경비체계 및 군·경찰 등 외부대응인력과의 통신체계를 유기적으로 유지할 것 타. 중앙통제실에 대한 출입을 최소화하고 엄격히 통제할 것 파. 방호비상시에 중앙통제실의 기능이 유지될 수 있도록 할 것 하. 탐지 관련 설비 및 중앙통제실은 비상시 물리적방호를 위하여 독립적인 전원을 갖출 것 거. 전자적 침해행위에 대한 방호요건을 적용하여 원자력시설 컴퓨터 및 정보시스템에 대한 보안 체계를 수립할 것 너. 방호종사자에 대하여 매년 물리적방호교육을 실시하고 교육한 내용의 이행에 대한 훈련을 실시할 것 더. 원자력시설등의 사보타주에 대한 방호비상계획을 수립하고 방호종사자와 군·경찰 등 외부대응인력 간의 비상훈련을 정기적으로 실시할 것 러. 사보타주의 잠재적 방사선영향이 수용할 수 없는 방사선영향보다 낮을 경우 다음의 요건을 적용할 것 1) 방호구역에 대한 접근을 통제할 것 2) 방호구역 접근 통제를 위한 수단과 절차는 임의조작이나 위조 등이 되지 않도록 보호할 것 3) 방호구역 불법침입에 대한 탐지·경비체계 및 대응조치를 수립할 것 4) 방호구역의 사보타주에 관한 방호비상계획을 수립하고 해당 시설의 방호종사자를 대상으로 방호비상훈련을 실시할 것

구 분	방호요건
	5) 방호종사자에 대하여 매년 물지적방호 교육을 하고, 교육한 내용에 관한 훈련을 실시할 것 6) 물지적방호규정등에 대하여 원자력시설등의 방호체계를 정기적으로 평가하고, 그 평가 결과에 따라 방호체제에 대한 보완조치를 취할 것 7) 전자적 침해행위에 대한 방호요건을 적용하여 원자력시설 컴퓨터 및 정보시스템에 대한 보안체계를 수립할 것 2. 운반 중인 핵물질의 사보타주에 대한 방호요건 가. 공통적인 방호요건: 제2호가목의 방호요건을 충족할 것 나. 등급Ⅲ 핵물질 1) 제2호나목의 방호요건을 충족할 것 2) 인계자는 운반차량에 대한 사보타주의 방지를 위하여 검색을 철저히 할 것 다. 등급 Ⅰ 및 등급 Ⅱ 핵물질: 제2호다목 및 제4호나목2)의 방호요건을 충족할 것 3. 핵물질을 사용·저장하지 않는 원자력시설의 사보타주에 대한 방호요건 가. 원자력시설에의 접근을 통제할 것 나. 원자력시설에의 접근 통제를 위한 수단과 절차는 임의조작이나 위조 등으로부터 보호될 것 다. 원자력시설의 불법침입에 대한 탐지·경비체계 및 대응조치를 수립할 것 라. 원자력시설의 사보타주에 대한 방호비상계획을 수립하고 해당 시설의 방호종사자에 대하여 방호비상훈련을 실시할 것 마. 방호종사자에 대하여 매년 물리적방호 교육을 실시하고 교육한 내용의 이행에 대한 훈련을 실시할 것 바. 물리적방호규정등에 대하여 정기적인 평가를 실시하고 그 결과를 반영할 것 사. 전자적 침해행위에 대한 방호요건을 적용하여 원자력시설의 컴퓨터 및 정보시스템에 대한 보안체계를 수립할 것
전자적 침해행위	전자적 침해행위에 대한 방호요건 가. 원자력시설 컴퓨터 및 정보시스템에 대한 접근이 다음의 방식으로 통제될 것 1) 원자력시설 컴퓨터 및 정보시스템상의 정보가 허용된 대상에게만 허용된 방법으로 제공·사용·변경되도록 할 것 2) 원자력시설 컴퓨터 및 정보시스템을 구성하는 하드웨어가 허용된 대상에게만 허용된 방법으로만 설치·변경되도록 할 것 나. 원자력시설 컴퓨터 및 정보시스템에 대한 물리적·전자적 접근에 필요한 수단과 절차는 임의조작이나 위조 등이 되지 않도록 보호하고 통제할 것 다. 원자력시설 컴퓨터 및 정보시스템에 대한 물리적·전자적 불법접근의 예방·탐지 및 대응체계를 수립할 것
세부사항	방호요건에 관한 세부사항은 위원회가 정하여 고시한다.

6) 물리적방호에 대한 원자력사업자의 책임

- 원자력사업자는 대통령령으로 정하는 바에 따라 다음 각 호의 사항에 대하여 위원회의 승인을 받아야 하고, 이를 변경하고자 하는 때에도 또한 같다. 다만, 총리령으로 정하는 경미한 사항을 변경하려는 경우에는 이를 위원회에 신고하여야 한다.
  (1) 물리적방호시책을 위한 물리적방호 시설·설비 및 그 운영체제
  (2) 원자력시설등의 물리적방호를 위한 규정
  (3) 핵물질의 불법이전 및 원자력시설등의 위협에 대한 조치계획(이하 "방호비상계획"이라 한다)
  (4) 전자적 침해행위에 대한 원자력시설 컴퓨터 및 정보시스템 보안규정(이하 "정보시스템 보안규정"이라 한다)
- 위 항 각 호에 대한 작성지침 등 세부기준은 총리령으로 정한다.

총리령(경미한 사항의 변경신고)

① "총리령으로 정하는 경미한 사항"이란 다음 각 호의 사항을 말한다.
  1. 물리적방호규정등의 승인을 받은 자의 성명 또는 주소(법인인 경우에는 그 명칭 및 주소와 대표자의 성명)
  2. 사업소의 명칭 및 소재지

② 제①항 각호 외의 부분 단서에 따라 변경신고를 하려는 자는 해당 신고사유가 발생한 날부터 30일 이내에 별지 제4호서식(경미한사항 변경신고서)의 신고서에 다음 각 호의 서류를 첨부하여 원자력안전위원회에 제출하여야 한다.
  1. 물리적방호규정등 중 변경되기 전과 변경된 후의 비교표 2부
  2. 물리적방호규정등 승인서

(1) 물리적방호규정등 승인신청

① 물리적방호 시설·설비 및 그 운영체제, 물리적방호규정등에 대하여 승인을 얻고자 하는 원자력사업자는 이에 대한 승인신청서를 원자력시설등의 사용개시 5월전에 위원회에 제출하여야 한다.

② 원자력사업자는 물리적방호규정등을 변경하고자 하는 경우에는 그 변경할 사항과 이유를 기재한 변경승인신청서를 위원회에 제출하여야 한다.

③ 위원회는 물리적방호규정등에 대하여 승인 또는 변경승인을 하고자 하는 경우에 당해 원자력시설이 「보안업무규정」 제36조(측정대상)의 규정에 의하여 보안측정의 대상이 되는 시설에 해당하는 때에는 승인 또는 변경승인 전에 미리 국가정보원장과 협의하여야 한다.

(2) 변경승인의 신청

① 영 제17조(물리적방호규정등 승인신청)제2항에 따른 변경승인신청서는 별지 제3호서식(물리적방호규정등 변경승인신청서)과 같다.

② 제①항에 따른 변경승인신청서에는 다음 각 호의 서류를 첨부하여야 한다.

1. 물리적방호규정등 중 변경되기 전과 변경된 후의 비교표 2부
2. 물리적방호규정등 승인서

7) 물리적방호 교육

- 원자력사업자의 종업원 및 위원회가 정하여 고시하는 물리적방호와 관련된 단체 또는 기관의 직원은 대통령령으로 정하는 바에 따라 위원회가 실시하는 물리적방호에 관한 교육(원자력시설 컴퓨터 및 정보시스템 보안교육을 포함한다)을 받아야 한다.
- 위원회는 교육을 담당할 교육기관을 지정할 수 있다.
- 물리적방호 교육 실시에 필요한 사항은 대통령령으로 정한다.

대통령령(물리적방호 교육)

① 물리적방호에 관한 교육은 신규교육과 보수교육으로 구분한다.

② 제①항에 따른 교육을 실시하는 경우 교육대상자의 담당 직무별로 실시하여야 한다.

총리령(물리적방호 교육시간 및 내용)

1. 교육시간

교 육 대 상		교 육 시 간	
		신규교육	보수교육
원자력사업자의 종업원	물리적방호 업무를 담당하는 종업원	물리적방호 업무를 담당하는 종업원으로 지정된 날부터 6개월 이내에 8시간 이상	매년 4시간 이상
	물리적방호 업무를 담당하지 않는 종업원	종업원으로 임용된 날부터 1년 이내에 2시간 이상	매년 2시간 이상
원자력안전위원회가 정하여 고시하는 물리적방호와 관련된 단체 또는 기관의 직원	물리적방호 업무를 담당하는 직원	물리적방호 업무를 담당하는 직원으로 지정된 날부터 6개월 이내에 8시간 이상	매년 4시간 이상
	물리적방호 업무를 담당하지 않는 직원	직원으로 임용된 날부터 1년 이내에 2시간 이상	매년 2시간 이상

2. 교육내용

교 육 대 상		교 육 내 용
원자력사업자의 종업원	물리적방호 업무를 담당하는 종업원	1. 물리적방호 일반사항 2. 물리적방호에 관한 법령 3. 방호비상대응에 관한 사항 4. 물리적방호 체제 및 동향 5. 위협평가에 관한 사항 6. 방호문화 7. 물리적방호 시스템 설계 8. 물리적방호 시설 및 장비 시험·실습 9. 기타 사항
	물리적방호 업무를 담당하지 않는 종업원	1. 물리적방호 일반사항 2. 물리적방호에 관한 법령 3. 방호비상대응에 관한 사항
원자력안전위원회가 정하여 고시하는 물리적방호와 관련된 단체 또는 기관의 직원	물리적방호 업무를 담당하는 직원	1. 물리적방호 일반사항 2. 물리적방호에 관한 법령 3. 방호비상대응에 관한 사항 4. 물리적방호 체제 및 동향 5. 위협평가에 관한 사항 6. 방호문화 7. 물리적방호 시스템 설계 8. 물리적방호 시설 및 장비 시험·실습 9. 기타 사항
	물리적방호 업무를 담당하지 않는 직원	1. 물리적방호 일반사항 2. 물리적방호에 관한 법령 3. 전자적 침해행위 방지에 관한 사항

8) 물리적방호 훈련

- 원자력사업자는 총리령으로 정하는 바에 따라 물리적방호 훈련계획을 수립하여 위원회의 승인을 받은 후 이를 시행하여야 한다.
- 원자력사업자는 물리적방호 훈련을 실시한 후 그 결과를 위원회에 보고하여야 한다. 이 경우 위원회는 실시하는 물리적방호 훈련에 대하여 평가할 수 있다.
- 위원회는 평가 결과 필요하다고 인정하면 원자력사업자에게 물리적방호규정의 보완 등 필요한 조치를 명할 수 있다. 이 경우 원자력사업자는 이에 대한 이행계획 및 조치 결과를 위원회에 보고하여야 한다.

총리령(물리적방호 훈련계획의 수립)

① 원자력사업자는 규정에 따라 물리적방호 훈련계획을 수립하여 위원회에 제출하여야 한다.
② 제①항에 따른 물리적방호 훈련계획에는 다음 각 호의 사항이 포함되어야 한다.
1. 훈련의 기본방향
2. 훈련의 종류
3. 훈련 종류별 물리적방호 훈련의 목적·대상·내용·방법 및 일정
4. 훈련 종류별 물리적방호 훈련의 통제 및 평가에 관한 사항
5. 그 밖에 원자력사업자가 물리적방호 훈련에 필요하다고 인정하는 사항

③ 물리적방호 훈련계획에 포함되는 원자력사업자별 물리적방호 훈련의 종류 및 방법 등 물리적방호 훈련에 관하여 필요한 사항은 위원회가 정하여 고시한다.

9) 군부대 등의 지원 요청

- 원자력사업자는 핵물질에 대한 위협이 있거나 그러한 우려가 있다고 판단되면 그 원자력시설등의 방호 또는 분실되거나 도난당한 핵물질의 회수를 위하여 관할 군부대, 경찰관서 또는 그 밖의 행정기관의 장에게 지원을 요청할 수 있다.
- 지원요청을 받은 군부대, 경찰관서 또는 그 밖의 행정기관의 장은 특별한 사유가 없으면 요청에 따라야 한다.

10) 보고 등

원자력사업자는 원자력시설등에 대하여 위협을 받았을 때 또는 관할 군부대, 경찰관서 또는 그 밖의 행정기관의 장에게 지원을 요청하였을 때에는 총리령으로 정하는 바에 따라 위원회에 보고하고, 관할 시·도지사 및 시장·군수·구청장에게 이를 알려야 한다.

총리령(보고)

원자력사업자는 다음 각 호의 사항을 지체 없이 위원회에 보고하고, 관할 특별시장·광역시장·특별자치시장·도지사·특별자치도지사(이하 "시·도지사"라 한다) 및 시장·군수·구청장(자치구의 구청장을 말한다. 이하 같다)에게 알려야 한다.

1. 위협을 받은 일시, 장소 및 그 원인과 상황
2. 위협에 대한 대응조치에 관한 사항
3. 관할 군부대·경찰관서 또는 그 밖의 행정기관의 장에게 지원을 요청한 경우 그 취지와 내용

11) 검사 등

- 원자력사업자는 원자력시설등의 물리적방호에 대하여 대통령령으로 정하는 바에 따라 위원회의 검사를 받아야 한다.
- 위원회는 검사결과 다음 각 호의 어느 하나에 해당할 때에는 원자력사업자에게 그 시정을 명할 수 있다.
  1. 방호요건을 위반한 사실이 있는 때
  2. 물리적방호를 위한 시설·설비 또는 그 운영체제가 총리령으로 정하는 기준에 미치지 못할 때
  3. 물리적방호규정을 위반하였을 때
  4. 방호비상계획에 따른 조치가 미흡한 때
  5. 정보시스템 보안규정을 위반하였을 때
  6. 물리적방호규정, 방호비상계획 및 정보시스템 보안규정의 보완이 필요할 때
  7. 물리적방호교육을 받지 아니하였을 때
  8. 물리적방호 훈련을 승인된 계획에 따라 실시하지 아니하였거나 이행계획에 따라 보완조치를 하지 아니하였을 때

대통령령(검사)

① 원자력사업자는 다음 각 호의 구분에 따라 위원회의 검사를 받아야 한다.

1. 최초검사: 핵물질, 방사성물질 또는 방사성폐기물을 원자력시설에 반입하기 전에 해당 원자력시설에 대한 방호에 관한 검사. 다만, 해당 시설 본래의 이용 목적이 아닌 비파괴검사 등을 위하여 방사성물질을 반입하는 경우는 제외한다.
2. 정기검사: 사업소 또는 부지별로 2년마다 해당 원자력시설등에 대한 방호에 관한 검사
3. 운반검사: 핵물질을 해당 사업소 외의 장소로부터 해당 사업소로 운반하거나 외국으로부터 국내에 반입하여 해당 사업소로 운반하고자 하는 해당 핵물질에 대한 방호에 관한 검사
4. 특별검사: 다음 각 목의 1에 해당하는 경우 당해 원자력시설등에 대한 물리적방호에 관

한 검사

가. 원자력시설등에 물리적방호와 관련한 사고가 발생한 경우

나. 물리적방호규정등에 대한 변경승인을 얻은 경우

② 위원회는 검사를 함에 있어서 국가정보원장의 요청이 있는 경우에는 보안 측정의 실시 또는 보안사고 조사와 연계하여 검사를 할 수 있다.

③ 제①항1호 또는 제③호에 따른 최초검사 또는 운반검사는 해당 물질의 반입 또는 운반개시 14일전까지 신청하여야 한다.

④ 위원회는 제①항2호 또는 제④호의 규정에 의한 검사를 하고자 할 때에는 검사자 명단·검사일정·검사내용 등이 포함된 검사계획을 검사개시 10일전까지 원자력사업자에게 통보하여야 한다.

⑤ 제①항 각 호의 규정에 의한 검사의 방법 등에 관한 세부사항은 위원회가 정한다.

총리령(물리적방호 시설·설비 등의 기준)

1. 법 제9조(물리적방호에 대한 원자력사업자의 책임)제1항 본문에 따라 승인받은 물리적방호 시설·설비 및 그 운영체제에 부합할 것
2. 영 제16조(원자력시설등의 방호요건)에 따른 방호요건에 부합할 것

12) 핵물질의 국제운송방호

① 「핵물질 및 원자력시설의 물리적 방호에 관한 협약」의 요건에 따라 국제 운송중인 핵물질이 방호될 것이라는 보장을 관련 국가로부터 받지 아니한 자는 핵물질을 수출하거나 수입할 수 없다.

② 핵물질을 국제운송하려는 원자력사업자 또는 핵물질의 국제운송을 위탁받은 자는 대통령령으로 정하는 바에 따라 핵물질의 국제운송에 대한 물리적방호를 위한 계획(이하 "국제운송방호계획"이라 한다)에 대하여 원자력안전위원회의 승인을 받아야 하며, 이를 변경하려는 경우에도 또한 같다. 다만, 총리령으로 정하는 경미한 사항을 변경하려는 경우에는 원자력안전위원회에 신고하여야 한다.

③ 국제운송방호계획의 작성에 관한 세부기준은 총리령으로 정한다.

총리령(방호계획 작성 세부기준)

1. 국제운송방호계획의 작성지침

가. 다음의 구분에 따른 운송구간에 대하여 국제운송방호계획을 작성할 것

1) 수출 목적으로 핵물질을 국제운송하려는 경우: 국내 항구 또는 공항에서 수입국의 영역에 진입하는 지점까지

2) 수입 목적으로 핵물질을 국제운송하려는 경우: 대한민국의 영역에 진입하는 지점부터 국내 항구 또는 공항까지
3) 핵물질을 실은 선박이나 항공기가 국내 항구 또는 공항에서 경유、환적(換積)하기 위하여 입항하려는 경우: 대한민국의 영역에 진입하는 지점부터 국내 항구 또는 공항까지

나. 양적(量的)으로 표현이 가능한 사항은 양적으로 기술할 것
다.「보안업무규정」 제2조제1호에 따른 비밀에 해당하는 사항은 별도로 분리하여 작성할 것

2. 국제운송방호계획의 작성내용
가. 운송 일반에 관한 사항
1) 조직 및 임무
2) 운송경로, 운송횟수 및 운송수단
3) 보고체계
4) 그 밖에 운송 일반에 관한 사항

나. 운송물에 관한 사항
1) 운송 핵물질
2) 운송 핵물질의 포장 및 적재
3) 그 밖에 운송물에 관한 사항

다. 운송 중인 핵물질의 물리적방호에 관한 사항
1) 방호조직 및 임무
2) 물리적방호 조치
3) 그 밖에 운송 중인 핵물질의 물리적방호에 관한 사항

라. 운송중인 핵물질의 방호비상계획에 관한 사항
1) 방호비상 대응조직 및 임무
2) 방호비상 대응조치
3) 방호비상 대응체계
4) 사보타주로 인한 방사선영향의 최소화방안
5) 분실、도난 핵물질의 위치추적 및 회수방안
6) 그 밖에 운송중인 핵물질의 방호비상계획에 관한 사항

3. 제2호의 항목별 세부작성기준은 원자력안전위원회가 정하여 고시한다.

---

13) 국제운송방호의 검사 등

① 국제운송방호계획의 승인을 받은 자(이하 "국제운송자"라 한다)는 핵물질의 국제운송

방호에 대하여 대통령령으로 정하는 바에 따라 원자력안전위원회의 검사를 받아야 한다.

② 원자력안전위원회는 제1항에 따른 검사 결과가 다음 각 호의 어느 하나에 해당할 때에는 검사를 받은 국제운송자에게 그 시정을 명할 수 있다.

1. 제8조제2항에 따른 방호 요건을 위반한 사실이 있을 때
2. 국제운송방호계획에 따른 조치가 미흡할 때
3. 국제운송방호계획의 보완이 필요할 때

대통령령(국제운송방호의 검사)

① 국제운송자가 핵물질의 국제운송방호에 대하여 검사를 받으려는 경우에는 다음 각 호의 구분에 따른 기한까지 총리령으로 정하는 바에 따라 국제운송방호 검사 신청서에 관계 서류를 첨부하여 원자력안전위원회에 제출해야 한다.

1. 수출 목적으로 핵물질을 국제운송하려는 경우: 국내 항구 또는 공항에서 출발하기 14일 전
2. 수입 목적으로 핵물질을 국제운송하려는 경우: 대한민국의 영역에 진입하기 14일 전
3. 핵물질을 실은 선박이나 항공기가 국내 항구 또는 공항에서 경유·환적하기 위하여 입항하려는 경우: 대한민국의 영역에 진입하기 14일 전

② 제1항에 따른 검사의 방법 등에 관한 세부 사항은 원자력안전위원회가 정하여 고시한다.

14) 기록과 비치

원자력사업자는 원자력시설등의 물리적방호에 관한 사항을 총리령으로 정하는 바에 따라 기록하여 그 사업소마다 갖추어 두어야 한다.

총리령(기록·비치하여야 할 사항)

기록·비치하여야 할 사항

기 록 사 항	기 록 시 기	보존기간
1. 방호구역에 출입하는 사람과 차량, 반입 또는 반출되는 물품의 검색 기록	검색한 때마다	10년
2. 방호구역에 대한 탐지 및 순찰 기록	탐지 및 순찰한 때마다	10년
3. 물리적방호 교육 및 훈련 실시 기록	교육 및 훈련을 실시한 때마다	10년
4. 물리적방호 시설·설비 등의 설치·점검 및 보수 기록	설치·점검 및 보수한 때마다	10년

5. 물리적방호 시설·설비의 설치에 관한 설계 기록	설계한 때마다	30년
6. 핵물질의 불법이전 및 원자력시설등의 위협에 대한 대응조치	대응조치한 때마다	30년
7. 원자력시설 컴퓨터 및 정보시스템에 물리적·전자적으로 접근하는 사람과 기기에 대한 접근 기록	접근한 때마다	10년
8. 원자력시설 컴퓨터 및 정보시스템의 설치·점검 및 보수 기록	설치·점검 및 보수한 때마다	10년
9. 원자력시설 컴퓨터 및 정보시스템에 대한 전자적 침해 행위 발생여부 점검 기록	점검한 때마다	10년
10. 원자력시설 컴퓨터 및 정보시스템에 대한 전자적 침해 행위 발생에 따른 대응조치에 관한 기록	대응조치한 때마다	30년

15) 비밀누설금지 등

직무에 종사하거나 종사하였던 방호협의회(지역방호협의회를 포함한다)의 위원, 공무원 또는 관련 종사자는 그 직무상 알게 된 물리적방호에 관한 비밀을 누설하거나 이 법의 시행을 위한 목적 외에 이를 이용하여서는 아니 된다.

16) 적용범위

이 장의 규정은 평화적 목적에 사용되는 국내의 원자력시설등과 대한민국으로부터 또는 대한민국으로 국제운송중인 핵물질에 적용한다.

4. 방사능 방재대책

1) 방사능재난 관리 및 대응체제

(1) 방사선비상의 종류

- 원자력시설등의 방사선비상의 종류는 사고의 정도와 그 상황에 따라 백색비상·청색비상 및 적색비상으로 구분한다.
- 방사선비상의 종류에 대한 기준, 각 종류별 대응절차 및 그 밖에 필요한 사항은 대통령령으로 정한다.

대통령령(방사선비상의 종류에 대한 기준 등)

방사선비상의 종류에 대한 기준

구 분	기준
백색비상	방사성물질의 밀봉상태의 손상 또는 원자력시설의 안전상태 유지를 위한 전원공급기능에 손상이 발생하거나 발생할 우려가 있는 등의 사고로서 방사성물질의 누출로 인한 방사선영향이 원자력시설의 건물내에 국한될 것으로 예상되는 비상사태
청색비상	백색비상에서 안전상태로의 복구기능의 저하로 원자력시설의 주요 안전기능에 손상이 발생하거나 발생할 우려가 있는 등의 사고로서 방사성물질의 누출로 인한 방사선영향이 원자력시설 부지내에 국한될 것으로 예상되는 비상사태
적색비상	노심의 손상 또는 용융 등으로 원자력시설의 최후방벽에 손상이 발생하거나 발생할 우려가 있는 사고로서 방사성물질의 누출로 인한 방사선영향이 원자력시설 부지 밖으로 미칠 것으로 예상되는 비상사태

(2) 국가방사능방재계획의 수립 등

- 위원회는 대통령령으로 정하는 바에 따라 방사선비상 및 방사능재난(이하 "방사능재난등"이라 한다) 업무에 관한 계획(이하 "국가방사능방재계획"이라 한다)을 수립하여 국무총리에게 제출하고, 국무총리는 이를 중앙안전대책위원회의 심의를 거쳐 확정한 후 관계중앙행정기관의 장에게 시달하여야 한다.
- 위원회는 확정된 국가방사능방재계획을 방사선비상계획구역의 전부 또는 일부를 관할하는 시·도지사, 시장·군수·구청장에게 통보하여야 한다.
- 위원회와 관계중앙행정기관의 장은 국가방사능방재계획 중 맡은 사항에 대하여 지정기관의 장에게 통보하여야 한다.

대통령령(국가방사능방재계획의 수립)

① 국가방사능방재계획은 5년마다 수립한다.
② 국가방사능방재계획은 국가안전관리기본계획과 연계하여 수립하되, 국가방사능방재계획에는 다음 각 호의 사항이 포함되어야 한다.
1. 방사선비상 및 방사능재난(이하 "방사능재난등"이라 한다) 업무의 정책목표 및 기본방향
2. 방사능재난등 업무의 추진과제
3. 방사능재난등 업무에 관한 투자계획
4. 위원회가 방사능재난등의 발생을 통보하여야 할 대상기관, 통보의 방법 및 절차
5. 그 밖에 방사능재난등 업무에 관하여 필요한 사항

(3) 지역방사능방재계획 등의 수립 등

- 방사선비상계획구역의 전부 또는 일부를 관할구역으로 하는 시·도지사 및 시장·군수·구청장은 통보받은 국가방사능방재계획에 따라 관할구역에 있는 지정기관의 방사능재난등 관리업무에 관한 계획을 종합하여 시·도 방사능방재계획 및 시·군·구 방사능방재계획(이하 "지역방사능방재계획"이라 한다)을 각각 수립한다.
- 지역방사능방재계획을 수립한 시·도지사 및 시장·군수·구청장은 이를 위원회에 제출하고 관할구역의 지정기관의 장에게 알려야 한다.
- 원자력안전위원회는 제2항에 따라 받은 지역방사능방재계획에 대하여 행정안전부장관에게 의견을 요청할 수 있다.
- 위원회는 받은 지역방사능방재계획이 방사능재난등의 대응·관리에 충분하지 아니하다고 인정할 때에는 해당 지방자체단체의 장에게 그 시정 또는 보완을 요구할 수 있다.

대통령령(지역방사능방재계획의 수립)

① 원자력안전위원회는 국가방사능방재계획 및 국가방사능방재집행계획을 기초로 지역방사능방재계획(이하 "지역방사능방재계획"이라 한다)의 수립지침을 작성하여 국가방사능방재집행계획과 함께 방사선비상계획구역의 전부 또는 일부를 관할하는 "시·도지사" 또는 시장·군수·구청장(자치구의 구청장을 말한다. 이하 같다)에게 통보하여야 한다.

② 방사선비상계획구역의 전부 또는 일부를 관할하는 시·도지사 또는 시장·군수·구청장은 지역방사능방재계획을 수립할 때에는 국가방사능방재계획, 국가방사능방재집행계획 및 제1항에 따라 통보받은 지역방사능방재계획의 수립지침에 따라야 한다.

③ 방사선비상계획구역의 전부 또는 일부를 관할하는 시·도지사 또는 시장·군수·구청장은「재난 및 안전관리 기본법 시행령」제29조제3항에 따른 시·도 안전관리계획 및 시·군·구안전관리계획의 수립시기에 맞추어 지역방사능방재계획을 수립하여야 한다.

④ 방사선비상계획구역의 전부 또는 일부를 관할하는 시·도지사 또는 시장·군수·구청장은 제3항에 따라 수립한 지역방사능방재계획을 지체 없이 원자력안전위원회에 제출하여야 한다.

(4) 원자력사업자의 방사선비상계획

- 원자력사업자는 원자력시설등에 방사능재난등이 발생할 경우에 대비하여 대통령령으로 정하는 바에 따라 방사선비상계획을 수립하여 원자력시설등의 사용을 시작하기 전

에 위원회의 승인을 받아야 하고, 이를 변경하려는 경우에도 또한 같다. 다만, 총리령으로 정하는 경미한 사항을 변경하려는 경우에는 이를 위원회에 신고하여야 한다.

- 원자력사업자는 방사선비상계획을 수립하거나 변경하려는 경우에는 미리 그 내용을 방사선비상계획구역의 전부 또는 일부를 관할하는 시·도지사, 시장·군수·구청장 및 지정기관의 장에게 알려야 한다. 이 경우 해당 시·도지사, 시장·군수·구청장 및 지정기관의 장은 해당 원자력사업자의 방사선비상계획에 대한 의견을 위원회에 제출할 수 있다. 다만, 총리령으로 정하는 경미한 사항을 변경하려는 경우에는 그러하지 아니하다.
- 위원회는 경미한 사항 변경 신고를 받은 경우 그 내용을 검토하여 규정에 적합하면 신고를 수리하여야 한다.
- 방사선비상계획의 수립에 관한 세부기준은 총리령으로 정한다.

대통령령(방사선비상계획의 승인신청)

① 원자력사업자는 다음 각 호의 사항을 포함한 방사선비상계획을 수립하고 이에 대한 승인신청서를 위원회에 제출하여야 한다.

1. 당해 원자력시설의 방사선비상계획구역에 관한 사항
2. 방사능재난등에 대비하기 위한 조직 및 임무에 관한 사항
3. 방사능재난대응시설 및 장비의 확보에 관한 사항
4. 당해 원자력시설을 고려한 방사선비상의 종류별 세부기준에 관한 사항
5. 사고 초기의 대응조치에 관한 사항
6. 방사능재난등의 대응활동에 관한 사항
7. 방사능재난등의 복구에 관한 사항
8. 방사능방재 교육 및 훈련에 관한 사항
9. 그 밖에 원자력시설등에 방사능재난등이 발생할 경우를 대비하기 위하여 원자력사업자가 필요하다고 인정하는 사항

② 원자력사업자는 규정에 의하여 방사선비상계획을 변경하고자 하는 경우에는 그 변경할 사항과 이유를 기재한 변경승인신청서를 위원회에 제출하여야 한다.

총리령(경미한 사항의 변경신고)

① "총리령으로 정하는 경미한 사항"이란 다음 각 호의 사항을 말한다.

1. 방사선비상계획의 승인을 받은 자의 성명 또는 주소(법인인 경우에는 그 명칭 및 주소와 대표자의 성명)
2. 사업소의 명칭 및 소재지

3. 방사선비상계획 수립에 관한 세부기준 중 제1호, 제2호 다목 · 라목, 제5호가목·나목, 제6호나목·다목·라목 및 제7호부터 제9호까지의 규정에 따른 기재사항

② 제①항에 따라 변경신고를 하려는 자는 해당 신고사유가 발생한 날부터 30일 이내에 별지 제11호서식(경미한사항 변경신고서)의 신고서에 다음 각 호의 서류를 첨부하여 원자력안전위원회에 제출하여야 한다.

1. 방사선비상계획 중 변경되기 전과 변경된 후의 비교표 2부
2. 방사선비상계획 승인서

총리령(방사선비상계획의 수립에 관한 세부기준)

1. 해당 원자력시설의 방사선비상계획구역에 관한 사항
   법 제20조의2(방사선비상계획구역 설정 등)제3항에 따라 원자력시설의 방사선비상계획구역에 대하여 위원회의 승인 또는 변경승인을 받은 사항
2. 방사능재난등에 대비하기 위한 조직 및 임무에 관한 사항
   가. 방사능재난등에 대비하기 위한 기구의 설치·운영
   나. 방사능재난등에 대비한 업무를 전담하기 위한 인원과 조직 및 임무
   다. 주제어실·비상기술지원실·비상운영지원실·비상대책실 등 비상대응시설을 운영하기 위한 인원과 조직 및 임무
   라. 그 밖의 방사능재난등에 대비하기 위한 조직과 임무에 관한 사항
3. 방사능재난대응시설 및 장비의 확보에 관한 사항
   가. 방사선 또는 방사능 감시시설
   나. 방사선 방호장비
   다. 방사능오염제거 시설 및 장비
   라. 방사성물질의 방출량 감시 및 평가시설
   마. 주제어실·비상기술지원실·비상운영지원실·비상대책실 등 비상대응시설
   바. 관련기관과의 비상통신 및 경보시설
   사. 비상전원설비
4. 해당 원자력시설을 고려한 방사선비상의 종류별 세부기준에 관한 사항
   가. 백색비상의 세부기준
   나. 청색비상의 세부기준
   다. 적색비상의 세부기준
5. 사고 초기의 대응조치에 관한 사항
   가. 사고 초기의 비상연락 및 비상소집에 관한 사항
   나. 방사선비상이 발생한 경우 위원회, 관할 특별시장·광역시장·특별자치시장·도지사·특별자치도지사(이하 "시·도지사"라 한다) 및 시장·군수·구청장에게 하는 최초 보고에 관한 사항
   다. 방사선사고 확대방지를 위한 응급조치 및 응급조치요원 등의 방사선피폭을 줄이기 위하

여 필요한 방사선방호조치에 관한 사항

6. 방사능재난등의 대응활동에 관한 사항
   가. 방사선비상의 종류별 대응조치
   나. 방사선비상이 발생한 경우 위원회 및 관할 시·도지사 및 시장·군수·구청장에게의 방사선비상의 진행상황 및 그에 대한 대응조치 등의 보고에 관한 사항
   다. 방사능재난등의 발생 시 비상통신체제
   라. 발생한 방사능재난등에 관한 정보의 공개
   마. 사고분석 및 방사선영향 평가
   바. 원자력사업자의 종업원 및 원자력시설 부지내의 방문자에 대한 보호조치
   사. 방사능오염의 제거
   아. 방사선 또는 방사능 감시
   자. 지역방사능방재대책본부의 장 및 지정기관의 장의 요청하는 경우 방재요원의 파견, 기술적 사항의 자문, 방사선측정장비 등의 대여 등 지원
   차. 방사능재난등으로 인해 부지에서 방사능에 오염되거나 방사선에 피폭된 사람과 원자력사업자의 종업원 중 방사능에 오염되거나 방사선에 피폭된 사람에 대한 방사선 응급조치
7. 방사능재난등의 복구에 관한 사항
8. 방사능방재 교육 및 훈련에 관한 사항
   방사능방재교육 및 훈련의 종류 및 방법 등
9. 그 밖에 원자력시설등에 방사능재난등이 발생할 경우를 대비하기 위하여 원자력사업자가 필요하다고 인정하는 사항

※ 방사선비상계획의 수립에 필요한 세부 기술적인 사항은 위원회가 정하여 고시한다.

---

(5) 방사선비상계획구역 설정 등

• 위원회는 원자력시설별로 방사선비상계획구역 설정의 기초가 되는 지역(이하 "기초지역"이라 한다)을 정하여 고시하여야 한다. 이 경우 원자력시설이 발전용원자로 및 관계시설인 경우에는 다음 각 호의 기준에 따라야 한다.

1. 예방적보호조치구역: 발전용원자로 및 관계시설이 설치된 지점으로부터 반지름 3킬로미터 이상 5킬로미터 이하
2. 긴급보호조치계획구역: 발전용원자로 및 관계시설이 설치된 지점으로부터 반지름 20킬로미터 이상 30킬로미터 이하

• 원자력사업자는 위원회가 고시한 기초지역을 기준으로 해당 기초지역을 관할하는 시·도지사와 협의를 거쳐 다음 각 호의 사항을 고려하여 방사선비상계획구역을 설정하여야 한다.

1. 인구분포, 도로망 및 지형 등 그 지역의 고유한 특성

2. 해당 원자력시설에서 방사선비상 또는 방사능재난이 발생할 경우 주민보호 등을 위한 비상대책의 실효성

- 원자력사업자가 방사선비상계획구역을 설정하려는 경우에는 위원회의 승인을 받아야 한다. 이를 변경 또는 해제하려는 경우에도 또한 같다.
- 원자력사업자는 설정된 방사선비상계획구역을 방사선비상계획의 수립에 반영하여야 한다.
- 협의 절차 등에 필요한 사항은 대통령령으로 정한다.

고시(방사선비상계획구역의 지역)

원자력시설별 방사선비상계획구역 기초지역

구 분		범 위	
		예방적보호조치구역	긴급보호조치계획구역
발전용원자로 및 관계시설		반경 3킬로미터 이상 5킬로미터 이하	반경 20킬로미터 이상 30킬로미터 이하
연구용원자로 및 관계시설	열출력 2메가와트 이상 10메가와트 미만	없음	반경 약 0.5킬로미터
	열출력 10메가와트 이상 50메가와트 미만	없음	반경 약 1.5킬로미터
	열출력 50메가와트 이상 100메가와트 미만	없음	반경 약 5킬로미터
사용후핵연료 저장·처분·처리 시설	시험 및 연구목적이 아닌 처리시설	개별 시설별로 평가하여 결정	반경 약 5킬로미터
	저장·처분시설	없음	반경 약 1.5킬로미터
	시험 및 연구목적의 처리시설	없음	부지 경계
그 밖의 원자력시설		없음	부지 경계

대통령령(방사선비상계획구역 협의 절차 등)

① 위원회는 원자력시설별로 방사선비상계획구역 설정의 기초가 되는 지역(이하 "기초지역"이라 한다)을 고시하는 경우 열출력 크기 등 원자력시설의 특성에 따라 구분하여 고시할 수 있다.

② 원자력사업자는 방사선비상계획구역을 설정하기 위하여 해당 기초지역을 관할하는 시·도지사와 협의하려는 경우에는 다음 각 호의 자료를 해당 시·도지사에게 제출하여야 한다.

1. 해당 원자력시설이 설치된 지점으로부터 해당 기초지역 최대 반지름까지의 인구분포
   가. 해당 원자력시설이 설치된 지점에서 정북방을 기준으로 16방위로 구분한 후 해당 원

자력시설이 설치된 지점으로부터 2킬로미터 단위로 분할한 각각의 구역별 인구 수 [해당 분할구역에 포함되는 행정구역(동·리를 말한다)별 인구 수를 합산하여 산정하되, 하나의 행정구역이 여러 분할구역에 포함되는 경우에는 분할구역별 면적 비율에 따라 인구 수를 산정한다]

나. 행정구역별 인구 수

2. 해당 원자력시설이 설치된 지점으로부터 해당 기초지역 최대 반지름 이내 지역의 행정구역 및 도로망, 산·하천 등의 지형이 표시된 상세 지도

3. 해당 원자력시설의 설치 목적 및 열출력 크기 등 시설 특성

③ 제②항에도 불구하고 해당 원자력시설의 기초지역 전부가 해당 원자력시설 부지에 포함되는 경우에는 원자력사업자는 해당 시·도지사에게 이를 증명할 수 있는 자료를 제출함으로써 제②항에 따른 자료 제출을 갈음할 수 있다.

④ 원자력사업자가 위원회에 방사선비상계획구역의 승인을 받으려는 경우에는 해당 시·도지사에게 제출한 자료와 협의 결과를 증명할 수 있는 자료를 위원회에 제출하여야 한다.

---

(6) 원자력사업자의 의무 등

- 원자력사업자는 방사능재난등의 예방, 그 확산 방지 및 수습을 위하여 다음 각 호의 조치를 하여야 한다. 다만, 대통령령으로 정하는 소규모 원자력사업자에게는 제2호 및 제6호의 규정을 적용하지 아니한다.

  1. 방사선비상이 발생한 경우 해당 방사선비상계획으로 정한 절차에 따라 위원회, 관할 시·도지사 및 시장·군수·구청장에게의 보고
  2. 방사능재난등에 대비하기 위한 기구의 설치·운영
  3. 발생한 방사능재난등에 관한 정보의 공개
  4. 방사선사고 확대방지를 위한 응급조치 및 응급조치요원 등의 방사선피폭을 줄이기 위하여 필요한 방사선방호조치
  5. 지역방사능방재대책본부의 장과 지정기관의 장의 요청이 있는 경우 방재요원의 파견, 기술적 사항의 자문, 방사선측정장비 등의 대여 등 지원
  6. 방사능재난등에 대비한 업무를 전담하기 위한 인원과 조직의 확보
  7. 그 밖에 방사능재난등의 대처에 필요하다고 인정하여 대통령령으로 정하는 사항

- 위 사항을 시행하기 위한 기술기준 등에 관하여 필요한 사항은 총리령으로 정한다.

대통령령(소규모 원자력사업자)

"대통령령이 정하는 소규모 원자력사업자"라 함은 다음 각 호의 원자력사업자를 말한다.

1. 2메가와트 이하의 연구용원자로 및 관계시설과 교육용원자로 및 그 관계시설의 건설 또는

운영허가를 받은 자
2. 천연우라늄의 정련사업의 허가를 받은 자 및 우라늄 235의 농축도가 5퍼센트 미만인 핵연료물질의 가공사업의 허가를 받은 자
3. 연구 또는 시험 목적으로 사용후핵연료처리사업의 지정을 받은 자
4. 다음 각 목의 1에 해당하는 핵연료물질의 사용 또는 소지허가를 받은 자
   가. 우라늄 235의 농축도가 5퍼센트 이상이고, 그 무게가 700그램 이하인 핵연료물질
   나. 우라늄 235의 농축도가 5퍼센트 이하이고, 그 무게가 1200그램 이하인 핵연료물질
5. 사용후핵연료의 저장·처리시설의 건설·운영허가를 받은 자를 제외한 방사성폐기물의 저장·처리·처분시설 및 그 부속시설의 건설·운영허가를 받은 자
6. 방사성동위원소의 생산허가등을 받은 원자력사업자로서 185 페타베크렐 이하의 방사성동위원소의 생산허가등을 받은 자

총리령(응급조치 등)

① 방사선사고 확대방지를 위한 응급조치 및 응급조치요원 등의 방사선피폭을 줄이기 위하여 필요한 방사선방호조치에 따라 방사선사고 확대 방지를 위한 응급조치를 하는 경우에는 방사선비상계획 및 사고 초기의 대응조치에 관한 사항에 따른 응급조치를 하여야 한다.

② 응급조치요원 등에 대하여 방사선방호조치를 하는 경우에는 다음 각 호의 기준에 따라야 한다.

1. 적절한 보호용구의 사용 및 방사선피폭시간의 단축 등을 통하여 응급조치요원 등이 위원회가 정하여 고시하는 기준 이상으로 방사선피폭이 되는 것을 을 방지할 것
2. 응급조치 전에 응급조치요원에게 응급조치의 목적, 예상되는 방사선피폭선량 및 잠재적 위험도 등 응급조치의 상황을 알리는 등 위원회가 정하여 고시하는 응급조치 절차를 준수할 것

대통령령(원자력사업자의 의무)

"대통령령이 정하는 사항"이라 함은 원자력시설의 부지내에서 방사능재난등으로 인하여 방사능에 오염되거나 방사선에 피폭된 자와 원자력사업자의 종업원 중 방사능에 오염되거나 방사선에 피폭된 자에 대한 응급조치를 말한다.

(7) 방사능사고의 신고 등

- 누구든지 원자력시설 외의 장소에서 방사성물질 운반차량·선박 등의 화재·사고 또는 방사성물질이나 방사성물질로 의심되는 물질을 발견한 때에는 지체 없이 위원회, 지방자치단체, 소방관서, 경찰관서 또는 인근 군부대 등에 신고하여야 한다.

- 신고를 받은 위원회 외의 기관장은 지체 없이 이를 위원회에 보고하여야 한다.
- 신고 또는 보고를 한 경우에는 재난 및 안전관리기본법 규정에 따른 신고 또는 통보를 각각 마친 것으로 본다.

(8) 긴급조치

- 원위원회는 방사능사고 및 방사능오염확산 또는 그 가능성으로부터 국민의 생명과 건강 또는 환경을 보호하기 위하여 긴급한 조치가 필요하다고 인정하는 경우에는 방사능오염원의 제거, 방사능오염의 확산방지 등을 위하여 필요한 조치를 취할 수 있다.
- 위원회는 중앙행정기관, 지정기관 및 관련 법인·개인에게 긴급조치를 위하여 필요한 사항을 요청하거나 명할 수 있다.
- 위원회로부터 요청 또는 요구를 받은 자는 특별한 사유가 없으면 이에 따라야 한다.
- 긴급조치를 수행하는 자는 그 권한을 나타내는 증표를 지니고 이를 관계인에게 보여주어야 한다.
- 위원회는 긴급조치를 수행하는 자의 업무를 필요한 범위로 한정하여 함부로 타인의 권리를 제한하거나 정당한 업무를 방해하여서는 아니 된다.

(9) 방사능재난의 선포 및 보고

- 위원회는 다음 각 호의 어느 하나에 해당하는 방사능재난이 발생하였을 때에는 지체 없이 방사능재난이 발생한 것을 선포하여야 한다.
  1. 측정 또는 평가한 피폭방사선량이 <u>대통령령으로 정하는 기준 이상인 경우</u>
  2. 측정한 공간방사선량률 또는 오염도가 <u>대통령령으로 정하는 기준 이상인 경우</u>
  3. 그 밖에 위원회가 방사능재난의 발생을 선포할 필요가 있다고 인정하는 경우
- 위원회는 방사능재난의 발생을 선포한 경우에는 지체 없이 국무총리를 거쳐 대통령에게 다음 각 호의 사항을 보고하여야 한다.
  1. 방사능재난 상황의 개요
  2. 방사능재난 긴급대응조치를 실시하여야 하는 구역
  3. 방사능재난에 대한 긴급대응 조치사항

대통령령(방사능재난 발생의 선포기준)

① "대통령령이 정하는 기준 이상인 경우"라 함은 원자력시설 부지 경계에서 측정 또는 평가한 피폭방사선량이 다음 각 호의 어느 하나에 해당하는 경우를 말한다.

1. 전신선량을 기준으로 시간당 10 밀리시버트 이상인 경우
2. 갑상선선량을 기준으로 시간당 50 밀리시버트 이상인 경우

② "대통령령이 정하는 기준 이상인 경우"라 함은 원자력시설 부지 경계에서 측정한 공간방사선량률이 시간당 1 렌트겐 이상인 경우 또는 오염도가 시간당 1 렌트겐 이상에 상당하는 경우를 말한다.

(10) 방사능재난의 발생 통보

- 위원회는 방사선비상 보고를 받거나 방사능재난 발생을 선포한 경우에는 국가방사능방재 계획에 따라 이를 관련기관에 지체 없이 통보하여야 한다.
- 위원회는 방사능재난의 발생을 선포한 경우에는 대통령령으로 정하는 바에 따라 관할 시·도지사 및 시장·군수·구청장으로 하여금 방사선영향을 받거나 받을 우려가 있는 지역의 주민에게 즉시 방사능재난의 발생상황을 알리게 하고 필요한 대응을 하게 하여야 한다.

대통령령(방사능재난 발생통보 및 대응)

① 위원회는 관할 시·도지사 및 시장·군수·구청장으로 하여금 방사선영향을 받거나 받을 우려가 있는 지역안의 주민에게 다음 각 호의 사항을 알리도록 하여야 한다.
  1. 원자력시설등의 사고 상태 등 방사능재난 상황의 개요
  2. 방사능재난 긴급대응조치를 실시하여야 하는 구역

② 관할 시·도지사 및 시장·군수·구청장이 하여야 하는 필요한 대응은 다음 각 호와 같다.
  1. 방사능재난의 피해를 방지하기 위한 주민행동요령의 전파
  2. 법 제29조(현장지휘센터의 장의 권한)제1항제3호(대피·소개·음식물 섭취제한·갑상선 방호약품 배포 등 긴급 주민보호조치의 결정) 및 제4호(방사능재난등이 발생한 지역의 식료품과 음료품, 농·축·수산물의 반출 또는 소비 통제 등의 결정)의 규정에 의하여 결정된 사항의 시행

(11) 중앙방사능방재대책본부의 설치

- 위원회는 방사능방재에 관한 긴급대응조치를 하기 위하여 그 소속으로 중앙방사능방재대책본부(이하 "중앙본부"이라 한다)를 설치하여야 한다.
- 중앙본부장은 위원회 위원장이 되며, 중앙본부의 위원은 재정경제부차관, 교육부차관, 과학기술정보통신부차관, 외교부차관, 국방부차관, 행정안전부차관, 농림축산식품부차관, 산업통상부차관, 보건복지부차관, 기후에너지환경부차관, 국토교통부차관, 해양수산부차관, 기획예산처차관, 국무조정실 차장, 식품의약품안전처장, 경찰청장, 소방청장, 기상청장, 해양경찰청장, 행정안전부의 재난안전관리사무를 담당하는 본부장과 대

통령령으로 정하는 중앙행정기관의 공무원 또는 관련 기관·단체의 장이 된다.

- 위 조항에도 불구하고「재난 및 안전관리 기본법」제14조제4항에 따라 국무총리가 중앙대책본부장의 권한을 행사하는 경우에는 중앙본부장은 국무총리가 되고, 중앙본부의 위원은 원자력안전위원회 위원장과 제2항에 따른 위원이 소속된 중앙행정기관 및 기관、단체의 장이 된다.
- 중앙본부에 간사 1명을 두되, 위원회 소속공무원 중에서 중앙본부장이 지명하는 사람이 된다.
- 중앙본부의 운영 등에 관하여 필요한 사항은 대통령령으로 정한다.

대통령령(중앙본부의 구성)

"대통령령이 정하는 중앙행정기관의 공무원 또는 관련 기관·단체의 장"이라 함은 다음 각호의 자를 말한다.

1. 한국원자력안전기술원의 장
2. 한국원자력의학원의 장
3. 그 밖에 중앙방사능방재대책본부의 장이 방사능방재에 관한 긴급대응조치를 하기 위하여 필요하다고 인정하여 위촉하는 관련 기관·단체의 장

대통령령(중앙본부의 운영)

① 중앙본부의 장(이하 "중앙본부장"이라 한다)은 중앙본부를 대표하고, 그 업무를 총괄한다.
② 중앙본부장은 방사능방재에 관한 긴급대응조치를 하기 위하여 필요하다고 인정할 때에는 중앙본부의 위원이 참여하는 회의를 소집할 수 있다.
③ 다음 각호의 사항에 관하여는 제②항의 규정에 의한 중앙본부의 회의의 의결을 거쳐야 한다.

1. 방사능재난이 발생한 지역에 대한 긴급 조치사항
2. 주민보호를 위한 긴급 지원 사항
3. 그 밖에 중앙본부장이 방사능방재에 관한 긴급대응조치를 하기 위하여 필요하다고 인정하여 부의하는 사항

(12) 중앙본부장의 권한

- 중앙본부장은 방사능재난을 효율적으로 수습하기 위하여 다음 각 호의 권한을 가진다.

1. 현장방사능방재지휘센터의 장에 대한 지휘
2. 방사능방호기술지원본부 및 방사선비상의료지원본부의 장에 대한 지휘
3. 재난 및 안전관리기본법 제15조(중앙대책본부장의 권한 등)의 규정에 따른 중앙본부장의 권한

4. 그 밖에 방사능재난의 수습을 위하여 대통령령으로 정하는 권한

(13) 지역방사능방재대책본부의 설치

- 방사선비상계획구역의 전부 또는 일부를 관할구역으로 하는 시·도지사 및 시장·군수·구청장은 방사선비상의 보고를 받거나 방사능재난의 발생을 통보받은 경우에는 지역본부를 각각 설치하여야 한다.
- 지역본부장은 각각 시·도지사 또는 시장·군수·구청장이 된다.
- 지역본부의 구성·운영 등에 관하여 필요한 사항은 대통령령으로 정한다.

대통령령(지역본부의 구성 및 운영 등)

① 지역본부의 본부장을 보좌하기 위하여 부본부장 2인을 두되, 부본부장은 부단체장[시·도의 경우 행정부시장(특별시의 경우에는 행정(2)부시장을 말한다)·행정부지사를 말한다]과 지역본부장이 위촉하는 지정기관의 장이 된다.
② 지역본부에 본부원을 두되, 본부원은 당해 지방자치단체 소속공무원 중에서 지역본부장이 지명하는 자와 지정기관으로부터 파견된 자가 된다.
③ 지역본부장은 방사선비상의 종류별로 지역본부의 구성방법을 미리 정하여야 한다.
④ 지역본부장은 재난의 수습에 필요한 기능별로 실무반을 설치·운영할 수 있다.
⑤ 이 영에서 규정한 것 외에 지역본부의 구성 및 운영에 관하여 필요한 사항은 당해 지역의 지역본부장이 정한다.

(14) 현장방사능방재지휘센터의 설치

- 위원회는 방사능재난등의 신속한 지휘 및 상황 관리, 재난정보의 수집과 통보를 위하여 발전용원자로나 그 밖에 대통령령으로 정하는 원자력시설이 있는 인접지역에 현장지휘센터를 설치하여야 한다.
- 현장지휘센터의 장은 위원회 소속 공무원 중에서 위원회가 지명하며, 현장지휘센터에는 대통령령으로 정하는 중앙행정기관, 지방자치단체 및 지정기관의 공무원 또는 임직원을 파견한다.
- 현장지휘센터에는 다음 각 호의 기관을 설치、운영한다. 다만, 현장지휘센터가 운영되기 전까지는 원자력안전위원회에 제1호의 연합정보센터를 설치、운영한다.

1. 방사능재난등의 정보를 정확하고 통일적으로 제공하기 위한 연합정보센터
2. 환경 방사선 및 방사능 감시를 위한 합동방사선감시센터
3. 현장 방사선 비상진료 활동을 위한 합동방사선비상진료센터

• 현장지휘센터와 연합정보센터, 합동방사선감시센터 및 합동방사선비상진료센터의 구성·운영 등에 필요한 사항은 대통령령으로 정한다.

대통령령(현장지휘센터의 구성 및 운영)

① "대통령령으로 정하는 원자력시설"이라 함은 다음 각 호의 시설을 말한다.
  1. 연구용원자로 중 열출력 2메가와트 이상인 연구용원자로 및 그 관계시설
  2. 방사성폐기물의 저장·처리·처분시설 중 사용후핵연료 저장·처리시설 및 그 부속시설
② "대통령령으로 정하는 중앙행정기관과 지방자치단체 및 지정기관"이라 함은 다음 각 호의 기관을 말한다.
  1. 과학기술정보통신부
  2. 교육부
  3. 국방부
  4. 행정안전부
  5. 문화체육관광부
  6. 산업통상부
  7. 보건복지부
  7의2. 기후에너지환경부
  8. 성평등가족부
  9. 국토교통부
  10. 해양수산부
  11. 식품의약품안전처
  12. 소방청
  13. 원자력안전위원회
  14 방사선비상계획구역의 전부 또는 일부를 관할구역으로 하는 시·도
  15. 방사선비상계획구역의 전부 또는 일부를 관할구역으로 하는 시·군·구
  16. 지정기관
③ 현장지휘센터의 장은 방사능재난등의 신속한 지휘 및 상황관리, 재난정보의 신속한 수집과 통보를 위하여 기능별로 실무반을 설치·운영할 수 있다.
④ 제1항부터 제3항까지에서 규정한 사항 외에 현장지휘센터의 구성과 운영에 필요한 세부 사항은 원자력안전위원회가 정한다.

(15) 현장지휘센터의 장의 권한

• 현장지휘센터의 장은 방사능재난등의 수습에 관하여 다음 각 호의 권한을 가진다.
 1. 방사능재난등에 관하여 시·군·구 방사능방재대책본부의 장에 대한 지휘
 2. 중앙행정기관, 지방자치단체 및 지정기관에서 파견된 관계관에 대한 임무 부여

3. 대피·소개·음식물 섭취 제한·갑상샘 방호약품 배포 등 긴급 주민보호조치의 결정
4. 방사능재난등이 발생한 지역의 식료품과 음료품, 농·축·수산물의 반출 또는 소비 통제 등의 결정
5. 재난 및 안전관리기본법 규정에 따른 권한사항에 대한 결정
6. 재난 및 안전관리기본법 규정에 따른 회전익항공기의 운항결정
7. 재난 및 안전관리기본법 규정에 따른 방사능재난 현장에서의 긴급구조통제단의 긴급구조활동에 필요한 방사선방호 조치

- 현장지휘센터에 파견되어 방재활동에 임하는 관계관은 현장지휘센터의 장의 지휘에 따른다. 다만, 방사능재난 현장에서의 긴급구조활동을 하는 사람은 재난 및 안전관리기본법의 규정에 따라 현장지휘를 하는 각급 통제단장의 지휘에 따라야 한다.
- 위 항 제3호·제4호 및 제7호의 조치에 대한 기술기준과 현장지휘에 관한 세부사항은 총리령으로 정한다.

총리령(긴급 주민보호조치의 결정기준등)

긴급 주민보호조치의 결정기준

1. 대피·소개 및 갑상선 방호 약품 배포·복용지시 등의 결정기준

긴급 주민보호조치	결정기준
대피	10mSv
소개	50mSv
갑상선 방호약품 배포·복용지시	100mGy
일시이주	30mSv/처음 1개월, 10mSv/그 다음 1개월
영구정착	1Sv/평생

비 고

1) 결정기준은 유효선량(인체 각 조직간 선량분포에 따른 위험정도를 하나의 양으로 나타내기 위하여 각 조직의 등가선량에 해당 조직의 가중치를 곱하여 이를 모든 조직에 대해 합산한 양을 말 한다)을 기준으로 한다.
2) 대피는 2일을 초과할 수 없다. 3) 소개는 1주일을 초과할 수 없다. 4) 1개월은 30일을 기준으로 한다.
5) 평생은 70년을 기준으로 한다.

2. 음식물 섭취제한 기준

구 분			육류·어류·곡물 (Bq/kg)	야채·과일 (Bq/kg)	물·우유 (Bq/ℓ)	유아식품 (Bq/kg)
방사성 핵종	1군	Cs-134, Cs-137, Ru-103, Ru-106, Sr-89	2,000	1,000	200	100
	2군	I-131, Sr-90	1,000	500	100	10
	3군	U-235, U-238	100	100	20	10
	4군	Am-241, Pu-238, Pu-239, Pu-240, Pu-242	10	10	10	1
	5군	H-3			100 kBq/ℓ	

(16) 합동방재대책협의회

- 현장지휘센터의 장이 제29조(현장지휘센터의 장의 권한)제1항제3호·제4호 및 제5호에 대한 사항을 결정하려면 관계 중앙행정기관, 지방자치단체 및 지정기관의 관계관으로 구성된 합동협의회의 의견을 들어 결정하여야 한다. 이 경우 지역본부장은 결정사항을 시행하여야 한다.
- 합동협의회의 구성·운영 등에 필요한 사항은 대통령령으로 정한다.

대통령령(합동방재대책협의회)

합동방재대책협의회의 장은 현장지휘센터의 장이 되며, 위원은 현장지휘센터에 파견된 공무원 또는 임직원 중에서 각 분야별로 현장지휘센터의 장이 지명한 자가 된다.

(17) 문책 등

- 현장지휘센터의 장은 지휘에 따르지 아니하거나 부과된 임무를 게을리한 관계관의 명단을 그 소속기관의장에게 통보할 수 있다.
- 통보받은 소속기관의 장은 관계관의 문책 등 적절한 조치를 취하여야 한다.

(18) 방사능방재 기술지원 등

- 방사능재난이 발생하였을 때에 방사능재난의 수습에 필요한 기술적 사항을 지원하기 위하여 한국원자력안전기술원법에 따른 한국원자력안전기술원의 장 소속으로 방사능방호기술지원본부(이하: "기술지원본부"라 한다)를 둔다.
- 방사능재난으로 인하여 발생한 방사선 상해자 또는 상해 우려자에 대한 의료상의 조치를 위하여 한국원자력의학원의 장 소속으로 방사선비상의료지원본부(이하 "의료지원본부"라 한다)를 둔다.
- 합동방제대책협의회 결정사항의 시행에 필요한 지원을 하기 위하여 행정안전부장관 소속으로 주민보호지원본부를 둔다. 이 경우 주민보호지원본부의 구성、운영에 필요한 사항은 대통령령으로 정한다.
- 원자력안전기술원의 장은 방사능재난등이 발생할 경우에 대비하여 방사능영향평가 등에 필요한 정보시스템을 구축·운영하여야 한다.
- 기술지원본부와 의료지원본부의 구성·운영 및 정보시스템의 구축·운영 등에 필요한 사항은 총리령으로 정한다.

대통령령(주민보호지원본부의 구성 및 운영)

① 법 제32조(방사능 방재 기술 지원)제3항 전단에 따른 주민보호지원본부(이하 "주민보호지원본부"라 한다)의 장은 행정안전부 소속 공무원 중에서 행정안전부장관이 지명한다.
② 주민보호지원본부의 장은 법 제30조제1항 후단에 따른 결정사항의 시행에 필요한 지원(이하 "주민보호지원"이라 한다) 업무를 총괄、조정한다.
③ 주민보호지원본부의 장은 주민보호지원 업무에 필요하다고 인정하는 경우에는 지정기관의 장과 「재난 및 안전관리 기본법」에 따른 재난관리책임기관의 장에게 그 소속 직원의 파견이나 그 밖에 주민보호지원에 필요한 사항을 요청할 수 있다.
④ 주민보호지원본부의 장은 주민보호지원 업무를 효율적으로 수행하기 위하여 기능별로 실무반을 설치、운영할 수 있다.

⑤ 제1항부터 제4항까지에서 규정한 사항 외에 주민보호지원본부의 구성과 운영에 필요한 세부 사항은 행정안전부장관이 정한다.

총리령(방사능방호기술지원본부의 구성 및 운영)

① 기술지원본부장은 한국원자력안전기술원의 원장이 되고, 기술지원본부의 본부원은 방사능방재에 관하여 학식과 경험이 있는 사람 중에서 기술지원본부의 장이 지명하거나 위촉하는 사람이 된다.
② 기술지원본부의 장은 방사능재난의 수습에 필요한 기술적 지원업무를 총괄·조정한다.
③ 기술지원본부의 장은 현장방사능방재기술지원단을 구성하여 방사능재난등이 발생한 지역에 파견할 수 있다.
④ 제①항부터 제③항까지에서 규정한 것 외에 기술지원 본부 및 현장방사능방재기술지원단의 구성 및 운영에 필요한 사항은 기술지원본부의 장이 정한다.

총리령(방사선비상의료지원본부의 구성 및 운영)

① 의료지원본부장의 장은 한국원자력의학원의 원장이 되고, 의료지원본부의 본부원은 방사선비상의료에 관하여 학식과 경험이 있는 사람 중에서 의료지원본부의 장이 지명하거나 위촉하는 사람이 된다.
② 의료지원본부의 장은 방사선비상의료지원업무를 총괄·조정한다.
③ 의료지원본부의 장은 현장방사선비상의료지원반을 구성하여 방사능재난등이 발생한 지역에 파견할수 있다.
④ 제①항부터 제③항까지에서 규정한 것 외에 의료지원본부 및 현장방사선비상의료지원반의 구성 및 운영에 필요한 사항은 의료지원본부의 장이 정한다.

(19) 방사능재난상황의 해제

- 중앙본부장은 방사능재난이 수습되면 기술지원본부의 장의 의견을 들어 방사능재난상황을 해제할 수 있다.
- 방사능재난상황을 해제하였으면 중앙본부장 및 지역본부장은 중앙본부 및 지역본부를 해체한다.

(20) 민방위기본계획 등과의 관계

- 이 법에 따른 국가방사능방재계획, 시·도 방사능방재계획 또는 시·군·구 방사능방재계획은 각각 민방위기본법 규정에 따른 기본계획, 시·도 계획 또는 시·군·구 계획 중방사능재난 분야의 계획으로 본다.

- 이 법에 따른 국가방사능방재계획, 시·도 방사능방재계획 또는 시·군·구 방사능방재계획은 각각 재난 및 안전관리기본법 규정에 국가안전관리기본계획, 시·도 안전관리계획 또는 시·군·구 안전관리계획 중 방사능재난 분야의 계획으로 본다.
- 이 법에 따른 중앙본부는 재난 및 안전관리기본법 규정에 따른 중앙재난안전대책본부, 지역본부는 지역재난안전대책본부로 본다.

2) 방사능재난 대비태세의 유지

(1) 방사능재난 대응시설 등

- 원자력사업자는 다음 각 호에 해당하는 시설 및 장비를 확보하여야 한다. 다만, 대통령령으로 정하는 소규모 원자력사업자에게는 제4호 및 제5호의 규정을 적용하지 아니한다.

  1. 방사선 또는 방사능 감시시설
  2. 방사선 방호장비
  3. 방사능오염제거 시설 및 장비
  4. 방사성물질의 방출량 감시 및 평가시설
  5. 주제어실, 비상기술지원실, 비상운영지원실, 비상대책실 등 비상대응시설
  6. 관련 기관과의 비상통신 및 경보시설
  7. 그 밖에 방사능재난의 대치에 필요하다고 인정하여 위원회가 정하는 시설

- 위 항에 따른 시설·장비의 기준에 관하여 필요한 사항은 총리령으로 정한다.

총리령

방사능재난대응시설 및 장비의 기준

구 분	기 준
방사선 또는 방사능 감시시설	방사선누출 또는 방사능오염여부를 주기적으로 확인하고, 방사선누출 또는 방사능오염발생시 경보기능을 할 수 있을 것
방사선 방호장비	방재요원의 안전한 활동을 위한 방사선 측정장비, 방사선 방호장비는 충분한 여분을 확보할 것
방사능오염제거 시설 및 장비	방사능재난등 발생시 방사능오염의 측정 및 제거를 할 수 있는 시설 및 장비를 확보할 것
방사선물질의 방출량감시 및 평가시설	방사성물질의 외부 방출량을 산정하고, 그 영향을 지속적으로 평가할 수 있는 실험실을 갖출 것
주제어실·비상기술지원실·비상운영지원실·비상대책실 등 비상대응시설	1. 주제어실은 부지 내·외에 초기 비상통보, 방사선사고 확대방지를 위한 응급조치를 할 수 있을 것 2. 비상기술지원실은 주제어실 요원이 방사선사고 확대방지를 위한 응급조치와 직접 관련이 없는 업무로부터 벗어나도록 지원하고, 적절한 기술적 행정적 지원을 제공할 수 있을 것

구 분	기 준
	3. 비상운영지원실은 응급보수요원들이 대기할 수 있도록 하고, 주제어실·비상기술지원실·비상대책실요원과의 협조체제를 구축하며, 비상대응활동을 지원할 수 있을 것 4. 비상대책실은 방사능재난등 발생시 비상대응활동을 종합·조정할 수 있을 것 5. 주제어실·비상기술지원실·비상운영지원실·비상대책실 등은 방사선피폭을 최소화하기 위한 설비를 갖출 것 6. 비상대응시설은 각각의 기능수행에 적합한 공간 등을 확보하고, 운영에 필요한 기기를 갖출 것 7. 비상대응시설은 방사능오염에 대비하여 소개방안을 마련하고 예비시설을 지정할 것.
관련기관과의 비상통신 및 경보시설	1. 위원회, 방사선비상계획구역의 전부 또는 일부를 관할구역으로 하는 지방자치단체, 영 제7조(위협평가 및 물리적방호체제의 수립)제4항의 규정에 의한 지정기관과 비상통신을 할 수 있는 시설을 갖출 것 2. 방사능재난등 발생시 원자력시설내의 모든 사람들에게 방사능재난등의 발생사실을 알릴 수 있는 경보시설을 설치할 것 3. 법 제2조(정의)제9호가목에 따른 예방적보호조치구역에 거주하는 주민에게 방사능재난등의 발생 사실을 알릴 수 있는 경보시설을 설치할 것

(2) 방사능 방재 교육

- 원자력사업자의 종업원, 방사선비상계획구역의 전부 또는 일부를 관할하는 시·도지사 및 시장·군수·구청장이 지정한 방사능방재요원, 1차 및 2차 방사선비상진료기관의 장이 지정한 방사선비상진료요원 및 위원회가 정하여 고시하는 단체 또는 기관의 직원은 대통령령으로 정하는 바에 따라 위원회가 실시하는 방사능방재에 관한 교육을 받아야 한다.
- 위원회는 교육을 담당할 교육기관을 지정할 수 있다.
- 방사능방재요원 및 방사선비상진료요원의 지정에 관하여 필요한 사항은 대통령령으로 정한다.

대통령령(방사능방재요원의 지정등)

① 방사선비상계획구역의 전부 또는 일부를 관할구역으로 하는 시·도지사 및 시장·군수·구청장 또는 1차 및 2차 방사선비상진료기관의 장은 방사능방재요원 또는 방사선비상진료요원을 지정한 때에는 그 명단을 위원회에 제출하여야 한다. 그 요원을 변경한 때에도 또한 같다.
② 방사선비상계획구역의 전부 또는 일부를 관할구역으로 하는 시·도지사 및 시장·군수·구청장은 소속 공무원 중에서 방사능방재활동에 필요한 전문지식을 가진 자를 방사능방재요원으로 우선적으로 지정하여야 한다.

대통령령(방사능방재교육)

① 방사능방재에 관한 교육은 신규교육과 보수교육으로 구분한다.

② 위원회는 교육을 실시하는 경우 화재진압, 긴급구조, 방사능재난관리, 방사선비상진료 및 주민보호 등 교육대상자의 담당 직무별로 실시하여야 한다.

③ 제①항 및 제②항에 따른 교육내용·방법 등에 관하여 필요한 사항은 총리령으로 정한다.

총리령

방사능방재교육의 교육시간 및 교육내용

1. 교육시간

<table>
<tr><th colspan="2" rowspan="2">교 육 대 상</th><th colspan="2">교 육 시 간</th></tr>
<tr><th>신규교육</th><th>보수교육</th></tr>
<tr><td rowspan="2">원자력사업자의 종업원</td><td>방사능방재업무를 담당하는 종업원</td><td>방사능방재업무를 담당하는 종업원으로 임용된 날부터 6개월 이내에 18시간 이상</td><td>매년 8시간 이상(3회 이상 보수교육을 이수한 경우에는 매년 2시간 이상)</td></tr>
<tr><td>방사능방재업무를 담당하지 아니하는 종업원</td><td>종업원으로 임용된 날부터 6개월 이내에 4시간 이상</td><td>3년마다 2시간 이상</td></tr>
<tr><td colspan="2">방사선비상계획구역의 전부 또는 일부를 관할구역으로 하는 시·도지사 및 시장·군수·구청장이 지정한 방사능방재요원</td><td>방사능방재요원으로 지정된 날부터 6개월 이내에 18시간 이상</td><td>매년 8시간 이상</td></tr>
<tr><td colspan="2">1차 및 2차 방사선비상진료기관의 장이 지정한 방사선비상진료요원</td><td>방사선비상진료요원으로 지정된 날부터 6개월 이내에 18시간 이상</td><td>매년 8시간 이상</td></tr>
<tr><td rowspan="2">위원회가 정하여 고시하는 단체 또는 기관의 직원</td><td>방사능방재업무를 담당하는 직원</td><td>방사능방재업무를 담당하는 직원으로 임용된 날부터 6개월 이내에 8시간 이상</td><td>매년 4시간 이상(3회 이상 보수교육을 이수한 경우에는 매년 2시간 이상)</td></tr>
<tr><td>방사능방재업무를 담당하지 아니하는 직원</td><td>직원으로 임용된 날부터 6개월 이내에 2시간 이상</td><td>3년마다 2시간 이상</td></tr>
</table>

2. 교육내용

<table>
<tr><th colspan="2">교 육 대 상</th><th>교 육 내 용</th></tr>
<tr><td>원자력사업자의 종업원</td><td>방사능방재업무를 담당하는 종업원</td><td>방사능방재에 관한 법령
방사능방재에 관한 일반사항
방사선사고 확대방지를 위한 응급조치에 관한 사항</td></tr>
</table>

<table>
<tr><td rowspan="2"></td><td></td><td>사고분석 및 평가에 관한 사항
방사선측정 및 방사능감시에 관한 사항
방사선방호조치에 관한 사항
화재진압에 관한 사항
긴급구조에 관한 사항</td></tr>
<tr><td>방사능 방재업무를 담당하지 아니하는 종업원</td><td>방사능방재에 관한 법령
방사능방재에 관한 일반사항</td></tr>
<tr><td colspan="2">방사선비상계획구역의 전부 또는 일부를 관할 구역으로 하는 시·도지사 및 시장·군수·구청장이 지정한 방사능방재요원</td><td>방사능방재에 관한 법령
방사능방재에 관한 일반사항
방사능재난관리에 관한 사항
방사선측정 및 방사능감시에 관한 사항
방사선방호조치에 관한 사항
주민보호에 관한 사항</td></tr>
<tr><td colspan="2">1차 및 2차 방사선비상진료기관의 장이 지정한 방사선비상진료요원</td><td>방사능방재에 관한 법령
방사능방재에 관한 일반사항
방사선방호조치에 관한 사항
방사선비상진료에 관한 사항</td></tr>
<tr><td rowspan="2">위원회가 정하여 고시하는 단체 또는 기관의 직원</td><td>방사능방재업무를 담당하는 직원</td><td>방사능방재에 관한 법령
방사능방재에 관한 일반사항
방사능재난관리에 관한 사항
방사선방호조치에 관한 사항
주민보호에 관한 사항</td></tr>
<tr><td>방사능방재업무를 담당하지 아니하는 직원</td><td>방사능방재에 관한 법령
방사능방재에 관한 일반사항</td></tr>
</table>

(3) 방사능 방재훈련

- 위원회는 매년 대통령령으로 정하는 바에 따라 관계중앙행정기관이 함께 참여하는 방사능방재훈련을 실시하여야 한다.
- 방사선비상계획구역의 전부 또는 일부를 관할구역으로 하는 시·도지사 및 시장·군수·구청장은 대통령령으로 정하는 바에 따라 방사능방재훈련을 실시하여야 한다.
- 원자력사업자는 총리령으로 정하는 바에 따라 방사능방재훈련계획을 수립하여 위원회의 승인을 얻어 시행하여야 한다.
- 방사선비상계획구역의 전부 또는 일부를 관할하는 시·도지사 및 시장·군수·구청장은 대통령이 규정하는 방사능방재훈련을 실시하고, 원자력사업자는 위원회가 승인한 방사능방재훈련을 실시한 후 그 결과를 위원회에 보고하여야 한다.

- 위원회는 제2항(대통령령 규정) 및 제3항(위원회 승인)에 따라 실시하는 방사능방재훈련에 대하여 평가할 수 있다. 이 경우 제2항에 따른 방사능방재훈련에 대하여 평가할 때에는 대통령령으로 정하는 바에 따라 행정안전부장관과 합동으로 평가를 실시하여야 한다.
- 원자력안전위원회는 제1항에 따른 방사능방재훈련의 결과 및 제5항에 따른 평가 결과 필요하다고 인정하면 해당 시、도지사, 시장、군수、구청장 및 지정기관의 장과 원자력사업자에게 방사능방재계획의 보완 등 필요한 조치를 요구하거나 명할 수 있다. 이 경우 요구 또는 명령을 받은 시、도지사 등은 이를 이행하고, 그 결과를 원자력안전위원회에 보고하여야 한다.

대통령령(방사능방재훈련)

① 위원회는 방사능방재훈련의 실시에 필요한 방사능방재훈련계획을 수립하여야 한다.
② 위원회는 방사능방재훈련계획을 수립한 때에는 방사능방재훈련에 참여하여야 하는 관계 중앙행정기관의 장, 방사선비상계획구역의 전부 또는 일부를 관할구역으로 하는 시·도지사, 시장·군수·구청장, 지정기관의 장 및 원자력사업자에게 이를 통보 또는 시달하여야 한다.
③ 방사능방재훈련을 실시하여야 하는 시·도지사 및 시장·군수·구청장은 다음 각 호의 기준에 따라 훈련을 실시하여야 한다. 이 경우 해당 시장·군수·구청장은 시·군·구 방사능방재훈련계획을 훈련 실시 45일 전까지 시·도지사에게 제출하고, 시·도지사는 이를 종합하여 조정한 시·도 방사능방재훈련계획을 훈련 실시 1개월 전까지 위원회에 제출하여야 한다.
   1. 관할구역에 소재하는 지정기관 및 원자력사업자가 참여하는 방사능방재훈련: 2년에 1회 이상 실시
   2. 교통통제, 주민 상황전파, 옥내대피·소개, 방호약품 배포, 구호소 운영 등 주민보호 조치 관련사항 중 특정분야에 대한 집중훈련: 매년 1회 이상 실시
④ 위원회는 효율적인 훈련 실시를 위하여 필요한 경우 해당 시·도지사와 협의를 거쳐 훈련 일정 등 제③항에 따른 시·도 및 시·군·구 방사능방재훈련계획의 일부를 조정할 수 있다.
⑤ 시·도지사 및 시장·군수·구청장은 제③항 각 호에 따른 훈련 실시를 위하여 관할구역에 소재하는 지정기관 및 원자력사업자에게 훈련 참여 등 필요한 사항을 요청할 수 있다. 이 경우 요청받은 자는 특별한 사유가 없으면 이에 따라야 한다.

총리령

① 원자력사업자는 다음 연도의 방사능방재훈련계획을 수립하여 매년 11월 30일까지 위원회에 제출하여야 한다.
② 제①항에 따른 방사능방재훈련계획에는 다음 각 호의 사항이 포함되어야 한다.
   1. 훈련의 기본방향

2. 훈련의 종류
3. 훈련종류별 방사능방재훈련의 목적·내용·방법·일정 및 대상자
4. 훈련종류별 방사능방재훈련의 통제 및 평가에 관한 사항
5. 그 밖에 원자력사업자가 방사능방재훈련에 필요하다고 인정하는 사항

③ 원자력사업자별 방사능방재훈련의 종류 및 방법 등 방사능방재훈련에 관하여 필요한 사항은 위원회가 정하여 고시한다.

(4) 검사

- 위원회는 원자력사업자에 대하여 규정된 사항을 검사할 수 있다.
- 위원회는 검사의 결과가 다음 각 호의 어느 하나에 해당할 때에는 해당 원자력사업자에 게 시정을 명할 수 있다.

1. 방사능재난등의 예방, 그 확산방지 및 수습 조치 사항이 기술기준에 미치지 못할 때
2. 방사능재난대응 시설 및 장비가 기준에 미치지 못할 때
3. 원자력사업자의 종업원이 방사능재난에 관한 교육을 받지 아니한 때
4. 방사능방재훈련을 승인된 계획에 따라 실시하지 아니하였을 때

총리령(검사)

위원회는 검사를 하려면 검사자 명단, 검사일정, 검사내용 등이 포함된 검사계획을 검사 개시 10일 전까지 검사를 받을 자에게 알려야 한다.

(5) 국가방사선비상진료체제의 구축

- 정부는 방사선피폭환자의 응급진료 등 방사선비상 진료 능력을 높이기 위하여 국가방사선비상진료체제를 구축하여야 한다.
- 국가방사선비상진료체제는 한국원자력의학원에 설치하는 국가방사선비상진료센터(이하 "비상진료센터"라 한다)와 위원회가 전국의 권역별로 지정하는 1차 및 2차 방사선비상진료기관으로 구성된다.
- 비상진료센터 및 방사선비상진료기관의 기능·운영, 지정기준과 그에 대한 지원 및 지정취소의 기준 등에 관한 사항은 대통령령으로 정한다.

총리령(방사선비상진료기관의 지정)

① 1차 또는 2차 방사선비상진료기관으로 지정받으려는 자는 별지 제14호서식(방사선비상진료기관 지정신청서)의 신청서에 다음 각 호의 서류를 첨부하여 위원회에 제출하여야 한다.
1. 의료기관 개설허가증 사본

2. 1차 또는 2차 방사선비상진료기관의 지정기준에 적합한지를 확인할 수 있는 서류

② 위원회는 1차 또는 2차 방사선비상진료기관을 지정할 때에는 별지 제15호서식(방사선비상진료기관 지정서)의 지정서를 신청인에게 발급하여야 한다.

대통령령(국가방사선비상진료체제의 구축 등)

① 위원회는 국가방사선비상진료체제를 구축하기 위하여 필요한 경우 관계중앙행정기관의 장에게 구조·구급 또는 주민의 보건·의료분야의 자료제공을 요청할 수 있다.

② 위원회는 국가방사선비상진료센터, 1차 및 2차 방사선비상진료기관의 운영에 관한 지침을 수립하여 이를 국가방사선비상진료센터의 장, 1차 및 2차 방사선비상진료기관의 장에게 통보하여야 한다.

③ 국가방사선비상진료센터, 1차 및 2차 방사선비상진료기관의 기능과 1차 및 2차 방사선비상진료기관의 지정기준은 다음 별표 4와 같다.

④ 1차 또는 2차 방사선비상진료기관으로 지정받으려는 자는 방사선비상진료기관 지정신청서에 관계 서류를 첨부하여 위원회에 제출해야 한다.

⑤ 제4항에 따른 지정신청서를 받은 위원회는 신청인의 의료기관 개설허가증이나 의료기관 개설신고증명서를 확인해야 한다.

⑥ 국가방사선비상진료센터, 1차 및 2차 방사선비상진료기관에 대하여 지원할 수 있는 사항은 다음 각 호와 같다.

1. 방사선비상진료요원에 대한 교육、훈련비
2. 방사선비상진료용 의료장비·시설 및 그 운영관리비
3. 방사선비상시 의료지원에 대한 비용

⑦ 위원회는 1차 또는 2차 방사선비상진료기관으로 지정받은 자가 다음 각 호의 어느 하나에 해당하는 경우에는 지정을 취소할 수 있다. 다만, 제1호에 해당하는 경우에는 지정을 취소해야 한다.

1. 거짓이나 그 밖의 부정한 방법으로 지정을 받은 경우
2. 제3항에 따른 지정기준에 미달하게 된 경우
3. 정당한 사유 없이 방사선비상진료기관의 업무를 수행하지 않은 경우

⑧ 제2항 및 제6항에서 규정한 사항 외에 국가방사선비상진료센터, 1차 및 2차 방사선비상진료기관의 운영과 지원에 필요한 세부 사항은 원자력안전위원회가 정한다.

별표 4

국가방사선비상진료센터, 1차 및 2차 방사선비상진료기관의 기능과 1차 및 2차 방사선비상진료기관의 지정기준

1. 국가방사선비상진료센터, 1차 및 2차 방사선비상진료기관의 기능

구 분	기 능
국가방사선 비상진료센터	1. 방사선피폭환자의 응급진료 등 방사선비상진료 2. 방사선비상진료요원 및 구조요원에 대한 교육·훈련 3. 1차 및 2차 방사선비상진료기관에 대한 지원 4. 방사선비상진료관련 연구 5. 그 밖에 비상진료센터의 장이 방사선비상진료에 필요하다고 인정하는 방사선비상진료관련 업무
2차 방사선 비상진료기관	1. 방사선피폭환자의 응급진료 등 방사선비상진료 2. 방사선피폭환자에 대한 기록 보존 및 비상진료센터를 경유하여 위원회에 보고 3. 필요시 비상진료센터로 환자 이송 4. 방사선비상진료교육 참여
1차 방사선 비상진료기관	1. 방사선피폭환자의 응급진료 등 방사선비상진료 2. 방사선피폭환자에 대한 기록 보존 및 비상진료센터를 경유하여 위원회에 보고 3. 필요시 비상진료센터 또는 2차 방사선비상진료기관으로 환자 이송 4. 방사선비상진료교육 참여

2. 1차 및 2차 방사선비상진료기관의 지정기준

가. 1차 방사선비상진료기관의 지정기준

(1) 일반기준

(가) 방사선피폭환자에 대하여 방사선비상진료를 할 수 있는 시설·인력 및 장비를 갖출 것

(나) 방사선피폭환자 외의 환자와 구분하여 방사선피폭환자를 치료할 수 있는 구역을 확보할 것

(다) 방사선피폭환자의 외래진료가 가능할 것

(2) 개별기준

(가) 시설기준

시 설	개수	기준
방사선피폭환자 진료구역	1	1병상 이상을 설치할 것
검사실	1	장비기준에 의한 장비를 이용하여 검사를 하기에 충분한 공간을 확보할 것
방사선실 -일반촬영실	1	
수술실	1	간단한 수술 및 치료를 할 수 있는 1병상을 확보할 것
원무행정실	1	당해 방사선비상진료기관과 별도로 입·퇴원 및 의료보험업무를 하는 경우 그에 필요한 면적을 확보할 것
의사당직실	1	의사 2인 이상이 숙식할 수 있는 공간일 것
보호자대기실	1	
주차장		구급차 2대를 포함한 4대 이상의 차량이 동시에 주차할 수 있는 공간을 확보할 것

비 고: 검사실은 당해 방사선비상진료기관의 시설을 이용할 수 있는 경우에는 이를 두지 아니할 수 있음

(나) 인력기준

인 력	비 고
의사(전문의) 1인 이상	
간호사 3인 이상	

(다) 장비기준

장 비 명	수 량
〈방사선피폭환자 의료관련 장비〉	
개인선량계	3
방사선 방호복	3
방사선 폐기물 수거통	1
표면오염 계측기	1
〈일반 의료관련 장비〉	
심장제세동기	1
인공호흡기	1
주입기(Infusion Pump)	1
이동 X-선 촬영기	1
초음파검사기	1
산부인과 진찰대	1
심전도(ECG) 모니터	1
이동 모니터	1
부착형 흡인기	1
부착형 산소(Wall O_2 unit)	1
혈액가온기(Blood warmer)	1
보온포	1
일반 X-선 촬영기	1
구급차. 다만, 구급차의 운용을 위탁한 경우에는 이를 갖추지 아니할 수 있다.	1

나. 2차 방사선비상진료기관 지정기준

(1) 일반기준

(가) 방사선피폭환자에 대하여 방사선비상진료를 할 수 있는 시설·인력 및 장비를 갖출 것

(나) 방사선피폭환자 외의 환자와 구분하여 방사선피폭환자를 치료할 수 있는 구역을 확보할 것

(다) 방사선피폭환자의 입원진료가 가능할 것

(2) 개별기준

(가) 시설기준

시 설	개 수	기 준
방사선피폭환자 진료구역	1	2병상 이상을 설치할 수 있을 것
검사실	1	장비기준에 의한 장비를 이용하여 검사를 하기에 충분한 공간을 확보할 것
방사선실 - 일반촬영실 - CT촬영실 - 필름현상실	 1 1 1	
수술실 - 대수술실 - 소수술실	 1 1	회전익항공기의 착륙장이 있는 경우에는 그 착륙장과 곧바로 연결될 수 있도록 설치할 것
중환자실의 병상	10	
입원실의 병상	300	
원무행정실	1	당해 방사선비상진료기관과 별도로 입·퇴원 및 의료보험업무를 하는 경우 그에 필요한 면적을 확보할 것
의사당직실	1	의사 2인 이상이 숙식할 수 있는 공간일 것
보호대기실	1	30인 이상이 동시에 대기할 수 있는 공간을 확보할 것
주차장		구급차 2대를 포함한 4대 이상의 차량이 동시에 주차할 수 있는 공간을 확보할 것

비 고: 검사실, 방사선실 중 CT촬영실, 수술실 중 대수술실, 중환자실 및 입원실은 당해 방사선비상진료기관의 시설을 이용할 수 있는 경우에는 이를 두지 아니할 수 있음

(나) 인력기준

인 력	비 고
◦ 의사 - 응급의학, 핵의학 또는 방사선종양학 전문의 4인 이상 - 내과 및 피부과 등 방사선 응급환자 치료관련 전문의 2인 이상	◦ 방사능재난등의 발생시 방사선비상진료 관련 전문의 1인 이상이 30분 이내에 도착하여 방사선비상진료가 가능할 것
◦ 간호사 - 12인 이상	
◦ 그 밖의 인력 - 응급구조사 및 운전기사(구급차 1대당 각 2인 이상) - 방사선안전관리사	◦ 당해 방사선비상진료기관의 실정에 맞게 조정할 수 있음

(다) 장비기준

장 비 명	수 량
〈방사선피폭환자 의료관련 장비〉	
개인선량계	6
방사선 방호복	6
방사선 폐기물 수거통	2
표면오염 계측기	2
〈일반 의료관련 장비〉	
심장제세동기	2
인공호흡기	2
주입기(infusion pump)	1
이동 X-선 촬영기	1
초음파검사기(심초음파 가능한 장비)	1
식도위내시경	1
산부인과 진찰대	1
다채널 모니터	1
일반 모니터	1
이동 모니터	1
부착형 흡인기	1
혈액가온기(Blood warmer)	1
보온포	1
CT 촬영기	1
일반 X-선 촬영기	1
혈액성분검사기(CBC검사기)	1
혈액화학검사기	1
동맥혈가스분석기	1
요성분검사기	1
혈액은행	1
구급차. 다만, 구급차의 운용을 위탁한 경우에는 이를 갖추지 아니할 수 있다.	1

(6) 국제협력 등

- 위원회는 방사능재난상황이 발생하였을 때에는 핵사고의 조기통보에 관한 협약, 핵사고 또는 방사능 긴급사태 시 지원에 관한 협약 및 그 밖의 국제협약 또는 양자간 협정에 따라 국제원자력기구 및 관련국가에 방사능재난 발생의 내용을 알리고 필요하면 긴급원조를 요청하여야 한다.

3) 사후조치 등

(1) 중장기 방사능영향평가 및 피해복구계획 등

- 지역본부장은 지역본부를 해체할 때에는 기술지원본부의 장과 협의하여 방사능재난이 발생한 지역의 중장기 방사능영향을 평가하여 피해복구계획을 수립하여야 한다.
- 지역본부장은 피해복구계획을 수립할 때 중앙본부장과 협의하여야 한다.

(2) 방사능재난 사후대책의 실시 등

- 시·도지사, 시장·군수·구청장, 지정기관의 장, 원자력사업자 및 방사능재난의 수습에 책임이 있는 기관의 장은 방사능재난상황이 해제되었을 때에는 대통령령으로 정하는 바에 따라 사후대책을 수립하고 시행하여야 한다.
- 사후대책에는 다음 각 호의 사항이 포함되어야 한다.

1. 방사능재난 발생구역이나 그 밖에 필요한 구역의 방사성물질 농도 또는 방사선량 등에 대한 조사
2. 거주자 등의 건강진단과 심리적 영향을 고려한 건강에 관한 상담과 그 밖에 필요한 의료 조치
3. 방사성물질에 따른 영향 및 피해 극복방안의 홍보
4. 그 밖에 방사능재난의 확대방지 또는 피해복구를 위한 조치 등 총리령으로 정하는 사항

대통령령(방사능재난사후대책의 실시 등)

① 시장·군수·구청장, 지정기관의 장, 원자력사업자 및 방사능재난의 수습에 책임이 있는 기관(중앙행정기관을 제외. 이하 "재난수습책임기관"이라 한다)의장은 각각 사후대책을 수립하여 시·도지사에게 제출하여야 한다.

② 시·도지사는 제①항의 규정에 의하여 제출받은 사후대책을 종합하여 위원회와 협의한 후 방사능재난 사후종합대책(이하 "사후종합대책"이라 한다)을 수립하고 이를 시장·군수·구청장, 지정기관의 장, 원자력사업자 및 재난수습책임기관의 장에게 통보하여야 한다.

③ 시·도지사, 시장·군수·구청장, 지정기관의 장, 원자력사업자 및 재난수습책임기관의 장은 제②항의 규정에 의하여 통보받은 사후종합대책을 각각 시행하여야 한다.

총리령(피해복구 조치 등)

"총리령으로 정하는 사항"이란 방사능재난이 발생한 지역의 식료품과 음료품 및 농·축·수산물의 방사능오염 안전성에 따른 유통관리대책에 관한 사항을 말한다.

(3) 재난조사 등

- 원자력안전위원회는 방사능재난이 발생한 경우에는 관련된 중앙행정기관, 지방자치단체 및 원자력사업자와 합동으로 방사능재난조사위원회(이하 "조사위원회"라 한다)를 구성하여 재난상황에 대한 조사를 하도록 할 수 있다.
- 조사위원회는 위원장 1명을 포함한 6명 이상 9명 이하의 위원으로 구성한다.
- 조사위원회의 위원장은 원자력안전위원회 위원 중에서 원자력안전위원회 위원장이 지명하는 사람으로 하며, 그 밖의 위원은 다음 각 호의 사람으로 한다.
  1. 원자력안전위원회 위원장이 지명하는 원자력안전위원회 소속 공무원
  2. 행정안전부장관이 지명하는 행정안전부 소속 공무원
  3. 관련 시·도지사가 지명하는 해당 지방자치단체 소속 공무원
  4. 관련 원자력사업자가 지명하는 소속 임직원
  5. 방사능재난에 관하여 학식과 경험이 풍부한 사람 중에서 원자력안전위원회 위원장이 위촉하는 사람
- 조사위원회는 재난상황에 대한 조사를 위하여 필요하면 관계 중앙행정기관, 관련 지방자치단체, 원자력사업자, 지정기관을 대상으로 관계 자료의 열람 및 자료제출 등을 요청할 수 있다. 이 경우 요청을 받은 자는 특별한 사유가 없으면 이에 따라야 한다.
- 조사위원회는 재난상황에 대한 조사가 완료되면 그 결과를 원자력안전위원회에 보고하여야 한다.
- 조사위원회의 구성·운영 등에 필요한 사항은 대통령령으로 정한다.

대통령령(조사위원회 구성 및 운영)

① 조사위원회는 위원장 1인을 포함한 6인 이상 9인 이하의 위원으로 구성한다.

② 조사위원회의 위원장은 위원회 소속 공무원 중에서 위원회 위원장이 지명하는 자가 되고, 위원은 다음 각 호의 자가 된다.

1. 위원회의 위원중에서 위원회 위원장이 지명하는 자 1인
2. 관련 지방자치단체의 장이 지명하는 소속 공무원 1인
3. 관련 원자력사업자가 지명하는 소속 임직원 1인
4. 방사능재난에 관하여 학식과 경험이 있는 자중에서 위원회 의원장이 위촉하는 자

③ 조사위원회의 회의는 조사위원회의 위원장이 필요하다고 인정할 때 소집한다.

④ 조사위원회에 출석한 위원에 대하여는 예산의 범위안에서 수당 및 여비를 지급할 수 있다. 다만, 공무원인 위원이 그 업무와 직접 관련하여 회의에 출석하는 경우에는 그러하지 아니하다.

4) 보칙

(1) 보고 · 검사 등

- 위원회는 이 법의 시행을 위하여 필요하다고 인정하면 다음 각 호의 자에게 그 업무에 관한 보고 또는 서류의 제출 및 제출된 서류의 보완을 명하거나 업무 지도 및 감독을 할 수 있다.
  1. 시·도지사 또는 시장·군수·구청장
  2. 지정기관의 장
  3. 원자력사업자
  4. 비상진료센터 및 방사선비상진료기관의 장
  5. 물리적방호 및 방사능재난에 관한 업무를 수행하는 기관의 장
  6. 국제규제물자 중 핵물질을 취급하거나 관련 연구를 수행하는 사람 중 대통령령으로 정하는 사람
- 위원회는 다음 각 호의 어느 하나에 해당하는 경우에는 소속 공무원에게 그 사업소, 서류, 시설 및 그 밖에 필요한 물건을 검사하게 하거나 관계인에게 질문하게 할 수 있으며, 검사를 위한 최소량의 시료를 수거하게 할 수 있다.
  1. 보고나 서류의 사실 확인을 위하여 필요한 경우
  2. 물리적방호체제의 이행 및 방사능재난의 예방을 위하여 필요하다고 인정하는 경우
  3. 이 법에 따른 각종 검사를 하기 위하여 필요한 경우
- 위원회는 검사와 질문을 한 결과 이 법, 핵물질 및 원자력시설의 물리적방호에 관한 협약, 핵사고의 조기통보에 관한 협약, 핵사고 또는 방사능긴급사태 시 지원에 관한 협약 및 그 밖의 국제협약 또는 양자 간 협정을 위반하는 사항이 있을 때에는 그 시정을 명할 수 있다.
- 검사와 질문을 하는 사람은 그 권한을 나타내는 증표를 지니고 이를 관계인에게 내보여야 한다.

(2) 업무의 위탁

- 위원회는 이 법에 따른 업무 중 다음 각 호의 업무를 대통령령으로 정하는 바에 따라 과학기술분야 정부출연연구기관 등의 설립·운영 및 육성에 관한 법률」에 따른 한국원

자력연구원, 「방사선 및 방사성동위원소 이용진흥법」 제13조의2에 따른 한국원자력의학원, 「한국원자력안전기술원법」에 따른 한국원자력안전기술원, 「원자력안전법」에 따른 한국원자력통제기술원 또는 그 밖의 관련 전문기관에 위탁할 수 있다.

1. 제4조(물리적방호체제의 수립 등)제1항에 따른 원자력시설등에 대한 위협의 평가
2. 제9조(물리적방호에 대한 원자력사업자의 책임)제1항, 제9조의3(물리적방호 훈련)제1항, 제13조(핵물질의 국제운송방호)제2항, 제20조(원자력사업자의 방사선비상계획)제1항 및 제37조(방사능방재훈련)제3항에 따른 승인에 관련된 심사
3. 제9조의2(물리적방호 교육)제1항 및 제36조(방사능방재 교육)제1항에 따른 교육
4. 제9조의3(물리적방호 훈련)제2항 및 제37조(방사능방재훈련)제5항에 따른 훈련 평가
5. 제12조(검사등)제1항, 제13조의2(국제운송방호의 검사 등)제1항 및 제38조(검사)제1항에 따른 검사
6. 제28조(현장방사능방재지휘센터의 설치)제1항엥 따른 현장지휘센터 시설·장비의 구축 및 관리
7. 제35조의2(갑상샘 방호 약품 비축、관리 등)제1항에 따른 위원회의 갑상샘 방호 약품 비축·관리 및 제4항에 따르 지침의 작성·보완
8. 제46조(지방자치단체 등에 대한 지원)제1항제1호에 따른 비방자치단체에 대한 갑상샘 방호 약품의 확보·폐기 지원
9. 제46조(지방자치단체 등에 대한 지원)제1항제2호에 따른 지방자치단체에 대한 갑상샘 방호 약품에 관한 설명·안내 지원

- 위원회가 위탁한 업무에 종사하는 기관 또는 관련 전문기관의 임원 및 직원 은 형법 그 밖의 법률에 따른 벌칙을 적용할 때에는 공무원으로 본다.
- 위원회는 위탁 업무수행에 필요한 경비의 전부 또는 일부를 업무를 위탁받은 기관에 출연할 수 있다.
- 업무를 위탁받은 기관의 장은 대통령령으로 정하는 바에 따라 위탁받은 업무의 효율적인 수행을 위한 수탁업무처리규정을 정하여 원자력안전위원회의 승인을 받아야 한다. 이를 변경하려는 경우에도 또한 같다.

대통령령(업무의 위탁)

① 위원회는 다음 각 호의 업무를 한국원자력통제기술원에 위탁한다.

1. 법 제4조(물리적방호체제의 수립등)제1항에 따른 원자력시설등에 대한 위협의 평가
2. 법 제9조(물리적방호에 대한 원자력사업자의 책임)제1항에 따른 승인에 관련된 심사

3. 법 제9조의2(물리적방호 교육)제1항에 따른 교육에 관한 관리 업무
4. 법 제9조의3(물리적방호 훈련)제2항에 따른 훈련 평가 지원
5. 법 제12조(검사등)제1항에 따른 검사

② 위원회는 다음 각 호의 업무를 한국원자력안전기술원에 위탁한다.

1. 법 제20조(원자력사업자의 방사선비상계획)제1항(방사선비상진료에 관한 사항은 제외한다) 및 법 제37조(방사능방재훈련)제3항에 따른 승인에 관련된 심사
2. 법 제36조(방사능방재 교육)제1항에 따른 교육에 관한 관리업무
3. 법 제37조제4항에 따른 훈련 평가 지원(방사선비상진료에 관한 사항은 제외한다)
3. 법 제38조(검사)제1항에 따른 검사(방사선비상진료에 관한 사항은 제외한다)

③ 위원회는 다음 각 호의 업무를 한국원자력의학원에 위탁한다.

1. 법 제20조제1항에 따른 승인에 관련된 심사(방사선비상진료에 관한 사항에 한정한다)
2. 법 제37조제4항에 따른 훈련 평가 지원(방사선비상진료에 관한 사항에 한정한다)
3. 법 제38조제1항에 따른 검사(방사선비상진료에 관한 사항에 한정한다)

(3) 지방자치단체 등에 대한 지원

- 위원회는 다음 각 호의 사항에 관하여 필요한 지원을 할 수 있다.

1. 지방자치단체가 제35조의2(갑상샘 방호 약품 비축、관리 등)제1항에 따라 비축、관리하여야 하는 갑상샘 방호 약품의 확보、폐기
2. 지방자치단체가 제35조의2(갑상샘 방호 약품 비축、관리 등)제3항에 따라 배포하는 갑상샘 방호 약품에 관한 설명、안내
3. 지방자치단체가 제36조(방사능방재 교육)에 따라 시행하는 방사능방재 교육
4. 지방자치단체가 제37조(방사능방재훈련)에 따라 시행하는 방사능방재훈련
5. 제39조제2항(국가방사선비상진료체제의 구축)에 따른 방사선비상진료기관의 운영

- 원자력발전소 및 폐기시설등이 있는 지역을 관할하는 시·도지사 및 시장·군 수·구청장은 발전소 주변지역 지원에 관한 법률에 따라 지원되는 지원금의 일부를 대통령령으로 정하는 바에 따라 교육 또는 훈련에 필요한 시설 및 장비 등의 구입·관리에 사용할 수 있다.

대통령령(지원금의 사용)

원자력발전소 및 폐기시설 등이 소재한 지역을 관할구역으로 하는 시·도지사 및 시장·군수·구청장은 지원되는 주변지역개발기본지원사업의 지원금을 방사능방재교육 또는 훈련에 필요한 시설 및 장비 등의 구입·관리에 사용할 수 있다.

5) 벌칙

- 정당한 권한 없이 방사성물질, 핵물질, 핵폭발장치, 방사성물질비산장치 또는 방사선방출장치를 수수·소지·소유·보관·제조·사용·운반·개조·처분 또는 분산하여 사람의 생명·신체를 위험하게 하거나 재산·환경에 위험을 발생시킨 사람은 무기 또는 1년 이상의 징역에 처한다.
- 방사성물질, 핵물질, 핵폭발장치, 방사성물질비산장치 또는 방사선방출장치에 대하여 형법 제329조·제333조·제347조·제350조 및 제355조제1항의 죄를 범한 사람은 같은 법 해당 조에서 정한 형의 2분의 1까지 가중한다.
- 사보타주 또는 전자적 침해행위를 한 사람은 1년 이상 10년 이하의 징역에 처한다.
- 사람, 법인, 공공기관, 국제기구 또는 국가로 하여금 의무 없는 행위를 하게 하거나 권한행사를 방해할 목적으로 다음 각 호의 어느 하나에 해당하는 행위를 한 사람은 다음 각 호의 구분에 따라 처벌한다.
  1. 방사성물질, 핵물질, 핵폭발장치, 방사성물질비산장치 또는 방사선방출장치를 사용하는 행위를 한 사람은 2년 이상의 유기징역에 처한다.
  2. 원자력시설 또는 방사성물질 관련 시설(방사성물질을 생산·저장·처리·처분·운송하기 위한 시설 및 수단을 말한다)을 사용하거나 손상시켜서 방사성물질을 유출하는 행위를 한 사람은 무기 또는 3년 이상의 징역에 처한다.
- 공중을 위협할 목적으로 제1항·제3항 또는 제4항에 따른 범죄를 행할 것이라고 사람을 협박한 사람은 7년 이하의 징역 또는 7천만원 이하의 벌금에 처한다.
- 범죄를 목적으로 한 단체 또는 집단을 구성하거나 그러한 단체 또는 집단에 가입하거나 그 구성원으로 활동한 사람은 다음 각 호의 구분에 따라 처벌한다.
  1. 수괴는 사형, 무기 또는 10년 이상의 징역에 처한다.
  2. 간부는 무기 또는 7년 이상의 징역에 처한다.
  3. 그 밖의 사람은 2년 이상의 유기징역에 처한다.
- 범죄에 제공할 목적으로 방사성물질, 핵물질, 핵폭발장치, 방사성물질비산장치 또는 방사선방출장치를 소지 또는 제조한 사람은 10년 이하의 징역에 처한다.
- 제1항·제3항 또는 제4항에 따른 죄를 범하여 사람에게 상해를 입혔을 때에는 무기 또는 3년 이상의 징역에 처한다. 사망에 이르게 하였을 때에는 사형·무기 또는 5년 이상의 징역에 처한다.
- 제1항부터 제4항까지의 규정에 따른 죄의 미수범은 처벌한다.
- 제1항이나 제3항에 따른 죄를 범할 목적으로 예비하거나 음모한 사람은 5년 이하의 징역에 처한다. 다만, 자수하였을 때에는 형을 감경하거나 면제한다.

- 다음 각 호의 어느 하나에 해당하는 사람은 10년 이하의 징역에 처한다.
  1. 제13조(핵물질의 국제운송방호)를 위반하여 핵물질을 수출하거나 수입한 자
  2. 제15조(비밀누설 금지 등)를 위반하여 비밀을 누설하거나 목적 외의 용도로 이용한 자
- 다음 각 호의 어느 하나에 해당하는 자는 3년 이하의 징역 또는 3천만원 이하의 벌금에 처한다.
  1. 제9조(물리적방호에 대한 원자력사업자의 책임)제1항 본문, 제20조(원자력사업자의 방사선비상계획)제1항 본문 또는 제37조(방사능방재 훈련)제3항을 위반하여 승인 또는 변경승인을 받지 아니한 자
  2. 제11조(보고등), 제21조(원자력사업자의 의무 등)제1항제1호, 제37조(방사능방재 훈련)제4항 전단·제5항 후단 또는 제44조(보고·검사 등)제1항을 위반하여 보고를 하지 아니하거나 거짓으로 보고한 자
  3. 제12조(검사 등)제1항을 위반하여 검사를 받지 아니하거나 제38조(검사)제1항 또는 제44조제2항에 따른 검사를 거부·방해·기피하거나 거짓으로 진술한 자
- 다음 각 호의 어느 하나에 해당하는 자는 1년 이하의 징역 또는 1천만원 이하의 벌금에 처한다.
  1. 제4조(물리적방호체제의 수립 등)제3항, 제12조제2항, 제37조제5항 전단, 제38조제2항 또는 제44조제1항·제3항에 따른 명령을 위반한 원자력사업자
  2. 제21조제1항제4호를 위반하여 응급조치를 수행하지 아니하거나 방사선방호조치를 하지 아니한 원자력사업자

6) 양벌규정

- 법인의 대표자, 법인 또는 개인의 대리인, 사용인, 그 밖의 종업원이 그 법인 또는 개인의 업무에 관하여 제49조(벌칙) 또는 제50조(벌칙)의 위반행위를 하면 그 행위자를 벌하는 외에 그 법인 또는 개인에게도 해당 조문의 벌금형을 과한다. 다만, 법인 또는 개인이 그 위반행위를 방지하기 위하여 해당 업무에 관하여 상당한 주의와 감독을 게을리하지 아니한 경우에는 그러하지 아니하다.

7) 과태료

- 다음 각 호의 어느 하나에 해당하는 자에게는 1천만원 이하의 과태료를 부과한다.
  1. 제9조(물리적방호에 대한 원자력사업자의 책임)제1항 단서 또는 제20조(원자력사업자의 방사선비상계획)제1항 단서를 위반하여 신고를 하지 아니하거나 거짓으로 신고한 자

2. 제14조(기록과 비치)를 위반하여 기록하지 아니하거나 거짓으로 기록한 자
3. 제20조제2항 전단을 위반하여 해당 시·도지사, 시장·군수·구청장 및 지정기관의 장에게 알리지 아니하고 방사선비상계획을 수립하거나 변경한 자
4. 제21조(원자력사업자의 의무 등)제1항제6호 또는 제35조(방사능재난 대응시설 등) 제1항을 위반하여 방사능방재전담조직·인력 또는 방사능재난 대응시설 및 장비를 확보하지 아니한 원자력사업자

• **과태료는 대통령령으로 정하는 바에 따라 위원회, 시·도지사 또는 시장·군 수·구청장(이하 "부과권자"라 한다)이 부과·징수한다.**

대통령령(과태료의 부과기준)

1. 일반기준
  가. 부과권자는 다음의 어느 하나에 해당하는 경우에는 제2호의 개별기준에 따른 과태료의 1/2 범위에서 그 금액을 줄일 수 있다. 다만, 과태료를 체납하고 있는 위반 행위자의 경우에는 그렇지 않다.
    1) 위반행위자가 「질서위반행위규제법 시행령」제2조의2제1항 각호의 어느 하나에 해당하는 경우
    2) 위반행위가 사소한 부주의나 오류로 인한 것으로 인정되는 경우
    3) 위반행위자가 법 위반상태를 시정하거나 해소하기 위한 노력이 인정되는 경우
    4)그 밖의 위반행위에도 정도, 위반행위의 동기와 그 결과 등을 고혀하여 과태료를 줄일 필요가 있다고 인정되는 경우
  나. 부과권자는 다음의 어느 하나에 해당하는 경우에는 제2호의 개별기준에 따른 과태료의 상한을 넘을 수 없다.
    1) 위반의 내용·정도가 중대하여 위협의 발생 가능성이 크다고 인정되는 경우
    2) 법 위반상태의 기간이 6개월 이상인 경우
    3) 그 밖의 위반행위의 정도, 위반행위의 동기와 그 결과 등을 고려하여 과태료를 늘릴 필요가 있다고 인정되는 경우
2. 개별기준

위 반 행 위	근거법령	과태료금액
가. 물리적방호 또는 방사선비상계획의 규정을 위반하여 신고를 하지 아니하거나 거짓으로 신고를 한 자	법 제52조 제1항 제1호	500만원
나. 기록과 비치 규정을 위반하여 기록하지 아니하거나 거짓으로 기록한 자	법 제52조 제1항제2호	800만원
다. 해당 시·도지사, 시장·군수·구청장 및 지정기관의 장에게 알리지 아니하고 방사선비상계획을 수립하거나 변경한 자	법 제52조 제1항제3호	600만원
라. 방사능방재전담조직·인력 또는 방사능재난대응시설 및 장비를 확보하지 아니한 원자력사업자	법 제52조 제1항제4호	1,000만원

제5장 원자력시설 등의 방호 및 방사능방재대책법

객관식

01 대통령령으로 정하는 원자력이용과 관련된 시설이 아닌 것은?

① 발전용 또는 연구용원자로의 관계시설
② 열출력 200와트 이상인 교육용원자로 및 그 관계시설
③ 대한민국의 항구에 입항 또는 출항하는 외국원자력선
④ 18.5 페타베크렐 이상의 방사성동위원소를 생산·판매 또는 사용하는 시설

02 정부는 핵물질 및 원자력시설에 대한 물리적방호시책을 강구하여야 한다. 물리적방호시책에 포함되지 않는 것은?

① 핵물질의 불법이전에 대한 방호
② 분실되거나 도난된 핵물질을 찾아내고 회수하기 위한 대책
③ 물리적방호체제의 수립에 필요한 대책
④ 원자력시설등에 대한 사보타주에 따른 방사선 영향에 대한 대책

03 위원회는 설정된 설계기준위협을 반영하여 원자력시설등에 대한 물리적방호 체제를 수립하여야 한다. 다음 중 대통령령으로 정하는 공공기관·공공단체 및 사회단체가 아닌 곳은?

① 방사선비상계획구역의 전부 또는 일부를 관할구역으로 하는 지방경찰청 또는 경찰서
② 중앙119구조대
③ 방사선비상계획구역의 전부 또는 일부를 관할구역으로 하는 소방본부 및 소방서
④ 방사선비상계획구역의 전부 또는 일부를 관할구역으로 하는 국가방위청

정답

1) ② 2) ③ 3) ④

04 원자력시설의 물리적방호시 대통령령으로 정하는 필요한 조치가 아닌 것은?

① 지역주민들의 소개와 필요한 안전조치
② 원자력시설등에 대한 위협에 효과적으로 대처하기 위한 물리적방호관련 시설·장비의 설치·운영관리 (원자력사업자에 한한다)
③ 원자력시설등에 대한 위협에 효과적으로 대처하기 위한 물리적방호관련 조직 및 인력의 운영(원자력사업자에 한한다)
④ 물리적방호관련 업무를 수행하는 자에 대한 교육 및 훈련

05 방호협의회가 심의하는 사항이 아닌 것은?

① 물리적방호에 관한 중요정책
② 원자력관계시설의 중지를 권고하는 기능
③ 물리적방호체제의 이행을 위한 관계 기관 간의 협조사항
④ 물리적방호체제의 평가

06 방호협의회의 운영으로 볼 수 없는 것은?

① 방호협의회 회의는 의장이 필요하다고 인정하는 때에 소집한다.
② 방호협의회의 회의는 재적위원 과반수의 출석과 출석위원 과반수의 찬성으로 의결한다.
③ 방호협의회에 간사 2인을 두되, 원자력안전위원회 소속 공무원중에서 원자력안전위원회 위원장이 지명한다.
④ 방호협의회의 운영에 관하여 필요한 사항은 방호협의회의 의결을 거쳐 방호협의회의 의장이 정한다.

07 실무방호협의회 운영으로 틀린 것은?

① 방호협의회에 부의될 의안을 검토하고, 관계기관 간의 협조사항을 정리하는 등 방호협의회의 효율적인 운영을 도모하기 위하여 방호협의회에 실무방호협의회를 둔다.
② 실무방호협의회의 의장은 위원회 위원장이 된다.
③ 실무방호협의회의 회의는 실무방호협의회의 의장이 필요하다고 인정할 때에 소집한다.
④ 실무방호협의회의 조직 및 운영에 관하여 필요한 사항은 실무방호협의회의 의결을 거쳐 실무방호 실무방호협의회의 의장이 정한다.

정답

4) ① 5) ② 6) ③ 7) ②

08 대통령령으로 정하는 원자력시설이 <u>아닌</u> 것은?

① 발전용원자로 및 그 관계시설
② 연구용원자로 중 2메가와트 이상의 출력을 가지는 연구용원자로 및 그 관계시설
③ 방사성폐기물의 저장·처리·처분시설 중 사용후핵연료 저장·처리시설 및 그 부속시설
④ 하전입자를 가속시켜 방사선을 발생하는 장치로서 가속된 하전입자 및 이로 인해 부수적으로 발생하는 모든 방사선의 최대 에너지가 5만 전자볼트 이상인 것

09 시·군·구 방호협의회의 위원으로 될 수 <u>없는</u> 자는?

① 해당 시·군·구의 부시장·부군수·부구청장
② 해당 시·군·구의 원자력시설등의 물리적방호업무를 담당하는 과장(국이 설치되어 있는 경우에는 국장)
③ 해당 시·군·구를 관할구역으로 하는 교육청장
④ 해당 시·군·구를 관할구역으로 하는 경찰서의 장

10 사용·저장중인 핵물질의 불법이전에 대한 방호요건중 등급Ⅲ 핵물질에 대한 방호요건이 <u>아닌</u> 것은?

① 핵물질의 사용 및 저장을 방호구역내로 제한할 것
② 해당 방호구역의 불법침입에 대한 탐지·경비체계 및 대응조치를 수립할 것
③ 핵물질의 불법이전에 대한 방호비상계획을 수립하고, 해당시설의 방호종사자에 대하여 방호비상훈련을 실시할 것
④ 방호종사자에 대하여 매년 물리적방호교육을 실시하고, 교육한 내용의 이행에 대한 훈련을 실시할 것

11 사용·저장중인 핵물질의 불법이전에 대한 방호요건중 등급Ⅰ 핵물질에 대한 방호요건이 <u>아닌</u> 것은?

① 해당 방호구역내에 개인차량의 출입을 금지할 것
② 해당 방호구역의 주변에 대하여 충분한 조명 및 시야를 확보할 것
③ 해당 방호구역에의 출입은 2명이 동행, 감시하는 체계를 유지할 것
④ 해당 방호구역은 일반통행로와 격리시킬 것

정답

8) ④ 9) ③ 10) ① 11) ②

12 원자력시설 및 사용·저장중인 핵물질의 사보타주에 대한 방호요건이 아닌 것은?

① 방호구역 및 핵심구역 내의 접근 및 출입구는 최소한으로 유지할 것
② 핵심구역은 일반통행로와 격리시킬 것
③ 방호구역 및 핵심구역내 출입은 단독출입이 승인된 자가 동행할 것
④ 중앙통제실은 비상시 물리적방호를 위하여 발전소와 연계된 전원을 공급할 것

13 운반 중인 핵물질의 사보타주에 대한 방호요건중 공통적인 방호요건이 아닌 것은?

① 핵물질의 운반 시간, 횟수 및 기간을 최소화 할 것
② 인계자는 운반차량에 대한 사보타주의 방지를 위하여 검색을 철저히 할 것
③ 통상적인 운반계획의 수립을 피할 것
④ 운반종사자는 신원이 확실한 자로 제한할 것

14 물리적방호 시설·설비 및 그 운영체제, 물리적방호규정등에 대하여 승인을 얻고자 하는 원자력사업자는 이에 대한 승인신청서를 원자력시설등의 사용개시 몇 개월 전에 교위원회에 제출하여야 하는가?

① 2개월 전　　① 3개월 전
③ 5개월 전　　④ 6개월 전

15 원자력사업자는 원자력시설등의 물리적방호에 관한 사항을 총리령으로 정하는 바에 따라 기록하여 그 사업소마다 비치하여야 한다. 다음중 기간이 틀린 것은?

① 방호구역에 출입하는 사람과 차량, 반입되는 물품의 검색 기록: 10년
② 방호구역에 대한 탐지 및 순찰 기록: 10년
③ 물리적방호 교육 및 훈련 실시 기록: 10년
④ 핵물질의 불법이전 및 원자력시설등의 위협에 대한 대응조치: 20년

16 노심의 손상 또는 용융 등으로 원자력시설의 최후방벽에 손상이 발생하거나 발생할 우려가 있는 사고로서 방사성물질의 누출로 인한 방사선영향이 원자력시설 부지 밖으로 미칠 것으로 예상되는 비상사태는 무엇인가?

① 백색비상　　② 청색비상
③ 황색비상　　④ 적색비상

정답

12) ④　13) ③　14) ③　15) ③　16) ④

17 대통령령으로 정하는 소규모 원자력사업자가 아닌 것은?

① 5메가와트 이하의 연구용원자로 및 관계시설과 교육용원자로 및 그 관계시설의 건설 또는 운영허가를 받은 자

② 천연우라늄의 정련사업의 허가를 받은 자 및 ^{235}U 농축도가 5%미만인 핵연료물질의 가공사업의 허가를 받은 자

③ 연구 또는 시험 목적으로 사용후핵연료처리사업의 지정을 받은 자

④ 방사성동위원소의 생산허가등을 받은 원자력사업자로서 185 페타베크렐 이하의 방사성동위원소의 생산허가등을 받은 자

18 다음중 위원회가 선포하는 방사능재난이 아닌 것은?

① 측정 또는 평가한 피폭방사선량이 대통령령으로 정하는 기준 이상인 경우

② 방사성물질을 도난당했을 때

③ 측정한 공간방사선량률 또는 오염도가 대통령령으로 정하는 기준 이상인 경우

④ 그 밖에 위원회 위원장이 방사능재난의 발생을 선포할 필요가 있다고 인정하는 경우

19 긴급 주민보호조치의 결정기준으로 틀린 것은?

① 대피 10 mSv

② 소개 50 mSv

③ 갑상선방호약품배포 100 mGy

④ 일시이주: 50 mSv/처음 1월, 10 mSv/그 다음 1월

20 원자력사업자의 종업원중 방사능방재업무를 담당하는 종업원은 매년 몇 시간의 보수교육을 받아야 하는가?

① 5시간 ② 6시간
③ 8시간 ④ 10시간

정 답

17) ① 18) ② 19) ④ 20) ③

제6장 비파괴검사기술의 진흥 및 관리법

1. 목적

비파괴검사기술의 진흥과 연구개발을 촉진하여 기술경쟁력을 높이고, 이를 산업활동에서 효과적으로 활용함으로써 검사 대상물의 안전성을 증진시켜 국민의 안전에 이바지함을 목적으로 한다.

2. 정의

"비파괴검사"라 함은 물리적 현상의 원리를 이용하여 검사할 대상물을 손상시키지 아니하고, 그 대상물에 존재하는 불완전성을 조사하고 판단하는 기술적 행위로서 대통령령으로 정하는 것을 말한다.

대통령령(비파괴검사의 방법)

1. 방사선 비파괴검사
2. 초음파 비파괴검사
3. 자기 비파괴검사
4. 침투 비파괴검사
5. 와전류 비파괴검사
6. 누설 비파괴검사
7. 그 밖에 비파괴검사관련 산업에서 활용할 수 있는 검사방법으로서 다음 어느 하나에 해당하는 비파괴검사
   가. 음향방출 비파괴검사
   나. 육안 비파괴검사
   다. 열화상 비파괴검사

라. 중성자 비파괴검사
마. 응력(변형력)측정 비파괴검사

3. 비파괴검사기술 진흥계획

- 과학기술정보통신부장관은 비파괴검사기술의 진흥 및 연구개발을 촉진하고, 그 성과를 효과적으로 활용하도록 하기 위하여 관계 중앙행정기관의 장이 제출한 계획을 종합하여 5년마다 비파괴검사기술 진흥계획을 수립하고, 이를 관계 중앙행정기관의 장에게 알려야 한다.
- 진흥계획에는 다음 각 호의 사항이 포함되어야 한다.

1) 비파괴검사기술의 진흥 및 관련 산업에서의 활용에 관한 사항
2) 장비개발 등 그 성과의 실용화에 관한 사항
3) 전문 인력의 양성 및 활용에 관한 사항
4) 비파괴검사 관련 연구기관 및 단체의 육성에 관한 사항
5) 국제협력 및 해외진출의 지원에 관한 사항
6) 비파괴검사기술 관련 지식·정보의 관리체계 구축에 관한 사항

- 과학기술정보통신부장관은 관계 중앙행정기관의 장에게 소관별로 비파괴검사기술의 진흥에 관한 계획을 제출하도록 요청할 수 있다.
- 과학기술정보통신부장관은 진흥계획의 연도별 중점시행과제를 선정하고, 관계 중앙행정기관의장과 협의하여 이를 추진하여야 한다.

대통령령(소관별 비파괴검사기술 진흥계획의 수립)

과학기술정보통신부장관은 관계 중앙행정기관의 장에게 소관별 비파괴검사기술 진흥계획의 제출을 요청할 때에는 다음 각 호의 사항을 통보하여 활용하게 할 수 있다.
1) 비파괴검사기술과 관련된 국제기술동향 및 국내산업의 활용실태
2) 검사대상물의 안전성을 증진하기 위한 비파괴검사기술의 기준에 관한 정보
3) 그 밖에 소관별 진흥계획의 수립에 관하여 필요한 정보

4. 비파괴검사기술의 육성

- 과학기술정보통신부장관은 비파괴검사기술의 진흥을 위하여 필요한 경우에 관계 중앙행정기관의장과 협의하여 비파괴검사기술의 진흥, 장비개발 등 그 성과의 실용화 및 전문인력의 양성 등에 관하여 필요한 지원시책을 강구할 수 있다.
- 지원의 범위 등에 관하여 필요한 사항은 대통령령으로 정한다.

대통령령(비파괴검사기술의 육성을 위한 지원의 범위 등)

① 비파괴검사기술의 진흥을 위한 지원의 범위는 다음 각 호와 같다.
1. 비파괴검사기술의 개발·도입 및 도입기술의 개량
2. 비파괴검사의 설비·제품 등의 품질향상 및 안전성 증대에 필요한 기술의 연구·개발
3. 보안·탐색 등과 관련된 비파괴검사의 장치기술의 연구·개발
4. 항공·우주산업 등과 관련된 소재·부품의 정밀도·신뢰도에 대한 시험·평가 및 검사에 관한 기술의 연구·개발

② 장비개발 등 그 성과의 실용화에 관한 지원에 관하여는 「엔지니어링산업 진흥법 시행령」을 준용한다.

③ 전문인력의 양성에 관한 지원의 범위는 다음 각 호와 같다.
1. 비파괴검사기술관련 인력의 중·장기 수급전망에 관한 조사·연구
2. 비파괴검사기술 분야의 학제적 교육·훈련 프로그램의 개발
3. 비파괴검사기술관련 인력에 대한 교육·훈련기관의 확대
4. 외국과의 기술자 상호교류

5. 연구기관 등 지원

- 과학기술정보통신부장관은 비파괴검사기술의 연구개발을 활성화하기 위하여 과학기술정보통신부령이 정하는바에 따라 관련 연구기관 또는 단체를 지정하여 육성할 수 있으며, 연구개발비를 지원할 수 있다.

과학기술정보통신부령(연구기관 등의 지정 및 육성)

① 연구개발비를 지원할 수 있는 기관 또는 단체의 지정범위는 다음 각 호와 같다.
1. 비파괴검사협회
2. 대학·산업대학·전문대학 및 기술대학
3. 과학기술분야 정부출연연구기관
4. 기업부설연구소
5. 기술사회
6. 과학기술정보통신부장관의 허가를 받아 설립된 비영리법인
7. 「특정연구기관 육성법」 규정에 따른 특정연구기관
8. 그 밖에 제1호부터 제7호까지에서 규정한 기관 또는 단체에 준하는 연구개발 활동을 수행한다고 과학기술정보통신부장관이 인정하는 기관 또는 단체

② 제①항 각 호의 어느 하나에 해당하는 자로서 법 제6조(연구기관 등 지원)의 규정에 따른 지정을 받고자 하는 자는 다음 각 호의 서류를 모두 갖추어 과학기술정보통신부장관에게 신청하여야 한다.
1. 법인등기부등본(법인인 경우에 한한다) 1부

2. 사업계획서 1부
3. 연구·기술 인력 및 연구시설 현황 1부

③ 과학기술정보통신부장관은 사업계획서의 적정 여부 등을 판단하기 위하여 필요한 경우에는 관련 자료의 제출을 추가로 요청할 수 있다.

6. 국제협력 및 해외진출의 지원

- 과학기술정보통신부장관 및 관계 중앙행정기관의 장은 비파괴검사기술에 관한 국제협력 및 해외진출을 촉진하기 위하여 비파괴검사업의 등록을 한 자(이하 "사업자"라 한다) 또는 비파괴검사 관련 단체가 행하는 국제협력사업에 필요한 지원을 할 수 있다.
- 과학기술정보통신부장관 및 관계 중앙행정기관의 장은 비파괴검사기술의 경쟁력을 높이기 위하여 외국과의 기술자 상호교류 및 기술자격의 상호인증 등에 필요한 시책을 추진하여야 한다.

대통령령(기술자격의 상호인증 등)

과학기술정보통신부장관은 관계 중앙행정기관의 장과 협의하여 외국과의 기술자격의 상호인증에 관한 다음 각 호의 업무를 추진할 수 있다.

1. 상호인증추진기관의 지정 및 상호인증체계의 구축방안 수립
2. 상호인증에 필요한 기반조성
3. 그 밖에 상호인증업무에 부대되는 업무

7. 비파괴검사기술 정보관리체계의 구축

- 과학기술정보통신부장관은 산업현장에서 비파괴검사기술을 효과적으로 활용하기 위하여 다음 각 호의 정보에 관한 관리체계를 구축하고, 이를 활용하는 조치를 강구하여야 한다.

1) 현재 사용하는 비파괴검사기술, 새로운 비파괴검사기술 및 그 적용방법 등에 관한 정보
2) 비파괴검사기술을 활용하는 산업분야 및 기관 등에 관한 정보
3) 공인된 또는 국제화된 비파괴검사기술의 각종 기준 등에 관한 정보
4) 그 밖의 비파괴검사기술의 진흥과 그 활용에 관한 정보

- 과학기술정보통신부장관은 정보의 관리체계에 관한 시책을 효율적으로 추진하기 위하여 비파괴 검사기술 정보의 관리 등을 전담하는 기관 또는 단체를 지정할 수 있다.

8. 실태조사

- 과학기술정보통신부장관은 진흥계획을 효율적으로 수립·추진하기 위하여 대통령령으로 정하는 바에 따라 비파괴검사기술을 활용하는 산업 등에 대한 실태조사를 할 수 있다.
- 과학기술정보통신부장관은 실태조사를 위하여 필요한 경우에 관련 기업·교육기관·연구기관 및 단체에 대하여 자료의 제출이나 의견의 진술을 요청할 수 있다.
- 자료의 제출이나 의견의 진술을 요청받은 기업 및 기관 등은 특별한 사유가 없는 한 이 에 협조하여야 한다.

대통령령(실태조사의 시기 및 방법 등)

① 과학기술정보통신부장관은 다음 각 호의 사항에 관하여 통계조사·문헌조사·현지조사 등의 방법으로 실태조사를 실시할 수 있다.

1. 비파괴검사에 관한 신기술·신형장비·기술도입 등의 현황
2. 비파괴검사와 관련된 국제규격 및 국제기술의 동향
3. 그 밖에 비파괴검사업의 발전에 관하여 필요한 사항

② 실태조사는 2년마다 실시하되, 필요한 경우 수시로 실시할 수 있다.

9. 사업자에 대한 지원

- 과학기술정보통신부장관은 비파괴검사업의 건전한 발전을 도모하여 공공시설 등의 안전성 증대에 기여할 수 있도록 필요한 경우 사업자를 지원할 수 있다.
- 지원의 대상·요건 및 범위 등에 관하여 필요한 사항은 대통령령으로 정한다.

대통령령(사업자에 대한 지원의 대상 및 범위)

① 지원대상은 비파괴검사업의 등록을 한 자로서 다음 각 호의 어느 하나에 해당하는 자로 한다.

1. 기업부설연구소를 설립한 자로서 원자력발전설비, 가스설비, 중화학시설 또는 다중이용 시설 등 공공시설 등의 안전성 증대를 위하여 신기술 또는 국제기준에 부합하는 기술을 개발하는 자
2. 신기술 또는 국제기준에 부합하는 기술을 실용화하고자 하는 자

② 지원범위는 다음과 같다. 이 경우 제2호의 규정에 따른 지원에 관하여는 「엔지니어링산업 진흥법 시행령」 제18조(엔지니어링기술의 사업화 촉진)를 준용한다.

1. 연구개발비의 지원

2. 연구개발결과의 실용화를 위한 지원
3. 그 밖에 비파괴검사기술의 육성을 위하여 필요한 사항의 지원

10. 비파괴검사업의 등록

- 비파괴검사를 업으로 하고자 하는 자는 기술 인력의 규모 및 장비의 기준 등 대통령령으로 정하는 등록기준을 갖추어 과학기술정보통신부령이 정하는 바에 따라 과학기술정보통신부장관에게 등록하여야 한다. 등록한 사항을 변경할 때에도 또한 같다.
- 과학기술정보통신부장관은 기준에 적합하다고 인정되는 때에는 등록증을 교부하여야 한다.
- 다음 각 호의 어느 하나에 해당하는 자는 비파괴검사업의 등록을 할 수 없다.

1) 피성년후견인 또는 피한정후견인
2) 파산자로서 복권되지 아니한 자
3) 이 법을 위반하여 징역의 실형을 선고받고 그 집행이 종료(집행이 종료된 것으로 보는 경우를 포함한다)되거나 집행이 면제된 날부터 3년이 지나지 아니한 자
4) 이 법을 위반하여 징역형의 집행유예를 받고 그 유예기간 중에 있는 자
5) 이 법을 위반하여 벌금형을 선고받고 1년이 지나지 아니한 자
6) 비파괴검사업의 등록취소를 받은 날부터 2년이 지나지 아니한 자
7) 법인으로서 그 임원 중 제1)호 내지 제6)호의 어느 하나에 해당하는 자가 있는 경우

- 과학기술정보통신부장관은 위 임원의 결격사유 확인에 관한 사무를 수행하기 위하여 불가피한 경우에는 과학기술정보통신부령으로 정하는 바에 따라「개인정보 보호법」제24조(고유식별정보의 처리 제한)에 따른 고유식별정보가 포함된 자료를 처리할 수 있다.

대통령령(등록의 기준)

비파괴검사업의 등록기준

1) 기술인력

기술인력에 관하여는 「엔지니어링산업 진흥법 시행령」 별표 3을 준용한다.

(1) 2011년 4월 30일까지

기술인력	필수기술인력
1. 기술사자격을 가진 사람 2. 기사자격을 가진 사람 3. 산업기사의 자격을 취득한 후 2년 이상 해당 기술분야의 업무를 수행한 경력이 있는 사람 4. 과학기술분야(정보처리부문의 경우에는 과학기술분야 외의 분야를 포함한다)의 학사 이상의 학위를 가진 사람 5. 전문대학의 과학기술분야(정보처리부문의 경우에는 과학기술분야외의 분야를 포함한다)를 졸업한 후 3년 이상 해당기술분야의 업무를 수행한 경력이 있는 사람	1. 기술사자격을 가진 사람 2. 기사의 자격을 취득한 후 7년 이상 해당 기술분야의 업무를 수행한 경력이 있는 사람 3. 산업기사의 자격을 취득한 후 10년 이상 해당 기술분야의 업무를 수행한 경력이 있는 사람 4. 박사를 가진 사람 5. 석사학위를 취득한 후 6년 이상 해당 기술분야의 업무를 수행한 경력이 있는 사람 6. 학사학위를 취득한 후 9년 이상 해당 기술분야의 업무를 수행한 경력이 있는 사람 7. 전문대학을 졸업한 후 12년 이상 해당 기술분야의 업무를 수행한 경력이 있는 사람

비고

1) 엔지니어링사업자로 신고하려는 자는 별표 1(엔지니어링기술) 제1호에 따른 전문분야별로 위 표의 필수기술인력 1명을 포함하여 위 표의 기준을 충족하는 5명 이상을 갖추어야 한다.
2) 위 표의 기술인력 및 필수기술인력은 해당 전문분야별로 별표 2(엔지니어링기술자) 제1호에 따른 국가기술자격자 또는 학력자로서 엔지니어링활동을 전담하는 사람이어야 하며, 「국가기술자격법」에 따라 그 자격이 정지된 사람은 제외한다.
3) 외국인의 경우에는 당사자의 기술자격 또는 학력·경력에 따라 위 표에 상응하는 자격기준에 해당하는 사람으로 본다.
4) 엔지니어링사업자의 신고에 관한 세부기준은 협회가 산업통상자원부장관의 승인을 받아 정한다.

(2) 2011년 5월 1일 이후

사업의 종류	기술인력	사무실	
엔지니어링업	별표 2 제2호가목에 따른 특급기술자 1명 이상을 포함하여 같은 목에 따른 기술계엔지니어링기술자 3명 이상	엔지니어링업을 수행하는 데 필요한 사무실을 보유할 것	엔지니어링활동
엔지니어링컨설팅업	별표 2 제2호가목에 따른 특급기술자 1명 이상	엔지니어링컨설팅업을 수행하는 데 필요한 사무실을 보유할 것	법 제2조제1호가목에 따른 연구, 기획, 자문, 지도

비 고

1) 엔지니어링사업자로 신고하려는 자는 별표 1(엔지니어링기술) 제2호에 따른 전문분야별로 위 표에 따른 신고기준을 갖추어야 한다.
2) 엔지니어링사업자가 별표 1 제2호에 따른 같은 기술부문에 속하는 전문분야를 추가하여 신고하는 경우에는 해당 전문분야에 속하는 고급기술자 이상인 엔지니어링기술자 1명과 초급기술자 2명의 기술인력을 갖추어 신고할 수 있다.
3) 엔지니어링사업자가 별표 2(엔지니어링기술자) 제2호(2013년 1월 1일부터는 별표 2 제3호)에 따른 기술사를 기술인력으로 신고하는 경우에는 특급기술자 1명과 초급기술자 1명을 신고한 것으로 본다.
4) 위 표의 기술인력은 다음의 요건을 모두 갖춘 사람이어야 하며, 「국가기술자격법」에 따라 그 자격이 정지된 사람은 제외한다.
   가) 법 제26조(엔지니어링기술자의 신고)에 따라 신고한 엔지니어링기술자일 것
   나) 해당 기술분야의 별표 2 제2호가목(2013년 1월 1일부터는 별표 2 제3호가목)에 따른 국가기술자격자나 학력자일 것. 이 경우 학력자는 전문대학 이상의 학력을 소지한 자만 해당한다.
   다) 엔지니어링활동을 전담할 것
5) 외국인의 경우에는 당사자의 기술자격 또는 학력·경력에 따라 별표 2 제2호(2013년 1월 1일부터는 별표 2 제3호)에 상응하는 자격기준을 가진 것으로 본다.
6) 2011년 5월 1일 전에 제1호에 따른 기준에 따라 신고한 엔지니어링사업자는 위 표의 엔지니어링업으로 신고한 것으로 보며, 다음 표의 왼쪽 란에 기재된 전문분야로 신고한 자는 다음 표의 오른쪽 란에 기재된 전문분야로 신고한 것으로 본다.

기계제작, 정밀측정, 유체기계, 산업기계, 건설기계, 기계공정설계	일반산업기계
차량, 철도차량	차량
선박설계, 선박건조, 선박기계	조선
항공기계, 항공기관	항공
금속재료, 철야금, 비철야금, 금속가공, 표면처리	금속
발송배전, 건축전기설비	전기설비
전기응용, 전자응용, 전기철도, 공업계측제어, 전자계산기	전기전자응용
정보관리, 전자계산조직응용	정보관리
공업화학, 고분자제품, 세라믹, 화학공장설계, 화학장치설비	화공
방사, 방적, 제포, 염색가공, 생사, 의류	섬유
지하자원개발, 지하자원처리	자원관리
토목구조, 건축구조	구조
토질 및 기초, 지질 및 지반, 탐사	토질·지질
측량 및 지형공간정보	측량·지적
토목품질시험, 건축품질시험	품질시험
건축기계설비, 공조냉동기계	설비
식품, 농화학, 축산, 종자, 산림, 임산가공	농림
해양, 수산양식, 어로, 수산제조	해양
공장관리, 품질관리	생산관리
포장, 제품디자인	포장·제품디자인
산업위생관리, 기계안전, 전기안전, 화공안전, 건설안전, 화약류관리	산업안전
소방설비	소방·방재
원자력발전, 핵연료, 방사선관리	원자력·방사선관리

7) 2011년 5월 1일 당시 제1호에 따른 기준에 따라 법 제21조(엔지니어링사업자의 신고 등)에 따른 엔지니어링사업자의 신고를 한 자는 2011년 10월 31일까지 제2호에 따른 기준을 갖추어 산업통상자원부령으로 정하는 바에 따라 협회에 변경신고를 하여야 한다.

2) 장비

종 목 별	장 비
가. 방사선 비파괴검사	감마선투과검사 장비 5대 이상
나. 초음파 비파괴검사	초음파탐상장치: 1대 이상
다. 자기 비파괴검사	검사장치: 1대 이상
라. 침투 비파괴검사	검사장치: 1대 이상
마. 와전류 비파괴검사	검사장치: 1대 이상
바. 누설 비파괴검사	검사장치: 1대 이상
사. 그 밖의 비파괴검사	검사장치: 1대 이상

※ 비 고

사업자가 등록을 신청한 검사방법별로 필요한 장비에 한하여 장비기준을 적용한다.

과학기술정보통신부령(등록신청 및 등록증)

① 비파괴검사업을 등록하고자 하는 자는 별지 제1호서식(비파괴검사업 등록신청서)의 등록신청서에 다음 각 호의 서류를 첨부하여 협회에 제출하여야 한다.

1. 법인 등기사항증명서 또는 사업자등록증 1부
2. 등록하고자 하는 기술인력의 현황 및 기술인력의 자격을 확인할 수 있는 서류 1부
3. 등록하고자 하는 검사방법 및 장비현황 1부
4. 비파괴검사를 하고자하는 등록기준에 해당하는 경우에는 그 사실을 확인할 수 있는 서류
5. 방사성동위원소 또는 방사선발생장치의 이동사용 허가증(방사선 비파괴검사에 한한다) 사본 1부

② 등록증은 별지 제2호서식(비파괴검사업 등록증)에 의한다.

11. 승계

- 사업자가 그 사업을 양도하거나 사망한 때 또는 법인의 합병이 있는 때에는 그 사업의 양수인·상속인 또는 합병 후 존속하는 법인이나 합병에 따라 설립된 법인은 그 사업자의 지위를 승계한다.

12. 비파괴검사업무 수행의 절차 등

- 사업자는 비파괴검사를 의뢰받은 때에는 검사계획서를 작성하고, 검사가 끝난 때에는 검사결과서를 작성하여 비파괴검사를 의뢰한 자(이하 “발주자”라 한다)에게 제출하여야 한다. 이 경우 검사결과서에는 검사를 실시한 자 및 책임자가 각각 서명하여야 한다.
- 사업자는 검사계획서에 따라 검사업무를 수행하고, 검사에 대한 책임자를 지정하여야

한다.

- 비파괴검사를 실시하는 자(이하 "검사자"라 한다)는 비파괴검사 종목의 기술자격을 취득하거나 대통령령으로 정하는 바에 따라 이에 준하는 자격을 갖추어야 한다.
- 검사계획서 및 검사결과서에 포함될 내용에 관하여 필요한 사항은 대통령령으로 정한다.
- 책임자는 비파괴검사 기술사 또는 과학기술정보통신부령에서 정하는 기술능력과 경험을 갖춘 자로서 다음 각 호의 업무를 수행한다.

1) 검사계획서 및 검사결과서의 작성지원·확인에 관한 사항
2) 해당 비파괴검사 용역에 대한 총괄적인 기술관리에 관한 사항
3) 그 밖에 제1호 및 제2호 업무와 관련하여 과학기술정보통신부장관이 필요하다고 정하는 사항

대통령령(기술자격에 준하는 자격 등)

다음 각 호의 어느 하나에 해당하는 자는 비파괴검사를 실시할 수 있다.

1. 경제협력개발기구(OECD) 회원국가 중 국제표준화기구(ISO)의 비파괴검사관련 규격(ISO9712)을 채택한 기관으로부터 비파괴검사방법과 같은 종목의 기술자격을 취득한 자
2. 방사선 비파괴검사의 경우 다음 각 목의 어느 하나에 해당하는 자
   가. 방사성동위원소취급자일반면허 또는 방사선취급감독자면허를 취득한 자
   나. 방사선작업종사자 교육을 받은 자

대통령령(검사계획서 및 검사결과서의 내용)

검사계획서와 검사결과서에 포함될 내용느 다음과 같다.

1. 검사계획서
   가. 발주자로부터 의뢰받은 검사대상물 및 검사방법별 검사물량
   나. 기술기준 및 한국산업표준의 평가기준
   다. 책임자 및 검사자의 기술자격, 투입 인력 및 장비의 활용계획 등 그 운영에 관한 설명서
   라. 비파괴검사의 방법별 검사절차서(검사기법 등을 포함한다)
   마. 품질보증계획에 관한 설명서
   바. 그 밖에 검사업무수행에 따른 안전관리 등
2. 검사결과서
   가. 검사결과에 관한 종합보고서
   나. 검사방법별 검사절차에 따른 결과 및 증빙 자료
   다. 발주자와 합의한 사항의 이행 결과

라. 그 밖에 품질보증과 관련된 내용이 변경된 경우에는 그 사유

과학기술정보통신부령(책임자의 자격)

"과학기술정보통신부령에서 정하는 기술능력과 경험을 갖춘 자"라 함은 다음 각 호의 어느 하나에 해당하는 자를 말한다.

1. 비파괴검사 분야의 기사자격을 취득한 후 비파괴검사업무를 5년 이상 수행한 자
2. 비파괴검사 분야의 산업기사자격을 취득한 후 비파괴검사업무를 8년 이상 수행한 자

13. 검사자의 교육훈련

- 과학기술정보통신부장관은 검사자의 기술능력의 향상을 위하여 필요한 경우에는 검사자의 교육훈련에 관한 시책을 수립·추진할 수 있다.
- 검사자는 대통령령으로 정하는 바에 따라 과학기술정보통신부장관이 실시하는 기술능력의 향상을 위한 교육훈련을 받아야 한다.
- 검사자를 고용하는 자는 검사자가 교육훈련을 받는데 필요한 경비를 부담하여야 하며, 교육훈련을 이유로 그 검사자에 대하여 불이익한 대우를 하여서는 아니 된다.

대통령령(교육훈련의 구분 등)

① 검사자는 다음 각 호의 교육훈련을 받아야 한다.

1. 기본교육: 검사자로서 갖추어야 할 소양과 비파괴검사 관련 법령 또는 제도 등에 관한 교육
2. 전문교육: 비파괴검사 분야의 전문기술능력의 향상을 위한 교육
3. 관리교육: 비파괴검사의 계획·사업관리·품질보증 등에 관한 교육

② 제①항의 규정에 따른 교육훈련의 종류별 교육대상자 및 교육시간은 별표 2와 같다.

③ 기본교육 또는 전문교육 대상자가 다른 법령에서 정한 비파괴검사 관련 교육을 이수한 경우에는 그 교육시간에 따라 기본교육 또는 전문교육을 면제하거나 제②항의 규정에 따른 교육시간을 감경할 수 있다.

④ 제③항의 규정에 따른 면제 또는 감경의 신청절차에 관하여는 과학기술정보통신부령으로 정한다.

별표 2

교육훈련의 종류별 교육대상 및 교육시간

종 류	교 육 대 상	교육시간
1. 기본교육	가. 등록한 업체에서 처음 근무하는 자 나. 등록한 업체에서 근무하였다가 휴직 또는 퇴직 등으로 검사업무에 종사하지 아니게 된 날부터 3년 이상 경과한 후 다시 근무하는 자	고용된 날부터 6월 이내 24시간 이상
2. 전문교육	등록한 업체에 근무하는 자로서 다음 각 목의 어느 하나에 해당하는 자 가. 기사자격을 취득한 후 5년이 경과하지 아니한 자 나. 산업기사자격을 취득한 후 8년이 경과하지 아니한 자 다. 기능사자격을 취득한 자 라. 기술자격에 준하는 자격에 해당하는 자	매년 12시간 이상
3. 관리교육	등록한 업체에 근무하는 검사자로서 다음 각 목의 어느 하나에 해당하는 자 가. 기술사 나. 기사자격을 취득한 후 5년이 경과한 자 다. 산업기사자격을 취득한 후 8년이 경과한 자	매년 12시간 이상

과학기술정보통신부령(교육훈련의 면제 및 교육시간 감경의 신청)

기본교육 또는 전문교육을 면제받거나 그 교육시간을 감경받고자 하는 자는 다음 각 호의 사항을 확인할 수 있는 서류를 갖추어 협회에 신청하여야 한다.

1. 다른 법령에서 정한 비파괴검사 관련 교육의 이수 여부
2. 이수 과목 및 시간

14. 검사자의 관리

- 검사자를 고용하는 자는 과학기술정보통신부령이 정하는 바에 따라 검사자의 인적사항·기술 자격 및 근무처를 과학기술정보통신부장관에게 보고하여야 한다. 보고한 사항의 변경이 있을 때에도 또한 같다.
- 과학기술정보통신부장관은 과학기술정보통신부령으로 정하는 바에 따라 검사자의 기술자격 등에 관한 기록을 유지하고, 검사자의 신청이 있는 경우에는 경력확인증명서를 발급하여야 한다.

과학기술정보통신부령(검사자의 경력관리

① 비파괴검사업의 등록을 한 자(이하 "비파괴검사업자"라 한다)는 규정에 따라 검사자의 인적사항·기술자격 및 근무처를 비파괴검사업의 등록을 한 날부터 1월 이내에 다음 각 호의 서류를 첨부하여 별지 제3호서식(기술자격 및 경력보고서)에 의하여 협회에 제출하여야 한다. 다만, 비파괴검사업의 등록을 신청할 때에 인적사항·기술자격 및 근무처를 제출한 검사자의 경우에는 그러하지 아니하다.

1. 검사자의 기술자격증 사본 1부
2. 검사자의 과거 경력을 확인할 수 있는 서류(과거 경력을 제출하는 경우에 한한다)

② 비파괴검사업자는 제①항의 규정에 따라 제출된 내용이 변경(근무처의 변경을 제외한다)된 때에는 변경된 내용을 그 사유가 발생한 날부터 1월 이내에 별지 제3호서식에 의하여 협회에 제출하여야 한다.

③ 협회는 제①항 및 제②항의 규정에 따라 제출받은 내용을 검사자경력관리기록부에 기재하여 관리하여야 한다.

④ 경력확인증명서를 발급받고자 하는 자는 별지 제4호서식(경력확인증명서 발급신청서)에 의하여 협회에 신청하여야 한다.

⑤ 협회는 제④항의 규정에 따라 경력확인증명서의 발급을 신청 받은 때에는 별지 제5호서식(경력확인증명서)에 따른 경력확인증명서를 발급하여야 한다.

15. 사업자의 등록취소 등

- 과학기술정보통신부장관은 사업자가 다음 각 호의 어느 하나에 해당하는 때에는 그 등록을 취소하거나 1년 이내의 기간을 정하여 검사업무의 정지를 명할 수 있다. 다만, 제1)호 내지 4)호에 해당하는 때에는 등록을 취소하여야 한다.

1) 거짓 등 부정한 방법으로 등록을 한 때
2) 업무정지기간 중에 검사업무를 수행한 때
3) 등록증을 대여한 때
4) 제11조제3항의 각 호의 어느 하나에 해당하게 된 때. 다만, 임원이 결격사유에 해당하게 된 날부터 6월 이내에 그 임원을 개임한 때에는 그러하지 아니하다.
5) 최근 5년 이내에 2회 이상 업무정지처분을 받고 업무정지 처분사유에 해당하는 행위를 한 때
6) 등록기준에 미달하여 그 시정을 명하였으나, 1월 이내에 시정명령을 이행하지 아니한 때
7) 검사계획서, 검사결과서 작성 절차를 이행하지 아니한 때
8) 자격을 갖추지 아니한 자가 비파괴검사를 실시한 때
9) 책임자가 업무범위를 위반하여 업무를 수행한 때

- 과학기술정보통신부장관은 등록을 취소하고자 하는 경우에는 청문을 실시하여야 한다.
- 행정처분의 기준은 과학기술정보통신부령으로 정한다.

법 제11조제3항

다음 각 호의 어느 하나에 해당하는 자는 비파괴검사업의 등록을 할 수 없다.

1) 피성년후견인 또는 피한정후견인
2) 파산자로서 복권되지 아니한 자
3) 이 법을 위반하여 징역의 실형을 선고받고 그 집행이 종료(집행이 종료된 것으로 보는 경우를 포함한다)되거나 집행이 면제된 날부터 3년이 지나지 아니한 자
4) 이 법을 위반하여 징역형의 집행유예를 받고 그 유예기간 중에 있는 자
5) 이 법을 위반하여 벌금형을 선고받고 1년이 지나지 아니한 자
6) 비파괴검사업의 등록취소를 받은 날부터 2년이 지나지 아니한 자
7) 법인으로서 그 임원 중 제1)호 내지 제6)호의 어느 하나에 해당하는 자가 있는 경우

과학기술정보통신부령(비파괴검사업자에 대한 행정처분의 기준)

① 비파괴검사업자에 대한 행정처분의 기준은 아래 표와 같다.

위반행위별 행정처분기준

구분	위 반 행 위	근거법령	처분내용
1	거짓 등 부정한 방법으로 등록을 한 때	법 제17조 제1항제1호	등록취소
2	업무정지기간 중에 검사업무를 수행한 때	법 제17조 제1항제2호	등록취소
3	등록증을 대여한 때	법 제17조 제1항제3호	등록취소
4	법 제11조제3항 각 호의 어느 하나에 해당하게 된 때. 다만, 임원이 결격사유에 해당하게 된 날부터 6월 이내에 그 임원을 개임한 때에는 그러하지 아니하다.	법 제17조 제1항제4호	등록취소
5	최근 5년 이내에 2회 이상 업무정지처분을 받고 업무정지처분 사유에 해당하는 행위를 한 때	법 제17조 제1항제5호	업무정지 9월
6	등록기준에 미달하여 그 시정을 명하였으나, 1월 이내에 시정명령을 이행하지 아니한 때	법 제17조 제1항제6호	업무정지 3월
7	검사계획서, 검사결과서 작성 절차를 이행하지 아니한 때	법 제17조 제1항제7호	업무정지 6월

구분	위 반 행 위	근거법령	처분내용
8	자격을 갖추지 아니한 자가 비파괴검사를 실시한 때	법 제17조 제1항제8호	업무정지 6월
9	책임자가 업무범위를 위반하여 업무를 수행한 때	법 제17조 제1항제9호	업무정지 3월

※ 비 고
제2호의 "업무정지기간 중에 검사업무를 수행한 때"에는 업무정지기간 중에 단독 또는 다른 비파괴검사업자와 함께 비파괴검사의 계약과정에 참가하거나 자신의 기술인력 또는 검사장비를 다른 비파괴검사업자에게 파견 또는 대여하는 행위를 포함한다.

② 과학기술정보통신부장관은 업무정지처분을 하는 경우에는 위반행위의 동기·내용 및 횟수 등을 참작하여 업무정지기간의 2분의 1의 범위 안에서 이를 가중 또는 감경할 수 있다. 이 경우 가중하는 때에도 업무정지기간은 1년을 초과할 수 없다.

③ 과학기술정보통신부장관은 고의 또는 중과실이 없는 위반행위자가 소상공인에 해당하고, 처분이 업무정지인 경우에는 다음 각 호의 사항을 고려하여 그 처분기준의 100분의 70 범위에서 감경할 수 있다. 다만, 제2항에 따른 감경과 중복하여 적용하지 않는다.

1. 해당 행정처분으로 위반행위자가 더 이상 영업을 영위하기 어렵다고 객관적으로 인정되는지 여부
2. 경제위기 등으로 위반행위자가 속한 시장ㆍ산업 여건이 현저하게 변동되거나 지속적으로 악화된 상태인지 여부

16. 협회의 설립

- 사업자는 비파괴검사업의 건전한 발전과 비파괴검사기술의 진흥 및 검사자의 자질향상을 도모하기 위하여 과학기술정보통신부장관의 인가를 받아 비파괴검사협회(이하 "협회"라 한다)를 설립할 수 있다.
- 협회는 법인으로 하며, 주된 사무소의 소재지에서 설립등기를 함으로써 성립한다.
- 협회가 정관을 변경하는 때에는 과학기술정보통신부장관의 인가를 받아야 한다.
- 협회에 관하여 이 법에 규정하는 것을 제외하고는 「민법」 중 사단법인에 관한 규정을 준용한다.

과학기술정보통신부령(정관변경의 인가신청)

협회는 규정에 따라 정관변경의 인가를 신청하는 경우에는 다음 각 호의 서류를 제출하여야 한다.

1. 변경이유서 1부
2. 개정될 정관(신·구조문대비표를 포함한다) 1부
3. 정관의 변경에 관계되는 총회 또는 이사회의 회의록 1부
4. 기본재산의 처분에 따른 정관변경의 경우에는 처분의 사유, 처분재산의 목록, 처분의 방법 등을 기재한 서류 1부

17. 업무

- 협회는 다음 각 호의 업무를 행한다.

1) 비파괴검사기술에 관한 현황 및 통계의 조사·연구
2) 비파괴검사기술의 진흥을 위한 제도 및 그 개선방안의 연구
3) 비파괴검사기술에 관한 정보의 수집·분석 및 제공
4) 사업자를 위한 공동이용 시설의 설치 및 운영
5) 비파괴검사에 대한 적정한 대가기준에 관한 연구
6) 제1)호부터 제5)호까지에 부대되는 사업으로서 정관으로 정하는 사업
7) 그 밖에 과학기술정보통신부장관이 위탁하는 사무

18. 보고·조사

- 과학기술정보통신부장관은 사업자의 성실한 검사여부 등을 판단하기 위하여 필요한 때에는 사업자에게 과학기술정보통신부령이 정하는 사항을 보고하게 하거나 소속 공무원으로 하여금 사업자의 사무소 또는 검사현장을 조사하게 할 수 있다.
- 과학기술정보통신부장관은 협회의 업무 또는 회계가 법령이나 정관에 위반된다고 인정하는 때에 그 서류나 장부를 소속 공무원으로 하여금 조사하게 할 수 있다.
- 조사하는 공무원은 그 권한을 표시하는 증표를 지니고 이를 관계인에게 내보여야 한다.

과학기술정보통신부령(보고서류)

"과학기술정보통신부령이 정하는 사항"이라 함은 다음 각 호의 사항을 말한다.

1) 발주자로부터 의뢰받아 실시한 비파괴검사의 개요
2) 검사과정 설명서
3) 발주자에게 제출한 검사계획서 및 검사결과서
4) 그 밖에 비파괴검사의 실시와 관련된 자료

19. 행정조치

- 과학기술정보통신부장관은 협회의 업무 또는 회계가 법령이나 정관에 위반된 때에는 필요한 시정조치를 명할 수 있다.
- 협회는 명령을 받은 날부터 1월 이내에 시정조치를 한 후 그 결과를 과학기술정보통신부장관에게 보고하여야 한다.

20. 업무의 위탁

- 과학기술정보통신부장관은 이 법에 따른 업무의 일부를 대통령령으로 정하는 바에 따라 협회에 위탁할 수 있다.

대통령령(업무의 위탁)

과학기술정보통신부장관은 법 제22조(업무의 위탁)의 규정에 따라 법 제18조(협회의 설립)의 규정에 따른 비파괴검사협회에 다음 각 호의 사항에 관한 업무를 위탁한다.

1) 정보관리체계의 구축 및 관리
2) 실태조사
3) 등록·변경등록 신청의 접수
4) 검사자에 대한 교육훈련
5) 검사자의 인적사항·기술사격 및 근무치에 관한 보고의 접수, 기록의 유지 및 경력확인증명서의 발급

21. 비밀누설금지

- 사업자·책임자 및 검사자는 검사업무 수행과정에서 알게 된 비밀을 누설하여서는 아니 된다.

22. 벌칙 적용에서의 공무원 의제

- 과학기술정보통신부장관이 위탁한 업무에 종사하는 협회의 임원 및 직원은 그 업무에 관하여는 형법 제129조(사뢰, 사전수뢰)부터 제132조(알선수뢰)까지의 규정을 적용할 때에는 공무원으로 본다.

23. 벌칙

- 다음 각 호의 어느 하나에 해당하는 자는 2년 이하의 징역 또는 2천만원 이하의 벌금에 처한다.

1. 등록을 하지 아니하거나 거짓 등 부정한 방법으로 등록을 하고 비파괴검사업을 행

한 자

2. 비밀을 누설한 자

24. 양벌규정

- 법인의 대표자나 법인 또는 개인의 대리인·사용인 그 밖의 종업원이 그 법인 또는 개인의 업무에 관하여 위반행위를 하면 그 행위자를 벌하는 외에 그 법인 또는 개인에게도 해당 조문의 벌금을 과한다. 다만 법인 또는 개인이 그 위반행위를 방지하기 위하여 해당 업무에 관하여 상당한 주의와 감독을 게을리하지 아니한 경우에는 그러하지 아니한다.

25. 과태료

- 다음 각 호의 어느 하나에 해당하는 자는 100만원 이하의 과태료에 처한다.

1) 변경등록을 하지 아니하거나 거짓으로 변경등록을 한 사업자
2) 검사결과서를 거짓으로 작성하여 제출한 사업자
3) 교육훈련을 정당한 사유 없이 받지 아니한 자
4) 교육훈련을 받는데 필요한 경비를 부담하지 아니하거나 검사자에게 불이익한 대우를 한 자
5) 보고(변경사항의 보고를 포함한다)를 하지 아니하거나 거짓으로 보고한 자
6) 조사를 거부·방해 또는 기피한 자

- 과태료는 대통령령으로 정하는 바에 따라 과학기술정보통신부장관이 부과·징수한다.

대통령령(과태료의 부과기준)

① 위반해위별 과태료 부과기준은 별표3과 같다.

② 과학기술정보통신부장관은 위반행위의 동기와 그 결과 등을 고려하여 제①항에 따른 과태료 부과금액의 2분의 1 범위에서 가중 또는 감경할 수 있으며, 가중하는 경우 규정에 따른 과태료 금액의 상한을 초과할 수 없다.

별표3 위반행위별 과태료의 부과기준

구분	근거법령	위 반 행 위	과태료금액
1	법 제27조 제1항제1호	법 제11조제1항 후단의 규정에 따른 변경등록을 하지 아니하거나 거짓으로 변경등록을 한 사업자	100만원
2	법 제27조 제1항제2호	법 제13조제1항의 규정에 따른 검사결과서를 거짓으로 작성하여 제출한 사업자	100만원
3	법 제27조 제1항제3호	법 제14조제2항의 규정에 따른 교육훈련을 정당한 사유 없이 받지 아니한 자	50만원
4	법 제27조 제1항제4호	법 제14조제3항의 규정을 위반하여 교육훈련을 받는데 필요한 경비를 부담하지 아니하거나 검사자에게 불이익한 대우를 한 자	100만원
5	법 제27조 제1항제5호	법 제15조제1항의 규정에 따른 보고(변경사항의 보고를 포함한다)를 하지 아니하거나 거짓으로 보고한 자	50만원
6	법 제27조 제1항제6호	법 제20조제1항의 규정에 따른 조사를 거부·방해 또는 기피한 자	100만원

비고: 제3호에서 "정당한 사유"라 함은 천재·지변·질병·입대·해외출장 등 불가피한 사유로 인하여 교육훈련을 받아야 하는 기한 내에 교육훈련을 받지 못하는 경우를 말한다.

제6장 비파괴검사기술의 진흥 및 관리법

객관식

01 대통령령으로 정하는 비파괴검사가 아닌 것은?

① 초음파 비파괴검사 ② 와전류 비파괴검사
③ 양성자 비파괴검사 ④ 육안 비파괴검사

02 비파괴검사기술의 연구개발비를 지원할 수 있는 기관 또는 단체의 지정범위가 아닌 것은?

① 비파괴검사협회 ② 대학·산업대학·전문대학 및 기술대학
③ 기업부설연구소 ④ 영리법인

03 비파괴검사업의 등록을 할 수 없는 자 중 틀린 것은?

① 피성년후견인·피한정후견인
② 파산자로서 복권되지 아니한 자
③ 비파괴검사업의 등록취소를 받은 날부터 1년이 지나지 아니한 자
④ 법을 위반하여 벌금형을 선고받고 1년이 지나지 아니한 자

04 비파괴검사 등록기준 장비가 아닌 것은?

① 방사선 비파괴검사에서 방사선투과검사 장비 5대 이상
② 자기 비파괴검사에서 검사장치 1대 이상
③ 누설 비파괴검사에서 검사장치 2대 이상
④ 와전류 비파괴검사에서 검사장치 1대 이상

정답

1) ③ 2) ④ 3) ③ 4) ③

05 비파괴검사 수행절차에서 검사결과서에 포함될 내용이 아닌 것은?

① 검사결과에 관한 종합보고서
② 검사방법별 검사절차에 따른 과정자료
③ 발주자와 합의한 사항의 이행 결과
④ 그 밖에 품질보증과 관련된 내용이 변경된 경우에는 그 사유

06 비파괴검사자의 교육훈련이 아닌 것은?

① 기본교육　② 전문교육
③ 관리교육　④ 안전교육

07 비파괴검사자의 경력관리가 틀린 것은?

① 검사자의 인적사항·기술자격 및 근무처를 비파괴검사업의 등록을 한 날부터 1월 이내에 협회에 제출
② 비파괴검사업자는 제출된 내용이 변경된 때에는 변경된 내용을 그 사유가 발생한 날부터 15일 이내에 협회에 제출하여야 한다.
③ 협회는 제출받은 내용을 검사자 경력 관리기록부에 기재하여 관리하여야 한다.
④ 경력확인증명서를 발급받고자 하는 자는 협회에 신청하여야 한다.

08 비파괴검사업자의 등록취소 기준이 아닌 것은?

① 거짓 등 부정한 방법으로 등록을 한 때
② 업무정지기간중에 검사업무를 수행한 때
③ 등록 할 수 없는 규정에 해당하게 된 때
④ 등록증을 대여한 때

09 비파괴검사업무 위반행위별 행정처분기준이다. 옳은 것은?

① 최근 5년 이내에 2회 이상 업무정지처분을 받고 업무정지처분 사유에 해당하는 행위를 한 때 – 업무정지 9월
② 등록기준에 미달하여 그 시정을 명하였으나, 1월 이내에 시정명령을 이행하지 아니한 때 – 업무정지 5월
③ 검사계획서, 검사결과서 작성 절차를 이행하지 아니한 때 – 업무정지 3월
④ 책임자가 업무범위를 위반하여 업무를 수행한 때 – 업무정지 1월

정 답

5) ②　6) ④　7) ②　8) ③　9) ①

10 비파괴검사 협회의 업무가 아닌 것은?

① 비파괴검사기술에 관한 현황 및 통계의 조사·연구
② 비파괴검사기술에 관한 정보의 수집·분석 및 제공
③ 사업자를 위한 공동이용 시설의 설치 및 운영
④ 비파괴검사기술에 관한 부대되는 사업으로서 정관이 정하는 사업

11 원자력안전위원회는 법에 따른 업무의 일부를 대통령령으로 정하는 바에 따라 비파괴검사 협회에 위탁할수 없는 경우는?

① 정보관리체계의 구축 및 관리
② 실태조사
③ 허가신청의 접수
④ 검사자에 대한 교육훈련

12 비파괴검사의 벌칙이 아닌 것은?

① 비밀을 누설한자는 2년 이하의 징역
② 비밀을 누설한자는 1천만원 이하의 벌금
③ 등록을 하지 아니하고 비파괴검사업을 행한 자는 2년 이하의 징역
④ 거짓 등 부정한 방법으로 등록을 하고 비파괴검사업을 행한 자는 2천만원 이하의 벌금

13 비파괴검사에서 100만원 이하의 과태료에 처하지 않는 것은?

① 명령을 위반한자
② 변경등록을 하지 아니하거나 거짓으로 변경등록을 한 사업자
③ 교육훈련을 정당한 사유없이 받지 아니한자
④ 조사를 거부·방해 또는 기피한 자

풀이) - 다음 어느 하나에 해당하는 자는 100만원 아하의 과태료에 처한다.
1) 변경등록을 하지 아니하거나 거짓으로 변경등록을 한 사업자
2) 검사결과서를 거짓으로 작성하여 제출한 사업자
3) 교육훈련을 정당한 사유 없이 받지 아니한 자
4) 교육훈련을 받는데 필요한 경비를 부담하지 아니하거나 검사자에게 불이익한 대우를 한 자
5) 보고(변경사항의 보고를 포함한다)를 하지 아니하거나 거짓으로 보고한 자
6) 조사를 거부·방해 또는 기피한 자

정답

10) ④ 11) ③ 12) ② 13) ①

14 비파괴검사의 과태료를 과학기술정보통신부장관이 부과·징수할 경우 대통령령에 속하지 않는 것은?

① 위반행위를 조사·확인한 후 위반사실, 과태료의 금액, 이의제기의 방법 및 기간 등을 서면으로 명시하여 이를 납부할 것을 과태료처분대상자에게 통지하여야 한다.

② 10일 이상의 기간을 정하여 과태료처분대상자에게 구술 또는 서면에 의한 의견진술의 기회를 주어야 한다.

③ 위반행위의 동기와 그 결과 등을 참작하여 과태료부과금액의 2분의 1의 범위 안에서 가중 또는 경감할 수 있다. 이 경우 가중하는 때에도 과태료의 총액은 과태료 규정에 따른 금액을 초과할 수 없다.

④ 과태료의 징수절차는 대통령령으로 정한다.

15 다음 비파괴검사자의 교육훈련중 전문교육의 대상자인 것은?

① 기사자격을 취득한 후 5년이 경과한 자

② 산업기사자격을 취득한 후 8년이 경과한 자

③ 처음 고용된 자

④ 기능사자격을 취득한 자

풀이 - 등록한 업체에 근무하는 자로서 전문교육 대상자는 다음과 같다.
가. 기사자격을 취득한 후 5년이 경과하지 아니한 자
나. 산업기사자격을 취득한 후 8년이 경과하지 아니한 자
다. 기능사자격을 취득한 자
라. 기술자격에 준하는 자격에 해당하는 자

16 비파괴검사를 실시할 수 있는 자가 아닌 것은?

① 경제협력개발기구(OECD) 회원국가 중 국제표준화기구(ISO)의 비파괴검사관련 규격(ISO 9712)을 채택한 기관으로부터 비파괴검사방법과 같은 종목의 기술자격을 취득한 자

② 방사성동위원소취급자일반면허를 취득한 자

③ 방사성동위원소취급자특수면허

④ 방사선 작업종사자 교육을 받은 자

정답

14) ④ 15) ④ 16) ③

부 록

별표 1. 핵종별 규제면제 관련 수량 및 농도
별표 2. 각종 표지
별표 3. 방사능 표지
별표 4. L형 운반물의 방사능 제한값
별표 5. IP형 운반물에 대한 선박운송수단의 방사능 제한값
별표 6. 방사성운반물의 국제연합기준 표시
별표 7. 전용상태가 아닌 화물컨테이너 및 운반수단에 대한 운반지수 제한값
별표 8. 핵임계안전지수 제한값
별표 9. 저준위 비방사능물질 및 표면오염물체에 대한 IP형운반물 기준
별표 10. 판독성능검사의 범주 및 합격기준
별표 11. 방사선 종류별 최소 신청범주
별표 12. 광자에 대한 특성 및 선량환산인자
별표 13. 환경방사선/능 조사 요령
별표 14. 환경방사능 분석을 위한 검출하한치
별표 15. 원자력이용시설 방사선환경영향평가서 초안 작성요령
별표 16. 원자력이용시설 방사선환경영향평가서 작성요령
별표 17. 기록/비치하여야 할 사항
별표 18. 원자력관계사업자등이 보고하여야 할 사항과 보고기한

[별표 1]

핵종별 규제면제 관련 수량 및 농도

원자번호	핵종	최소수량 (Bq)	최소농도 (Bq/g)	원자번호	핵종	최소수량 (Bq)	최소농도 (Bq/g)
제1란	제2란	제3란	제4란	제1란	제2란	제3란	제4란
1	H-3	1×10^9	1×10^6	25	Mn-54	1×10^6	1×10^1
4	Be-7	1×10^7	1×10^3	25	Mn-56	1×10^5	1×10^1
6	C-14	1×10^7	1×10^4	26	Fe-52	1×10^6	1×10^1
8	O-15	1×10^9	1×10^2	26	Fe-55	1×10^6	1×10^4
9	F-18	1×10^6	1×10^1	26	Fe-59	1×10^6	1×10^1
11	Na-22	1×10^6	1×10^1	27	Co-55	1×10^6	1×10^1
11	Na-24	1×10^5	1×10^1	27	Co-56	1×10^5	1×10^1
14	Si-31	1×10^6	1×10^3	27	Co-57	1×10^6	1×10^2
15	P-32	1×10^5	1×10^3	27	Co-58	1×10^6	1×10^1
15	P-33	1×10^8	1×10^5	27	Co-58m	1×10^7	1×10^4
16	S-35	1×10^8	1×10^5	27	Co-60	1×10^5	1×10^1
17	Cl-36	1×10^6	1×10^4	27	Co-60m	1×10^6	1×10^3
17	Cl-38	1×10^5	1×10^1	27	Co-61	1×10^6	1×10^2
18	Ar-37	1×10^8	1×10^6	27	Co-62m	1×10^5	1×10^1
18	Ar-41	1×10^9	1×10^2	28	Ni-59	1×10^8	1×10^4
19	K-40	1×10^6	1×10^2	28	Ni-63	1×10^8	1×10^5
19	K-42	1×10^6	1×10^2	28	Ni-65	1×10^6	1×10^1
19	K-43	1×10^6	1×10^1	29	Cu-64	1×10^6	1×10^2
20	Ca-45	1×10^7	1×10^4	30	Zn-65	1×10^6	1×10^1
20	Ca-47	1×10^6	1×10^1	30	Zn-69	1×10^6	1×10^4
21	Sc-46	1×10^6	1×10^1	30	Zn-69m	1×10^6	1×10^2
21	Sc-47	1×10^6	1×10^2	31	Ga-72	1×10^5	1×10^1
21	Sc-48	1×10^5	1×10^1	32	Ge-71	1×10^8	1×10^4
23	V-48	1×10^5	1×10^1	33	As-73	1×10^7	1×10^3
24	Cr-51	1×10^7	1×10^3	33	As-74	1×10^6	1×10^1
25	Mn-51	1×10^5	1×10^1	33	As-76	1×10^5	1×10^2
25	Mn-52	1×10^5	1×10^1	33	As-77	1×10^6	1×10^3
25	Mn-52m	1×10^5	1×10^1	34	Se-75	1×10^6	1×10^2
25	Mn-53	1×10^9	1×10^4	35	Br-82	1×10^6	1×10^1
36	Kr-74	1×10^9	1×10^2	42	Mo-90	1×10^6	1×10^1
36	Kr-76	1×10^9	1×10^2	42	Mo-93	1×10^8	1×10^3

원자번호	핵종	최소수량 (Bq)	최소농도 (Bq/g)	원자번호	핵종	최소수량 (Bq)	최소농도 (Bq/g)
제1란	제2란	제3란	제4란	제1란	제2란	제3란	제4란
36	Kr-77	1×10^9	1×10^2	42	Mo-99	1×10^6	1×10^2
36	Kr-79	1×10^5	1×10^3	42	Mo-101	1×10^6	1×10^1
36	Kr-81	1×10^7	1×10^4	43	Tc-96	1×10^6	1×10^1
36	Kr-83m	1×10^1	1×10^5	43	Tc-96m	1×10^7	1×10^3
36	Kr-85	1×10^4	1×10^5	43	Tc-97	1×10^8	1×10^3
36	Kr-85m	1×10^1	1×10^3	43	Tc-97m	1×10^7	1×10^3
36	Kr-87	1×10^9	1×10^2	43	Tc-99	1×10^7	1×10^4
36	Kr-88	1×10^9	1×10^2	43	Tc-99m	1×10^7	1×10^2
37	Rb-86	1×10^5	1×10^2	44	Ru-97	1×10^7	1×10^2
38	Sr-85	1×10^6	1×10^2	44	Ru-103	1×10^6	1×10^2
38	Sr-85	1×10^7	1×10^2	44	Ru-105	1×10^6	1×10^1
38	Sr-87	1×10^6	1×10^2	44	Ru-1061	1×10^5	1×10^2
38	Sr-89	1×10^6	1×10^3	45	Rh-103m	1×10^8	1×10^4
38	Sr-901	1×10^4	1×10^2	45	Rh-105	1×10^7	1×10^2
38	Sr-91	1×10^5	1×10^1	46	Pd-103	1×10^8	1×10^3
38	Sr-92	1×10^6	1×10^1	46	Pd-109	1×10^6	1×10^3
39	Y-88	1×10^6	1×10^1	47	Ag-105	1×10^6	1×10^2
39	Y-90	1×10^5	1×10^3	47	Ag-110m	1×10^6	1×10^1
39	Y-91	1×10^6	1×10^3	47	Ag-111	1×10^6	1×10^3
39	Y-91m	1×10^6	1×10^2	48	Cd-109	1×10^6	1×10^4
39	Y-92	1×10^5	1×10^2	48	Cd-115	1×10^6	1×10^2
39	Y-93	1×10^5	1×10^2	48	Cd-115m	1×10^6	1×10^3
40	Zr-931	1×10^7	1×10^3	49	In-111	1×10^6	1×10^2
40	Zr-95	1×10^6	1×10^1	49	In-113m	1×10^6	1×10^2
40	Zr-971	1×10^5	1×10^1	49	In-114m	1×10^6	1×10^2
41	Nb-93m	1×10^7	1×10^4	49	In-115m	1×10^6	1×10^2
41	Nb-94	1×10^6	1×10^1	50	Sn-113	1×10^7	1×10^3
41	Nb-95	1×10^6	1×10^1	50	Sn-125	1×10^5	1×10^2
41	Nb-97	1×10^6	1×10^1	51	Sb-122	1×10^4	1×10^2
41	Nb-98	1×10^5	1×10^1	51	Sb-124	1×10^6	1×10^1
51	Sb-125	1×10^6	1×10^2	55	Cs-136	1×10^5	1×10^1
52	Te-123m	1×10^7	1×10^2	55	Cs-1371	1×10^4	1×10^1
52	Te-125m	1×10^7	1×10^3	55	Cs-138	1×10^4	1×10^1

원자번호	핵종	최소수량 (Bq)	최소농도 (Bq/g)	원자번호	핵종	최소수량 (Bq)	최소농도 (Bq/g)
제1란	제2란	제3란	제4란	제1란	제2란	제3란	제4란
52	Te-127	1×10^{6}	1×10^{3}	56	Ba-131	1×10^{6}	1×10^{2}
52	Te-127m	1×10^{7}	1×10^{3}	56	Ba-133	1×10^{6}	1×10^{2}
52	Te-129	1×10^{6}	1×10^{2}	56	Ba-1401	1×10^{5}	1×10^{1}
52	Te-129m	1×10^{6}	1×10^{3}	57	La-140	1×10^{5}	1×10^{1}
52	Te-131	1×10^{5}	1×10^{2}	58	Ce-139	1×10^{6}	1×10^{2}
52	Te-131m	1×10^{6}	1×10^{1}	58	Ce-141	1×10^{7}	1×10^{2}
52	Te-132	1×10^{7}	1×10^{2}	58	Ce-143	1×10^{6}	1×10^{2}
52	Te-133	1×10^{5}	1×10^{1}	58	Ce-1441	1×10^{5}	1×10^{2}
52	Te-133m	1×10^{5}	1×10^{1}	59	Pr-142	1×10^{5}	1×10^{2}
52	Te-134	1×10^{6}	1×10^{1}	59	Pr-143	1×10^{6}	1×10^{4}
53	I-123	1×10^{7}	1×10^{2}	60	Nd-147	1×10^{6}	1×10^{2}
53	I-125	1×10^{6}	1×10^{3}	60	Nd-149	1×10^{6}	1×10^{2}
53	I-126	1×10^{6}	1×10^{2}	61	Pm-147	1×10^{7}	1×10^{4}
53	I-129	1×10^{5}	1×10^{2}	61	Pm-149	1×10^{6}	1×10^{3}
53	I-130	1×10^{6}	1×10^{1}	62	Sm-151	1×10^{8}	1×10^{4}
53	I-131	1×10^{6}	1×10^{2}	62	Sm-153	1×10^{6}	1×10^{2}
53	I-132	1×10^{5}	1×10^{1}	63	Eu-152	1×10^{6}	1×10^{1}
53	I-133	1×10^{6}	1×10^{1}	63	Eu-152m	1×10^{6}	1×10^{2}
53	I-134	1×10^{5}	1×10^{1}	63	Eu-154	1×10^{6}	1×10^{1}
53	I-135	1×10^{6}	1×10^{1}	63	Eu-155	1×10^{7}	1×10^{2}
54	Xe-131m	1×10^{4}	1×10^{4}	64	Gd-153	1×10^{7}	1×10^{2}
54	Xe-133	1×10^{4}	1×10^{3}	64	Gd-159	1×10^{6}	1×10^{3}
54	Xe-135	1×10^{1}	1×10^{3}	65	Tb-160	1×10^{6}	1×10^{1}
55	Cs-129	1×10^{5}	1×10^{2}	66	Dy-165	1×10^{6}	1×10^{3}
55	Cs-131	1×10^{6}	1×10^{3}	66	Dy-166	1×10^{6}	1×10^{3}
55	Cs-132	1×10^{5}	1×10^{1}	67	Ho-166	1×10^{5}	1×10^{3}
55	Cs-134m	1×10^{5}	1×10^{3}	68	Er-169	1×10^{7}	1×10^{4}
55	Cs-134	1×10^{4}	1×10^{1}	68	Er-171	1×10^{6}	1×10^{2}
55	Cs-135	1×10^{7}	1×10^{4}	69	Tm-170	1×10^{6}	1×10^{3}
69	Tm-171	1×10^{8}	1×10^{4}	82	Pb-2121	1×10^{5}	1×10^{1}
70	Yb-175	1×10^{7}	1×10^{3}	83	Bi-206	1×10^{5}	1×10^{1}
71	Lu-177	1×10^{7}	1×10^{3}	83	Bi-207	1×10^{6}	1×10^{1}
72	Hf-181	1×10^{6}	1×10^{1}	83	Bi-210	1×10^{6}	1×10^{3}
73	Ta-182	1×10^{4}	1×10^{1}	83	Bi-2121	1×10^{5}	1×10^{1}

원자번호	핵종	최소수량 (Bq)	최소농도 (Bq/g)	원자번호	핵종	최소수량 (Bq)	최소농도 (Bq/g)
제1란	제2란	제3란	제4란	제1란	제2란	제3란	제4란
74	W-181	1×10^7	1×10^3	84	Po-203	1×10^6	1×10^1
74	W-185	1×10^7	1×10^4	84	Po-205	1×10^6	1×10^1
74	W-187	1×10^6	1×10^2	84	Po-207	1×10^6	1×10^1
75	Re-186	1×10^6	1×10^3	84	Po-210	1×10^4	1×10^1
75	Re-188	1×10^5	1×10^2	85	At-211	1×10^7	1×10^3
76	Os-185	1×10^6	1×10^1	86	Rn-2201	1×10^7	1×10^4
76	Os-191	1×10^7	1×10^2	86	Rn-2221	1×10^8	1×10^1
76	Os-191m	1×10^7	1×10^3	88	Ra-2231	1×10^5	1×10^2
76	Os-193	1×10^6	1×10^2	88	Ra-2241	1×10^5	1×10^1
77	Ir-190	1×10^6	1×10^1	88	Ra-225	1×10^5	1×10^2
77	Ir-192	1×10^4	1×10^1	88	Ra-2261	1×10^4	1×10^1
77	Ir-194	1×10^5	1×10^2	88	Ra-227	1×10^6	1×10^2
78	Pt-191	1×10^6	1×10^2	88	Ra-2281	1×10^5	1×10^1
78	Pt-193m	1×10^7	1×10^3	89	Ac-228	1×10^6	1×10^1
78	Pt-197	1×10^6	1×10^3	90	Th-2261	1×10^7	1×10^3
78	Pt-197m	1×10^6	1×10^2	90	Th-227	1×10^4	1×10^1
79	Au-198	1×10^6	1×10^2	90	Th-2281	1×10^4	1×10^0
79	Au-199	1×10^6	1×10^2	90	Th-2291	1×10^3	1×10^0
80	Hg-197	1×10^7	1×10^2	90	Th-230	1×10^4	1×10^0
80	Hg-197m	1×10^6	1×10^2	90	Th-231	1×10^7	1×10^3
80	Hg-203	1×10^5	1×10^2	90	Th-nat	1×10^3	1×10^0
81	Tl-200	1×10^6	1×10^1		(Th-232 포함)		
81	Tl-201	1×10^6	1×10^2	90	Th-2341	1×10^5	1×10^3
81	Tl-202	1×10^6	1×10^2	91	Pa-230	1×10^6	1×10^1
81	Tl-204	1×10^4	1×10^4	91	Pa-231	1×10^3	1×10^0
82	Pb-203	1×10^6	1×10^2	91	Pa-233	1×10^7	1×10^2
82	Pb-2101	1×10^4	1×10^1	92	U-2301	1×10^5	1×10^1
92	U-231	1×10^7	1×10^2	95	Am-241	1×10^4	1×10^0
92	U-2321	1×10^3	1×10^0	95	Am-242	1×10^6	1×10^3
92	U-233	1×10^4	1×10^1	95	Am-242m1	1×10^4	1×10^0
92	U-234	1×10^4	1×10^1	95	Am-2431	1×10^3	1×10^0

원자번호	핵종	최소수량 (Bq)	최소농도 (Bq/g)	원자번호	핵종	최소수량 (Bq)	최소농도 (Bq/g)
제1란	제2란	제3란	제4란	제1란	제2란	제3란	제4란
92	U-236	1×10^{4}	1×10^{1}	96	Cm-243	1×10^{4}	1×10^{0}
92	U-237	1×10^{6}	1×10^{2}	96	Cm-244	1×10^{4}	1×10^{1}
92	U-2381	1×10^{4}	1×10^{1}	96	Cm-245	1×10^{3}	1×10^{0}
92	U-nat	1×10^{3}	1×10^{0}	96	Cm-246	1×10^{3}	1×10^{0}
92	U-239	1×10^{6}	1×10^{2}	96	Cm-247	1×10^{4}	1×10^{0}
92	U-240	1×10^{7}	1×10^{3}	96	Cm-248	1×10^{3}	1×10^{0}
92	U-2401	1×10^{6}	1×10^{1}	97	Bk-249	1×10^{6}	1×10^{3}
93	Np-2371	1 × 103	1×10^{0}	98	Cf-246	1×10^{6}	1×10^{3}
93	Np-239	1×10^{7}	1×10^{2}	98	Cf-248	1×10^{4}	1×10^{1}
93	Np-240	1×10^{6}	1×10^{1}	98	Cf-249	1×10^{3}	1×10^{0}
94	Pu-234	1×10^{7}	1×10^{2}	98	Cf-250	1×10^{4}	1×10^{1}
94	Pu-235	1×10^{7}	1×10^{2}	98	Cf-251	1×10^{3}	1×10^{0}
94	Pu-236	1×10^{4}	1×10^{1}	98	Cf-252	1×10^{4}	1×10^{1}
94	Pu-237	1×10^{7}	1×10^{3}	98	Cf-253	1×10^{5}	1×10^{2}
94	Pu-238	1×10^{4}	1×10^{0}	98	Cf-254	1×10^{3}	1×10^{0}
94	Pu-239	1×10^{4}	1×10^{0}	99	Es-253	1×10^{5}	1×10^{2}
94	Pu-240	1×10^{3}	1×10^{0}	99	Es-254	1×10^{4}	1×10^{1}
94	Pu-241	1×10^{5}	1 × 102	99	Es-254m	1×10^{6}	1×10^{2}
94	Pu-242	1×10^{4}	1×10^{0}	100	Fm-254	1×10^{7}	1×10^{4}
94	Pu-243	1×10^{7}	1×10^{3}	100	Fm-255	1×10^{6}	1×10^{3}
94	Pu-244	1×10^{4}	1×10^{0}				

1. 영속평형 상태에 있는 모핵종과 자핵종들의 목록은 다음과 같다.

Sr−90	Y−90
Zr−93	Nb−93m
Zr−97	Nb−97
Ru−106	Rh−106
Cs−137	Ba−137m
Ce−134	La−134
Ce−144	Pr−144
Ba−140	La−140
Bi−212	Tl−208(0.36), Po−212(0.64)
Pb−210	Bi−210, Po−210
Pb−212	Bi−212, Tl−208(0.36), Po−212(0.64)
Rn−220	Po−216
Rn−222	Po−218, Pb−214, Bi−214, Po−214
Ra−223	Rn−219, Po−215, Pb−211, Bi−211, Tl−207
Ra−224	Rn−220, Po−216, Pb−212, Bi−212, Tl−208(0.36), Po−212(0.64)
Ra−226	Rn−222, Po−218, Pb−214, Bi−214, Po−214, Pb−210, Bi−210, Po−210
Ra−228	Ac−228
Th−226	Ra−222, Rn−218, Po−214
Th−228	Ra−224, Rn−220, Po−216, Pb−212, Bi−212, Tl−208(0.36), Po−212(0.64)
Th−229	Ra−225, Ac−225, Fr−221, At−217, Bi−213, Po−213, Pb−209
Th−nat	Ra−228, Ac−228, Th−228, Ra−224, Rn−220, Po−216, Pb−212, Bi−212, Tl−208(0.36), Po−212(0.64)
Th−234	Pa−234m
U−230	Th−226, Ra−222, Rn−218, Po−214
U−232	Th−228, Ra−224, Rn−220, Po−216, Pb−212, Bi−212, Tl−208(0.36), Po−212(0.64)
U−235	Th−231
U−238	Th−234, Pa−234m
U−nat	Th−234, Pa−234m, U−234, Th−230, Ra−226, Rn−222, Po−218, Pb−214, Bi−214, Po−214, Pb−210, Bi−210, Po−210
U−240	Np−240m
Np−237	Pa−233
Am−242m	Am−242
Am−243	Np−239

[별표 2]

각종 표지

구분	표 지 사 항	방사능표지의 크기	표지를 붙일 장소
1. 방사선관리구역(생산·사용·분배·저장·보관·처리·배출·처분) 등 제 시 설(제3조제2항제1호, 제17조, 제19제1항제7호, 제20조제6호,제21조제4호, 제22조제5호, 제23조제5호, 제25조, 제27조제1항제4호, 제28조제5호, 제29조제5호, 제31조, 제33조제1항제5호, 제58조제6호)	부표에 의한 표지(이하 "표지"라 함)의 위에는 "방사선관리구역"이란 글자를, 그 바로 아래에는 "생산시설"·"사용시설"·"분배시설"·"저장시설"·"보관시설"·"처리시설"·"배출시설" 또는 "처분시설" 등을 표시하는 글자를, 표지의 아래에는 "허가없이 들어감을 금함"이란 글자를 기입한다.	반지름 15센티미터 이상	생산시설 및 사용시설 등의 출입구와 방사선관리구역의 경계로 설정된 곳
2. 방사성동위원소 또는 방사선발생장치의 생산실, 사용실 및 작업실(제17조, 제19조제1항제7호, 제25조, 제27제1항제4호, 제31조, 제33조제1항제5호, 제58조제6호)	표지의 위에는 "방사성동위원소생산실", "방사성동위원소사용실"·"방사성동위원소사용작업실"·"방사선발생장치생산실" 또는 "방사선발생장치사용실"이란 글자를 기입한다.	반지름 10센티미터 이상	방사성동위원소생산실·방사성동위원소사용실·방사성동위원소사용작업실·방사선발생장치생산실 또는 방사선발생장치사용실의 출입구 및 그 부근
3. 방사성동위원소의 분배실(제19조제1항제7호, 제27조제1항제4호)	표지의 위에는 "방사성동위원소분배실"이란 글자를 기입한다.	반지름 10센티미터 이상	방사성동위원소 분배실의 출입구 또는 그 부근
4. 방사성동위원소의 저장실(제20조제6호, 제28조제5호)	표지의 위에는 "방사성동위원소저장실"이란 글자를, 표지의 아래에는 "허가없이 접근함을 금함"이란 글자를 기입한다.	반지름 10센티미터 이상	방사성동위원소저장실의 출입구 및 그 부근
5. 오염검사실·처리작업실(제19조제1항제7호, 제22조제5호)	표지의 위에는 "오염검사실" 또는 "폐기작업실"이란 글자를 기입한다.	반지름 10센티미터 이상	오염검사실 또는 폐기작업실의 출입구 또는 그 부근
6. 방사성동위원소의 저장함(제20조제6호, 제28조제5호)	표지의 위에는 "방사성동위원소저장함"이란 글자를, 표지의 아래에는 "허가없이 접근함을 금함"의 글자를 기입한다.	반지름 3센티미터 이상	저장함의 표면

구분	표 지 사 항	방사능표지의 크기	표지를 붙일 장소
7. 방사성동위원소저장시설에 비치한 용기(제20조제6호)	표지의 위에는 "방사성동위원소"의 글자를, 표지의 아래에는 방사성동위원소의 종류와 수량을 기입한다.	반지름 2.5센티미터 이상	용기의 표면
8. 배수설비(제23조제5호)	표지의 위에는 "배수설비"의 글자를, 표지의 아래에는 "허가없이 들어감을 금함"의 글자를 기입한다.	배수정화탱크에는 반지름 10센티미터 이상, 배액처리장치에는 반지름 5센티미터 이상, 배수관에는 반지름 2.5센티미터 이상, 기타의 설비의 주위에 붙이는 표지는 반지름 10센티미터 이상	배수정화탱크의 경우에는 그 표면(배수정화탱크가 매몰되어 있을 경우에는 당해 매몰장소의 지상 또는 바로 위쪽), 배액처리장치 및 배수관의 경우에는 지상에 노출한 부분의 표면과 그 설비의 주위 일대
9. 소각로(제22조제5호)	표지의 위에는 "소각로"의 글자를, 표지의 아래에는 "허가없이 접근함을 금함"의 글자를 기입한다.	반지름 5센티미터 이상	소각로의 주위
10 배기설비(제23조제5호)	표지의 위에는 "배기설비"의 글자를, 표지의 아래에는 "허가없이 접근함을 금함"의 글자를 기입한다.	반지름 5센티미터 이상	배수구 또는 그 부근 및 배기정화장치 배기관의 표면
11. 보관설비 및 보관시설에 비치한 용기(제21조제4호)	표지의 위에는 "방사성폐기물"의 글자를 기입한다.	반지름 2.5센티미터 이상	용기의 표면
12. 방사성동위원소 또는 방사성동위원소에 의한 오염물 비치장소(영 제136조제1항제3호라목)	표지의 위에는 "방사성오염물"의 글자를, 표지의 아래에는 "허가없이 접근함을 금함"의 글자를 기입한다.	반지름 10센티미터 이상	비치장소의 주위
13. 방사성폐기물을 보관·처리·저장·배출·처분하는 경우 표면 방사선량률이 위원회가 정하는 수치를 초과하는 경우(제85조제1항제3호, 제86조제1항제2호, 제87조제9호다목)	표지의 위에는 "방사성폐기물"의 글자를, 표지 아래에는 폐기하는 사업자의 성명·폐기물의 수량·방사성물질의 농도 및 정리번호 등을 기입한다.	반지름 5센티미터 이상	방사성폐기물의 표면

비고: 1. 방사능표지의 크기를 위 표의 반지름기준에 맞추어 정하기가 곤란하다고 인정되는 때에는 당해 반지름기준을 적용하지 아니할 수 있다.

2. 위 표에서 "반지름"이라 함은 부표의 5R의 크기를 말한다.

[부표]

표지의 예시도

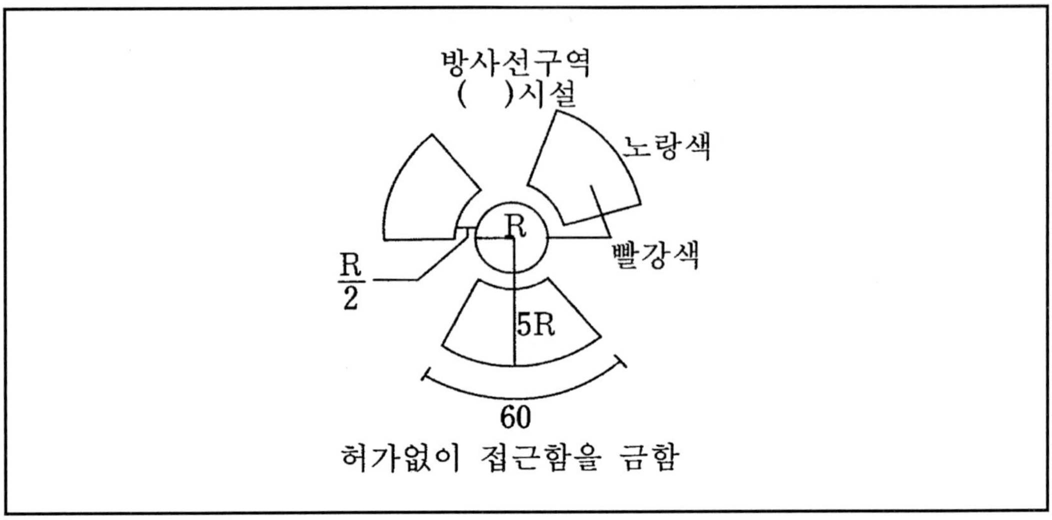

[별표 3]

방사능표지

[부표 1] 방사능표지의 규격

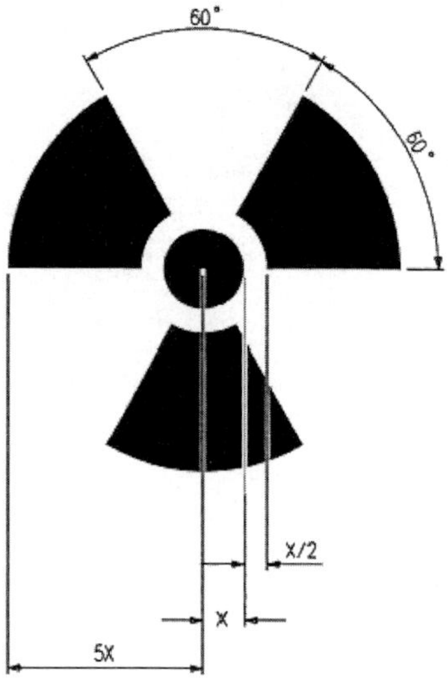

[부표 2] 제1종 백색 운반표지 (5/100)

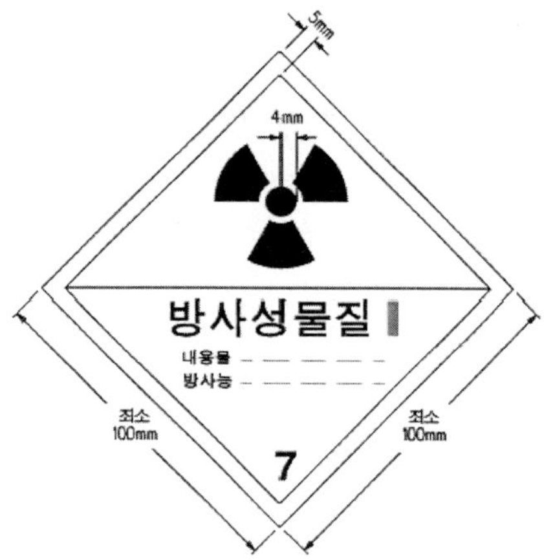

[부표 3] 제2종 황색 운반표지 (5/100)

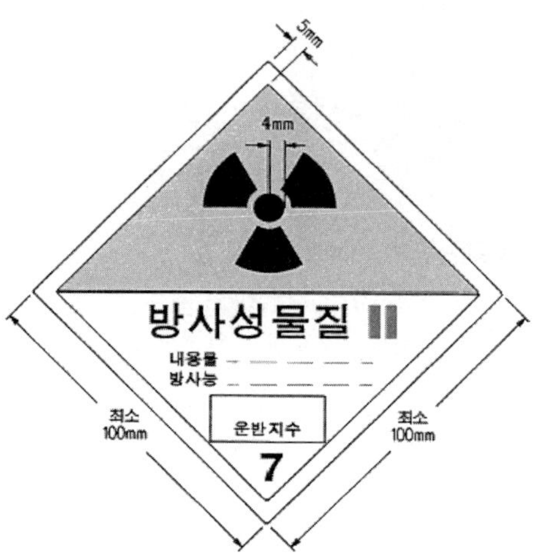

[부표 4] 제3종 황색 운반표지 (5/100)

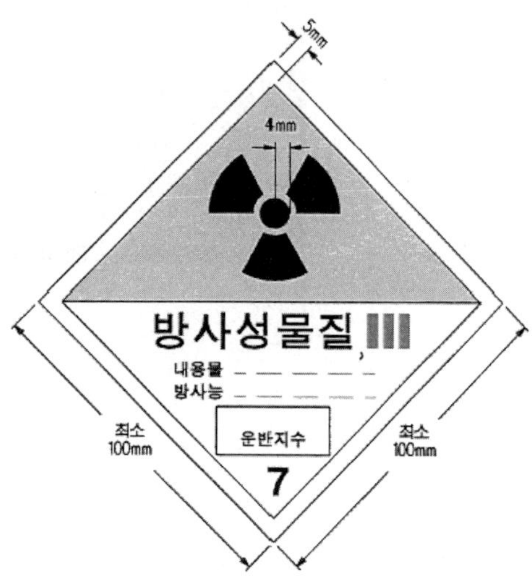

[부표 5] 핵임계안전 운반표지 (5/100)

[부표 6] 차량용 운반표지 (5/250)

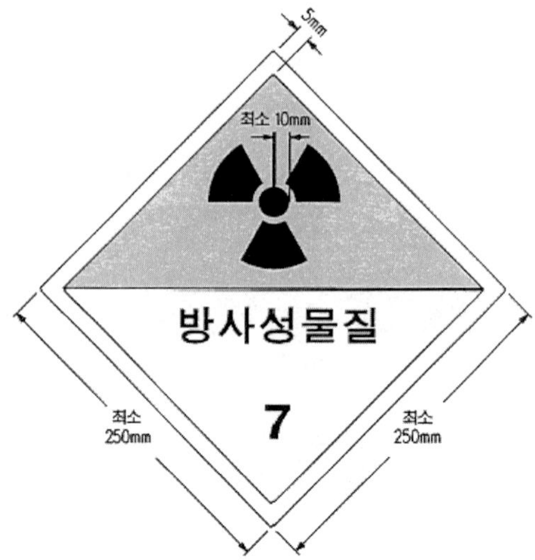

[부표 7] 국제연합 번호(UN No.) 운반표지 (10/300x120)

(바탕: 주황색, 나머지: 검정색, ★: 번호 4자리수)

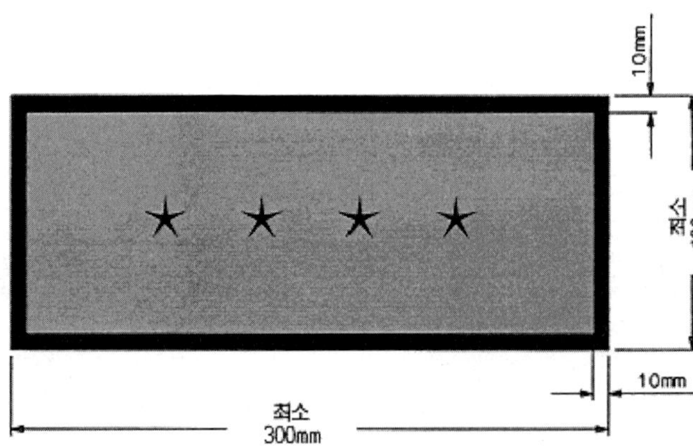

[별표 4]

L형 운반물의 방사능 제한값

내용물의 물리적 상태	기구 또는 품목		방사성물질
	품목 제한값	운반물 제한값	운반물 제한값
1란	2란	3란	4란
고 체: 특수형방사성물질	10^{-2} A_1	A_1	10^{-3} A_1
특수형 이외의 것	10^{-2} A_2	A_2	10^{-3} A_2
액 체	10^{-3} A_2	10^{-1} A_2	10^{-4} A_2
기 체: 삼중수소	2×10^{-2} A_2	2×10^{-1} A_2	2×10^{-2} A_2
특수형방사성물질	10^{-3} A_1	10^{-2} A_1	10^{-3} A_1
특수형 이외의 것	10^{-3} A_2	10^{-2} A_2	10^{-3} A_2

[별표 5]

IP형 운반물에 대한 선박 운반수단의 방사능 제한값

물질의 특성	해양	내수로
제1종 저준위 비방사능물질	제한값 없음	제한값 없음
제2종 및 제3종 저준위 비방사능물질(비가연성 고체)	제한값 없음	100 A_2
제2종 및 제3종 저준위 비방사능물질(가연성 고체, 액체 및 기체)	100 A_2	10 A_2
표면오염물체	100 A_2	10 A_2

[별표 6]

방사성운반물의 국제연합기준 표시

국제연합 번호	운반명/설명[주1)]
L형운반물	
UN2908	**방사성물질, L형운반물 - 빈 운반용기**
UN2909	**방사성물질, L형운반물 - 천연우라늄, 감손우라늄** 또는 **천연토륨으로 제조한 물품**
UN2910	**방사성물질, L형운반물 - 물질제한량**
UN2911	**방사성물질, L형운반물 - 기구** 또는 **품목**
저준위비방사능물질	
UN2912	**방사성물질, 저준위비방사능(LSA-I)**, 비핵분열성 또는 핵분열성 면제[주2)]
UN3321	**방사성물질, 저준위비방사능(LSA-II)**, 비핵분열성 또는 핵분열성 면제[주2)]
UN3322	**방사성물질, 저준위비방사능(LSA-III)**, 비핵분열성 또는 핵분열성 면제[주2)]
UN3324	**방사성물질, 저준위비방사능(LSA-II), 핵분열성**
UN3325	**방사성물질, 저준위비방사능(LSA-III), 핵분열성**
표면오염물체	
UN2913	**방사성물질, 표면오염물체(SCO-I** 또는 **SCO-II)**, 비핵분열성 또는 핵분열성 면제[주2)]
UN3326	**방사성물질, 표면오염물체(SCO-I** 또는 **SCO-II), 핵분열성**
A형운반물	
UN2915	**방사성물질, A형운반물**, 비특수형, 비핵분열성 또는 핵분열성 면제[주2)]
UN3327	**방사성물질, A형운반물, 핵분열성**, 비특수형
UN3332	**방사성물질, A형운반물, 특수형**, 비핵분열성 또는 핵분열성 면제[주2)]
UN3333	**방사성물질, A형운반물, 핵분열성**
B(U)형운반물	
UN2916	**방사성물질, B(U)형운반물**, 비핵분열성 또는 핵분열성 면제[주2)]
UN3328	**방사성물질, B(U)형운반물, 핵분열성**
B(M)형운반물	
UN2917	**방사성물질, B(M)형운반물**, 비핵분열성 또는 핵분열성 면제[주2)]
UN3329	**방사성물질, B(M)형운반물, 핵분열성**
C형운반물	
UN3323	**방사성물질, C형운반물**, 비핵분열성 또는 핵분열성 면제[주2)]
UN3330	**방사성물질, C형운반물, 핵분열성**

국제연합 번호	운반명/설명[주1)]
특별조치승인운반물	
UN2919	**방사성물질, 특별조치승인운반물**, 비핵분열성 또는 핵분열성 면제[주2)]
UN3331	**방사성물질, 특별조치승인운반물, 핵분열성**
육불화우라늄 — 부차적 위험으로 부식성(국제연합 Class 8)도 함께 적용	
UN2977	**방사성물질, 육불화우라늄, 핵분열성**
UN2978	**방사성물질, 육불화우라늄**, 비핵분열성 또는 핵분열성 면제[주2)]

주1) '운반명'은 '운반명 및 설명' 열의 굵은 글자이며, 작은 글자인 "또는"으로 구분하는 UN2909, UN2911, UN2913, UN3326의 경우 관련된 운반명만을 사용하여야 한다.

주2) '핵분열성 면제'는 제91조제1항제3호에 해당함

[별표 7]

전용상태가 아닌 화물컨테이너 및 운반수단에 대한 운반지수 제한값

화물컨테이너 또는 운반수단의 형태	화물컨테이너 또는 운반수단에 대한 운반지수의 합계에 대한 제한값
화물컨테이너 - 소형화물컨테이너[1] - 대형화물컨테이너[2]	 50 50
차 량	50
항공기 - 여객 - 화물	 50 200
내륙수로용 선박	50
해상용 선박[3] (1) 선창, 방수격실, 지정갑판구역 : - 운반물, 덧포장, 소형화물컨테이너[1] - 대형화물컨테이너[2] (2) 선박 전체 : - 운반물, 덧포장, 소형화물컨테이너[1] - 대형화물컨테이너[2]	 50 200 200 제한없음

주 1. 화물컨테이너 중 내부의 부피가 3세제곱미터 이하인 것을 말한다.
2. 화물컨테이너 중 내부의 부피가 3세제곱미터를 초과하는 것을 말한다.
3. 제125조제3항에 따라 전용으로 운반하는 운반물 또는 덧포장은 이를 차량에 적재한 상태로 선박을 이용하여 운반할 수 있다.

[별표 8]

핵임계안전지수 제한값

형 태	핵임계안전지수 제한값	
	전용운반이 아닌 경우	전용운반인 경우
화물컨테이너 - 소형화물컨테이너[1] - 대형화물컨테이너[2]	 50 50	 해당없음 50
차 량	50	100
항공기 - 여객 - 화물	 50 50	 해당없음 50
내륙수로용 선박	50	100
해상용 선박[3] (1) 선창, 방수격실, 지정갑판구역 : - 운반물, 덧포장, 소형화물컨테이너[1] - 대형화물컨테이너[2] (2) 선박 전체 : - 운반물, 덧포장, 소형화물컨테이너[1] - 대형화물컨테이너[2]	 50 50 200[4] 제한없음[4]	 100 100 200[5] 제한없음[5]

주 1. 화물컨테이너 중 내부의 부피가 3세제곱미터 이하인 것을 말한다.
2. 화물컨테이너 중 내부의 부피가 3세제곱미터를 초과하는 것을 말한다.
3. 제125조제3항에 따라 전용으로 운반하는 운반물 또는 덧포장은 이를 차량에 적재한 상태로 선박을 이용하여 운반할 수 있다.
4. 화물은 그 중 어떠한 그룹이라도 해당 그룹의 핵임계안전지수의 합이 50을 초과하지 않도록 취급 및 적재되어야 하고, 그룹 간에는 최소 6미터의 거리를 유지하여야 한다.
5. 화물은 그 중 어떠한 그룹이라도 해당 그룹의 핵임계안전지수의 합이 100을 초과하지 않도록 취급 및 적재되어야 하고, 그룹 간에는 최소 6미터의 거리를 유지하여야 한다. 서로 다른 두 그룹 사이에는 제98조(보고·검사 등)제1항을 고려하여 다른 일반 화물을 적재할 수 있다.

[별표 9]

저준위 비방사능물질 및 표면오염물체에 대한 IP형 운반물 기준

방사성 내용물	IP형 운반물	
	전용상태	전용상태가 아닌 것
제1종 저준위 비방사능물질: 고체	IP-1형 운반물	IP-1형 운반물
액체	IP-1형 운반물	IP-2형 운반물
제2종 저준위 비방사능물질: 고체	IP-2형 운반물	IP-2형 운반물
액체 및 기체	IP-2형 운반물	IP-3형 운반물
제3종 저준위 비방사능물질 :	IP-2형 운반물	IP-3형 운반물
제1종 표면오염물체	IP-1형 운반물	IP-1형 운반물
제2종 표면오염물체	IP-2형 운반물	IP-2형 운반물

[별표 10]

판독성능검사의 범주 및 합격기준

성능검사 범주	조사범위	성능 기준					
		$H_p(10)$			$H_p(0.07)$		
		L	$\|B\|$	S	L	$\|B\|$	S
Ⅰ. 고선량, 저에너지 광자 M150	0.1-2Sv	0.3	-	-	-	-	-
Ⅱ. 고선량, 고에너지 광자 ^{137}Cs의 γ선	0.1-1Sv	0.3	-	-	-	-	-
Ⅲ. 저에너지 광자[1] M30, M60, M100, M150, H150	0.3-100mSv	0.5	0.35	0.35	0.5	0.35	0.35
Ⅳ. 고에너지 광자 ^{137}Cs의 γ선	0.3-100mSv	0.5	0.35	0.35	-	-	-
Ⅴ. 베타, $^{90}Sr/^{90}Y$, ^{204}Tl	1.5-100mSv	-	-	-	0.5	0.35	0.35
Ⅵ. 광자 혼합 방사선장 Ⅲ 및 Ⅳ항의 혼합	0.5-50mSv	0.5	0.35	0.35	0.5	0.35	0.35
Ⅶ. 베타 - 광자 혼합 방사선장 Ⅳ 및 Ⅴ항의 혼합	2-50mSv	0.5	0.35	0.35	0.5	0.35	0.35
Ⅷ. 중성자 - 광자 혼합 방사선장[2]	1.5-50mSv	0.5	0.35	0.35	-	-	-

주: 1) M30, M60, M100, M150, H150 및 ^{137}Cs의 특성 및 선량환산인자는 별표 12와 같음

2) 두께 0.051 cm Cd에 둘러싸인 반경 15 cm 구형의 D_2O에 의해 감속된 ^{252}Cf 핵분열 중성자와 ^{137}Cs의 γ선과의 혼합 방사선장

[별표 11]

방사선 종류별 최소 신청범주

성능검사 범주	방사선 종류			
	감마	X-선	베타	중성자
Ⅰ. 고선량, 저에너지 광자 M150		○		
Ⅱ. 고선량, 고에너지 광자 ^{137}Cs의 γ선	○			○
Ⅲ. 저에너지 광자[1) M30, M60, M100, M150, H150		○	○	○
Ⅳ. 고에너지 광자 ^{137}Cs의 γ선	○			○
Ⅴ. 베타, $^{90}Sr/^{90}Y$, ^{204}Tl			○	
Ⅵ. 광자 혼합 방사선장 Ⅲ 및 Ⅳ 항의 혼합	○	○		○
Ⅶ. 베타-광자 혼합 방사선장 Ⅳ 및 Ⅴ항의 혼합		○	○	
Ⅷ. 중성자 - 광자 혼합 방사선장[2]				○

[예시] X-선에 대한 최소신청 범주는 Ⅰ, Ⅲ, Ⅵ 및 Ⅶ에 대한 4개 범주임

주: 1) M30, M60, M100, M150, H150의 특성 및 선량환산인자는 별표12와 같음

2) 두께 0.051 cm Cd에 둘러싸인 반경 15 cm 구형의 D_2O에 의해 감속된 ^{252}Cf 핵분열 중성자와 ^{137}Cs의 γ선과의 혼합 방사선장

[별표 12]

광자에 대한 특성 및 선량환산인자[1)

방 사 선 원							선량환산인자[2]	
선원코드	부가필터(mm)[3]			반가층(HVL)[4] (mm Al)	균질계수[4] (1st HVL/ 2nd HVL)	평균에너지 (keV)	$C_{k,d}$	$C_{k,s}$
	Al	Cu	Sn					
M30	0.5			0.36	0.64	20	0.42	1.02
M60	1.51			1.68	0.68	34	1.00	1.21
M100	5.0			5.03	0.73	51	1.52	1.49
M150	5.0	0.25		10.25	0.89	70	1.78	1.64
H150	4.0	4.0	1.51	17.0	1.0	117	1.71	1.62
^{137}Cs						662	1.21	1.21

1) ANSI N13.11-1993 Revised(1995)에 제시된 값이며, X-선에 대하여는 1R = 0.876 rad(공기커마), ^{137}Cs에 대하여는 1R = 0.878 rad(공기커마)을 적용한다.

2) 선량환산인자($C_{k,d}$, $C_{k,s}$)의 단위는 Sv/Gy(혹은 rem/rad)이며, $H_P(10) = C_{k,d} \times K_a$, $H_S(0.07) = C_{k,s} \times K_a$이다($K_a$는 공기커마).

3) M30 X-선은 1 mm Be, 그 외의 X-선은 3 mm Be의 내장필터를 포함한다.

4) 다른 종류의 X-선 발생장치를 사용하는 경우, 반가층은 5% 이내, 균질계수는 10% 이내로 유지되어야 한다.

[별표 13]

환경방사선/능 조사 요령

가. 조사 항목 및 주기의 선정

구분	조사항목		조사주기	
	환경매체	감시핵종	채취빈도	분석빈도
방사선	환경방사선	공간감마선량률	연속감시	월 1회
		집적선량(TLD)		분기 1회
육상시료	공 기	전베타, ^{14}C, ^{131}I, U, 감마동위원소	연속채취	월 1회
	공기중 수분	^{3}H		월 2회
	식수 / 지하수	^{3}H, U, 감마동위원소	분기 1회	분기 1회
	빗물 / 지표수	전베타, ^{3}H, U, 감마동위원소	월 1회	월 1회
	표층 토양	^{90}Sr, Pu, U, 감마동위원소	연 2회	연 2회
	하천토양	U, 감마동위원소	분기 1회	분기 1회
	농산물	^{3}H, ^{14}C, ^{90}Sr, U, 감마동위원소	수확기	연 2회
	육 류	^{14}C, 감마동위원소	연 2회	연 2회
	우 유	^{3}H, ^{90}Sr, ^{129}I, ^{131}I, 감마동위원소	월 1회	월 1회
		^{14}C		분기 1회
	지표 생물	^{90}Sr, 감마동위원소	연 2회	연 2회
해양시료	해 수	전베타, 3H	주 1회	월 1회
		^{90}Sr, Pu, 감마동위원소		분기 1회
	해저퇴적물	^{90}Sr, Pu, 감마동위원소	연 2회	연 2회
	어·패류	^{90}Sr, Pu, 감마동위원소	연 2회	연 2회
	해조류	^{90}Sr, ^{99}Tc, ^{129}I, ^{131}I, 감마동위원소	연 2회	연 2회

나. 조사지점의 선정

구 분	조 사 지 점
환경방사선	① 환경방사선의 연속감시 또는 주기적인 측정지점은 해당시설로부터의 거리, 풍향, 인구 밀도 등을 고려하여 선정하되, 인구 밀집지역을 우선 선정한다. ② 환경방사선 측정장소는 지각방사선을 고려하여 지표 1 m 높이에서 측정하는 것을 원칙으로 하며 일반토양 또는 개활지 잔디밭 위에서의 측정을 한다.
육 상 시 료	① 시설을 중심으로 거리와 방위별로 균등하게 안배하되 지역의 기상자료, 지역특성, 대기확산평가 등을 고려하여 오염의 가능성이 높은 지역을 우선적으로 선정한다. ② 조사항목, 지리적 특성, 시료채취 가능성 등을 고려하여 최적의 채취지점을 선정한 후 동일지점에서 채취해야 한다.
해 양 시 료	① 해수의 유동을 고려하여 오염의 가능성이 높은 지역을 우선적으로 선정한다. ② 취수구 및 배수구를 조사지점에 포함시킨다. ③ 해양의 이용현황(어장, 양식장, 휴양지 등)을 고려하여 선정한다.
비 교 지 점	① 최소 풍하지역, 청정해역, 해당시설로부터의 거리 등을 고려하여 해당시설로 인한 영향이 없을 것으로 예상되는 지역으로 선정한다. ② 각 환경조사항목마다 1개지점 이상의 비교지점을 둔다.

[별표 14]

환경방사능 분석을 위한 검출하한치

구 분	공 기 (Bq/㎥)	물 (Bq/L)	토 양 (Bq/kg-dry)	우 유 (Bq/L)	농축산물 (Bq/kg-fresh)	해 수 (Bq/L)	수산생물 (Bq/kg-fresh)	해저퇴적물 (Bq/kg-dry)
전β	3×10^{-4}	0.15	–	–	–	3	–	–
^{3}H	0.1	5	–	5	5*	5	–	–
^{14}C**	0.25	–	–	–	0.25	–	–	–
^{51}Cr	5×10^{-3}	1	15	1	3	5×10^{-2}	6	15
^{54}Mn	8×10^{-5}	0.5	2	0.2	1	5×10^{-3}	2	2
^{58}Co	3×10^{-4}	5×10^{-2}	2	0.2	1	5×10^{-3}	2	2
^{60}Co	8×10^{-5}	2×10^{-2}	2	0.2	1	5×10^{-3}	2	2
^{59}Fe	5×10^{-4}	3×10^{-2}	5	0.5	2	5×10^{-3}	3	5
^{65}Zn	5×10^{-4}	5×10^{-2}	5	0.5	2	2×10^{-2}	3	5
^{90}Sr	5×10^{-6}	1×10^{-3}	0.5	0.1	0.1	1×10^{-3}	0.1	0.5
$^{95}Zr-Nb$	5×10^{-4}	0.5	5	0.3	0.5	6×10^{-3}	1	5
^{99}Tc	2×10^{-4}	1	0.1	–	5×10^{-3}	–	–	0.1
^{106}Ru	–	5×10^{-2}	15	–	–	–	1	15
^{129}I	5×10^{-2}	–	1×10^{-2}	0.5	2×10^{-5}	1	–	1×10^{-2}
^{131}I	1×10^{-2}	0.1	3	0.2	0.5	0.1	1	1.5
^{134}Cs	8×10^{-5}	8×10^{-3}	5	0.2	0.1	3×10^{-3}	0.1	5
^{137}Cs	8×10^{-5}	8×10^{-3}	5	0.2	0.1	3×10^{-3}	0.1	5
$^{140}Ba-La$	0.1	10	70	10	2	0.1	5	70
^{238}U	3×10^{-6}	0.1	20	–	5×10^{-2}	–	–	–
$^{239+240}Pu$	2×10^{-6}	2×10^{-4}	0.1	–	1×10^{-3}	5×10^{-6}	1×10^{-3}	0.1

*) 식품 중 ^{3}H 단위: Bq/L (조직자유수중 ^{3}H 농도 기준)

**) ^{14}C의 단위: Bq/g-C

주1) 지표생물에 대한 검출하한치는 식품류에 준한다.

주2) 위 검출하한치는 환경조사계획에서 정한 감시핵종에만 적용한다.

주3) 하천토양의 경우 해저퇴적물에 대한 검출하한치를 적용한다.

[별표15]

원자력이용시설 방사선환경영향평가서 초안 작성요령

항목	기술요령
1. 건설계획의 개요	
1.1 건설의 필요성	◦ 원자력이용시설 건설의 배경, 목적, 필요성 등을 기술한다.
1.2 환경영향평가 실시근거	◦ 환경영향평가를 실시하는 관계법령과 근거규정을 기술한다.
1.3 사업의 추진 경위	◦ 평가서초안 제출시까지의 관계법령에 의한 추진경위를 각 절차별로 추진일정 및 주요내용을 기술한다. ◦ 평가서 제출완료 후부터 최종 운영관리 단계까지의 관계법령에 의한 인·허가 절차, 향후 추진계획 등을 간략히 기술한다.
1.4 건설계획	◦ 명칭, 소재지, 사업시행자, 시설의 제원, 기존 원자력이용시설, 주요설비, 건설내용 등 전반적인 원자력이용시설의 건설계획을 개략적으로 기술한다.
1.5 해당부지 선정 이유	◦ 해당부지를 원자력이용시설 부지로 선정한 과정 및 이유를 기술한다.
2. 환경현황	
2.1 부지의 현황	◦ 부지의 위치, 소유지 및 시설의 경계선, 제한구역 경계선 등을 기술하고 필요한 도면을 첨부한다.
2.2 토지이용	◦ 비상계획구역내의 토지이용 현황, 농 축산물의 생산현황 및 각각의 이용면적과 장래 계획면적을 기술하고, 필요한 도면을 첨부한다.
2.3 해양이용	◦ 비상계획구역 거리내의 해양이용 현황, 주요 어장 및 양식장에서 생산되는 수산물의 생산현황, 수상활동과 장래 계획 등을 기술하고, 필요한 도면을 첨부한다.
2.4 기상 및 대기 확산	◦ 지역기후, 부지기상관측계획 및 관측결과, 비상계획구역내의 정상가동시 및 사고시 방사성물질의 대기이동·확산을 평가하여 기술하고, 필요한 도면을 첨부한다.
2.5 수문 및 수문 확산	◦ 지표수 지하수 현황과 비상계획구역내 방사성물질의 수문 이동 확산을 평가하여 기술하고, 필요한 도면을 첨부한다.
2.6 해황 및 해양 확산	◦ 방사성물질의 해양확산 평가에 필요한 해황 및 비상계획구역내 방사성물질의 해양이동 확산을 평가하여 기술하고, 필요한 도면을 첨부한다.

항목	기술요령
2.7 인구	◦ 비상계획구역내의 인구분포현황, 유동인구, 장래의 추정인구 등을 기술하고, 필요한 도면을 첨부한다.
2.8 환경방사선/능 현황	◦ 비상계획구역내의 환경방사선/능 배경준위(background level)를 조사하여 기술하고, 필요한 도면을 첨부한다.
3. 시설의 현황	◦ 시설의 외관, 방사성폐기물 처리계통, 기타 방사선과 관련되는 주요시설에 대해서 개략적으로 기술하고, 관련도면을 첨부한다 ◦ 방사선 관련 계통으로부터 유출되는 방사선원을 평가하여 기술한다.
4. 건설로 인한 영향	◦ 현재 운영중인 원자력이용시설의 주변에서 건설활동이 이루어질 경우, 그 원자력이용시설로부터의 방사선원을 기술하고 이로 인하여 건설작업자가 받게 될 피폭선량을 평가하여 기술한다. ◦ 피폭선량은 최대 개인피폭선량과 집단선량으로 계산한다. ◦ 피폭선량계산시 사용된 계산모델 및 방법을 기술한다.
5. 운영으로 인한 영향	
5.1 피폭경로	◦ 인간 및 주요 생물상에 대한 직·간접 피폭경로를 기술하고 피폭경로도를 제시한다.
5.2 피폭선량평가	
5.2.1 기체경로를 통한 피폭	◦ 기체경로를 통해 제한구역경계를 포함한 비상계획구역내의 개인이 받게 될 전신, 갑상선 및 기타 주요기관의 연간 최대피폭선량을 계산하여 기술한다. ◦ 비상계획구역내의 거주집단에 대한 연간 전신피폭선량을 계산하여 기술한다. ◦ 계산에 사용된 모델 및 입력자료를 기술한다.
5.2.2 액체경로를 통한 피폭	◦ 기체경로를 통한 피폭과 동일한 방법으로 기술한다.
5.2.3 원자력관계 시설로 부터의 직접피폭 항목	◦ 직접피폭으로 인하여 제한구역경계를 포함한 비상계획구역내의 개인이 받게 될 연간 최대 외부피폭선량을 계산하여 기술한다. ◦ 계산에 사용된 모델 및 입력자료를 기술한다.
5.2.4 피폭선량 요약	◦ 원자력이용시설 운영중 시설관련 모든 피폭원으로부터 비상계획구역내의 집단이 받게 되는 연간 피폭선량을 요약하고 필요시 도표를 이용한다. ◦ 계산된 최대 개인피폭선량과 관계기준치와 비교 평가한다. ◦ 동일 부지내에 해당 원자력이용시설을 포함한 다수의 원자력이용시설을 건설 운영할 경우에는 이들 전체의 원자력이용시설에 의하여 받는 피폭선량을 계산하고 관계기준치와 비교 평가한다.

항목	기술요령
6. 사고로 인한 영향	
6.1 사고의 가정	◦ 원자력이용시설의 운영 중 발생 가능한 사고를 유형별로 가정한다. ◦ 가정된 사고유형별 발생확률을 평가한다. ◦ 중대사고는 평가대상에서 제외한다.
6.2 방사선원	◦ 가정된 사고 유형별 방사선원을 기술한다. ◦ 방사선원의 결정시 사용된 가정을 기술한다.
6.3 평가방법	◦ 피폭선량계산에 사용되는 계산모델 및 입력자료를 기술한다.
6.4 피폭선량평가	◦ 가정된 사고 유형별로 제한구역경계를 포함한 비상계획구역내의 적정거리에 위치한 개인이 받게 될 최대개인피폭선량을 계산하여 기술한다. ◦ 비상계획구역내의 집단 전신피폭선량을 계산하여 기술한다.
7. 환경감시계획	◦ 환경현황자료를 근거로 하여 운영전 환경감시계획을 기술한다. ◦ 운영전 환경감시계획을 근거로 하여 운영으로 인하여 영향을 받게 될 환경항목에 대한 운영중 환경감시계획을 기술한다.
8. 종합평가	◦ 예상되는 환경영향 및 대책을 종합적으로 검토하여 해당 사업의 당위성에 대한 최종 결론적인 평가를 기술한다.
9. 기타	◦ 평가서초안의 열람에 참고가 될 수 있는 다음 사항을 기술한다. - 평가서초안 작성 참여기관 및 참여자. - 평가서초안 작성에 소요된 기간. - 기타 참고사항 등.
10. 참고문헌	◦ 평가서초안 작성에 이용된 참고문헌을 기재한다.
부록1: 요약문	◦ 사업계획, 환경영향평가결과 등을 종합적으로 요약한다.
부록2: 용어해설	◦ 초안에 사용된 전문용어에 대하여 일반인이 이해할 수 있도록 해설을 한다.

[별표 16]

원자력이용시설 방사선환경영향평가서 작성요령

1.원자력발전소 방사선환경영향평가서 작성요령

항목	기술 사항	기 술 요 령
1. 건설계획의 개요		
1.1 건설의 필요성		◦발전소 건설 배경, 목적, 필요성 등을 기술한다.
1.2 환경영향평가 실시근거		◦환경영향평가를 실시하는 관계법령과 근거규정을 기술한다.
1.3 사업의 추진 경위		◦평가서 제출시까지의 관계법령에 의한 추진경위를 각 절차별로 추진일정 및 주요내용을 기술한다. ◦평가서의 제출시부터 최종 운영관리단계까지의 관계법령에 의한 인·허가 절차, 향후 추진계획 등을 간략히 기술한다.
1.4 건설계획	1.4.1 명칭	◦전반적인 발전소건설계획을 개략적으로 기술한다.
	1.4.2 소재지	◦부지 위치 및 행정구역을 기술하고 이를 명시한 행정구역도를 첨부한다. ◦소유지 경계신, 제한구역 경계선 및 부지면적을 도면으로 표시하여 상호관계를 기술한다.
	1.4.3 사업시행자	
	1.4.4 발전소 제원	◦원자로형, 사용연료의 종류 및 연간 사용량, 최대열출력 및 최대 전기출력, 연간 발전 가능량 등 건설계획중인 발전소의 개략적인 제원을 기술한다.
	1.4.5 예비율	◦장기전력수급계획에 의한 예비율을 기술한다.
	1.4.6 기존 원자력 관계시설	◦부지내 기존 발전소 또는 원자력관계시설이 존재할 경우에는 이들의 제원을 간략히 기술한다.
	1.4.7 주요설비	◦발전소 주요 설비의 종류 및 용량을 기술한다.
	1.4.8 건설내용	◦공사장소, 공사방법 및 규모 등에 대하여 기술한다. ◦건설 기간, 비용, 투입 인력, 예상 가동수명 등에 대하여 기술한다.

항목	기술 사항	기 술 요 령
1.5 해당부지 선정이유		◦해당부지를 발전소부지로 선정한 과정 및 이유를 기술한다.
2. 환경현황		
2.1 부지현황	2.1.1 부지위치	◦부지의 위치, 중요한 지형지물 및 행정구역에 관하여 기술한다. ◦백지도 및 지형도를 첨부한다.
	2.1.2 부지구역	◦설명에 필요한 도면을 첨부한다. ◦소유지 경계선, 발전소 경계선, 제한구역 경계선 등의 상호관계를 상세히 기술한다. ◦부지내 주요 시설물별 점유면적을 기술한다.
2.2 토지이용	2.2.1 토지이용 현황	◦부지 반경 10km이내의 용도별 지목별 현재 토지 이용정도 및 장래의 토지이용계획을 기술하고 최근 특수한 변화양상에 대하여 기술한다. ◦제한구역 경계선, 발전소 경계선, 소유지 경계선 및 토지이용현황을 나타낸 토지이용도를 첨부한다.
	2.2.2 축산물의 생산	◦부지반경 80km 이내의 가축에 대하여 방목기간, 사료유형 등을 기술하고, 10km이내의 가축의 종류 및 수, 목장, 양계장 등의 위치를 기술한다. ◦반경 2, 4, 6, 8, 10, 20km의 동심원을 16방위별로 분할하고 각 구획내의 연간 종류별 육류 및 우유생산량을 기술한다. ◦반경 20km부터 80km사이에 15km간격의 동심원에 대하여 위와 같은 방법으로 분할하고 생산량을 기술한다. ◦현재의 축산·낙농지 이용면적 및 장래의 계획면적을 기술한다.
	2.2.3 농산물의 생산	◦부지 반경 10km 이내의 채소밭 종류별 분포 및 면적을 기술한다. ◦축산물의 기술방식에 따라 거리에 따른 종류별 농작물의 생산량을 기술한다. ◦현재의 농경지 이용면적과 장래 계획면적을 기술한다.
2.3 해양이용	2.3.1 해양이용 현황	◦부지 반경 80km 이내의 어항, 어장, 양식장 등의 분포현황 및 이용계획을 기술하고, 최근의 특수한 변화양상에 대하여 기술한다. ◦부지 반경 80km 이내의 해수욕장 등 여가시설의 분포현황을 기술한다. ◦설명에 필요한 도면을 첨부한다.
	2.3.2 수산물의 생산	◦부지반경 80km 이내의 주요어장, 양식장 등에서 생산되는 수산물의 종류별 생산량을 기술한다.

항목	기술 사항	기 술 요 령
		◦ 수산물의 생산량은 자급용 및 상업용으로 구분하여 기술한다.
	2.3.3 수상활동	◦ 부지반경 80km 이내 해양에서의 수산업 활동, 여가활동 등에 대하여 기술한다. ◦ 연령별, 활동별 연간 수상활동시간을 기술한다. ◦ 수상활동에 참여하는 연인원을 기술한다.
2.4 기상 및 대기 확산	2.4.1 지역기후	◦ 부지 주변의 기후를 개략적으로 기술한다. ◦ 과거 30년 이상 부지인근의 지방기상대에서 관측한 다음 국지 기상자료를 조사하고 이를 분석 정리하여 제시한다. – 기온, 강수량, 습도(월별 평균, 년·월 최고 및 최저기온) – 풍향, 풍속(16방위별 년·월 평균풍속 및 월 최대풍속, 년·월 평균풍향 발생빈도, 탁월풍, 정온 발생빈도 등) – 적설량, 일사량, 운량 등 – 안개 발생빈도, 지속시간 등
	2.4.2 부지기상	◦ 관측방법, 관측기기 설치 교정 및 보수, 자료분석 절차 등을 포함한 부지 기상관측계획을 기술한다. ◦ 부지에서 최소한 최근 1년 이상 관측한 다음의 기상자료 를 제시한다. – 기온, 강수량, 습도(월별 평균, 년·월 최고 및 최저기온) – 풍향, 풍속(16방위별 년·월 평균풍속 및 월 최대풍속, 년·월 평균 풍향발생빈도, 탁월풍, 정온 발생빈도 등) – 역전층의 출현고도 및 출현빈도, 대기혼합고 등 – 안개 발생빈도, 지속시간 등 – 대기안정도 및 그에 따른 계절별, 년별 풍향 및 풍속의 분포.
	2.4.3 정상 운영시 대기확산	◦ 반경 80km 이내의 지형도를 첨부한다. ◦ 발전소 운영시 배출되는 기체상 유출물의 농도평가에 사용된 계산모델, 컴퓨터 코드, 계산방법, 모델의 가정조건, 정확성 및 한계성 등을 기술한다. ◦ 제한구역경계, 최근접 주민거주지역 및 인구분포 조사시 거리별 및 방위별로 구분된 구역내 연평균대기확산인자(χ/Q) 및 침적비(D/Q)를 기술한다.
	2.4.4 사고시 대기확산	◦ 발전소 사고시 배출되는 기체상 유출물의 농도평가에 사용된 계산모델, 컴퓨터 코드, 계산방법, 모델의 가정조건, 정확성 및 한계성 등을 기술한다. ◦ 사고경과 시간 및 방향별로 제한구역경계, 저인구지대 외곽경계에서 사고시 대기확산인자(χ/Q)를 기술한다. ◦ 반경 10km 이내의 방위별 지형종단면도를 첨부한다.

항목	기술 사항	기 술 요 령
2.5 수문 및 수문 확산	2.5.1 지표수 현황	◦ 사업의 수행으로 인하여 영향을 미칠 것으로 예상되는 지표수계에 대하여 다음 조사자료에 도표를 첨부하여 제시한다. – 하천의 위치, 유역면적 등 유하 특성자료 – 저수지의 위치, 유역면적 등 저수지 특성자료
	2.5.2 지하수 현황	◦ 사업의 수행으로 인하여 영향을 미칠 것으로 예상되는 지하수계에 대하여 다음 조사자료에 도표를 첨부하여 제시한다. – 주요 대수층 및 지하매질의 특성자료(저류계수, 투수량 계수, 수리 전도도, 공극률, 핵종별 흡착계수 등) – 지하수의 유향, 유속 및 계절별 수위변화 자료 – 지하수의 이용현황 자료
	2.5.3 수문확산	◦ 발전소에서 배출되는 유출물의 농도평가에 사용된 계산모델, 컴퓨터 코드, 계산방법, 모델의 가정조건, 정확성 및 한계성 등을 기술한다. ◦ 발전소에서 배출되는 유출물의 환경내 이동확산에 대하여 기술한다. ◦ 부지 주변의 지하수 배출지점 및 이용지점의 거리, 이동시간, 희석인자를 도표를 포함하여 기술한다.
2.6 해황 및 해양 확산	2.6.1 해황	◦ 조사항목의 조사기간, 위치 및 정점, 관측기기 등에 대하여 기술한다. ◦ 연안을 따라 반경 16km 이내에서 조사한 다음의 자료를 관련 도표를 첨부하여 제시한다. – 해류, 조석, 조류, 취송류의 특성자료 – 해수의 연직구조 자료, 물질확산 특성자료 – 수심도를 포함한 해저, 해안지형 자료 – 부유퇴적물 및 해저퇴적물의 특성자료
	2.6.2 해양확산	◦ 발전소 정상 및 비정상 운영시 배출되는 액체상 유출물의 농도평가에 사용된 계산모델, 컴퓨터 코드, 계산방법, 모델가정조건, 모델의 입력조건, 경계조건 및 한계성 등을 기술한다. ◦ 정상 및 비정상 운영시 배출되는 액체상 유출물에 대해 연안을 따라 반경 80km 이내에서의 희석 및 침적인자를 계절별로 평가하여 분포도 및 주요지점별 도표를 포함하여 기술한다. ◦ 연안을 따라 반경 80km 이내의 주요 어항, 해수욕장, 양식장, 어장, 제한구역경계 등 주요지점의 거리, 이동시간, 거주민의 활동시간 등을 기술한다.
2.7 인구	2.7.1 인구분포	◦ 부지반경 80km 이내의 총인구수, 인구밀도, 인구밀집 지역 등을 기술한다. ◦ 연령별 성별 산업별 인구 구성현황을 기술한다.

항목	기술 사항	기 술 요 령
	2.7.1.1 20km 이내의 상주인구	◦ 원자로를 중심으로 한 반경 2, 4, 6, 8, 10 및 20km의 동심원을 16방위로 분할하여 연령군별로 인구수를 도표를 포함하여 기술한다. ◦ 원자로를 중심으로 반경 20km 이내의 주요 인구밀집지대를 나타내는 지도를 첨부한다.
	2.7.1.2 20~80 km 사이의 상주인구	◦ 원자로를 중심으로 하여 반경 20km부터 80km까지 15km 간격으로 위와 같은 방법으로 분할하고 연령군별로 인구수를 도표를 포함하여 기술한다.
	2.7.1.3 유동 인구	◦ 원자로 중심 반경 20km 이내의 유동인구의 계절별 및 월별 변화인구를 기술한다.
	2.7.2 인구추정	◦ 최근의 인구조사자료를 이용하여 발전소가동 첫해의 추정인구 및 발전소 수명기간 중 매 10년마다의 추정인구를 거리별, 방향별로 도표를 포함하여 기술한다. ◦ 인구추정은 최신의 인구추계 기법과 인구의 자연증감 및 사회적 증감율을 이용하여 예측한다.
2.8 환경방사선/능 현황	2.8.1 환경 방사선	◦ 발전소를 신규 부지에 건설하고자 할 때는 주변지역의 환경방사선 배경준위(background level)를 조사하여 기술한다. ◦ 발전소를 기존 원자력이용시설이 운영되고 있는 부지에 건설하고자 할 때에는 다음 사항을 조사하여 기술한다. - 부지 반경 20km 이내의 주요 지점 및 비교 지점의 환경방사선 준위 - 1년 이상 연속 측정한 환경방사선 자료분석결과에 의한 기초준위(base-line level) 설정
	2.8.2 환경 방사능	◦ 발전소를 신규 부지에 건설하고자 할 때는 주변지역의 환경방사능 배경준위(background level)를 조사하여 기술한다. ◦ 발전소를 기존 원자력이용시설이 운영되고 있는 부지에 건설하고자 할 때는 다음 사항을 조사하여 기술한다. - 부지반경 20km 이내의 주요 지점 및 비교 지점의 환경방사능 준위를 조사 기술한다. - 1년 이상 측정한 환경방사능 자료를 분석하여 기초준위(base-line level)로 설정한다.
3. 발전소의 현황 3.1 외관		◦ 발전소 경계선을 포함한 건물의 배치도를 첨부하여 기술한다. ◦ 액체 및 기체 폐기물의 배출지점을 기술하고 건물 배치도에 표시한다.
3.2 원자로와 증기-전기 계통		◦ 원자로, 터빈발전기에 대하여 유형, 용량 혹은 출력 등을 기술한다.

항목	기술 사항	기 술 요 령
		◦ 사용연료에 대하여 상세히 기술한다.
3.3 연료저장시설		◦ 연료저장 냉각계통, 정화계통 및 배기계통의 흐름도를 제시한다. ◦ 연료저장고의 용량을 기술한다. ◦ 연료교체시 물 재고의 관리에 대해 기술하고 보충수의 근원을 제시한다.
3.4. 방사성 폐기물 처리계통	3.4.1 기체방사성폐기물 처리계통	◦ 연료교체 후 연료저장고의 수중 방사성물질의 농도를 추정한다. ◦ 정상가동중과 연료교체시에 연료저장고의 물표면에서 증발되어 기체로 유출되는 유출물의 유출량을 추정한다. ◦ 기체방사성폐기물 처리계통을 설명한다.
	3.4.1.1 폐기물 처리계통	◦ 기체폐기물 처리계통의 흐름도를 첨부한다. ◦ 계속 사용되는 시설과 특수한 경우에만 사용되는 시설을 기술한다. ◦ 부지내의 다른 원자로 등과 공용되는 시설 또는 배출지점을 공유하는 시설을 기술한다. ◦ 처리설비와 구성기기의 용량을 기술한다. ◦ 체류시간, 감쇄, 저장용량 등 저장계통에 대하여 기술한다.
	3.4.1.2 방사성 물질의 처리	◦ 기체방사성폐기물의 수거, 처리, 취급, 저장 및 배출 등에 대하여 기술한다. ◦ 처리계통으로 유입되는 출처별 기체폐기물의 추정량, 배출율, 계획된 제염계수 및 체류시간등을 기술한다.
	3.4.2 액체방사성폐기물 처리계통	◦ 액체 방사성폐기물의 처리계통을 설명한다.
	3.4.2.1 폐기물 처리계통	◦ 액체폐기물 처리계통의 흐름도를 첨부한다. ◦ 독립적으로 사용되는 설비와 부지내의 다른 원자로와 공용되는 설비를 별도로 기술한다. ◦ 저장탱크의 용량, 계통의 유량율 및 각 구성 설비의 설계용량을 기술한다.
	3.4.2.2 방사성 물질의 처리	◦ 액체 방사성폐기물의 수거, 처리, 취급, 저장 및 배출 등에 대하여 기술한다. ◦ 처리계통으로 유입되는 출처별 액체폐기물의 추정량, 배출율, 계획된 제염계수, 체류시간 등을 기술한다.

항목	기술 사항	기 술 요 령
	3.4.3 고체방사성 폐기물 처리계통	◦고체 방사성폐기물의 처리계통을 설명한다.
	3.4.3.1 폐기물 처리계통	◦고체폐기물 처리계통의 흐름도를 첨부한다. ◦고체 방사성폐기물 처리계통이 부지내의 다른 원자로와의 공용여부에 대하여 기술한다. ◦포장된 고체폐기물의 저장시설을 설명한다. ◦처리계통의 구성별 용량을 기술한다. ◦액체 방사성폐기물을 고형화시키는 설비 및 운전방법에 대하여 기술한다.
	3.4.3.2 방사성 물질의 처리	◦고체 방사성폐기물의 취급, 저장 및 수송을 위한 포장 등에 대하여 기술한다. ◦포장된 고체폐기물의 종류 및 이의 저장중 붕괴에 대하여 기술한다. ◦출처별 고체폐기물의 예상 발생량 및 방사능량을 도표로 표시하여 기술한다.
	3.4.4 유출물 감시	
	3.4.4.1 유출물의 배출지점	◦운전시 배출되는 유출물의 경로를 기술한다. ◦연속측정에 의한 감시와 시료채취 분석에 의하여 감시되고 있는 배출지점은 별도로 기술한다. ◦감시되는 지점들을 표시한 도면을 첨부한다.
	3.4.4.2 감시기기	◦유출물 감시기기의 설치지점, 종류, 기능, 동작특성을 기술한다. ◦유출물 감시기기의 경보 설정치, 경고 표시장치, 경고음 등과 경보 발생시의 조치사항에 대하여 기술한다.
	3.4.4.3 시료채취	◦유출물의 환경 방출전 시료채취방법, 주기 및 분석방법에 대하여 기술한다.
3.5 방사선원	3.5.1 방사선능의 출처	◦정상 운전시 및 예상되는 비정상 운전시 기체, 액체 및 고체 방사성폐기물 처리계통으로 유입되는 방사성핵종의 출처를 기술한다. ◦선원계산에 사용된 방사화 부식생성물의 농도를 추정하고 추정시 사용된 가정에 대하여 기술한다.

항목	기술 사항	기 술 요 령
		◦ 냉각계통에서의 냉각수 등의 방사화현상에 대하여 기술한다. ◦ 원자로냉각재내 방사성동위원소의 출처 및 각각의 농도를 기술한다.
	3.5.2 방사능 환경유출	◦ 방사능이 환경으로 유출될 가능성이 있는 경우를 기술한다. ◦ 각 유출원에 대해 방사성기체와 입자, 특히 방사성 옥소의 누출량을 추정하고 유출경로 및 이동방식을 기술한다. ◦ 배기계통이 설비된 건물등으로의 유출율을 추정한다.
	3.5.3 기체상 방사선원	◦ 기체상으로 배출되는 방사성물질의 핵종별 배출량 및 배출농도를 기술한다. ◦ 배출고도, 배출속도, 배출온도를 기술하고 배출지점을 명시한다. ◦ 참조 발전소가 있을 경우, 참조 발전소의 운전실적을 분석하여 연간 평균배출량을 기술한다.
	3.5.4 액체상 방사선원	◦ 액체상으로 배출되는 방사성물질의 핵종별 배출량 및 배출농도를 기술한다. ◦ 참조 발전소가 있을 경우, 참조 발전소의 운전실적을 분석하여 연간 평균배출량을 기술한다.
4. 건설로 인한 영향		◦ 현재 운영중인 원자력이용시설의 수변에서 건설활동이 이루어질 경우, 그 원자력이용시설로부터의 방사선원을 기술하고 이로 인하여 건설작업자가 받는 피폭선량을 평가 기술한다. ◦ 피폭선량은 최대 개인피폭선량과 집단선량으로 계산한다. ◦ 피폭선량계산시 사용된 계산모델 및 방법을 기술한다.
5. 운영으로 인한 영향 5.1 피폭경로		◦ 인간 및 주요 생물상에 대한 직 간접 피폭경로를 기술하고 피폭경로도를 제시한다.
5.2 피폭선량 평가	5.2.1 기체경로를 통한 피폭	◦ 기체경로를 통해 제한구역경계에 위치한 개인이 받게 될 연간 최대 피폭선량을 계산 기술한다. ◦ 부지 반경 80km 이내의 거주집단에 대한 연간 집단 피폭선량을 계산 기술한다. ◦ 계산에 사용된 모델 및 입력자료를 기술한다.
	5.2.2 액체경로를 통한 피폭	◦ 액체경로를 통해 제한구역경계에 위치한 개인이 받게 될 연간 최대피폭선량을 계산 기술한다. ◦ 부지 반경 80km 이내의 거주집단에 대한 연간 집단 피폭선량을 계산 기술한다. ◦ 계산에 사용된 모델 및 입력자료를 기술한다.

항목	기술 사항	기 술 요 령
	5.2.3 발전소 시설로부터의 직접 피폭	◦ 직접 피폭으로 인하여 제한구역경계에 위치한 개인이 받게될 연간 최대 외부피폭선량을 계산하여 기술한다. ◦ 계산에 사용된 모델 및 입력자료를 기술한다.
	5.2.4 피폭선량 요약	◦ 발전소 운영중 발전소 관련 모든 피폭원으로부터 그 지역의 집단인이 받게 되는 연간 피폭방사선량을 요약하고 필요시 도표를 이용한다. ◦ 계산된 최대 개인피폭선량과 관련 기준치와 비교 평가한다. ◦ 동일 부지내에 당해 발전소를 포함한 다수의 원자력이용시설을 건설 운영할 경우에는 이들 전체의 원자력이용시설에 의하여 받는 피폭선량을 계산하고 관련 기준치와 비교 평가한다.
6. 사고로 인한 영향		
6.1 사고의 가정		◦ 발전소 운영중 발생 가능한 사고를 유형별로 가정하고 가정된 사고유형별 발생확률을 평가한다. ◦ 중대사고는 평가대상에서 제외한다.
6.2 방사선원		◦ 가정된 사고 유형별 방사선원을 기술한다. ◦ 방사선원의 결정시 사용된 가정을 기술한다.
6.3 평가방법		◦ 피폭선량계산에 사용되는 계산모델 및 입력자료를 기술한다.
6.4 피폭선량 평가		◦ 가정된 사고 유형별로 제한구역경계에서의 최대 개인 피폭선량을 계산하여 기술한다. ◦ 부지 반경 80km 이내의 집단 피폭선량을 계산하여 기술한다.
6.5 주민보호 대책		◦ 주민보호를 위한 비상계획의 개요, 조직개요, 주민보호활동개요(보호조치, 통보, 행동요령, 대피 및 소개 등), 환경감시계획 등을 기술한다.
7. 환경감시계획		
7.1 운영전 환경감시		◦ 발전소의 운영중 환경영향평가의 기준이 되는 발전소 운영전의 기초자료(base-line data)를 근거로 하여 발전소건설로 인한 실제의 환경영향평가를 위한 환경감시계획을 기술한다. ◦ 항목별 측정 위치, 주기, 방법, 절차 등과 같은 기술적 사항에 대하여 기술한다.
7.2 운영중 환경감시		◦ 운영전 환경감시계획을 근거로 하여 발전소 운영으로 인하여 영향을 받게 될 환경항목에 대한 발전소의 운영중 환경감시계획을 기술한다. ◦ 항목별 측정 위치, 주기, 방법, 절차 등과 같은 기술적 사항에 대하여 기술한다.

항목	기술 사항	기 술 요 령
8. 주민의견수렴		
8.1 의견수렴 개요		◦ 주관 시장·군수·구청장(2개 이상의 행정구역에 걸치는 사업의 경우, 관계 시장·군수·구청장을 포함)을 기재한다. ◦ 공람(공청회를 실시한 경우 이를 포함) 장소 및 일시를 기재한다. ◦ 의견을 제시한 주민의 직업, 성명, 주소 및 기관명을 기재한다.
8.2 의견수렴 결과		◦ 공람 및 공청회로 구분하여 평가항목별 의견제출자(기관), 의견요지, 반영여부(미반영사유), 반영쪽수 등의 순으로 도표를 이용하여 기술한다. ◦ 주관 시장·군수·구청장으로부터 통보받은 평가서초안 공람결과 통지서사본과 주민공고사본 및 공청회등 기타 주민의견수렴 관련 첨부자료를 부록으로 제시한다.
9. 종합평가		◦ 예상되는 환경영향 및 대책을 종합적으로 검토하여 해당사업의 당위성에 대한 결론적 평가를 기술한다.
10. 기타		◦ 기타 평가서 검토에 참고가 될 수 있는 다음 사항들을 기술한다. – 평가서작성 참여기관 및 참여자 – 평가서작성에 소요된 기간 – 기타 참고사항 등
11. 참고문헌		◦ 평가서 작성에 이용된 참고문헌을 기재한다.
부록: 요약문		◦ 사업계획 및 환경영향평가 결과 등을 종합적으로 요약한다.

2. 사용후핵연료 중간저장시설 방사선환경영향평가서 작성요령

항목	기술 사항	기 술 요 령
1. 건설계획의 개요		◦ 1.1 건설의 필요성, 1.2 환경영향평가 실시근거, 1.3 사업 추진경위, 1.5 부지선정 이유 등은 발전소에 준하여 기술한다.
1.4 건설계획		◦ 전반적인 중간저장시설 건설계획을 개략적으로 기술하되, 1.4.1 명칭, 1.4.2 소재지, 1.4.4 건설내용 등은 발전소에 준하여 기술한다.
	1.4.3 시설개요	◦ 사용후핵연료의 상태, 운반방법 및 계획, 주요설비(수납, 저장, 냉각 등)의 종류와 용량 등을 개략적으로 기술한다.
	1.4.5 기존 원자력 이용시설	◦ 기존의 원자력이용시설 부지내에 중간저장시설을 설치할 경우에는 이에 대해 개략적으로 기술한다.
2. 환경현황		◦ 발전소에 준하여 기술하되, 조사 평가범위는 부지반경 10km 이내로 한다.

3. 시설의 현황 3.1 외관		◦ 중간저장시설의 경계선을 포함한 주요건물의 배치도를 첨부하여 시설의 외관을 기술한다. ◦ 기체폐기물, 액체폐기물 및 고체폐기물 저장시설의 위치를 건물배치도에 표시·기술한다.
3.2 용수		◦ 용수계통별로 취배수의 위치, 유량을 기술한다. ◦ 용수원의 종류별로 연중 최대소요수량과 월별 및 연간 소요수량의 평균치를 예측·기술한다.
3.3 사용후핵연료의 상태		◦ 다음 사항을 종류별로 기술한다. – 사용후핵연료 집합체 및 핵연료봉의 구조와 무게 – 수납일을 기준으로 원자로에서 인출된 후의 경과시간 및 저장예정기간 – 사용후핵연료의 조성, 방사능(전체 및 주요 핵종별 방사능), 붕괴열 발생량, 핵연료집합체의 온도분포 등에대한 수납시의 값과 저장 예정기간 동안의 변화상태
3.4 사용후핵연료의 운반		◦ 운반용기의 구조, 무게, 용량, 냉각방식, 핵연료 포함시 운반용기의 온도분포와 표면 방사선량률을 기술한다. ◦ 운반매체의 구조, 무게, 용량 등을 기술한다. ◦ 운반수단 및 하역시설의 종류와 규모를 기술한다.
3.5 수납시설		◦ 사용후 핵연료 운반용기를 하역하여 핵연료집합체를 저장시키기까지의 작업을 과정별로 기술한다. ◦ 각 과정의 관련설비 종류와 구조, 규모 등을 기술한다.
3.6 저장시설		◦ 저장방법 및 관련설비의 구조와 규모, 저장시설과 관련한 주요 보조계통과의 관계를 기술한다. ◦ 정상가동시 저장조 수온의 범위와 수중 방사능준위에 대하여 기술한다.
3.7 냉각설비		◦ 사용후핵연료 저장조, 수납시설과 관련된 냉각설비의 구조와 규모, 운전방식 등에 대하여 기술한다. ◦ 관련장치와 기기들에 대하여 기술한다. ◦ 기타 3.8 방사성폐기물 처리계통 및 3.9 방사선원은 발전소에 준하여 기술
4. 건설로 인한 영향		◦ 발전소에 준하여 기술
5. 운영으로 인한 영향		◦ 발전소에 준하여 기술하되 영향평가범위는 부지반경 10km이내로 한다.
6. 사고로 인한 영향		◦ 6.~9. 항목은 발전소에 준하여 기술

7. 환경감시계획		
8. 주민의견수렴		
9. 종합평가		
10. 기타		◦ 발전소에 준하여 기술
11. 참고문헌		◦ 평가서 작성에 이용된 참고문헌을 기재한다.
부록: 요약문		◦ 사업계획 및 환경영향평가 결과 등을 종합적으로 요약한다.

3. 방사성폐기물 처분시설 방사선환경영향평가서 작성요령

항목	기술 사항	기 술 요 령
1. 건설계획의 개요		◦ 1.1 건설의 필요성, 1.2 환경영향평가 실시근거, 1.3 사업추진 경위, 1.5 부지선정 이유 등은 발전소에 준하여 기술
1.4 건설계획		◦ 전반적인 처분시설 건설계획을 개략적으로 기술하되, 1.4.1 명칭, 1.4.2 소재지, 1.4.4 건설내용 등은 발전소에 준하여 기술
	1.4.3 시설개요	◦ 중·저준위 방사성폐기물의 상태, 운반방법 및 계획, 주요설비(취급, 환기, 배수 등)의 종류와 용량 등을 개략적으로 기술한다.
	1.4.5 기존 원자력 이용시설	◦ 기존의 원자력이용시설 부지내에 처분시설을 설치할 경우에는 이에 대해 개략적으로 기술한다.
2. 환경현황		◦ 2.5 수문 및 수리특성을 제외한 항목에 대하여는 발전소에 준하여 기술하되, 조사 평가범위는 부지반경 10km이내로 한다.
2.5 수문 및 수리특성	2.5.1 지표수 현황	◦ 처분시설 부지 및 주변지역의 지표수계 현황을 기술하고, 관련 수계도를 첨부한다. ◦ 처분시설 부지주변의 식생 및 토양특성을 조사하여 기술한다. ◦ 지표수 관리구조물, 수로 및 인위적 변경사항에 대하여 기술한다. ◦ 배수지역, 지표면 경사, 범람지역 등의 수문학적 자료를 기술한다. ◦ 기존 지표수 이용현황 및 장래의 예상 지표수 이용 계획에 대하여 기술한다. ◦ 소유자, 위치, 이용형태, 이용량, 공급원 등을 기술한다.
	2.5.2 지하수현황	
	2.5.2.1 일반현황	◦ 처분시설 부지 및 주변지역에서 지하수 변동상태, 규모 및 형태 등 수문학적 현황자료에 대하여 최소한 최근 1년 이상 측정하여 제시한다. ◦ 처분시설을 포함하는 지역의 광역 지하수계 (부지반경 10km 초과) 및 국지 지하수계 (부지반경 10km 이내)의 경계 및 구조를 수리 지질학적으로 조사하여 평면도 및 단면도로 표시하고 충전 및 배수지역 범위를 도시·기술한다. ◦ 대수층이 파쇄대수층(Fractured aquifer)일 경우 지하수의 주요 이동경로가 되는 파쇄대 및 절리의 방향, 분포 밀도 및 연결성을 기술한다. ◦ 반경 10km 이내의 지하수 이용현황(이용자, 위치, 수원,이용

항목	기술 사항	기 술 요 령
		량 등) 및 장래의 예상 이용상태를 기술한다. ◦ 처분시설 부지주변의 염수침투현상을 조사 기술하고 관련자료를 첨부한다. ◦ 처분시설 건설 후 예상되는 지하수 유동경로의 변화를 기술한다. ◦ 모든 대수층에 대하여 다음 사항을 조사하여 기술한다. – 수평범위 및 두께 – 투수관련 특성 – 충전 및 배수지역 – 지하수의 유속 – 기타 포화대의 개념적 모델 및 수치모델 설정에 사용될 수 있는 자료 ◦ 모든 양수정 및 관측정에 대하여 다음 사항을 기술한다. – 위치, 표고, 스크린의 제원 및 설치상태 – 건설 및 마감에 대한 상세 자료 – 관측을 위한 수리 지질학적 단위 ◦ 양수정의 수중펌프의 깊이 및 양수량을 기술하고 영향권을 평면도에 표시한다. ◦ 모든 대수층시험에 대한 시험자료, 가정, 분석 및 시험 절차 자료를 기술한다. ◦ 지하 매질에 대하여 다음 사항을 기술한다. – 저류계수(Storage Coefficients) – 투수량계수(Transmissivity) – 수리전도도, 공극률
	2.5.2.2 불포화대	◦ 처분장 부지 및 주변지역에 대한 다음 사항을 조사하여 기술한다. – 투수대(Permeable Zone) 및 불투수대의 수평범위 두께 – 비정상적으로 큰 유출을 야기시킬 수 있는 잠재적 유동경로 – 습윤주기와 건조주기의 함수율 변화 ◦ 불포화대에 위치한 천층처분인 경우에는 다음 사항을 추가로 조사하여 기술한다. – 불포화대의 지하수 유속 – 공극률에 대한 공간적 및 층서적 분포 – 포화 수리전도도, 함수량과 압력수두 및 수리전도도 사이의 상호관계 – 수리적변수의 공간적 변화, 영향을 받는 층들의 수평 범위 및 지하수 이동경로 등을 보여주는 단면도, 주상도 및 관련 지도
3. 시설의 현황 3.1 외관		◦ 처분시설의 관리구역, 부지경계 및 제한구역 경계선을 포함한

항목	기술 사항	기 술 요 령
3.2 처분시설		주요건물의 배치도를 첨부하여 기술한다. ◦ 액체 및 기체폐기물 배출지점을 기술하고 건물 배치도에 표시한다. ◦ 시설의 구조, 시설용량, 취·배수시설, 환기시설 등을 기술한다. ◦ 처분시설의 부대시설(수납시설, 처리시설, 포장시설, 저장시설, 제염시설 등) 및 최종 처분을 위한 방법 등을 기술한다. ◦ 설명에 필요한 관련도면 및 계통도 등을 첨부한다.
3.3 폐기물특성		◦ 현재 또는 향후 인수가 예상되는 폐기물의 종류와 형태, 수량 등 폐기물 특성에 대하여 기술한다.
3.4 방사선원	3.4.1 핵종별 재고량	◦ 현재 또는 향후 인수가 예상되는 폐기물내의 주요 핵종의 재고량을 기술한다.
	3.4.2 운영중 방사선원	◦ 기체상, 액체상 방사선원을 원자력발전소에 준하여 기술한다.
	3.4.3 폐쇄후 방사선원	◦ 처분시설 폐쇄후 주요핵종의 처분시설로부터의 누출 메카니즘을 설명하고 용기의 부식율, 고화체 침전율 등을 포함하여 기술한다.
4.~5.		◦ 4. 건설로 인한 영향 및 5. 운영으로 인한 영향은 발전소에 준하여 기술하되 영향평가범위는 부지반경 10km 이내로 한다.
6. 폐쇄로 인한 영향		◦ 처분시설로부터 누출될 수도 있는 방사성핵종의 예상 이동경로(공기, 지하수, 지표수, 식물의 흡수 및 해양, 해양 식물의 흡수 등)를 기술하고 이동경로도를 제시한다. ◦ 잠재적 방사성핵종 누출로 인한 부지 반경 10km 이내의 개인이 받게 될 피폭경로별 피폭선량(mSv/적정기간)을 계산하고, 계산에 이용된 방법 및 모델을 기술한다. ◦ 관련 기준과 비교 평가한다. ◦ 처분장 부지하류에 위치하는 지하수 배출지점(하천, 우물, 샘, 양수정, 해양 등) 및 사람, 가축의 접촉가능지역에서의 주요 원소 및 핵종의 농도를 예측 평가하여 제시한다. ◦ 상기자료에는 각 거리별 핵종농도, 지하수 이동시간, 이동경로 등 관련 평가자료를 제시한다. ◦ 방사성물질을 포함한 지하수의 이동과 암석이나 토양의 지구화학적 특징이 방사성 원소의 농도에 미치는 영향을 분석하여 기술한다. ◦ 적용한 수치적 또는 개념적 모델을 제시하고, 각 모델특성 및 분산계수, 주요핵종의 분배계수 등 입력자료를 기술한다.

항목	기술 사항	기 술 요 령
7. 사고로 인한 영향		◦ 발전소에 준하여 기술한다.
8. 환경감시계획		◦ 8.1 운영전 환경감시 및 8.2 운영중 환경감시는 발전소에 준하여 기술한다.
8.3 폐쇄후 환경감시		◦ 폐쇄 후 관리기간중의 환경감시계획과 그 이후의 환경감시계획으로 구분하여 기술한다. ◦ 폐쇄후 환경감시계획은 선행 환경감시계획의 원칙이 유지될 수 있도록 작성한다.
9. 주민의견수렴		◦ 발전소에 준하여 기술한다.
10. 기타		◦ 발전소에 준하여 기술한다.
11. 참고문헌		◦ 평가서 작성에 이용된 참고문헌을 기재한다.
부록: 요약문		◦ 사업계획 및 환경영향평가 결과 등을 종합적으로 요약한다.

[별표 17]

기록·비치하여야 할 사항

1. 방사성동위원소 등의 생산 및 사용자(신고사용자를 제외한다)

기 록 사 항	기 록 시 기	보존기간
가. 방사성동위원소 등의 생산 또는 사용기록(생산 또는 사용일시·장소·방법·목적·종사자성명·종류 및 수량)	생산 또는 사용한 때마다	5년
나. 방사성동위원소 또는 방사성동위원소에 따른 오염물의 보관·처리·저장 및 배출기록(일시·장소·방법·종사자 성명·종류 및 수량)	보관·처리·저장 및 배출한 때마다	5년
다. 방사선안전관리의 기록		
1) 방사성동위원소 등의 생산·사용·분배·저장 및 폐기시설의 방사선량률	측정한 때마다	5년
2) 밀봉방사성동위원소 또는 방사선발생장치로서 방사선차폐시설이 일정한 장소의 방사선량률	측정한 때마다	10년
3) 배기구 및 배수구에서의 방사성물질의 농도	배기 및 배수한 때마다	10년
4) 방사선관리구역에서의 방사성물질로 오염된 물체의 표면오염도	작업한 때마다	10년
5) 1월 1일을 기준으로 한 각 3개월간의 종사자의 피폭방사선량	매분기 1회	사용을 폐지 할 때까지
6) 1월 1일을 기준으로 한 각 3개월간의 수시출입자의 피폭방사선량	매분기 1회	5년
7) 방사선작업종사자가 해당 업무에 종사하기 이전의 건강진단기록 및 방사선피폭경력	해당업무에 종사하기 시작한 때	사용을 폐지 할 때까지
8) 수시출입자자가 해당 업무에 종사하기 이전의 건강진단기록	해당업무에 종사하기 시작한 때	5년
9) 방사선작업종사자가 해당 업무에 종사하는 기간중의 건강진단기록	건강진단을 한 때마다	사용을 폐지 할 때까지
10) 수시출입자가 해당 업무에 종사하는 기간중의 건강진단기록	건강진단을 한 때마다	5년
11) 자체처분한 방사성폐기물의 발생원·종류·수량·방사선량률·처분방법 및 처리일시	자체처분한 때마다	5년

2. 방사성동위원소 등의 판매업자

기 록 사 항	기 록 시 기	보존기간
가. 방사성동위원소 등의 구입 또는 판매기록(일시·종류 및 수량)	구입 또는 판매한 때마다	5년
나. 방사성동위원소 또는 방사성동위원소에 따른 오염물의 보관·처리·저장 및 배출기록(일시·장소·방법·종사자 성명·종류 및 수량)	보관·처리·저장 및 배출한 때마다	5년
다. 방사선안전관리의 기록		
1) 방사성동위원소 등의 분배·저장·보관·처리 및 배출시설의 방사선량률	측정한때마다	10년
2) 밀봉방사성동위원소 저장시설의 방사선량률	측정한때마다	10년
3) 배기구 및 배수구에서의 방사성물질의 농도	배기 및 배수한 때마다	10년
4) 방사선관리구역에서 방사성물질로 오염된 물체표면의 오염도	작업한 때마다	10년
5) 1월 1일을 기준으로 한 각 3개월간의 종사자의 피폭방사선량	매분기 1회	판매사업을 폐지할 때까지
6) 1월 1일을 기준으로 한 각 3개월간의 수시출입자의 피폭방사선량	매분기 1회	5년
7) 방사선작업종사자가 해당 업무에 종사하기 이전의 건강진단기록 및 방사선피폭경력	해당 업무에 종사하기 시작한 때	판매사업을 폐지할 때까지
8) 수시출입자가 해당 업무에 종사하기 이전의 건강진단기록	해당 업무에 종사하기 시작한 때	5년
9) 방사선작업종사자로 근무한 기간 중의 건강진단기록	건강진단을 한 때마다	판매사업을 폐지할 때까지
10) 수시출입자가 해당 업무에 종사하는 기간 중의 건강진단기록	건강진단을 한 때마다	5년
11) 자체처분한 방사성폐기물의 발생원·종류·수량·방사선량률·처분방법 및 처리일시	자체처분한 때마다	5년

3. 폐기시설등의 건설·운영허가를 받은 자

기 록 사 항	기 록 시 기	보존기간
가. 방사성폐기물기록		
1) 인수한 방사성폐기물의 종류 및 수량	인수한 때마다	영구
2) 방사성폐기물의 인수일시 및 인수장소	인수한 때마다	영구
3) 처리시설에서 처리한 방사성폐기물의 종류· 수량 및 처리방법·일시	처리한 때마다	영구
4) 처분시설에 영구처분한 방사성폐기물의 종류·수량·처분방법·처분위치 및 총 방사능농도	영구처분한 때마다	영구
5) 자체처분한 방사성폐기물의 발생원·종류·수량·방사선량률·처분방법 및 처리일시	자체처분한 때마다	5년
나. 방사선안전관리의 기록		
1) 방사성폐기물저장시설·처리시설·처분시설 등의 방사선량률	측정한때마다	10년
2) 방사성폐기물의 배기구 및 배수구에서의 방사성물질의 3개월간의 평균농도	매분기 1회	10년
3) 방사선관리구역 및 제한구역에서의 외부방사선량과 공기중 및 수중의 방사성물질의 1주일간의 평균농도와 방사성물질로 오염된 물체표면의 오염도	매주 1회	10년
4) 1월 1일을 기준으로 한 각 3개월간의 방사선작업종사자의 피폭방사선량	매분기 1회	폐기시설등의 건설·운영을 폐지할 때까시
5) 1월 1일을 기준으로 한 각 3개월간의 수시출입자의 피폭방사선량	매분기 1회	5년
6) 방사선작업종사자가 해당 업무에 종사하기 이전의 건강진단기록 및 방사선피폭경력	해당 업무에 종사 하기 시작한 때	폐기시설등의 건설·운영을폐지할 때까지
7) 수시출입자가 해당 업무에 종사하기 이전의 건강진단기록	해당 업무에 종사 하기 시작한 때	5년
8) 방사선작업종사자가 해당 업무에 종사하는 기간 중의 건강진단기록	건강진단을 한 때 마다	폐기시설등의 건설·운영을 폐지할 때까지
9) 수시출입자가 해당 업무에 종사하는 기간 중의 건강진단기록	건강진단을 한 때마다	5년
다. 폐기시설등의 검사기록		
1) 영 제101조에 따른 사용전 검사의 결과	검사한 때마다	10년
2) 영 제103조에 따른 정기검사의 결과	검사한 때마다	5년
3) 영 제104조에 따른 처분검사의 결과	검사한 때마다	5년
라. 운영유지관리의 기록		
안전관리규정에 따른 재해방지를 위하여 특히 관리를 필요로 하는 기기의 순시·점검·보수결과 및 그 담당자의 성명	매일 1회 및 보수한 때마다	- 순시·점검 : 1년

기 록 사 항	기 록 시 기	보존기간
		– 보수: 폐기 시설등의 건설·운영을 폐지할 때까지
마. 폐기시설등의 사고기록		
1) 사고발생 및 복구일시	사고발생 및 복구한 때마다	폐기시설등의 건설·운영을 폐지할 때까지
2) 사고의 상황 및 그 조치내용	수 시	폐기시설등의 건설·운영을 폐지할 때까지
3) 사고의 원인	사고발생한 때마다	폐기시설등의 건설·운영을 폐지할 때까지
4) 사고 후 조치내용	조치한 때마다	폐기시설등의 건설·운영을 폐지할 때까지
바. 환경감시		
1) 시료채취 장소 및 일시	시료채취한 때마다	폐기시설등의 건설·운영을 폐지할 때까지
2) 시료분석방법 및 결과	시료분석한 때마다	폐기시설등의 건설·운영을 폐지할 때까지
3) 환경방사선 측정방법 및 결과	측정한 때마다	폐기시설등의 건설·운영을 폐지할 때까지
사. 기상기록		
1) 풍향 및 풍속	연속적으로	10년
2) 대기안정도	연속적으로	10년

4. 업무대행자

기 록 사 항	기 록 시기	보존기간
가. 업무대행실적		
1) 업무대행내용 및 기간	업무 대행 때마다	업무대행등록을 폐지할 때까지
2) 방사선작업내용 및 결과	업무 대행 때마다	업무대행등록을 폐지할 때까지
3) 방사선안전관리대행의 경우에는 정기적인 안전관리대행 실적	업무 대행 때마다	업무대행등록을 폐지할 때까지
나. 방사선안전관리의 기록		
1) 매년 1월 1일을 기준으로 한 각 3개월간의 방사선작업종사자의 피폭방사선량	매분기 1회	의뢰받은 업무대행을 종료한 후 5년
2) 매년 1월 1일을 기준으로 한 각 3개월간의 수시출입자의 피폭방사선량	매분기 1회	5년
3) 방사선작업종사자가 해당 업무에 종사하기 이전의 건강진단기록 및 방사선피폭경력	방사선작업종사자가 해당 업무에 종사하기 시작한 때	의뢰받은 업무대행을 종료한 후 5년
4) 수시출입자가 해당 업무에 종사하기 이전의 건강진단기록	해당 업무에 종사하기 시작한 때	5년
5) 방사선작업종사자로 해당 업무에 종사하는 기간중의 건강진단기록	건강진단을 한 때 마다	의뢰받은 입무대행을 종료한 후 5년
6) 수시출입자로 해당 업무에 종사하는 기간중의 건강진단기록	건강진단을 한 때 마다	5년

5. 판독업무자

기 록 사 항	기 록 시 기	보존기간
가. 피폭방사선량 평가 관련 자료		
1) 다음의 구분에 따른 피폭방사선량 판독의 기초자료 가) 재사용이 가능한 개인선량계의 경우: 소자별 반응 및 스펙트럼 등의 기초 자료 나) 재사용이 불가능한 개인선량계의 경우: 피폭 이미지가 영구 기록된 해당개인선량계	평가한 때마다	판독업무 등록을 폐지할 때까지
2) 개인피폭방사선량 측정결과	평가한 때마다	판독업무 등록을 폐지할 때까지
나. 판독장비의 검사 및 교정기록	검사 및 교정한 때 마다	5년
다. 영 제115조에 따른 판독검사 결과	검사한 때마다	5년

[별표 18]

원자력관계사업자등이 보고하여야 할 사항과 보고기한

보 고 사 항	보 고 기 한
1. 발전용원자로설치자·발전용원자로운영자 및 연구용원자로등설치자	
◦방사선작업종사자의 방사선피폭 기록관리에 관한 사항을 제외한 방사선 관리에 관한 사항	매분기 경과 후 1개월 이내
2. 핵연료주기시설건설자 및 핵연료주기시설운영자	
◦방출한 방사성물질의 농도 및 방출량의 3개월간에 대한 평균치 및 최고치	매분기 경과 후 1개월 이내
3. 삭제	
4. 핵연료물질사용자	
가. 핵연료물질의 재고량에 관한 보고서	해당 연도 경과 후 1개월 이내
나. 핵연료물질에 의하여 오염된 물질의 처리·저장·배출 및 처분 현황	매분기 경과 후 1개월 이내
5. 허가사용자 및 폐기시설 등 건설·운영자	
◦방사성물질등 또는 방사선발생장치의 생산·취득(설계승인서 등 관련 증빙서류 포함)·사용·판매·보유·보관·처리·저장·배출 및 처분현황	매분기 경과 후 1개월 이내
6. 원자력관계사업자(신고사용자를 제외한다)	
가. 개인선량계에 의한 방사선작업종사자의 피폭방사선량	매분기 경과 후 1개월 이내
나. 직독식 개인선량계에 의한 방사선작업종사자의 피폭방사선량(방사선투과검사만 해당한다)	매 작업 종료시 마다
다. 방사선작업종사자의 건강진단 결과	건강진단 결과를 받은 해당 분기 경과 후 1개월 이내
라. 선량계의 훼손·분실 등으로 인하여 선량판독이 불가능하게 된 판독특이자 현황	발생 즉시
마. 방사선안전관리자 외의 방사선작업종사자의 직장교육 결과	직장교육을 실시한 해당 분기 경과 후 1개월 이내
7. 원자력관계사업자(신고사용자를 제외한다) 또는 그로부터 방사성물질등을 위탁받아 운반하는 자	
가. 국내에서 운반되는 운반물 현황	해당 연도 경과 후 1개월 이내
나. 국외에서 국내로 반입되는 운반물 현황	해당 연도 경과 후 1개월 이내
다. 국내에서 국외로 반출되는 운반물 현황	해당 연도 경과 후 1개월 이내
8. 업무대행자	
가. 방사능 오염제거 실적	매반기 경과 후 1개월 이내
나. 방사성동위원소등 및 방사성폐기물의 수거·처리 및 운반 실적	매반기 경과 후 1개월 이내
다. 사용시설등의 설치 감리실적	매반기 경과 후 1개월 이내
라. 방사선안전관리실적	매반기 경과 후 1개월 이내
마. 방사선원 누설점검 실적	매반기 경과 후 1개월 이내
9. 판독업무자	
◦측정불능, 연간 선량초과자 등 피폭특이자 현황	발생 즉시

문 제

01 원자력안전법의 목적으로 규정되어 있지 않은 것은?

① 원자력의 이용에 관한 계몽, 선전
② 원자력의 연구, 개발, 생산, 이용
③ 방사선에 의한 재해의 방지와 공공의 안전을 도모
④ 안전관리에 관한 사항의 규정

02 다음의 ( )속에 해당하는 어구로서 올바른 것은?

"방사선"이란 전자파 또는 입자선 중 직접 또는 간접으로 공기를 ( )하는 능력을 가진 것으로서 대통령령으로 정하는 것을 말한다.

① 여기 ② 분리 ③ 유리 ④ 전리

03 다음의 ( )속에 해당하는 어구로서 올바른 것은?

원자로의 운전이나 핵연료물질·방사성동위원소 등의 취급은 대통령령으로 정하는 바에 따라 위원회의 ( ) 받은 사람이 아니면 이를 할 수 없다.

① 검토를 ② 면허를 ③ 허가를 ④ 승낙을

04 원자력안전법령상 원자력이용시설이나 방사성물질등을 취급할 수 있는 연령은?

① 18세이상 ② 19세이상 ③ 20세이상 ④ 21세이상

05 원자력안전법령상"작업실"의 설명 중에서 맞는 것은?

① 밀봉되지 아니한 RI를 분배하는 곳.
② 밀봉되지 아니한 RI를 운반하는 곳.
③ 밀봉되지 아니한 RI를 포장하는 곳.
④ 밀봉되지 아니한 RI를 저장하는 곳.

06 원자력안전법령상 방사성물질에 해당하지 않는 것은?

① 방사성동위원소 ② 핵연료물질
③ 핵원료물질 ④ 원자핵분열생성물

07 RI를 인체에 사용하는 기관의 방사선안전관리자 선임 조건은?

① RI취급자특수면허를 받은 자만이 선정될 수 있다.
② 방사선취급감독자면허를 받은 자만이 선정될 수 있다.
③ RI취급자특수면허 및 RI취급자일반면허, 방사선취급감독면허를 받은 자 중에서 선정 할 수 있다.
④ RI취급자일반면허 또는 RI취급자특수면허를 받은 자 중에서만 선정 할 수 있다.

08 폐기업자가 대통령령으로 정하는 기술상의 기준을 준수하여야 할 사항에서 맞지 않는 것은?

① 방사성물질등의 사업소 안에서의 판매
② 방사성물질등의 사업소 안에서의 분배
③ 방사성물질등의 사업소 안에서의 저장
④ 방사성물질등의 사업소 안에서의 운반

09 "방사성동위원소(RI)"에 관한 설명으로 옳은 것은?

① 방사선을 방출하는 동위원소는 모두 RI이다.
② 동위원소의 수량과 농도가 위원회가 정하는 수량과 농도를 초과하는 물질을 말한다.
③ 원자력안전법에 규정 되어있는 핵연료물질은 방사선을 방출하는 동위원소이기 때문에 RI에 포함된다.
④ 방사선을 방출하는 동위원소 그 자체 만 이며 그 화합물은 포함하지 않는다.

10 "방사선발생장치"에 해당하지 않는 것은? 단, 위원회가 정하는 용도 및 용량 이하의 것은 제외한다.

① 선형가속기　　② 사이크로트론
③ 베타트론　　④ 원자로

11 RI의 저장시설의 구조에 대하여, 원자력안전법령상 규정되어 있는 시설기준은?

① 내식성구조로 한다.　　② 내화구조로 한다.
③ 불연구조로 한다.　　④ 방화구조로 한다.

12 원자력안전법령상"방사선"에 해당되지 않는 것은?

① 500만eV의 에너지를 가진 α선
② 10만eV의 에너지를 가진 γ선
③ 300만eV의 에너지를 가진 X선
④ 3만eV의 에너지를 가진 전자선

13 방사선안전관리의 설명 중 옳은 것은?

① 방사성물질등이 도난 또는 소재불명 되었을 때 소방관에게 신고하여야 한다.
② 방사선장해를 방지하기 위하여 필요한 경우에는 원자력이용시설 및 제한구역 내부에 있는 사람에게 피난하도록 경고하여야 한다.
③ 위험시의 긴급작업에 종사하는 자의 허용피폭선량은 5mSv까지 받아도 된다.
④ 원자력이용시설에 화재가 발생한 경우에 방사성물질등에 의하여 오염된 물질은 그대로 방치하여도 관계가 없다.

14 운반용기에 대한 사용검사 시기는?

① 6개월　② 1년　③ 3년　④ 5년

15 건강진단결과 방사선장해를 받고 있거나 받았을 우려가 있는 자인 경우에 그 장해 또는 우려되는 점이 없어질 때까지의 조치사항이 아닌 것은?

① 작업방법의 변경
② 작업시간의 연장
③ 피폭시간의 단축
④ 취업 장소의 전환

16 방사성동위원소 등의 사용허가 대상이 아닌 것은?

① 개봉선원인 ^{147}Pm을 연간 10 mCi 사용하는 업체
② 흉곽X선 촬영기를 설치한 병원
③ 밀봉된 방사성동위원소를 수입하여 그 상태대로 판매하는 사업자
④ ^{60}Co비파괴 검사선원(100Ci)를 사용하는 사업자

17 방사성동위원소 등의 사용허가를 받을 수 있는 자는?

① 징역 2년 집행유예를 선고받은 후 1년이 경과한 자.
② 원자력안전법 미준수로 인하여 사업허가를 취소당한지 3년이 경과된 자.
③ 임원 중에 피성년후견인이 있는 법인
④ 징역형 종료 후 2년이 경과한 자

18 경미한 사항의 변경허가신고 사항이 아닌 것은?

① 허가자의 주소변경
② 허가업체의 명칭변경
③ ^{60}Co 1Ci를 사용허가 받은 자가 ^{137}Cs 1Ci로 변경 사용할 경우
④ 허가업체의 대표자가 바뀌는 경우

19 100Ci 코발트 밀봉선원을 이동 사용하고자 할 때 며칠 전까지 신고 해야 하는가?

① 5일　② 7일　③ 10일　④ 30일

20 일반면허소지자가 안전관리자로 선임될 수 있는 경우는?

① ^{60}Co밀봉선원 10Ci 사용 업체
② 개봉선원을 연간 120mCi 사용 업체
③ 백만 전자볼트의 방사선발생장치를 사용하는 병원
④ 10MV전자가속기를 사용하는 대학

21 방사선발생장치를 신고 사용하는 공장 또는 사업소에서 밀봉된 방사성동위원소 3000Ci 미만인 경우 정기검사의 시기는?

① 1년　② 2년　③ 3년　④ 5년

22 방사선안전관리자로 방사선취급자 감독면허 취득자를 선임해야 하는 곳은?

① 방사선발생장치를 판매하는 경우
② 밀봉된 방사성동위원소 기기에 장비된 것으로 연간 사용량이 100Ci미만
③ 방사선발생장치 최대사용전압이 350Kv 미만으로서 용량이 250Kv 5mA1대 사용
④ 방사성동위원소 등의 생산업자

23 방사성동위원소 등을 인체의 치료 및 체내의 검진을 목적으로 사용하는 사업소의 경우 정기 검사 시기는?

① 1년　② 2년　③ 3년　④ 5년

24 방사성동위원소의 사용허가를 받은 자가 허가가 취소되면 몇 년 후에 다시 허가를 받을 수 있는 가?

① 1년　② 2년　③ 3년　④ 5년

25 방사성동위원소 등의 이동사용을 전문으로 하는 사업소의 경우 정기검사의 시기는?

① 1년 ② 2년
③ 3년 ④ 5년

26 위험도가 가장 적은 방사성물질을 수송할 수 있는 운반용기의 종류는?

① A형 ② BM형
③ BU형 ④ L형

27 방사선장해방어 조치를 위하여 방사선량률을 측정하는 장소가 아닌 것은?

① 폐기시설 ② 분배시설
③ 배기설비의 배기구 ④ 저장시설

28 방사성동위원소 등의 일시적인 사용 장소의 변경사항에 포함되지 않는 것은?

① 검사 또는 검·교정을 목적
② 보완 또는 검문·검색을 목적
③ 제품의 소개 또는 홍보 등을 목적
④ 방사성동위원소 등의 사용 장소(시설)를 변경하지 않는 것

29 배수설비의 기술기준에 적합하지 않는 것은?

① 배출액이 침전되지 않아야 한다.
② 배출액이 누설되기 어려운 구조라야 한다.
③ 배출액이 침투하기 어렵고 내식성이 강한 재료를 사용한다.
④ 위원회가 정하는 허용농도 이하로 하는 능력을 갖추어야 한다.

30 밀봉된 방사성동위원소의 구비조건과 관계가 없는 것은?

① 파손의 우려가 없을 것
② 사용 시 방사선이 용기 외부로 방출되지 말 것
③ 방사성동위원소가 누출되지 말 것
④ 기계적 강도가 충분할 것

31 기타 경미한 사항의 변경 신고 대상에 포함되지 <u>않는</u> 것은?

① 허가받은 사항 중 신청인의 상호, 성명, 주소 변경
② 안전관리규정의 변경에 관한 사항
③ 허가대상자 중 방사성동위원소, 방사선발생장치를 추가로 변경
④ 방사선안전관리자의 변경

32 방사성물질등의 양도 신고는 위원회에 몇일 이내에 신고해야 하는가?

① 10일 ② 20일
③ 30일 ④ 40일

33 방사성동위원소 등의 취급자에 대한 면허의 취소요건에 해당되지 <u>않는</u> 것은?

① 부정한 방법으로 면허를 취득한 자
② 피성년후견인으로서 복권되지 아니한 자
③ 면허를 2회 이상 다른 사람에게 빌려준 경우
④ 면허정지처분기간 종료후 2년 이내에 정지처분에 해당하는 행위를 한 때

34 원자력관계시설의 종사자에 대한 건강진단을 실시함에 있이 <u>틀린</u> 것은?

① 종사자의 건강진단결과에 관하여 기록의 작성, 보존 조치를 하여야 한다.
② 건강진단의 방법은 문진 및 검사 또는 검진의 방법에 의한다.
③ 원자력관계사업자는 종사자에 대하여 건강진단을 실시하여야 한다.
④ 방사선시설에 처음 출입하는 자의 건강진단은 출입한 후에 실시한다.

35 긴급작업 시 종사자의 유효선량은(=Sv)?

① 0.1 ② 0.5 ③ 1 ④ 5

36. 비파괴검사의 목적으로 이동사용 하는 경우 기술인력 규정으로 <u>틀린</u> 것은?

① 방사선취급감독면허자 또는 방사선관리기술사 2인 이상
② 비파괴검사 기사 2인 이상
③ 방사성동위원소취급자 일반면허자 2인 이상
④ 비파괴검사 기능사 2인 이상

37 방사성동위원소 등의 신고 대상이 되는 것은?

① 교정용장치에 밀봉 방사성동위원소가 내장된 경우 방사성동위원소의 수량이 400MBq 이하인 경우
② 밀봉 방사성동위원소가 내장된 경우 사용 중인 표면방사선량률이 10 μSv/h 이하인 경우
③ 자체 차폐된 방사선발생장치로서 가속관의 최대전압이 170kV이하이고 표면방사선량률이 10 μSv/h 이하인 경우
④ 방사선작업종사자의 교육 및 훈련에 관한 사항

38 허가사용자 및 신고사용자의 업무를 대행 할 수 없는 항목은?

① 개봉 방사성동위원소를 진단용으로 사용하는 경우
② 방사성동위원소 및 방사성폐기물의 수거, 처리 및 운반
③ 방사선원 누설점검 및 자체점검보고서의 작성업무
④ 방사선안전보고서, 안전관리규정의 작성

39 방사선안전관리 업무의 전담인력 1인당 대행 가능한 업체 수는?

① 10　② 15
③ 20　④ 25

40 업무대행자가 확보해야 할 장비 중 틀린 것은?

① 방사선측정기 5대 이상
② 방사능측정기 2대 이상
③ 전담인력마다 방사선경보기 또는 직독식 개인선량계 1대 이상
④ 방사성물질등을 운반할 수 있는 전용차량 2대 이상

41 판독사업자가 갖추어야 할 기술적 능력에 해당되는 것은?

① 필름선량계, 열형광선량계를 취급하는 경우 매 분기 1회 판독주기를 유지
② 선량계 수거 후 10일 이내에 판독을 완료할 수 있을 것
③ 피폭방사선량을 위원회가 정하는 심부선량 과 표층선량으로 구분하여 판독할 수 있을 것
④ 피폭방사선량의 기록을 개방 할 것

42 원자력관계사업자가 사업폐지 후 위원회에 제출해야 할 서류가 아닌 것은?

① 방사성물질에 의한 오염의 제거 및 처리에 관한 사항
② 방사선작업종사자의 건강진단 기록
③ 방사선발생장치 또는 방사성물질등에 관한 조치사항
④ 방사선작업종사자의 교육, 훈련 내용 기록

43 다음 중 시설검사 면제 사항이 되지 않는 것은?

① 개봉 방사성동위원소의 저장시설을 변경하는 경우
② 방사성폐기물(폐기선원 제외)의 저장시설을 변경하는 경우
③ 제작검사에 합격한 방사선기기를 설치하는 경우
④ 일시적 사용장소에 사용시설 등을 설치하는 경우

44 정기검사의 시기가 바르게 연결된 것은?

① 밀봉되지 아니한 방사성동위원소 연간 판매량이 3.7 TBq 미만 – 5년
② 인체에 사용하지 않는 밀봉되지 아니한 방사성동위원소 연간 사용량이 3.7 GBq 미만인 공장 – 5년
③ 인체에 사용하지 않는 방사선발생장치 최대사용전압이 350Kv 미만으로서 용량이 250 Kv 5 mA 2대 이상 – 5년
④ 인체에 사용하지 않는 밀봉된 방사성동위원소 연간 사용량이 111 TBq이상인 사업소 – 5년

45 방사선안전보고서에 포함되어야 할 사항과 관련 없는 것은?

① 방사선안전보고서의 작성자의 인적사항 및 자격
② 방사선취급방법 및 방사선안전관리계획
③ 방사성동위원소의 구매, 사용, 판매에 관한 사항
④ 주변환경에 대한 방사선영향

46 건강진단 시 검사할 내용과 관련 없는 것은?

① 말초혈액중의 백혈구의 수
② 말초혈액중의 혈소판의 수
③ 말초혈액중의 혈장의 수
④ 말초혈액중의 혈색소의 양

47 다음 장비에 대한 허가기준 중 올바른 것은 ?

① 밀봉되지 아니한 방사성동위원소를 사용하는 경우에는 사용시설마다 방사선측정기 및 방사능측정기 각 1대 이상
② 밀봉되지 아니한 방사성동위원소를 판매하는 경우에는 방사선측정기 및 방사능측정기 각 1대 이상과 방사선원 운반차량 1대 이상
③ 밀봉된 방사성동위원소 또는 방사선발생장치를 판매하는 경우에는 방사선 측정기 및 방사능측정기 각 1대 이상과 방사선원 운반차량 2대 이상
④ 방사성동위원소를 생산하는 경우에는 방사선측정기 및 방사능측정기 각 2 대 이상

48 원자력관계사업자가 기록, 비치해야할 사항 중 보존기간이 <u>다른</u> 것은?

① 방사성동위원소 등의 생산 또는 사용기록
② 방사성동위원소 또는 방사성동위원소에 따른 오염물의 보관, 처리 ,저장 및 배출기록
③ 자체처분한 방사성폐기물의 발생원, 종류, 수량, 방사선량률, 처분방법 및 처리일시
④ 방사성동위원소 등의 분배, 저장, 보관, 처리 및 배출시설의 방사선량률

49 운반용기의 설계승인 대상이 <u>아닌</u> 것은?

① A형　② BM형
③ BU형　④ 핵분열성물질 운반용기

50 관계 행정기관의 장이 시설의 설치허가·인가 또는 승인 시 원자력안전위원회와 협의 대상시설 중 틀린 것은?

① 학교　② 댐 및 하구둑　③ 공항　④ 미사일기지

51 폐기시설 등의 건설, 운영에 필요한 방사선안전관리자의 면허는?

① 방사선취급 일반면허 소지자　② 방사선취급 감독면허 소지자
③ 방사선취급 특수면허 소지자　④ 핵연료물질 취급면허 소지자

52 방사성폐기물의 자체처분기준에서 개인 연간 선량은(μSv)?

① 1　② 10
③ 20　④ 30

53 방사선 사용시설 등의 경계에 인접하여 사람이 거주하는 구역의 주당 방사선량은 얼마를 초과할 수 없는가?

① 100 mSv ② 10 mSv
③ 1 mSv ④ 0.1 mSv

54 원자력안전법의 방사성동위원소에서 제외되는 물질에 해당되는 것은?

① 군사용 기기에 내장된 것으로 925 MBq 이하의 ^{241}Am 사용
② ^{147}Pm을 사용한 항공기용 발광물질로서 37 GMq을 초과하지 않는 것
③ 방사성의약품으로 인증된 ^{14}C과립형태를 인체에 진단용으로 37kBq 이하 사용
④ 군사용 기기에 내장된 것으로 3.7 GMq 이하의 ^{3}H 사용

55 허가가 취소된 방사성동위원소 사용자가 취하여 할 조치에 해당되지 않는 것은?

① 소유하고 있는 방사성물질은 다른 원자력관계사업자에게 양도
② 방사성동위원소에 의한 오염은 이를 제거
③ 방사성동위원소에 의하여 오염된 물질은 폐기업자에게 양도
④ 방사성동위원소의 사용 내용을 위원회가 지정하는 기관에 인도

56 RI 운반 시 용기표면에서 시간당 방사선량률을 얼마 이하로 차폐해야 되나?

① 0.1 mSv ② 0.2 mSv
③ 1 mSv ④ 2 mSv

57 비밀봉 방사성동위원소 또는 50 Ci 이상의 밀봉 방사성동위원소를 이동 사용하고자 할 때 사용개시 몇 일전까지 신고하여야 하나?

① 5일 ② 7일 ③ 10일 ④ 30일

58 원자력안전위원회 위원의 구성으로 옳은 것은?

① 7명 ② 8명
③ 9명 ④ 10명

59 방사성동위원소 사용허가 신청서류에 해당되지 않는 것은?

① 사용허가신청서 ② 안전관리규정
③ 방사선안전보고서 ④ 품질보증계획서

60 원자력관계면허시험에서 부정한 행위를 한 경우의 조치사항은?

① 해당시험 무효 및 응시일로부터 1년간 응시자격 정지
② 해당시험 무효 및 응시일로부터 2년간 응시자격 정지
③ 해당시험 무효 및 응시일로부터 3년간 응시자격 정지
④ 해당시험 무효 및 응시일로부터 5년간 응시자격 정지

61 원자력안전법 정의에서 표면방사선량률이란 방사선이 나오는 물체의 표면으로부터 방사선을 측정한 거리는?

① 5 cm ② 10 cm
③ 20 cm ④ 50 cm

62 특수형방사성물질의 한 변의 길이는 최소한 몇 cm 이상인가?

① 0.5 ② 1
③ 1.5 ④ 2

63 방사선관리구역의 1주당 외부방사선량률은 몇 μSv이상인가?

① 100 ② 200
③ 300 ④ 400

64 방사선원에 대한 누설점검의 시기와 관계없는 것은?

① 방사선원을 신규로 인수하였을 경우에는 취득일로부터 3개월 이내에 실시
② 사용 중인 방사선원에 대해서는 매1년 마다 실시
③ 최근 6개월 이내에 점검을 하지 않고 보관, 저장하고 있는 경우의 사용을 재개 하기 직전 실시
④ 제작자가 서면으로 점검시기 및 유효기간을 지정한 경우에는 서류만 보관

65 대단위사업에 해당되지 않는 것은?

① 방사성동위원소 등의 이동사용을 전문으로 하는 사업
② 식품 등에 방사선을 조사하는 것을 전문으로 하는 사업
③ 단위 시설당 밀봉선원 111기가베크렐이상 사용하는 사업
④ 단위 시설당 1기가 전자볼트 이상의 방사선발생장치를 사용하는 사업

66 방사성동위원소의 일시적 이동 사용신고서에 첨부해야되는 서류가 <u>아닌</u> 것은?

① 이동사용의 목적에 관한 설명서
② 이동사용장소 및 그 부근의 상황설명서
③ 방사선관리구역의 평면도
④ 작업방법에 관한 설명서

67 허가사용기관의 방사선안전관리자 대리자의 자격요건에 해당되지 <u>않는</u> 것은?

① RI 일반면허 소지자
② RI취급 감독면허 소지자
③ 방사선관리 기술사 소지자
④ 원자력발전 기술사 소지자

68 원자력관계사업자는 방사선관리구역에 출입하고자 하는 수시출입자에 대하여 최초 출입 전 교육·훈련을 몇 시간 이상 실시해야 하는가?

① 2시간
② 4시간
③ 6시간
④ 12시간

69 운반물 및 덧포장의 운반지수는 얼마 이상을 초과할 수 <u>없는가</u>? (단, 전용운반은 제외)

① 5
② 10
③ 20
④ 50

70 L형운반물의 포장기준에서 외부표면에서 방사선량률이 시간당 몇 μSv를 초과하면 안되나?

① 1　② 2　③ 5　④ 10

71 항공기로 운반해도 상관없는 운반물은?

① 배기설비가 있는 B(M)형 운반물
② 보조냉각계통에 의한 외부냉각을 필요로 하는 운반물
③ 액체상태의 발화성 물질이 포함된 운반물
④ 표면방사선량률이 시간당 10밀리시버트를 초과하는 운반물

72 허가 사용기관의 방사선안전관리자의 대리자 지정기간으로 <u>틀린</u> 것은?

① 방사선안전관리자의 여행 : 연간 30일 이내
② 방사선안전관리자의 해임 : 60일 이내
③ 방사선안전관리자의 퇴임 : 30일 이내
④ 방사선안전관리자의 출산 : 연간 90일 이내

73 위원회의 시설검사를 받지 <u>않아도</u> 되는 것은?

① 허가 사용자의 개봉선원의 저장시설의 변경
② 밀봉 폐기선원의 보관시설의 변경
③ 개봉선원 사용시설의 변경
④ 밀봉선원 사용시설의 변경

74 선박으로 운반해도 관계 <u>없는</u> 운반물은?

① 배기설비가 있는 B(M)형 운반물
② 보조냉각계통에 의한 외부냉각을 필요로 하는 운반물
③ 액체상태의 발화성 물질이 포함된 운반물
④ 표면방사선량률이 시간당 2밀리시버트 미만인 운반물

75 원자력안전에 관한 중요사항을 심의·의결하기 위하여 위원회를 관할하는 자는?

① 원자력안전위원회 위원장
② 법무부장관
③ 국무총리
④ 대통령

76 방사성동위원소 등의 생산·사용·분배·저장 및 폐기시설의 방사선량률의 기록보존 기간은?

① 3년
② 5년
③ 10년
④ 사업을 폐지할 때까지

77 원자력안전법 용어에서 밀봉되지 아니한 방사성동위원소 또는 방사성동위원소에 의하여 오염된 물건으로서 밀봉되지 아니한 것을 사용 또는 포장하는 곳은?

① 사용실
② 분배실
③ 작업실
④ 포장실

78 개봉 방사성동위원소를 사용하는 사업소에서 사용시설 기준이 필요한 곳은?

① 누수의 조사
② 진료를 목적으로 환자를 보는 경우
③ 광범위하게 분산·이동시키는 경우
④ 일시적으로 사용·분배하는 경우

79 업무대행자의 업무 중 기타 방사선의 안전관리 및 장해방지 관련업무와 관련이 <u>없는</u> 것은?

① 사용시설등의 설계
② 시설검사 등의 정기검사업무
③ 자체점검보고서의 작성업무
④ 방사선원 누설점검 업무

80 안전관리규정에 포함되어야 하는 사항이 아닌 것은?

① 방사성동위원소 또는 방사성동위원소에 의하여 오염된 물건의 분배·보관·운반·처리·배출·저장·자체처분 및 인도에 관한 사항
② 방사선안전관리 장비의 양도 양수에 관한 사항
③ 방사선량률·피폭방사선량 및 방사성물질등에 의한 오염상황의 측정 및 그 측정결과의 기록과 보존에 관한 사항
④ 방사성동위원소 또는 방사선발생장치의 구매·사용 및 판매에 관한 사항

81 운반물 또는 덧포장 및 화물컨테이너 적재에 대한 설명 중 틀린 것은?

① 저준위 비방사능물질의 운반물·덧포장 또는 화물컨테이너의 수량은 운반지수 합계가 운반지수 제한값을 초과하지 아니하도록 할 것.
② 운반에서의 방사선량률은 운반수단의 외부표면은 2 mSv/hr를 초과하지 아니할 것
③ 운반수단의 외부표면으로부터 2미터 거리에서는 0.1 mSv/hr
④ 사람이 승차하는 위치에서는 0.02 mSv/hr

82 밀봉선원에서 사용시설 및 분배시설의 규정에 의거 RI를 사용하는 경우 출입구 자동개폐 연동장치를 설치해야 하는 선량은?

① 37 테라베크렐 이상　② 111 테라베크렐 이상
③ 370 테라베크렐 이상　④ 920 테라베크렐 이상

83 업무대행자가 방사선시설 감리보고서를 제출하여 서면심사를 받을 수 없는 시설은?

① 방사성동위원소가 내장된 기기 중 밀봉된 방사성동위원소가 37기가베크렐 미만의 것
② 방사성동위원소가 기기에 장착되지 아니한 것으로서 밀봉된 방사성동위원소가 3.7기가베크렐 미만의 것
③ 370기가베크렐 미만의 밀봉된 방사성동위원소의 사용시설등
④ 방사선발생장치를 판매하는 경우

84 방사성물질등을 당해 사업소외의 장소로 운반하고자 할 때 신고하여야 하는 수량의 방사성물질에 속하는 것은?

① B(U)형 운반물　② B(M)형 운반물
③ C형 운반물　④ 특수형 방사성물질

85 정기적으로 포장 또는 운반검사를 받아야 할 대상은?

① RI 이동사용을 전문으로 하는자
② RI 사용 허가자 및 신고자
③ 업무대행자
④ 방사성동위원소 판매업자 (밀봉된 방사성동위원소)

86 다음 중 면허취소의 사유가 되는 것은?

① 정당한 사유 없이 보수교육을 받지 아니할 때
② 면허를 2회 이상 타인에게 대여한 때
③ 면허를 1회 1년 동안 타인에게 대여한 경우
④ 면허를 1회 3월 이상 6월 미만 타인에게 대여한 경우

87 RI취급자 관련면허시험에 응시한 자가 부정한 행위를 한 경우에는 당해 시험을 무효로 하고, 시험의 응시일로부터 몇 년간 관련 면허시험의 응시자격을 정지하는가?

① 1년
② 2년
③ 3년
④ 5년

88 판독업무등록신청서에 판독에 관한 품질보증계획서에 기재할 사항과 관련이 없는 것은?

① 품질 보증체계
② 판독취급관리자
③ 판독업무 신청자의 재산목록
④ 판독방법 및 절차

89 방사선장해방지 조치와 관련, 다음 중 피폭저감화 조치 사항에 해당되지 않는 것은?

① 방사선작업 특성에 부합되는 방호조치
② 방사선차폐 및 시설의 적절한 배치
③ 선량 저감에 효과적인 재료 및 기기의 사용
④ 개방된 작업공간

90 원자력안전법의 업무대행자가 방사선안전관리 실적 보고의 제출기한은?

① 매반기 경과후 10일이내
② 매반기 경과후 1월이내
③ 당해연도 경과후 1월이내
④ 매분기 경과후 1월이내

91 방사선장해방지조치와 관련, 원자력이용 시설의 종사중인 방사선 작업종사자에 건강진단의 시기는?

① 1년마다　　② 2년마다
③ 3년마다　　④ 4년마다

92 원자력안전위원회가 별도의 전문위원회를 구성하여 조사하게 할 수 있을 사고가 아닌 것은?

① 방사선으로 인한 환경오염 사고
② 방사선의 의한 중대한 피폭 사고
③ 원자력 관계시설의 안전계통에 있어서의 중대한 사고
④ 방사선량계의 훼손 및 분실사고

93 폐기물을 처분하는 처분시설이 위치하는 장소조건으로 옳은 것은?

① 표면 배수가 잘되고 내부 투수가 쉬운 것
② 방사성핵종의 이동을 지연 시킬 수 있는 활성단층 지역
③ 강우 및 강설 등으로 인하여 안전운영에 영향을 미치지 않는 곳
④ 가능한 한 방사성핵종에 대한 흡착력이 없는 곳

94 암반 내 또는 지표면 하의 동굴에 천연방벽 또는 공학적 방법으로 폐기물을 처분하는 위치 조건이 아닌 것은?

① 기반암 또는 지층은 균열이 많고 석회암이 존재하지 않는 곳
② 강도가 큰 기반암에 위치 한 곳
③ 저탁류에 따른 침식이나 해저사태의 위험이 없는 곳
④ 기후의 변화·침식작용, 풍화작용 등의 영향으로 표토의 심한 변화나 그 우려가 없는 곳

95 사업자의 추정선량이라 할 수 있는 것은?

① 실제 피폭이 측정된 선량　　② 선량판독이 불가능한 선량
③ 사고 피폭 선량　　④ 긴급 피폭 선량

96 정기검사 또는 시설검사 결과 안전관리실적이 우수하여 위원회가 정기검사를 면제 할 경우 대상 기관과 평가점수로 맞는 것은?

① 정기검사 주기가 1년인 기관, 평가점수 70점 이상
② 정기검사 주기가 3년인 기관, 평가점수 70점 이상
③ 정기검사 주기가 1년인 기관, 평가점수 80점 이상
④ 정기검사 주기가 3년인 기관, 평가점수 80점 이상

97 다음 중 방사성물질의 포장 및 운반과 관련하여 운반물 또는 운반차량에 부착하는 표지가 아닌 것은?

① 제1종 황색운반표지
② 제2종 황색운반표지
③ 제3종 황색운반표지
④ 차량용 운반표지

98 방사성동위원소 등의 사용허가를 받기위해 허가 신청서에 첨부해야 할 서류와 관계없는 것은?

① 방사선 안전 보고서
② 품질 보증 계획서
③ 안전성 분석 보고서
④ 방사성동위원소 판매 계획서

99 일시적인 사용 장소의 변경의 경우에는 이동사용 개시 며칠 전에 신고서를 제출하는가?

① 3
② 5
③ 7
④ 30

100 경미한 변경 허가 시 위원회에 며칠 이내에 신고서를 제출 하는가?

① 30
② 25
③ 20
④ 15

101 허가 사용자가 사용 개시전의 조치사항과 관계없는 것은?

① 종사자의 교육을 실시
② 방사선 측정장비의 검·교정 완료
③ 개인선량계를 지급하고 판독조치
④ 기록해야 할 사항을 기록·비치·보존

102 자체 차폐된 방사선발생장치의 신고대상이 되는 용량은?

① 가속관의 최대전압이 170 kV 이하 표면 방사선량률이 10 mSv/h이하
② 가속관의 최대전압이 230kV 이하 표면 방사선량률이 20 mSv/h이하
③ 가속관의 최대전압이 250 kV 이하 표면 방사선량률이 10 mSv/h이하
④ 가속관의 최대전압이 300 kV 이하 표면 방사선량률이 10 mSv/h이하

103 위원회에 업무대행을 등록하기 위한 장비기준과 관계없는 것은?

① 방사선 측정기 5대 이상
② 방사능 측정기 3대 이상
③ 전담인력마다 방사선경보기 또는 직독식 개인선량계 1대 이상
④ 방사성물질 등을 운반할 수 있는 전용차량 1대 이상

104 방사성동위원소를 사용 또는 판매 하고자 하는 자가 방사선안전관리를 업무대행자의 인력으로 할 수 없는 것은?

① 밀봉된 방사성동위원소를 진단용으로 사용하는 경우
② 연간사용량이 1.85 TBq 미만인 기기에 장착하지 아나한 밀봉된 방사성동위원소 (인체사용은 제외)
③ 방사성동위원소를 판매하는 경우
④ 최대사용전압이 250kV 최대용량이 5mA이하로서 1대 이하인 방사선발생장치(인체 사용은 제외)

105 방사선안전관리 대행업무의 권역구분이 아닌 곳은?

① 수도권 ② 영동권
③ 호남권 ④ 영남권
⑤ 충청권

106 허가사용자가 사용시설등에 자체점검 서면심사로 시설검사를 갈음 할 수 없는 시설은?

① 방사성동위원소가 내장된 기기중 밀봉된 방사성동위원소가 37GBq 미만의 것
② 370 GBq 미만의 밀봉된 방사성동위원소의 사용시설 등
③ 방사선발생장치의 판매허가를 받은 자의 사용시설 등
④ 최대용량 250kV이하의 것으로 최대 일률 2 kW 이하의 방사선발생장치

107 허가 사용자가 사용 시설 등의 시설 및 운영을 총리령으로 정하는 바에 자체 점검 결과가 서면 심사 합격 대상이 아닌 것은?

① 정기 검사 주기가 3년 또는 5년이 사용 시설 등을 설치 운영하는 자
② 직전 정기 검사에서 시정 또는 보완명령을 받지 아니 한자
③ 직전 정기 검사에서 판독특이자가 발생 하지 아니 한자
④ 직전 정기 검사에서 방사성동위원소 등에 도난·분실 사고가 발생하지 아니 한자

108 개봉선원을 생산하기 위한 방사선 조사시설의 시설기준과 관계없는 것은?

① 사람이 출입 할 수 있는 장치를 할 것
② 방사선 조사 여부에 따라 출입구가 개폐되는 연동장치를 할 것
③ 내부를 상시 감시할 수 있는 장치를 할 것
④ 출입구에 방사선 조사중임을 자동적으로 표시하는 장치를 설치할 것

109 개봉선원의 생산기술에 관한 취급 기술 기준에 해당하는 것은?

① 주요 구조부는 내화구조로 하거나 불연재료로 사용할 것
② 오염 검사실을 기준에 따라 설치하여 사용할 것
③ 작업실을 기준에 따라 설치하여 사용 할 것
④ 사람이 접촉하는 물건 표면이 허용표면오염도를 초과하지 아니하도록 사용할 것

110 원자력 사업자가 방사선장해의 우려가 있는 장소에 방사성물질등에 의한 오염상황을 측정해야 하는 곳은?

① 사용·분배·저장 및 폐기시설
② 방사성폐기물의 저장 처리 및 처분 시설
③ 방사선 관리 구역으로부터 반출하는 물품의 표면
④ 고정된 방사선 차폐시설 안에 있는 밀봉 방사성동위원소 또는 방사선발생장치

111 판독업무자는 판독특이자가 발생한 경우 누구에게 보고하는 가?

① 원자력안전위원회 위원장
② 한국 원자력 안전 기술 원장
③ 한국 원자력 연구소장
④ 한국 원자력안전재단 이사장

112 국가 방사선 작업종사자 안전관리 센터의 피폭방사선량 분석 업무 중 해당 되지 않는 것은?

① 방사선 작업종사자의 피폭 선량 변동 현황
② 방사선작업종사자의 피폭방사선량 기록
③ 방사선 차폐 및 시설의 적절한 배치
④ 업종별 분기 또는 연간 피폭 선량

113 방사선작업종사자 피폭 기록 관리의 분석 평가를 위해 수탁기관의 장이 안전기술원장에게 정보를 제공해야 할 내용이 아닌 것은?

① 착용선량계 종류 및 판독기관, 분기별 피폭방사선량
② 주민등록번호 및 성명
③ 판독특이자 발생 현환 및 피폭방사선량
④ 최초 작업 개시일과 건강 검진 결과

114 원자력관계사업자가 방사선장해 방지를 위하여 취해야 할 조치 사항이 아닌 것은?

① 원자력 이용시설 및 제한구역 부근에 있는 자에 대한 피난경고
② 방사선 긴급 작업시 적절한 보호 용구의 사용 및 방사선 피폭 시간의 단축
③ 방사성물질등을 다른 장소에 옮길 여유가 있을 경우에는 안전한 장소로 이전
④ 방사선 관계자의 출입 또는 접근의 금지 조치

115 긴급 작업 종사자등의 피부의 등가선량은?

① 5 Sv ② 3 Sv
③ 1 Sv ④ 0.5 Sv

116 방사선 긴급 작업으로 인해 원자력 사업자가 작업 승인을 하기 전에 작업 참여자에게 통보해야 내용이 아닌 것은?

① 작업 전에 받았던 피폭방사선량
② 계획된 긴급작업의 목적
③ 구체적인 방사선 준위 또는 기타 작업조건
④ 방사선방호 조치에 관한 구체적 지침

117 방사성물질등의 사고라고 할 수 없는 것은?

① 환경오염의 우려가 있거나 방사선작업종사자의 안전이 위협 받게 된 때
② 방사선작업종사자 및 수시출입자가 선량한도 이상의 피폭을 받은 때
③ 방사선 물질 등을 도난당하거나 분실 한 때
④ 착용한 선량계가 훼손 또는 분실 되어 선량 판독이 불가능 할 때

118 원자력관계사업자는 판독특이자가 발생하면 발생사실을 인지한 날 부터 며칠 이내에 보고 해야 하는가?

① 10 ② 20
③ 30 ④ 40

119 방사선 사고가 발생한 때에 지역을 관할하는 경찰관서에 즉시 신고해야 할 사항은?

① 차량 또는 방사성물질등의 화재로 인하여 방사성물질의 누설이 오려 될 때
② 외국으로부터 반입된 포장물이 운반기준에 적합 하지 아니 한 때
③ 방사성물질의 누설로 환경오염의 우려가 있거나 방사선작업종사자의 안전을 위협받을 때
④ 방사성물질등을 도난당하거나 분실한 때

120 원자력 관계사업자가 사업의 폐지 또는 허가 등의 취소 시 위원회가 지정하는 기관에 인도해야 할 기록이 아닌 것은?

① 방사성동위원소에 구매·사용·저장·폐기 기록
② 방사선작업종사자의 건강 진단 기록
③ 방사선작업종사자의 피폭방사선량 측정 기록
④ 방사성동위원소에 의한 오염 상황의 측정기록

121 방사성동위원소 생산허가를 받은자의 생산검사 대상이 아닌 것은?

① 밀봉된 방사성동위원소
② 밀봉되지 아니한 방사성동위원소
③ 특수형방사성물질
④ 핵분열생성물

122 면허정지 2년에 해당 되는 사항은?

① 정당한 사유 없이 보수 교육의 규정을 위반 한 때
② 면허를 1회·3개월 미만 타인 에게 대여 한 때
③ 면허를 1회 3개월 이상 6개월 미만 타인에게 대여 한 때
④ 면허정지 처분기간 종료 후 3년 이내에 정지처분에 해당 하는 행위를 한 때

123 원자력관계사업자가 방사선장해를 받았거나 받은 것으로 보이는 자에 대한 조치 중 맞지 않는 것은?

① 출입시간 단축
② 출입금지
③ 해임 후 권고사직
④ 다른 업무로 전환

124 원자력관계사업자가 방사선 안전 관리 교육·훈련 실시에 관한 기록 장부를 보존해야 하는 기간은?

① 3년
② 5년
③ 10년
④ 사업을 폐지할 때때까지

125 비피고 검시 종시자 자격교육의 교육 대상자는?

① 방사선 투과검사 경력 1년 이상
② 방사선 투과 검사 경력 2년 이상
③ 방사선 투과 검사 경력 3년 이상
④ 방사선 투과 검사 경력 5년 이상

126 비파괴 검사 종사자 자격 교육 계획을 위탁 교육 기관이 위원회에 사업 개시 몇 개월 전까지 승인을 받아야 하는 가?

① 1
② 2
③ 3
④ 6

127 총리령으로 정하는 수량의 방사성물질등을 사업소외의 장소나 외국으로부터 국내의 사업소로 운반 하고자 할 때 몇 일이내에 신고 해야 하는가?

① 5
② 7
③ 10
④ 15

128 방사성물질등을 운반 할 때 비상 대응계획서 내용으로 옳지 않은 것은?

① 비상대응조직과 그 권한 및 임무
② 사고 유형에 따른 조치 계획
③ 사고보고 절차
④ 운반할 방사성물질등에 설명서

129 방사성물질등의 포장 또는 운반을 위탁 받은 자가 자체 점검 서면 심사로 정기 검사를 갈음할 수 있는 곳은?

① 밀봉된 방사성동위원소의 연간 생산 판매량이 37 TBg 이하
② 개봉 방사성동위원소의 연간 생산 판매량이 3.7 TBg 이하
③ 최근 3년간 방사선발생장치 또는 방사성물질등이 도난·분실 사고가 발생 하지 않은 곳
④ 최근 3년간 보고가 누락 되지 아니 한곳

130 밀봉되지 아니한 방사성동위원소의 연간·생산·판매량이 37 TBg 미만인 판매사업자가 정기검사를 받은 주기는 몇 년인가?

① 1
② 2
③ 3
④ 5

131 폐기 시설 등을 건설·운영하고자 할 때 인력 또는 장비의 기준으로 옳은 것은?

① 방사선 측정기 2대 이상
② 방사능 측정기 2대 이상
③ 방사성폐기물 취급 및 운반 장비 1대 이상
④ 방사선 취급 일반 면허 또는 감독자 1인 이상

132 자체 처분할 수 있는 방사성폐기물은 위원회에 자체처분계획서를 제출한 날로부터 몇 개월이 경과한 후 처분할 수 있는가?

① 1
② 2
③ 3
④ 5

133 진료 환자의 배설물을 배출하는 경우 배출 관리 기준이다. 옳은 것은?

배출 관리 기준을 적용함에 있어 배기 중 또는 배수 중 방사성핵종의 허용농도는 (가) 주간의 평균치로 한다. 다만 부득이한 경우에는 (나) 개월간의 평균치로 갈음할 수 있다.

① 가: 1, 나: 1
② 가: 1, 나: 3
③ 가: 3, 나: 3
④ 가: 3, 나: 1

134 방사성동위원소 등을 이동 사용하는 경우의 기술 기준과 관계없는 것은?

① 사용시설에는 표지를 부착할 것
② 감마선조사장치를 사용 하는 경우에는 콜리메터를 장착하고 사용할 것
③ 방사선조사장치 1대당 방사능측정기 1대 이상을 휴대할 것
④ 작업대기 및 휴식 중에는 도난·분실 등을 예방하기 위해 항상 감시인을 배치할 것

135 방사성동위원소가 내장된 기기를 판매 하여 설치하는 경우에 누설점검 시기는?

① 최초 30일 이내
② 설치 10일 경과 후 30 이내
③ 사용 중인 경우 매 1년
④ 매 3년마다

136 방사성폐기물의 심층 처분시설의 위치로 옳지 않은 것은?

① 인구 밀집 지역으로부터 떨어진 곳일 것
② 주변지역이 지질학적으로 안정된 곳일 것
③ 지표수 및 지하수로부터 멀리 떨어진 곳일 것
④ 지층의 암석은 침투성, 다공성 및 확산성이 높을 것

137 운반 지수의 단위는?

① mSv/h
② Bq/m^3
③ C/kg
④ Kw/m^3

138 고준위방사성폐기물과 중·저준위방사성폐기물을 구분하는 열발생률의 기준은(kW/m^3)?

① 1
② 2
③ 10
④ 20

139 치료용 방사선기기의 교정주기로 옳은 것은?

① 장비를 설치하고 6개월 후
② 예상 출력치와 실제출력치의 차이가 ±10%이상 일 때
③ 처음 사용 이후 매 6개월 후
④ 방사선원을 교체 할 때 마다

140 비파괴 검사 종사자가 전문교육을 이수해야 하는 시간은?

① 매년 4시간 이상
② 매년 6시간 이상
③ 매년 12시간 이상
④ 매년 20시간 이상

141 방사선장해를 방지하기 위해 안전조치 후 원자력관계사업자가 보고 해야 할 내용이 아닌 것은?

① 상황이 발생한 일시 및 장소와 그 원인
② 방사선작업종사자의 피폭 선량과 건강 검진 기록 결과
③ 안전 조치의 내용 및 계획
④ 발생하였거나 발생할 우려가 있는 방사선장해의 상황

142 위원회가 정하는 방사성동위원소에서 제외되는 물질은?

① 군사용 기기에 내장된 1GBq인 ^{63}Ni
② 안전지시 등으로 사용하는 단위제품 당 수량이 972GBq인 ^{3}H
③ 방사성의약품으로 인증된 ^{14}C과립형태를 인체에 진단용으로 37TBq 사용
④ 항공기용 발광물질로 사용하는 수량이 4GBq인 ^{147}Pm

143 임신이 확인된 방사선작업종사자가 임신이 확인된 시점부터 출산 시까지 방사성핵종을 섭취하는 한도는 연간섭취한도(ALI)의 얼마인가?

① 1/10　② 1/20　③ 1/30　④ 1/40

144 원자력안전법에서 정의하는 "지하수"에 관한 설명으로 옳은 것은?

① 처분장 주위의 지하수 유동 및 유속은 가능한 커야 한다.
② 처분장 주위의 최고 지하수위는 처분 트랜치 하부보다 가능한 낮게 위치한다.
③ 처분장 주위의 대수층은 가능한 다른 대수층과 연결되어야 한다.
④ 처분장 주위의 지하수위는 자연현상에 따른 변동과 계절적인 변동이 커야한다.

145 원자력안전법에서 비파괴검사에 해당하지 <u>않는</u> 것은?

① 초음파 비파괴 ② 누설 비파괴
③ 비침투 비파괴 ④ 자기 비파괴

146 원자력관계사업자가 방사선비상계획구역을 설정하고자 할 때 누구에게 승인을 받나?

① 한국원자력안전기술원장 ② 위원회 위원장
③ 대통령 ④ 국무총리

147 원자력사업자는 원자력시설등의 물리적방호에 대해 정기검사는 몇 년마다 받아야 하나?

① 1 ② 2
③ 3 ④ 5

148 방사선 비상종류의 분류 중 <u>관계없는</u> 것은?

① 적색비상 ② 백색비상
③ 황색비상 ④ 청색비상

149 위원회는 다음 연도의 방사능재난등 업무에 관한 국가방사능방재계획을 수립하여 누구에게 보고하여야 하나?

① 한국원자력안전기술원장 ② 위원회 위원장
③ 대통령 ④ 국무총리

150 국가방사선비상진료센터의 기능과 <u>관계없는</u> 것은?

① 방사선비상진료요원 및 구조요원에 대한 교육·훈련
② 1차 및 2차 방사선비상진료기관에 대한 지원
③ 방사선비상진료관련 연구
④ 방사선비상진료교육 참여

정답

번호	1	2	3	4	5	6	7	8	9	10	11	12	13	14	15	16	17	18	19	20
정답	1	4	3	1	3	3	3	1	2	4	2	4	2	4	2	2	2	3	1	1
번호	21	22	23	24	25	26	27	28	29	30	31	32	33	34	35	36	37	38	39	40
정답	4	4	1	2	1	4	3	4	1	2	3	3	4	4	2	2	3	1	2	4
번호	41	42	43	44	45	46	47	48	49	50	51	52	53	54	55	56	57	58	59	60
정답	3	4	3	2	3	3	1	4	1	1	2	2	4	3	4	4	1	3	4	3
번호	61	62	63	64	65	66	67	68	69	70	71	72	73	74	75	76	77	78	79	80
정답	2	1	4	1	3	1	4	2	2	3	4	4	1	4	1	3	3	2	2	2
번호	81	82	83	84	85	86	87	88	89	90	91	92	93	94	95	96	97	98	99	100
정답	1	2	2	2	1	2	3	3	4	2	1	4	3	4	2	1	1	4	2	1
번호	101	102	103	104	105	106	107	108	109	110	111	112	113	114	115	116	117	118	119	120
정답	4	1	2	3	2	4	4	1	4	3	2	3	4	4	1	1	4	2	4	1
번호	121	122	123	124	125	126	127	128	129	130	131	132	133	134	135	136	137	138	139	140
정답	4	3	3	2	2	2	1	4	4	3	3	2	2	3	2	4	1	2	4	3
번호	141	142	143	144	145	146	147	148	149	150										
정답	2	1	2	2	3	2	2	3	4	4										

주관식 문제

제1장 원자력 법령의 체계

01 원자력안전법의 목적에 대하여 써라?

02 원자력안전법에서 정한 핵원료물질이란 무엇인가?

03 방사성물질이란?

04 정련이란?

05 방사선관리구역의 정의에 대하여 써라?

06 밀봉된 방사성동위원소란?

07 운반지수란 무엇인가?

08 핵임계안전지수란 무엇인가?

09 표면방사선량률이란 무엇인가?

10 특수형방사성물질을 정의하라?

11 원자력안전법에서 말하는 배출이란 무엇인가?

12 연간섭취한도란?

13 유도공기중농도란 무엇인가?

14 유효선량이란 무엇인가?

15 밀봉된 방사성동위원소로서 기준에 따라 누설점검을 하여야 하는 선원을 말하는데 방사선원중 제외되는 방사선원은?

16 판독특이자에 대하여 써라?

제2장 방사성동위원소 등의 허가기준

01 허가를 받고자하는 자는 허가신청서와 더불어 제출해야 하는 서류를 5가지 이상 쓰시오.

02 111 TBq 이상의 밀봉선원을 사용하는 시설의 기술기준을 서술하시오.

03 방사성물질이 비정상적으로 누설되어 공기중 및 수중 농도가 배출관리기준상의 제한값을 초과하거나 방사선 작업종사자 또는 수시출입자가 선량한도를 초과하여 피폭된 경우에 취하여야 하는 5가지 안전조치에 대하여 서술하시오.

04 방사성동위원소를 사용하는 시설의 검사에서 합격통보를 받았다. 사용개시 전 조치사항을 쓰시오.

05 허가받은 사항을 변경하고 자 할 경우 변경허가신청서와 제출하여야 하는 서류를 쓰시오.

06 방사선안전보고서의 작성시 포함되어야 할 사항을 7가지 이상 쓰시오.

07 방사선장해가 발생한 경우에 원자력관계사업자가 필요한 안전조치를 취하고 위원회에 하는 보고사항에 대하여 서술하시오.

08 허가사용자 및 업무대행자는 방사성동위원소 등의 생산, 판매, 사용시에 시설검사 면제대상이 되는 경우를 3가지 이상 쓰시오.

09 사용신고 대상인 "총리령으로 정하는 용도 또는 용량이하의 방사선발생장치"라 함은?

10 판독특이자의 대상이 되는 경우 세 가지를 서술하시오.

11 방사선작업종사자 또는 수시출입자가 방사선장해를 받았거나 받은 것으로 보이는 경우에 사업자가 조치해야 할 사항을 서술하시오.

12 허가등의 취소 또는 사업의 폐지 등에 따라 원자력관계사업자가 취하여야 할 조치사항은?

13 방사선발생장치 보관시설의 구조 및 설비에 관한 기술기준을 서술하시오.

14 개봉선원의 사용 또는 분배에 관한 기술기준 중 방사선작업종사자 또는 수시출입자의 피폭방사선량이 선량한도를 초과하지 아니하도록 하기 위한 조치 방법을 서술하시오.

15 업무대행자가 대행할 수 있는 업무를 5가지 이상 열거하시오.

16 밀봉선원 생산시설의 시설기준은 대부분 개봉선원 생산시설의 기준을 준용하지만, 개봉선원에는 해당하지 않고 밀봉선원에만 적용되는 생산시설 기준을 적으시오.

17 원자력관계사업자가 원자력이용시설의 정상운전 및 비정상상태에서 원자력이용시설에 종사하는 방사선작업종사자 및 수시출입자와 시설주변 주민이 받게 되는 방사선피폭을 최소화하기 위하여 취해야 할 피폭저감화 조치를 쓰시오.

18 대형 방사선발생장치의 정의를 기술하시오.

19 원자력 관계사업자는 방사선관리구역에 출입하고자 하는 방사선작업종사자에 대하여 얼마의 교육시간을 실시하여야 하는가?

20 판독특이자에 대한 판독업무자 또는 원자력사업자의 조치사항을 기술하시오.

제3장 방사성물질등의 포장·운반·폐기

01 운반지수를 산출하는 방법을 간략하게 설명하시오.

02 운반물 및 덧포장을 분류하는 방법을 쓰시오.

03 운반용기의 외부에 표시해야하는 사항을 4가지만 쓰시오.

04 운반용기의 설계승인서의 승인번호에 ROK/001/AF-85(Rev.0)라고 기술되어 있다. 어떤 의미인지를 설명하시오.

05 운반신고의 대상이 되는 운반물을 쓰시오.

06 포장 및 운반검사의 서면심사 대상이 되는 경우의 요건을 쓰시오.

07 방사성물질 운반 시 비상대응계획서를 휴대하여야한다. 비상대응계획서의 내용을 쓰시오.

08 방사성물질 운반신고시 제출서류를 기술하시오.

09 운반용기의 설계승인을 얻고자 하는 자는 운반용기설계승인신청서에 어떤 서류를 첨부하여 위원회에 제출하여야 하는가?

10 운반용기설계승인신청서의 안전성분석보고서의 기재사항은 무엇인가?

11 방사성물질 운반 시 외부표면오염도 검사 기준은 무엇인가?

12 방사성물질 운반용기의 자체 사용검사 대상 규정에 의하여 자체점검보고서를 제출하여 위원회의 서면심사를 받아 사용검사에 갈음할 수 있는 용기는 어떤 것이 있는가?

13 방사성물질 운반용기 사용검사 면제기준은 무었인가?

14 저준위 비방사능물질과 표면오염물체의 종류를 쓰시오.

15 방사성폐기물의 처분제한 규정을 쓰시오.

16 처분계획이 제출된 방사성폐기물은 제출한 날부터 (　)이 경과한 후 이를 자체 처분 할 수 있다. 또한 자체처분한 자는 자체처분에 관한 기록을 자체처분 일부터 ( )간 보존하여야 한다. (　) 안에 알맞은 글을 쓰시오.

17 방사성폐기물의 인도규정을 쓰시오

18 운반책임자의 탑승하에 운반할 경우 절차(방법)을 설명하시오.

19 방사성물질등을 선박으로 운반하는 경우 선량률을 쓰시오.

20 여객기로 운반해서는 안 되는 운반물을 2가지 쓰시오.

제4장 방사선안전관리

01 운반물 및 덧포장을 분류하는 방법을 쓰시오.

02 방사성동위원소 등을 이동 사용하는 경우 방사선작업종사자 또는 수시출입자의 피폭방사선량이 선량한도를 초과하지 않도록 하기위한 조치방법을 서술하시오.

03 방사성동위원소를 생산하거나 분배하여 판매하고자 하는 경우의 기술기준을 쓰시오.

04 방사선발생장치를 판매하고자 하는 자가 갖추어야할 보관시설 기준을 쓰시오.

05 방사성물질에 의하여 오염된 공기로부터 방사선장해를 방지할 필요가 있는 폐기시설 등에 어떤 적합한 환기시설을 설치하여야 하는가?

06 고준위방사성폐기물 심층처분시설의 구조 및 설비에 관한 기술기준은 무엇인가?

07 방사성폐기물을 넣은 용기의 적합한 기준을 설명하시오.

08 운반물의 종류를 쓰시오.

09 B(U)형 운반물·B(M)형 운반물·C형 운반물의 기술기준을 서술하시오.

10 운반물 또는 덧포장의 최대방사선량률을 쓰시오.

11 운반물 및 덧포장의 운반지수 및 핵임계안전지수를 나열하시오.

12 운반물·덧포장 및 화물컨테이너의 적재한도에 대해 서술하시오.

13 전용으로 운반하는 운반물의 방사선량률의 제한값을 쓰시오.

14 심부선량과 표층선량을 구분하시오.

15 방사성물질등을 선박으로 운반하는 경우 가능한 방사선량률의 기준을 기술하시오

16 운반책임자의 탑승하에 운반할 경우 절차(방법)을 설명하시오.

17 L형 운반물의 포장기준을 설명하시오.

18 비밀누설규정에 위반한 자의 벌칙기준은 무엇인가?

19 사용후핵연료의 중간저장시설의 구조 및 설비에 관한 기술기준을 쓰시오.

제5장 원자력시설 등의 방호 및 방사능방재대책법

01 물리적방호 조치란?

02 방사능재난 이란?

03 핵물질 및 원자력시설을 방호하기 위하여 물리적 방벽으로 둘러싸여 있는 구역을 무엇이라고 하는가?

04 위원회는 물리적방호 시책을 이행하기 위하여 3년마다 원자력시설등에 대한 설계기준위협을 설정하여야 한다. 이 경우 위원회는 효율적인 위협평가를 위하여 관계중앙행정기관의 장에게 무엇의 협조를 요청할 수 있는가?

05 대통령령으로 정하는 원자력시설이란?

06 원자력사업자는 핵물질에 대하여 위협을 받았을 때 또는 관할 군부대, 경찰관서 또는 그 밖의 행정기관의 장에게 지원을 요청한 때에는 총리령으로 정하는 바에 따라 위원회에 보고하고, 관할시·도지사 및 시장·군수·구청장에게 이를 알려야 한다. 이때 위원회에 보고 내용은 무엇인가?

07 원자력사업자는 원자력시설등의 물리적방호에 대하여 대통령령으로 정하는 바에 따라 위원회의 검사를 받아야 한다. 위원회가 검사결과 원자력사업자에게 그 시정을 명할 수 있는 경우는?

08 원자력사업자가 위원회의 특별검사를 받아야 하는 항목은?

09 위원회는 방사능재난의 발생을 선포한 경우에는 지체 없이 국무총리를 거쳐 대통령에게 어떤 사항을 보고하여야 하는가?

10 긴급 주민보호조치의 결정기준 중 대피가 필요한 결정기준은?

11 긴급 주민보호조치의 결정기준 중 갑상선방호약품배포가 필요한 결정기준은?

12 위원회는 몇 년 마다 대통령령으로 정하는 바에 따라 관계중앙행정기관이 함께 참여하는 방사능방재훈련을 실시하여야 하는가?

13 방사능방재훈련계획에는 훈련에 관한 어떤 사항이 포함되어야 하는가?

14 1차 방사선비상진료기관의 지정기준 중 인력기준은?

15 백색비상이란?

16 청색비상이란?

17 위원회는 다음 연도의 방사능재난 등 업무에 관한 국가방사능방재계획을 수립하여 국무총리에게 매년 몇월 몇일 까지 제출하여야 하는가?

18 2차 방사선 비상진료기관의 지정기준 중 인력기준은?

19 방사능재난의 선포 기준 중 대통령령으로 정하는 기준 이상은 무엇인가?

20) 위원회는 관할 시·도지사 및 시장·군수·구청장으로 하여금 방사선영향을 받거나 받을 우려가 있는 지역안의 주민에게 어떤 사항을 알리도록 하여야 하는가?

제6장 비파괴검사기술의 진흥 및 관리법

01 비파괴검사의 목적을 서술하시오.

02 관계 중앙행정기관의 장에게 소관별 비파괴검사기술 진흥계획의 제출을 요청할 때 통보하여 활용하게 할 수 있는 사항을 쓰시오.

03 산업현장에서 비파괴검사기술을 효과적으로 활용하기 위하여 관리체계를 구축하고, 이를 활용하는 조치를 강구하기 위한 정보를 서술하여라.

04 과학기술정보통신부장관이 통계조사·문헌조사·현지조사 등의 방법으로 실태조사를 실시하는 사항에 관해서 서술하여라.

05 비파괴검사업의 등록기준중 기술인력의 자격기준에 대해서 쓰시오.

06 비피괴검사업의 검사계획서에 포함될 내용에 대해서 5가지이상 쓰시오.

07 비파괴검사의 교육훈련에서 기본교육 또는 전문교육을 면제받거나 그 교육시간을 감경 받고자 하는 자가 협회에 신청할 서류를 쓰시오.

08 과학기술정보통신부장관이 비파괴검사 시 발생하는 방사선으로 인한 위해로부터 근로자를 보호하기 위하여 발주자에게 명할 수 있는 안전설비를 서술하시오.

09 비파괴사업자의 등록취소 요건을 서술하시오.

10 과학기술정보통신부장관이 비파괴사업의 업무정지처분을 가중 또는 감경할 수 있는 경우를 쓰시오.

11 비파괴협회가 정관변경의 인가를 신청하는 경우에 제출하는 서류를 쓰시오.

12 비파괴사업자가 성실한 검사여부 등을 판단하기 위하여 필요한 때에 협회에 보고할 사항을 쓰시오.

13 비파괴검사의 양벌규정에 대해서 쓰시오.

14 대통령령으로 정하는 비파괴검사의 종류를 7가지 이상 쓰시오.

15 대통령령으로 비파괴검사 전문인력의 양성에 관한 지원의 범위를 서술하여라.

16 비파괴검사의 연구개발비 지정을 받고자 하는 자가 과학기술정보통신부장관에게 신청해야할 서류를 쓰시오.

17 과학기술정보통신부장관이 관계 중앙행정기관의장과 협의하여 외국과의 기술자격의 상호인증에 관한 추진업무에 대해서 서술하시오.

18 비파괴검사업을 등록할 수 없는 자에 대해 5가지 쓰시오.

주관식 정답

제1장 원자력 법령의 체계

01 원자력의 연구·개발·생산·이용등에 따른 안전관리에 관한 사항을 규정하여 방사선에 의한 재해의 방지와 공공의 안전을 도모함을 목적으로 한다.

02 우라늄광, 토륨광과 그 밖의 핵연료물질의 원료가 되는 물질로서 대통령령으로 정하는 것

03 핵연료물질, 사용후핵연료, 방사성동위원소 및 원자핵분열생성물

04 핵원료물질에 포함된 우라늄 또는 토륨의 비율을 높이기 위하여 물리적·화학적 방법으로 핵원료물질을 처리하는 것

05 외부의 방사선량률, 공기중의 방사성물질의 농도 또는 방사성물질에 따라 오염된 물질의 표면의 오염도가 위원회규칙으로 정하는 값을 초과할 우려가 있는 곳으로서 방사선의 안전관리를 위하여 사람의 출입을 관리하고 출입자에 대하여 방사선의 장해를 방지하기 위한 조치가 필요한 구역을 말한다.

(1) 외부방사선량률: 1주당 400 마이크로시버트 (400 μSv/wk)

(2) 공기중의 방사성물질의 농도: 유도공기중농도

(3) 물체표면의 오염도: 허용표면오염도

06 기계적인 강도가 충분하여 파손될 우려가 없고, 부식되기 어려운 재료로 된 용기에 넣은 방사성동위원소로서 사용할 때에 방사선은 용기외부로 방출하지만 방사성동위원소는 누출하지 못하도록 되어 있는 것을 말한다.

07 운반물·덧포장·탱크 또는 화물컨테이너에 지정되는 등급으로서 방사선피폭에 대한 관리를 위하여 사용되는 수치를 말한다. (단위: mSv/h)

08 핵분열성물질이 들어있는 운반물·덧포장·탱크 또는 화물컨테이너에 지정되는 등급으로서 운반물·덧포장·탱크 또는 화물컨테이너의 집적량을 관리하기 위하여 사용되는 수치를 말한다.

09 방사성물질, 방사성물질을 내장한 용기 또는 장치, 방사선발생장치 및 방사선차폐체 등 방사선이 나오는 물체의 표면으로부터 10센티미터의 거리에서 측정한 방사선량률을 말한다.

10 견고한 고체형 방사성물질 또는 캡슐에 넣고 봉한 방사성물질로서 위원회가 정하는 운반기준에 맞는 것을 말한다.

1) 견고한 고체형 방사성물질 또는 캡슐에 봉입된 방사성물질로서 한 변의 길이가 최소한 0.5 센티미터 이상일 것

2) 캡슐에 봉입된 방사성물질인 경우에는 캡슐이 파괴되어야만 개봉될 수 있을 것

3) 위원회가 정하여 고시하는 시험기준에 적합한 방사성물질

11 방사성물질 또는 그로 인하여 오염된 물질(이하 "방사성물질등"이라 한다)로서 원자로이용시설에서 정상 운전 중에 발생한 액체 또는 기체 상태의 방사성물질등을 위원회가 정하는 제한값 이내에서 배수시설 또는 배기시설을 통하여 계획적이고 통제된 상태에서 외부로 내보내는 것을 말한다.

12 방사선작업종사자가 1년 동안 섭취할 경우 피폭방사선량이 선량한도에 이를 것으로 보이는 방사능의 양으로서 위원회가 정하는 값을 말한다.

13 방사선작업종사자가 1년 동안 흡입할 경우 방사능 섭취량이 연간섭취한도에 이를 것으로 보이는 공기중의 농도로서 위원회가 정하는 값을 말한다.

14 인체 내 조직간 선량분포에 따른 위험 정도를 하나의 양으로 나타내기 위하여 각 조직의 등가선량에 해당 조직의 조직가중치를 곱하여 이를 모든 조직에 대해 합산한 양을 말한다. 유효선량의 단위로 Sv가 사용된다

15 (1) 베타 및 감마선을 방출하는 밀봉선원으로서 방사능량이 3.7MBq 이하의 것
(2) 알파선을 방출하는 밀봉선원으로서 방사능량이 0.37MBq 이하의 것
(3) 물리적 반감기가 30일 이하의 것

16 (1) 선량한도를 초과하여 방사선에 피폭된 사람
(2) 선량계의 훼손·분실 등으로 인하여 선량판독이 불가능하게 된 사람
(3) 위원회가 정하는 선량계 교체주기를 2개월 이상 지난 후 선량계를 제출한 사람

제2장 방사성동위원소 등의 허가기준

01 방사선안전보고서, 안전관리규정, 장비구입을 입증하는 서류, 방사선안전관리자의 재직을 입증하는 서류, 규정에 따른 보상기준

02 1. 출입구에 밀봉선원의 사용중임을 자동적으로 표시하는 장치를 설치할 것.
2. 밀봉선원의 사용여부에 따라 출입구가 개폐되는 연동장치를 할 것.
3. 내부를 상시 감시할 수 있는 장치를 할 것.
4. 사람의 출입을 제한하는 장치를 할 것.

03 1. 원자력이용시설 및 제한구역 내부에 있는 사람 또는 부근에 있는 사람에 대한 피난경고
2. 방사선장해를 받은 사람 또는 받을 우려가 있는 사람에 대한 구출·피난 등의 긴급조치
3. 방사성물질등에 의하여 오염이 발생한 경우 오염 확대의 방지 및 오염제거
4. 방사성물질등을 다른 장소에 옮길 여유가 있을 경우에는 안전한 장소로의 이전과 그 장소 주위에 위원회규칙으로 정하는 표지 설치 및 관계자 외의 출입 또는 접근의 금지
5. 방사선긴급작업을 하는 경우에는 적잘한 보호용구의 사용 및 방사선피폭시간의 단축 등으로 긴급작업에 종사하는 사람에 대한 위원회가 정하는 기준 이상의 방사선피폭의 방지

04 1. 종사자의 교육을 실시한다.
2. 종사자의 건강진단을 실시한다.
3. 개인 피폭선량계를 지급하고 판독조치를 완료한다.
4. 방사선측정장비의 검·교정을 완료한다.

05 1. 변경사항에 관한 서류
2. 공사를 수반하는 변경인 경우에는 그 공사기간중 방사선장해방어를 위한 조치를 적은 서류
3. 허가증

06 1. 시설 개요
2. 시설주변의 환경
3. 운영계획 개요
4. 방사선원의 특성·위치 및 제원
5. 안전시설 개요
6. 방사선 취급방법 및 방사선안전관리 계획
7. 예상피폭선량의 평가에 관한 절차·방법 및 결과
8. 주변환경에 대한 방사선영향
9. 사고의 위험 및 그 대책
10. 방사성폐기물의 발생 및 처리계획
11. 종합결론
12. 방사선안전보고서 작성자의 인적사항 및 자격
13. 참고문헌

07 1. 사고가 발생한 일시 및 장소와 그 원인
2. 발생하였거나 발생할 우려가 있는 방사선장해의 상황
3. 안전조치의 내용 및 계획

08 1. 밀봉되지 아니한 방사성동위원소의 저장시설을 변경하는 경우
2. 방사성폐기물(폐기선원은 제외한다)의 저장시설을 변경하는 경우
3. 일시적인 사용장소에 사용시설 등을 설치하는 경우
4. 규정에 따라 신고대상인 방사성동위원소 등을 사용하기 위하여 사용시설 등을 추가로 설치하거나 변경하는 경우
5. 규정에 따른 제작검사에 합격한 방사선기기를 기존 시설의 변경 없이 설치하는 경우
6. 방사광가속기에 방사광 빔 라인을 추가로 설치하거나 구조를 변경하는 경우로서 위원회가 시설검사가 필요 없다고 인정하는 경우
7. 방사선발생장치의 보관시설을 설치하거나 변경하는 경우

09 – 용도
① 엑스선 형광분석용
② 엑스선 회절분석용

③ 가속이온주입용
④ 수화물 검색용
⑤ 휴대형 폭발물처리 또는 테러방지 검사용

– 용량
자체 차폐된 방사선발생장치로서 가속관 최대전압이 170 kV 이하이고, 표면방사선량률이 시간당10 μSv이하일 것

10 1) 선량한도를 초과하여 방사선에 피폭된 사람
2) 선량계의 훼손·분실 등으로 인하여 선량판독이 불가능하게 된 사람
3) 위원회가 정하는 선량계 교체주기를 2개월이 이상 지난 후 선량계를 제출한 사람

11 1) 지체 없이 의사에 의한 진단 등 필요한 보건상의 조치
2) 방사선장해의 정도에 따라 방사선관리구역 출입시간의 단축, 출입금지 또는 방사선피폭 우려가 적은 업무로의 전환

12 1) 원자력관계사업자가 소유하고 있는 방사성물질 또는 방사선발생장치를 다른 원자력관계 사업자에게 양도하여야 한다.
2) 방사성물질에 의한 오염은 제거하여야 한다.
3) 방사성물질에 의하여 오염된 물질은 방사성폐기물관리시설등 건설·운영자에게 양도하여야 한다.
4) 방사성물질등에 따른 오염상황의 측정기록, 방사선작업종사자의 건강진단 기록은 위원회가 지정하는 기관에 인도하여야 한다.

13 1) 문·덮개 등 외부로 통하는 부분에는 자물쇠 기타 도난·분실을 방지하기 위한 시설 또는 기구를 설치할 것
2) 출입문에는 눈에 띄기 쉬운 곳에 방사선장해방지에 필요한 주의사항을 게시할 것

14 1) 차폐벽이나 차폐물에 의하여 방사선을 차폐할 것
2) 원격조작장치·집게 등을 사용하여 개봉선원과 인체 사이에 적당한 거리를 확보하고 차폐물을 이용하도록 할 것
3) 면밀한 작업계획 및 숙달·훈련 등을 통하여 인체에 방사선이 피폭되는 시간을 단축할 것

15 1) 방사성오염의 제거
2) 방사성동위원소등 및 방사성폐기물의 수거·처리 및 운반
3) 방사선안전보고서·안전관리규정의 작성
4) 사용시설등의 설치에 대한 감리
5) 방사선안전관리
6) 방사선원 누설점검
7) 사용시설 등의 설계
8) 자체점검보고서의 작성

16 1) 비상시 생산시설 안에 들어가 있는 사람이 신속히 탈출할 수 있는 구조로 할 것
2) 반입구·비상구 등 사람이 상시 출입하지 아니하는 출입구의 문은 외부로부터 개폐할 수

없도록 할 것

17 1) 방사선 작업특성에 부합하는 방호조치

2) 방사선차폐 및 시설의 적절한 배치

3) 선량저감에 효과적인 재료 및 기기의 사용

4) 적절한 작업공간의 확보

18 대형방사선발생장치의 정의

1. 가속시킨 전자, 양성자 또는 중성자의 입자당 에너지가 50메가전자볼트를 초과하는 방사선발생장치

2. 다음 각 목의 요건을 모두 갖춘 방사선발생장치

가. 원자핵의 질량수(원자핵을 구성하는 양성자와 중성자 수의 합)가 4를 초과할 것

나. 가속시킨 양성자 또는 중성자의 입자당 에너지가 10메가전자볼트를 초과할 것

다. 빔 출력[beam power: 가속시킨 입자당 에너지의 합을 초(秒)로 나눈 값]이 50와트를 초과할 것

19 1) 신규교육 시간: 기본교육 8시간 이상, 직장교육 4시간 이상

2) 정기교육 시간: 기본교육 매년 3시간 이상, 직장교육 매년 3시간 이상

20 1) 판독업무자는 판독특이자의 인적사항 및 선량판독 결과 등을 즉시 한국원자력안전기술원장 에게 보고하여야 하며, 선량판독을 위탁받은 판독업무자의 경우 동시에 해당 사업자에게 그 사실을 통보하여야 한다.

2) 해당 사업자는 발생 사실을 인지한 날로부터 20일 이내에 보고서를 작성하여 한국원자력안전기술원장에게 보고하여야 한다.

제3장 방사성물질등의 포장·운반·폐기

01 1) 단일의 운반물·덧포장·화물컨테이너의 외부표면으로부터 1 m 거리에서의 최대방사선량률(mSv/h)×100

2) 탱크·화물컨테이너의 경우에는 1 m 거리에서의 최대방사선량률(mSv/h)×100×증배계수

적하물의 제원	증배계수
1 m^2 ↓	1
1~5 m^2	2
5~20 m^2	3
20 m^2 ↑	10

3) 산출된 운반지수: 소수 둘째 자리 올림 (0.05 이하 → 0)

4) 여러 개: 모든 운반물의 운반지수의 합 or 직접 측정
(단단하지 않은 덧포장의 경우: 모든 운반물의 운반지수 합)

02 1) 운반물 및 덧포장 분류: 제1종 백색, 제2종 황색, 제3종 황색운반물

2) 운반물 및 덧포장의 분류등급기준: 운반지수와 표면방사선량률

3) 운반지수와 표면방사선량률의 조건 중에서 어느 하나가 다른 하나보다 더 높은 등급에 해당하는 경우 → 더 높은 등급으로 분류함

운반물 및 덧포장의 등급 분류기준

조 건		등급 분류
운 반 지 수	외부표면 임의점에서의 최대방사선량률(mSv/h)	
0	0.005 이하	제1종 백색운반물
0초과 1이하	0.005 초과 0.5 이하	제2종 황색운반물
1초과 10이하	0.5 초과 2 이하	제3종 황색운반물
10이상	2 초과 10 이하	제3종 황색운반물[1]

주 1. 이 경우는 반드시 전용으로 운반할 것

03 1) 운반용기의 모델 및 고유일련번호: L형 제외

2) 운반용기의 종류

① L형 운반용기: L형 운반용기

② IP-1형·IP-2형·IP-3형 운반용기 표시

③ A형·B(U)형·B(M)형·C형 운반용기 표시

3) 국제연합번호

4) 설계승인번호

5) 총 중량: 50 kg 이상만 표시함

6) 삼엽 표지

04 VRI코드/고유번호/형식코드-IAEA운반규정 기술기준 적용년도(개정번호)

05 1) B형 운반물

2) C형 운반물

3) 핵분열성물질운반물

4) 방사성물질에 의하여 오염된 대형기계장치로서 운반용기로 포장하기에 부적합한 것

06 다음의 요건을 모두 갖춘 원자력관계사업자가 총리령으로 정하는 검사대상은 총리령으로 정하는 바에 따라 자체점검을 실시하고, 그 자체점검 결과에 대하여 위원회의 서면심사를 받아 합격한 경우에는 해당 자체점검을 정기적인 포장 및 운반검사에 갈음한다. 다만, 최초의 포장 및 운반에 대한 정기검사의 경우에는 그러하지 아니하다.

1) 생산·판매하는 방사성동위원소의 양이 다음의 총리령으로 정하는 기준량 미만일 것

① 밀봉된 방사성동위원소의 연간 생산·판매량: 370 TBq

② 밀봉되지 아니한 방사성동위원소의 연간 생산·판매량: 37 TBq

2) 직전 정기검사에서 시정 또는 보완명령을 받지 아니하였을 것

3) 정기검사 해당 연도의 1월 1일부터 기산하여 최근 3년간 법 규정에 따른 보고가 누락되지 아니하였을 것
4) 정기검사 해당 연도의 1월 1일부터 기산하여 최근 5년간 법 규정에 따른 방사선발생장치 또는 방사선물질등에 관한 도난·분실·화재, 그 밖의 사고가 발생하지 아니하였을 것

07 1) 비상대응 조직과 그 권한 및 임무
2) 사고보고절차
3) 사고유형에 따른 조치계획

08 1) 운반신고서
2) 방사성물질 운반명세서
3) 운반할 방사성물질등에 관한 설명서
4) 포장 및 운반 점검기록부 양식
5) 방사성물질등의 포장 또는 운반을 위한 용기 및 특수형방사성물질의 설계승인서
6) 운반 절차서
7) 비상대응계획서

09 1) 안전성분석보고서
2) 설계도면 등 설계자료
3) 품질보증계획서
4) 성능시험계획서

10 1) 운반용기의 개요 및 제원
2) 운반용기의 재질·구조·열·격납·차폐 및 핵임계의 평가결과
3) 운반용기의 조작 및 운영절차
4) 운반용기의 시험 및 유지·보수절차

11 1) 고착성 표면오염도가 5 μSv/h 이하일 것
2) 제거성 표면오염도는 임의의 표면 300제곱센티미터 이상에 대하여 문질러 측정한 평균값이 다음 항목의 값을 초과하지 아니할 것
① 베타·감마방출체 및 저독성 알파방출체: 4 Bq/cm^2
② 그 외의 모든 알파방출체: 0.4 Bq/cm^2

12 1) B(U)형 또는 B(M)형 운반용기 중에서 방사선비파괴 검사용 방사선조사기 겸용으로 사용하는 운반용기
2) 핵분열성물질 운반용기 중에서 사용전 핵연료집합체를 운반하는 운반용기
3) 육불화우라늄 운반용기(실린더) 등을 보호하기 위한 외부 보호용기

13 1) 운반용기 보수내용이 설계 승인된 보수내용과 일치할 것
2) 설계승인서에서 승인된 사용검사항목 및 기준에 적합할 것
3) 품질보증규정에 따라 보수 및 사용검사가 되었을 것

14 1) 저준위 비방사능물질

- 제1종 저준의 비방사능물질
- 제2종 저준위 비방사능물질
- 제3종 저준위 비방사능물질

2) 표면오염물체(SCO)
- 제1종 표면오염물체
- 제2종 표면오염물체

15 1) 누구든지 방사성폐기물을 해양에 투기하는 방법으로 처분할 수 없다.

2) 방사성폐기물관리시설등 건설·운영자가 아닌 자는 총리령으로 정하는 종류 및 수량의 방사성폐기물을 땅속에 천층처분(동굴처분을 포함한다) 또는 심층처분 등의 방법으로 처분할 수 없다.

3) 방사성폐기물 외의 방사성폐기물의 처분은 대통령령령으로 정하는 방법 및 절차에 적합하도록 하여야 한다.

4) 방사성폐기물의 처분을 방사성폐기물관리시설등 건설·운영자에게 위탁하려는 자는 총리령으로 정하는 인도기준에 적합하게 하여야 한다.

16 2월, 5년간

17 1) 방사성폐기물은 종류 및 방사능 농도에 따라 분류하고 처분장의 처분요건에 적합하도록 할 것

2) 방사성폐기물은 처분 후의 안전성을 확보하기 위하여 고체형태로 할 것

3) 포장물은 운반 및 취급시 파손되지 아니하도록 구조적 건전성을 유지할 것

4) 포장내의 유리수는 이를 최소화하고 고화체가 함유하고 있는 핵종의 침출률이 적절히 제한되도록 할 것

5) 방사성폐기물은 폭발·인화 및 유해성 물질 등에 따른 위험성이 제거되도록 할 것

6) 포장물 외부에 방사성폐기물에 대한 주요 정보를 알아보기 쉽게 표시할 것

18 1) 2인 이상 운반한다(1인 운반책임자 지정): 운반책임자는 핵분열성물질을 운반하는 경우에는 전담조직의 책임자/방사선안전관리자, 기타의 경우 방사성동위원소 취급에 관한 면허를 소지한 자로 한다.

2) 운반 시 방사성측정기·보호구 및 통신장비를 휴대한다.

3) 출발 전 운반차량 안전점검과 안전교육을 실시한다.

19 1) 표면의 방사선량률: 2 mSv/h 초과 운반물 → 선박 운반 X

예외) ① 특별승인을 얻은 경우

② 전용 운반차량에 적재된 상태로 선적된 경우

20 B(M)형 운반물, 전용으로 운반하는 운반물

제4장 방사선안전관리

01 1) 운반물 및 덧포장 분류: 제1종 백색, 제2종 황색, 제3종 황색운반물
2) 운반물 및 덧포장의 분류등급기준: 운반지수와 표면방사선량률
3) 운반지수와 표면방사선량률의 조건 중에서 어느 하나가 다른 하나보다 더 높은 등급에 해당하는 경우 → 더 높은 등급으로 분류함

02 1) 전용작업장을 설치하거나, 차폐벽 또는 차폐물에 의하여 방사선을 차폐할 것
2) 원격조작장치·집게 등을 사용하여 방사성동위원소와 인체 사이에 적당한 거리가 확보 되도록 할 것
3) 면밀한 작업계획, 숙달·훈련 등을 통하여 인체에 방사선이 피폭되는 시간을 단축할 것

03 1) 포장단계마다 표면오염도를 검사하여 표면오염도가 허용표면오염도를 초과하지 아니 하는 제품만 판매할 것
2) 표면오염도를 측정하여 기록을 유지할 것
3) 방사성동위원소 등을 분배하는 경우에는 분배에 필요한 절차서를 작성하여 구비할 것

04 1) 문·덮개 등 외부로 통하는 부분에는 자물쇠 기타 도난·분실을 방지하기 위한 시설 또는 기구를 설치할 것
2) 출입문에는 눈에 띄기 쉬운 곳에 방사선장해방지에 필요한 주의사항을 게시할 것

05 1) 방사선장해를 방지하기 위하여 필요한 환기능력을 가질 것
2) 방사성물질에 의하여 오염된 공기가 누설되지 않는 구조이고 역류할 우려가 없을 것
3) 배출되는 공기를 정화하는 장치를 설치한 경우에는 방사성물질에 의하여 오염된 공기의 정화 및 여과장치의 교체가 용이한 구조일 것
4) 흡기구는 방사성물질에 의하여 오염된 공기를 흡입하지 아니하도록 설치할 것

06 1) 처분된 방사성폐기물로부터 발생하는 붕괴열 및 압력을 충분히 제어할 수 있도록 할 것
2) 처분된 방사성폐기물이 임계에 도달할 가능성이 없도록 할 것

07 1) 물이 침투하지 아니하고, 부식에 견디며, 방사성폐기물이 누설되지 아니하는 구조일 것
2) 균열 또는 파손될 우려가 없을 것
2) 용기의 덮개는 쉽게 열리지 아니할 것

08 1) L형 운반물
2) IP형 운반물(IP형 운반물은 IP-1형 운반물, IP-2형 운반물 또는 IP-3형 운반물로 구분한다)
3) A형 운반물
4) B형 운반물 { B형 운반물은 B(U)형 운반물 또는 B(M)형 운반물로 구분한다 }
5) C형 운반물
6) 핵분열성물질운반물

09 1) 해당 설계승인서에 명시된 모든 기준을 만족시키고 있을 것
2) 온도 및 압력이 평형상태를 유지할 것
3) 방사성물질이 누설될 가능성이 있는 격납계통의 모든 밀봉장치·밸브 및 개구부는 방사성

물질이 누출되지 아니하도록 적절하게 밀봉되었는지를 검사 또는 시험할 것

10 1) 외부표면에서는 시간당 2 mSv. 다만, 전용운반인 경우에는 시간당 10 mSv로 한다.

2) 외부표면으로부터 1미터 떨어진 지점에서는 시간당 0.1 mSv. 다만, 전용운반인 경우를 제외한다.

11 1) 운반지수는 10을 초과하지 아니할 것

2) 핵임계안전지수는 50을 초과하지 아니할 것

3) 전용으로 운반하는 경우는 제외한다.

12 1) 단일 운반수단에 적재할 수 있는 운반물·덧포장 또는 화물컨테이너의 수량은 운반지수 합계가 운반지수 제한값을 초과하지 아니하도록 할 것. 다만, 제1종 저준위 비방사능물질의 운반물 또는 전용으로 운반되는 운반물의 경우에는 그러하지 아니하다.

2) 운반에서의 방사선량률은 다음 각항의 기준을 초과하지 아니할 것

① 운반수단의 외부표면은 시간당 2 mSv

② 운반수단의 외부표면으로부터 2 m 거리에서는 시간당 0.1 mSv

③ 사람이 승차하는 위치에서는 시간당 0.02 mSv

3) 운반수단 및 화물컨테이너의 핵임계안전지수 합계가 핵임계안전지수의 제한값을 초과하지 아니할 것

13 1) 운반물 또는 덧포장의 외부표면은 시간당 10 mSv. 다만, 다음 각 항의 기준에 적합하지 아니한 경우에는 시간당 2 mSv로 한다.

① 차량의 내부로의 접근이 방지된 밀폐형 차량일 것

② 운반물 또는 덧포장이 움직이지 아니하도록 고정될 것

③ 운반 중 적재 또는 하역이 없을 것

2) 차량의 상하부 표면을 포함한 외부표면, 개방형 차량의 경우에는 차량의 외부 가장자리의 수직평면, 화물의 상부표면 및 차량의 외부표면 하부는 시간당 2 mSv

3) 차량의 외부측면의 수직평면으로부터 2 m 떨어진 지점과, 화물을 개방형 차량으로 운반하는 경우에는 차량의 외부 가장자리의 수직평면으로부터 2 m 떨어진 지점에서는 시간당 0.1 mSv

14 1) 심부선량: 국제방사선단위측정위원회(ICRU)각 정하는 Hp(10)으로서 인체의 몸통 표면아래 10 mm 깊이에서의 선량을 선량계로 판독한 것을 말한다.

2) 표층선량: 국제방사선단위측정위원회(ICRU)가 정하는 Hs(0.07)으로서 인체의 피부표면아래 0.07 mm 깊이에서의 선량을 선량계로 판독한 것을 말한다.

15 표면의 방사선량률: 2 mSv/h 초과 운반물 → 선반 운반하면 안됨

예외) – 특별승인을 얻은 경우

– 전용 운반차량에 적재된 상태로 선적된 경우

16 1) 운반은 항상 2인 이상이 할 것

2) 운반 시 운반책임자를 지정하고 동행하게 하여 사고 및 방사선장해방지를 위하여 필요한 감독을 하게 할 것

3) 운반사고 시 신속한 응급조치 및 관계기관 신고를 위한 방사성측정기·보호구 및 통신장비를 휴대할 것

17 1) 운반물의 외부표면에서 방사선량률이 시간당 5 μSv를 초과하지 아니 할 것

2) 운반물 외부표면의 제거성 표면오염도는 임의의 표면 300 cm^2 이상에 대하여 측정한 평균값이 다음 각 항에 의한 제한값을 초과하지 아니할 것

① 베타·감마방출체 및 저독성 알파방출체는 cm^2당 4 Bq

② ①항을 제외한 모든 알파방출체는 cm^2당 0.4 Bq

3) 방사성물질 또는 핵분열성물질 이외에 폭발성·인화성·자연발화성·화학적 독성 또는 부식성 등 운반물내의 방사성물질에 대한 기타의 위험성을 고려할 것

4) 규정에 의한 표시를 할 것

18 10년 이하의 징역 또는 금고에 처한다.

19 1) 사용후핵연료를 안전하게 취급하고 저장할 수 있는 방사선 차폐능력을 유지할 것

2) 사용후핵연료의 임계를 효율적으로 방지할 것

3) 사용후핵연료가 붕괴열 등으로 인하여 용융되는 것을 방지할 수 있는 냉각능력을 유지할 것

4) 해일·회오리바람·태풍·홍수·폭설·폭우 또는 지진 등의 자연현상에 의한 손괴로 인하여 일반인에게 방사선에 의한 장해가 발생하지 아니하도록 할 것

5) 화재 또는 폭발 등이 발생한 경우에도 안전성을 유지할 것

6) 기타 방사선 안전사고에 의한 방사성물질의 유출로 주변환경 및 일반인에 대한 방사성물질의 오염 또는 방사선피폭을 방지할 것

제5장 원자력시설 등의 방호 및 방사능방재대책법

01 핵물질 및 원자력시설에 대한 안팎의 위협을 사전에 방지하고, 위협이 발생한 경우 신속하게 탐지하여 적절한 대응조치를 하며, 사고로 인한 피해를 최소화하기 위한 모든 조치를 말한다.

02 방사선비상이 국민의 생명과 재산 및 환경에 피해를 줄 수 있는 상황으로 확대되어 국가적 차원의 대처가 필요한 재난을 말한다.

03 방호구역

04 1) 위협의 요인

2) 위협의 발생 가능성

3) 위협의 발생에 따른 결과

05 1)발전용원자로 및 그 관계시설

2) 연구용원자로중 2메가와트 이상의 출력을 가지는 연구용원자로 및 그 관계시설

3) 방사성폐기물의 저장·처리·처분시설 중 사용후핵연료 저장·처리시설 및 그 부속시설

06 1) 위협을 받은 일시, 장소 및 그 원인과 상황
2) 위협에 대한 대응조치에 관한 사항
3) 관할 군부대·경찰관서 또는 그 밖의 행정기관의 장에게 지원을 요청한 경우 그 취지와 내용

07 1) 방호요건을 위반한 사실이 있을 때
2) 물리적방호를 위한 시설·설비 또는 그 운영체제가 총리령으로 정하는 기준에 미치지 못할 때
3) 물리적방호규정을 위반하였을 때
4) 방호비상계획에 따른 조치가 미흡할 때
5) 물리적방호규정 및 방호비상계획의 보완이 필요할 때
6) 물리적방호에 관한 교육을 받지 아니하였을 때
7) 물리적방호 훈련을 승인된 계획에 따라 실시하지 아니하였거나 이행계획에 따라 보완조치를 하지 아니하였을 때

08 1) 원자력시설등에 물리적방호와 관련한 사고가 발생한 경우
2) 물리적방호규정등에 대한 변경승인을 얻은 경우

09 1) 방사능재난 상황의 개요
2) 방사능재난 긴급대응조치를 실시하여야 하는 구역
3) 방사능재난에 대한 긴급대응 조치사항

10 10 mSv

11 100 mGy

12 5년

13 1) 훈련의 기본방향
2) 훈련의 종류
3) 훈련 종류별 방사능방재훈련의 목적·내용·방법·일정 및 대상자
4) 훈련 종류별 방사능방재훈련의 통제 및 평가에 관한 사항
5) 그 밖에 원자력사업자가 방사능방재훈련에 필요하다고 인정하는 사항

14 의사(전문의) 1인 이상, 간호사 3인 이상

15 방사성물질의 밀봉상태의 손상 또는 원자력시설의 안전상태 유지를 위한 전원공급기능에 손상이 발생하거나 발생할 우려가 있는 등의 사고로서 방사성물질의 누출로 인한 방사선영향이 원자력시설의 건물내에 국한될 것으로 예상되는 비상사태

16 백색비상에서 안전상태로의 복구기능의 저하로 원자력시설의 주요 안전기능에 손상이 발생하거나 발생할 우려가 있는 등의 사고로서 방사성물질의 누출로 인한 방사선영향이 원자력시설 부지내에 국한될 것으로 예상되는 비상사태

17 8월 31일까지 제출

18 1) 의사
① 응급의학, 핵의학 또는 방사선종양학 전문의 4인 이상
② 내과 및 피부과 등 방사선응급환자 치료관련 전문의 2인 이상
2) 간호사 12인 이상
3) 그밖의 인력
① 응급구조사 및 운전기사(구급차 1대당 각 2인 이상)
② 방사선안전관리자

19 1) 원자력시설 부지 경계에서 측정 또는 평가한 피폭방사선량이 다음 각 호의 어느하나에 해당하는 경우를 말한다.
① 전신선량을 기준으로 시간당 10 mSv 이상인 경우
② 갑상선선량을 기준으로 시간당 50 mSv 이상인 경우
2) 원자력시설 부지 경계에서 측정한 공간방사선량률이 시간당 1 렌트겐 이상인 경우 또는 오염도가 시간당 1 렌트겐 이상에 상당하는 경우를 말한다.

20 1) 원자력시설등의 사고 상태 등 방사능재난 상황의 개요
2) 방사능재난 긴급대응조치를 실시하여야 하는 구역

제6장 비파괴검사기술의 진흥 및 관리법

01 비파괴검사기술의 진흥과 연구개발을 촉진하여 기술경쟁력을 높이고, 이를 산업 활동에서 효과적으로 활용함으로써 검사 대상물의 안전성을 증진시켜 국민의 안전에 이바지함을 목적으로 한다.

02 1) 비파괴검사기술과 관련된 국제기술동향 및 국내산업의 활용실태
2) 검사대상물의 안전성을 증진하기 위한 비파괴검사기술의 기준에 관한 정보
3) 그 밖에 소관별 진흥계획의 수립에 관하여 필요한 정보

03 1) 현재 사용하는 비파괴검사기술, 새로운 비파괴검사기술 및 그 적용방법 등에 관한 정보
2) 비파괴검사기술을 활용하는 산업분야 및 기관 등에 관한 정보
3) 공인된 또는 국제화된 비파괴검사기술의 각종 기준 등에 관한 정보
4) 그 밖의 비파괴검사기술의 진흥과 그 활용에 관한 정보

04 1) 비파괴검사에 관한 신기술·신형장비·기술도입 등의 현황
2) 비파괴검사와 관련된 국제규격 및 국제기술의 동향
3) 그 밖에 비파괴검사업의 발전에 관하여 필요한 사항

05 1) 특급기술자 1명 이상을 포함하여 아래의 기술계 엔지니어링기술자 5명 이상
① 기술사

② 고급기술자
③ 중급기술자
④ 초급기술자

06 1) 발주자로부터 의뢰받은 검사대상물 및 검사방법별 검사물량
2) 적용할 관계법령의 기술기준 및 한국산업표준의 평가기준
3) 책임자 및 검사자의 기술자격, 투입 인력 및 장비의 활용계획 등 그 운영에 관한 설명서
4) 비파괴검사의 방법별 검사절차서(검사기법 등을 포함한다)
5) 품질보증계획에 관한 설명서
6) 그 밖에 검사업무수행에 따른 안전관리 등

07 1) 다른 법령에서 정한 비파괴검사 관련 교육의 이수 여부
2) 이수 과목 및 시간

08 1) 방사선장해방지조치에 적합한 전용 이용시설
2) 방사선방호를 위해 설치하는 차폐시설 또는 차폐물

09 1) 거짓 등 부정한 방법으로 등록을 한 때
2) 업무정지 기간 중에 검사업무를 수행한 때
3) 등록증을 대여한 때
4) 등록 할 수 없는 규정에 해당하게 된 때. 다만, 임원이 결격사유에 해당하게 된 날부터 6월 이내에 그 임원을 개임한 때에는 그러하지 아니하다

10 위반행위의 동기·내용 및 횟수 등을 참작하여 업무정지기간의 2분의 1의 범위 안에서 이를 가중 또는 감경할 수 있다. 이 경우 가중하는 때에도 업무정지기간은 1년을 초과할 수 없다.

11 1) 변경이유서 1부
2) 개정될 정관(신·구조문대비표를 포함한다) 1부
3) 정관의 변경에 관계되는 총회 또는 이사회의 회의록 1부
4) 기본재산의 처분에 따른 정관변경의 경우에는 처분의 사유, 처분재산의 목록, 처분의 방법 등을 기재한 서류 1부

12 1) 발주자로부터 의뢰받아 실시한 비파괴검사의 개요
2) 검사과정 설명서
3) 발주자에게 제출한 검사계획서 및 검사결과서
4) 그 밖에 비파괴검사의 실시와 관련된 자료

13 법인의 대표자나 법인 또는 개인의 대리인, 사용인, 그 밖의 종업원이 그 법인 또는 개인의 업무에 관하여 위반행위를 하면 그 행위자를 벌하는 외에 그 법인 또는 개인에게도 해당 조문의 벌금형을 과한다. 다만, 법인 또는 개인이 그 위반행위를 방지하기 위하여 해당 업무에 관하여 상당한 주의와 감독을 게을리하지 아니한 경우에는 그러하지 아니하다.

14 1) 방사선 비파괴검사
2) 초음파 비파괴검사

3) 자기 비파괴검사
4) 침투 비파괴검사
5) 와전류 비파괴검사
6) 누설 비파괴검사
7) 그 밖에 비파괴검사관련 산업에서 활용할 수 있는 검사방법으로서 다음 어느 하나에 해당하는 비파괴검사
   ① 음향방출 비파괴검사
   ② 육안 비파괴검사
   ③ 열화상 비파괴검사
   ④ 중성자 비파괴검사
   ⑤ 응력측정 비파괴검사

15 1) 비파괴검사기술관련 인력의 중·장기 수급전망에 관한 조사·연구
2) 비파괴검사기술 분야의 학제적 교육·훈련 프로그램의 개발
3) 비파괴검사기술관련 인력에 대한 교육·훈련기관의 확대
4) 외국과의 기술자 상호교류

16 1) 법인등기부등본(법인인 경우에 한한다) 1부
2) 사업계획서 1부
3) 연구·기술 인력 및 연구시설 현황 1부

17 1) 상호인증추진기관의 지정 및 상호인증체계의 구축방안 수립
2) 상호인증에 필요한 기반조성
3) 그 밖에 상호인증업무에 부대되는 업무

18 1) 피성년후견인 또는 피한정후견인
2) 파산자로서 복권되지 아니한 자
3) 법을 위반하여 징역의 실형을 선고받고 그 집행이 종료(집행이 종료된 것으로 보는 경우를 포함한다)되거나 집행이 면제된 날부터 2년이 지나지 아니한 자
4) 법을 위반하여 징역형의 집행유예를 받고 그 유예기간 중에 있는 자
5) 법을 위반하여 벌금형을 선고받고 1년이 지나지 아니한 자
6) 비파괴검사업의 등록취소를 받은 날부터 2년이 지나지 아니한 자
7) 법인으로서 그 임원 중 제1)호 내지 제6)호의 어느 하나에 해당하는 자가 있는 경우

색 인

ㄱ

가공 13
간접측정법 27
감독 204
감시 30
갑상선방호약품배포 289
개별기준 302
개봉선원 93, 95, 96
건강진단 104
검사 297
검사 274, 305
검사결과서 326
검사계획서 326
결정기준 289
경력의 내용 및 산출 120
경미한 사항 변경신고 59
고준위방사성폐기물 15
곤충의 역학적 조사 86
공청회 216
공학적 방벽 28
과목 123
과태료 309, 334
과태료 부과기준 310
과태료 242
관계시설 12
관리교육 328
교육 및 훈련 127
교육훈련 327
국가방사능방재계획 277
국가방사선비상진료센터 299
국가방사선비상진료체제 297
국제규제물자 14
국제연합기준 352
국제운송방호 275
국제협력 304, 320
군부대 등의 지원 요청 273
권한의 위탁 226
규제 204
근접치료 31
기록·비치 379
기록과 비치 81, 275
기본교육 328
기술인력 322
기준준수 의무 83
긴급 주민보호조치 289

ㄴ

누설 비파괴검사 317, 325
누수의 조사 86
누출 193

ㄷ

다변승인 31
대단위사업 24
대응시설 292
대피 289
대행업무의 범위 65
덧포장 26
덮개 30
도로 운반 202
동굴처분 28
등가선량 21

ㅁ

면허 115
면허시험 116
면허종류 122
면허증의 교부신청 125
면허증의 재교부 126
면허취소 126
문책 290
문헌조사 321
물리적 방벽 259
물리적 방호 256, 259
물리적 방호 규정 270
민방위기본계획 292
밀봉된 방사성동위원소 17
밀봉선원 90, 98

ㅂ

방사능 방재 교육 293
방사능 방재훈련 295
방사능방재 기술지원 290
방사능방재교육 294
방사능사고의 신고 284
방사능영향평가 304
방사능재난 257
방사능재난관리 276
방사능재난대응시설 292
방사능재난상황 291
방사능재난의 선포 284
방사능표지 349
방사선 긴급작업 111
방사선 발생장치 11, 91, 176
방사선 비파괴검사 317, 325
방사선 장해방지 조치등 101
방사선 11
방사선관리구역 13
방사선기기의 검사 79
방사선량 102
방사선량률 193
방사선비상 257
방사선비상계획 278
방사선비상계획구역 257
방사선비상대응절차 66
방사선비상의 종류 276

방사선안전관리 대행업무의 범위 67
방사선안전관리자의 대행 67
방사선안전관리통합정보망 27
방사선안전보고서 45
방사선원 26
방사선작업 종사자 17, 106
방사선장해 109
방사선진료장비 167
방사선취급감독자면허 115
방사선투과검사 25
방사선피폭환자 297
방사선환경영향평가서 221, 360, 363
방사선환경조사 219
방사성내용물 25
방사성동위원소 등의 생산 및 사용자 81, 82
방사성동위원소 9
방사성동위원소등 27
방사성동위원소등의 사용허가신청 43
방사성동위원소등의 생산허가신청 43
방사성동위원소등의 이동사용허가신청 44
방사성동위원소등의 판매허가신청 44
방사성동위원소취급자일반면허 115
방사성동위원소취급자특수면허 115
방사성물질 9
방사성오염의 측정 102
방사성폐기물 15, 157, 177, 375
방호구역 259
방호협의회 261
배기설비 24
배설률 26
배수설비 24
배출 23
배출시설 88, 89
백색비상 277
벌칙 239, 308, 333
변환 13
보 칙 212
보고 273, 305
보관시설 88, 91
보상 225
보수교육 131
보전구역 14
보칙 305
분배 93
분배시설 90
불법이전 256
B(M)형 운반물 139
B(U)형 운반물 139
비밀누설금지 225, 276, 333
비방사능 25
비상대응계획서 140, 216, 255, 257, 307
비차폐 선원 27
비파괴검사 목적으로 이동사용 시 허가기준 57
비파괴검사 317
비파괴검사기술 317
비파괴검사업 322
빈 운반용기 201

ㅅ

사보타주 256, 257
사업소 24
사업자 추정선량 30
사업자의 등록취소 329
사업폐지 114
사용 93
사용검사 148
사용시설 90
사용신고 60
사용후 핵연료 처리 13
사용후핵연료 372
사후조치 304
생산 93
생산검사 79
생산시설 90
서면심사 152
선량계의 착용 107
선량한도 19, 105
선량환산인자 356
선박운반 203
섭취잔류량 26
성능 30
성능검사 355
성능기준 355
소개 289
송하인 201
수수료 237
수시출입자 106
수출입의 절차 224
수탁기관 227
수하인 202
승계 325
시설검사 면제대상 74
시설검사 72
시설기준 83, 84, 85, 87, 300
시험 등의 면제 124
시험 115
시험과목 119
시험방법 118
시험시행 125
시험위원 127
C형 운반물 139
실무방호협의회 262
실태조사 320
심부선량 70
심층처분시설 177, 186

ㅇ

IP형 운반물 189, 351, 355
안전관리 절차 66
안전관리규정 52
안전관리실적 평가표 76, 77
액체상태 96
양도 양수 113
양벌규정 248, 309, 333
업무대행규정 65
업무대행자 83, 383
업무대행자의 등록 62
업무의 위탁 306, 333
A형 운반물 190
L형 운반물 189, 199, 200, 351
연간섭취한도 20
열화상(熱畵像) 비파괴검사 317
영구정착 289
예탁선량 23
오염 193
오염검사실 86
오염상황의 측정장소 103
와전류 비파괴검사 325

와전류(渦電流) 비파괴검사 317
외국선박 141
용기 144
우편운반 204
운반 139, 192
운반검사 141
운반물 25, 189
운반물의 격리 196
운반물의 등급 194
운반물의 종류 189
운반신고 139
운반용기 25, 144, 189, 191
운반지수 17, 194, 354
운반차량 198
운반책임자 198
운반표지 202, 349
원자력 8
원자력관계공무원 225
원자력관계사업자 384
원자력사업자 258
원자력사업자의 의무 282
원자력시설 256
원자력안전위원회 32
원자력이용시설 16, 114
원자력통제 교육대상자 127
원자력통제교육 128
원자로 11
원자로조종감독자면허 115
원자로조종사면허 115
위해시설 205, 206, 207, 208, 209, 210, 211
위험물 95
위험물질 193
위협 257
유도공기중농도 21
유효선량 22
육안 비파괴검사 317
음식물 섭취제한 290
음향방출 비파괴검사 317
응력측정 비파괴검사 318
응시신청 124
응시자격 116
의료분야 안전관리 167
이동사용 172
2차 방사선비상진료기관 299
인과확률 25
인력기준 56, 300, 302
일반기준 301
일시이주 289
일시적 사용장소의 변경신고 59
1차 방사선비상진료기관 299

ㅈ

자기 비파괴검사 325
자기(磁氣) 비파괴검사 317
자체처분 158, 159
자체처분계획서 161
자체처분신고 159
작업실 26, 86
장비 325
장비기준 57, 301, 303
장해방어조치 110
재난사후대책 304
재난조사 305
저 준위 비 방사능물질 26, 199
저분산성방사성 물질 17
저장 94
저장시설 91
저장시실의 구조 87
적색비상 277
적재한도 196
전문교육 328
정기검사 74
정기검사의 면제 75
정기검사의 시기 78
정기검사의 신청 77
정련 13
제도적 관리 30
제한구역 14, 204
조사선량 21
조사장비 교정 171
조사장비 171
종업원 213
중간저장시설 178
중성자 비파괴검사 318
중앙방사능방재대책본부 286
중앙본부장의 권한 287
지방자치단체 307
지역방사능방재계획 278
지역방사능방재대책본부 287
지역방호협의회 263
지원대상 321
지정기준 299
지하수 29
직접측정법 27
진료환자 170
진흥계획 318
집단선량 23

ㅊ

차폐물 85
차폐벽 85
처리시설 88
처방선량 31
처분검사 157
처분고 29
처분장 27
천연방벽 28
천층처분 28
천층처분시설 177, 185
청문 213
청색비상 277
체내섭취 26
체액흡수 26
초음파 비파괴검사 317, 325
초음파탐상장치 325
취급기준 93
측정방법 104
침투 비파괴검사 317, 325

ㅌ

통계조사 321
특별승인조치 191
특수형 방사성물질 18, 79

ㅍ

판독업무자 68, 383
판독특이자 30, 107
판매분야 175
편무승인 30
폐기 153
폐기시설 153, 184
폐쇄 30
포장 141, 144, 192
표면방사선량률 20, 61
표면오염도 193
표면오염물체 200
표지 195, 346

표층선량 70
표층수 28
피폭 저감화 조치 108
피폭관리 105
피폭기록 관리 109
피폭방사선량 평가 105
피폭방사선량 16, 103
피해복구계획 304

ㅎ

합격기준 125
합동방재대책협의회 290
항공운반 203
핵물질 255
핵물질의 등급별 분류 265
핵분열성물질 운반물 139
핵분열성물질 23
핵심구역 259
핵연료 물질취급감독자면허 115
핵연료 물질취급자면허 115
핵연료주기사업 13
핵연료집합체 17
핵원료 물질 9
핵임계안전지수 18, 194, 354
핵종 340
행정조치 332
행정처분기준 330
허가 41
허가취소 115
허용표면오염도 20
현장방사능방재지휘센터 287
현지조사 321
환경방사능 분석 359
환경방사능 224
환경방사선/능 357
환경보전 217
환기설비 179
흡수선량 21

안성민 가천대학교
박철수 한림성심대학교
손진현 신구대학교
이효영 동의대학교
정상복 대전보건대학교
최순진 가천대학교
최재호 안산대학교
홍용호 가천대학교

방사성동위원소 감독/일반면허 대비

원자력안전법

2012년 8월 6일 초 판 발행
2015년 8월 28일 개 정 판 발행
2016년 2월 29일 개정2판 발행
2018년 2월 28일 개정3판 발행
2020년 2월 28일 개정4판 발행
2023년 1월 30일 개정5판 발행
2026년 3월 3일 개정6판 발행

공 저 안성민·박철수·손진현·이효영
정상복·최순진·최재호·홍용호
발행자 윤 진 영
발행처 도서출판 대학서림
주 소 (03076) 서울시 종로구 혜화로 2길 8
전 화 02) 744-2811, 763-1220
팩 스 02) 744-1210
등록번호 제1-88호

값 25,000원

ISBN 978-89-6940-369-8 93510

저자와의 협의에 의해 인지를 생략합니다.